ちくま学芸文庫

三八式歩兵銃

日本陸軍の七十五年

加登川幸太郎

筑摩書房

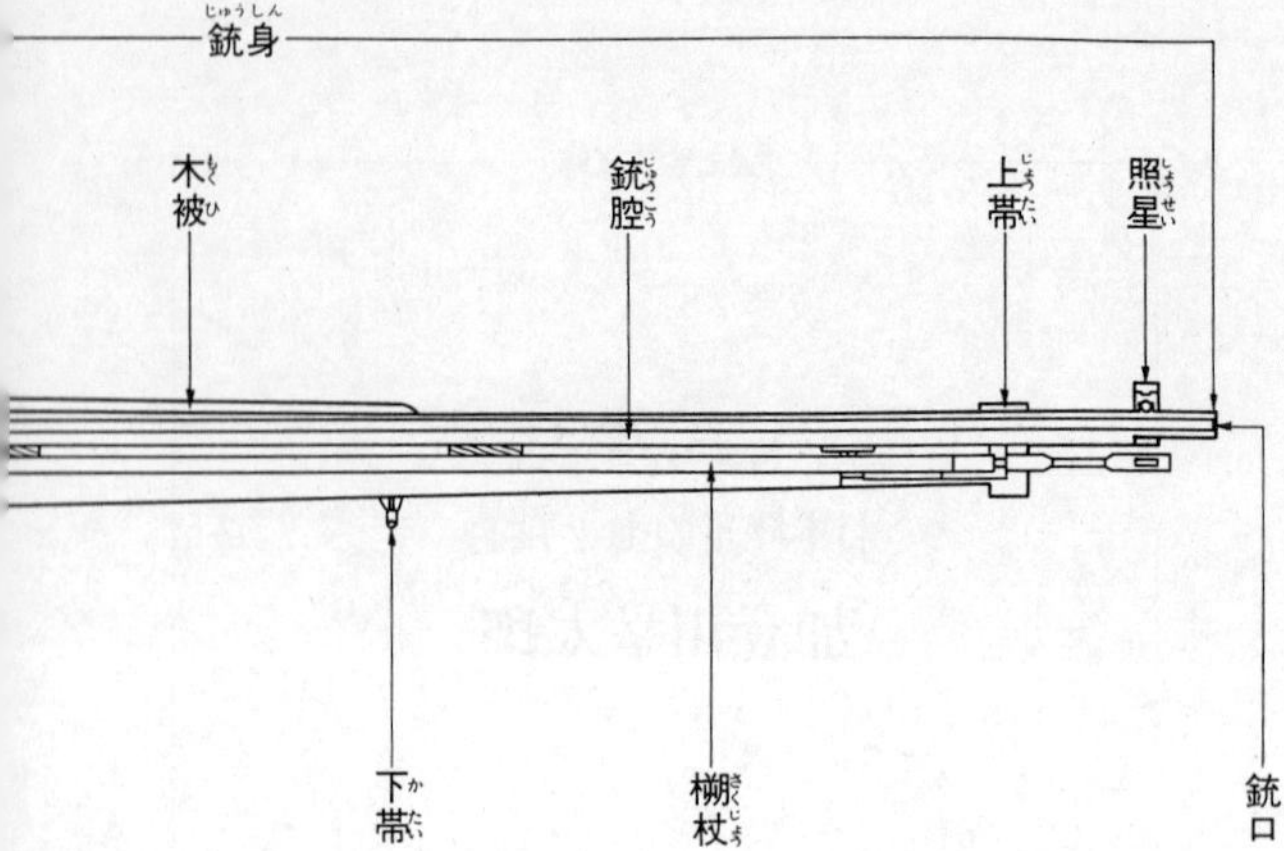

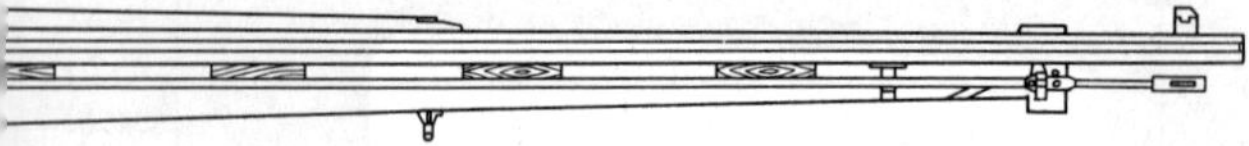

★三十年式銃剣

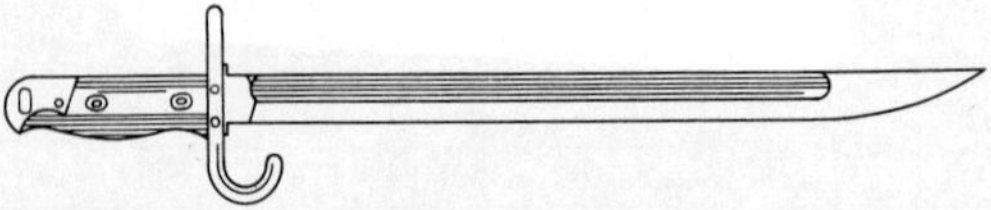

三八式、三十年式騎銃は騎兵、輜重兵、砲兵が使用し、のちの四四式騎銃は騎兵専用で折りたたみ式の銃剣がつけられた。三十年式騎銃は銃剣がつけられない。三十年式銃剣は刀身長390ミリ、重量440グラムである。

★三八式歩兵銃

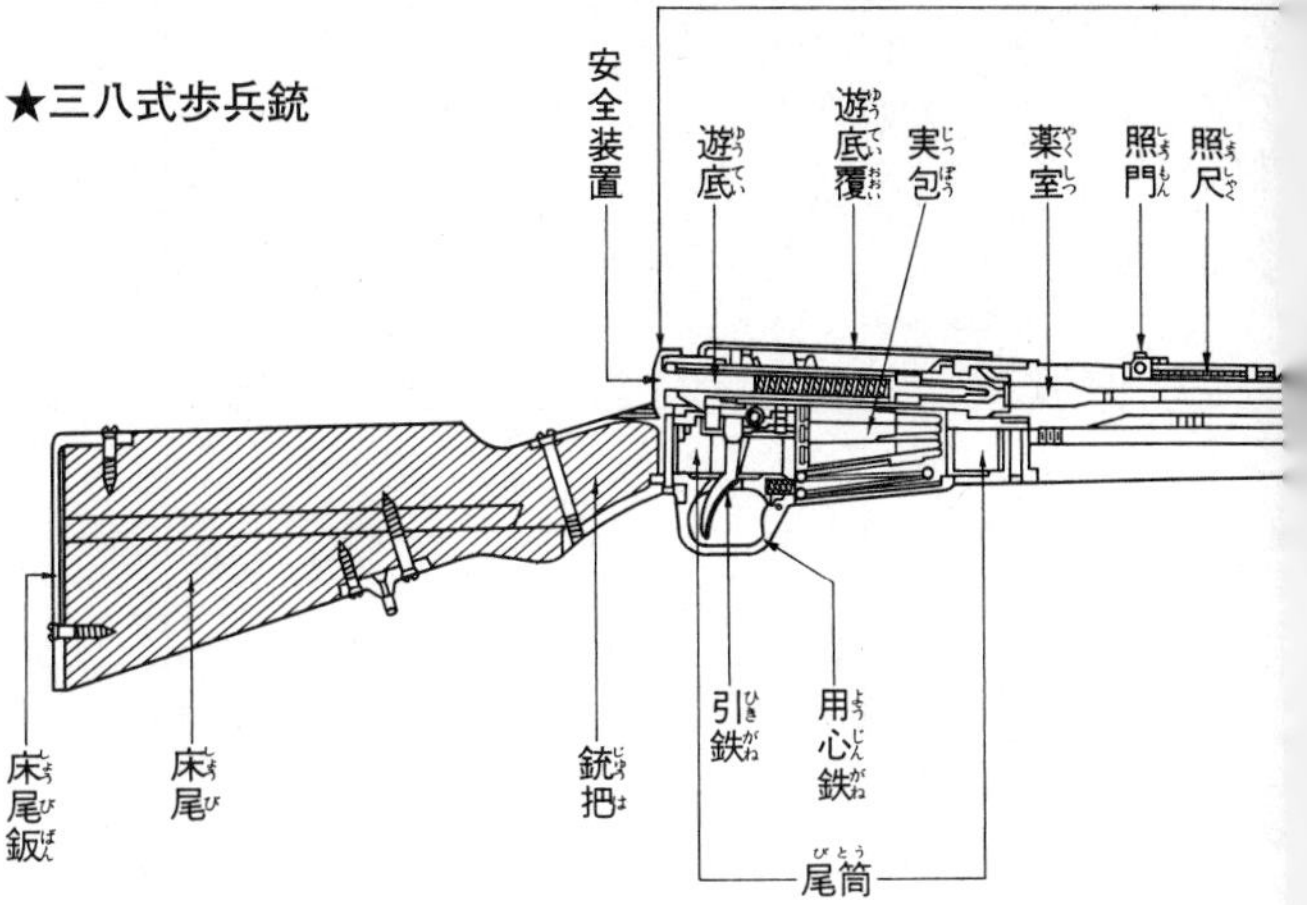

★三十年式歩兵銃

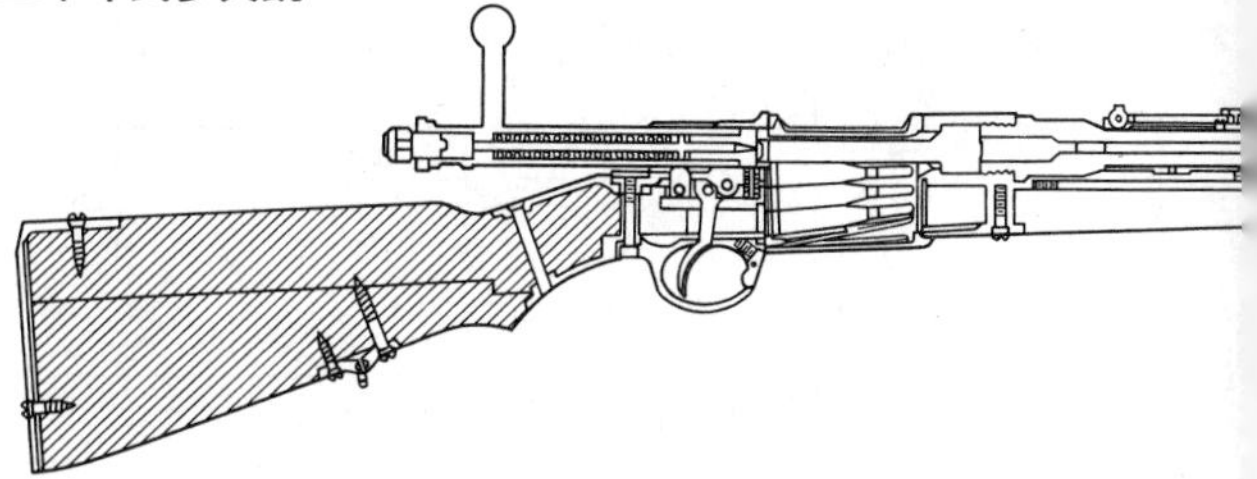

	口径 mm	全長 m	着剣全長 m	重量 kg	着剣重量 kg	最大射程 m	装填弾数
三八式歩兵銃	6.5	1.270	1.666	3.95	4.39	2000	5
三八式騎銃	6.5	0.966	1.356	3.34	3.78	2000	5
三十年式歩兵銃	6.5	1.275	1.665	3.96	4.40	2000	5
三十年式騎銃	6.5	0.965		3.29		2000	5

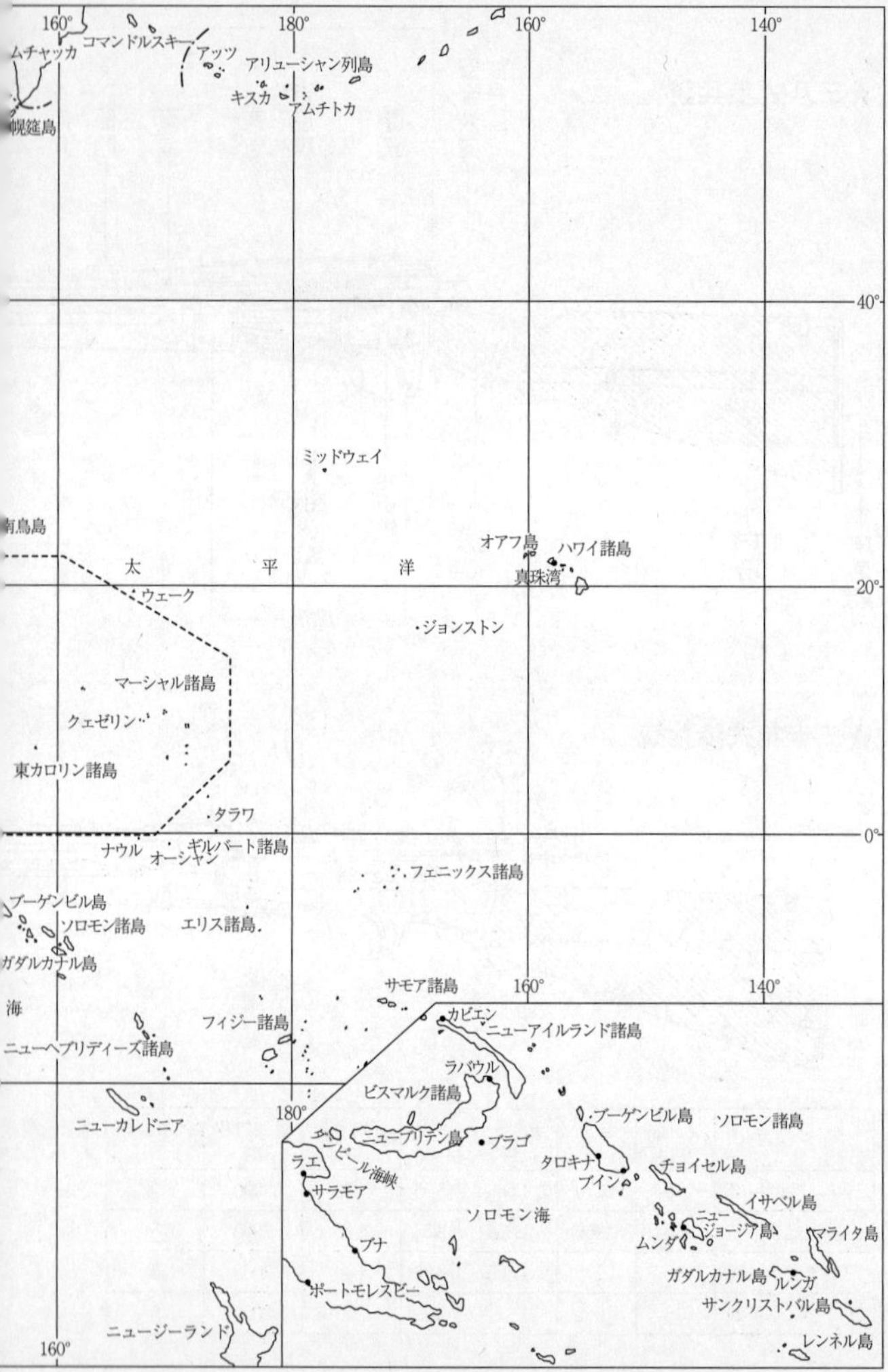
160°
180°
160°
140°
ムチャッカ
コマンドルスキー
アッツ
アリューシャン列島
キスカ
アムチトカ
幌筵島
40°
ミッドウェイ
南鳥島
オアフ島
ハワイ諸島
真珠湾
太
平
洋
20°
ウェーク
ジョンストン
マーシャル諸島
クェゼリン
東カロリン諸島
タラワ
0°
ナウル
オーシャン
ギルバート諸島
フェニックス諸島
ブーゲンビル島
ソロモン諸島
エリス諸島
ガダルカナル島
海
サモア諸島
160°
140°
フィジー諸島
カビエン
ニューアイルランド諸島
ニューヘブリディーズ諸島
ラバウル
ビスマルク諸島
180°
ニューカレドニア
ニューブリテン島
ブーゲンビル島
ソロモン諸島
ダンピール海峡
ブラゴ
タロキナ
チョイセル島
ラエ
ブイン
サラモア
イサベル島
ソロモン海
ニュージョージア島
ムンダ
マライタ島
ブナ
ガダルカナル島
ルンガ
ポートモレスビー
サンクリストバル島
ニュージーランド
レンネル島
160°

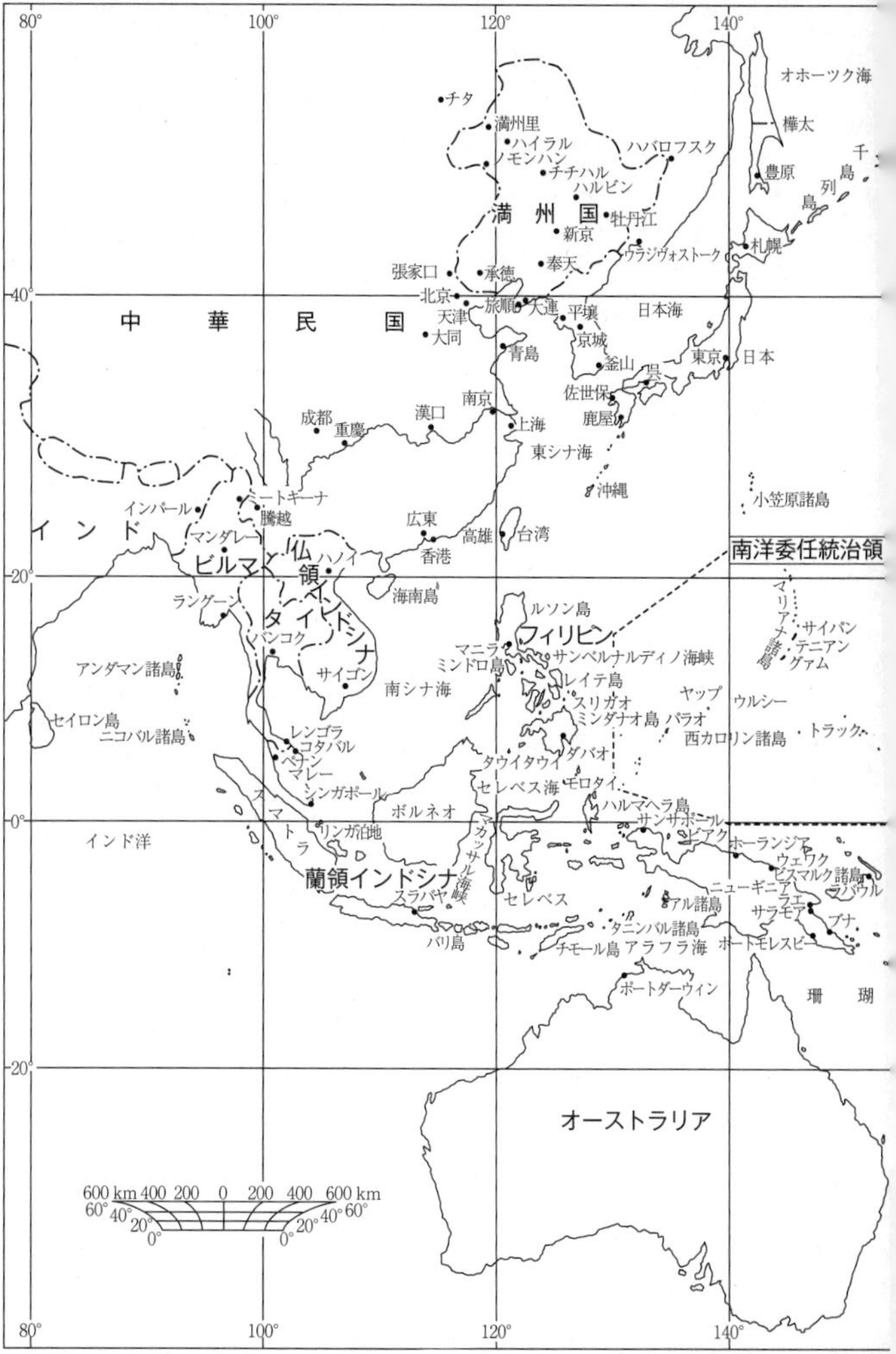
80°
100°
120°
140°
40°
20°
0°
-20°
オホーツク海
樺太
豊原
千島列島
チタ
満州里
ハイラル
ノモンハン
ハバロフスク
チチハル
ハルビン
満州国
牡丹江
新京
札幌
ウラジヴォストーク
張家口
承徳
奉天
北京
旅順
大連
平壌
日本海
天津
中華民国
大同
京城
青島
釜山
呉
東京
日本
佐世保
南京
鹿屋
成都
漢口
上海
重慶
東シナ海
沖縄
小笠原諸島
インパール
ミートキーナ
騰越
インド
広東
マンダレー
高雄
台湾
香港
ビルマ
仏領インドシナ
ハノイ
南洋委任統治領
海南島
ラングーン
タイ
マリアナ諸島
ルソン島
サイパン
フィリピン
テニアン
バンコク
マニラ
グァム
アンダマン諸島
ミンドロ島
サンベルナルディノ海峡
サイゴン
南シナ海
レイテ島
ヤップ
ウルシー
スリガオ
セイロン島
ミンダナオ島
パラオ
ニコバル諸島
レンゴラ
コタバル
西カロリン諸島
トラック
ペナン
ダバオ
マレー
タウイタウイ
シンガポール
セレベス海
モロタイ
スマトラ
ハルマヘラ島
ボルネオ
サンサポール
インド洋
リンガ泊地
ビアク
ホーランジア
マカッサル海峡
ウェワク
ビスマルク諸島
蘭領インドシナ
ニューギニア
ラバウル
スラバヤ
セレベス
アル諸島
ラエ
サラモア
ブナ
タニンバル諸島
バリ島
チモール島
アラフラ海
ポートモレスビー
ポートダーウィン
珊瑚
オーストラリア
600 km 400 200 0 200 400 600 km
60° 40° 20° 0°

三八式歩兵銃【目次】

三八式歩兵銃——日本陸軍の七十五年

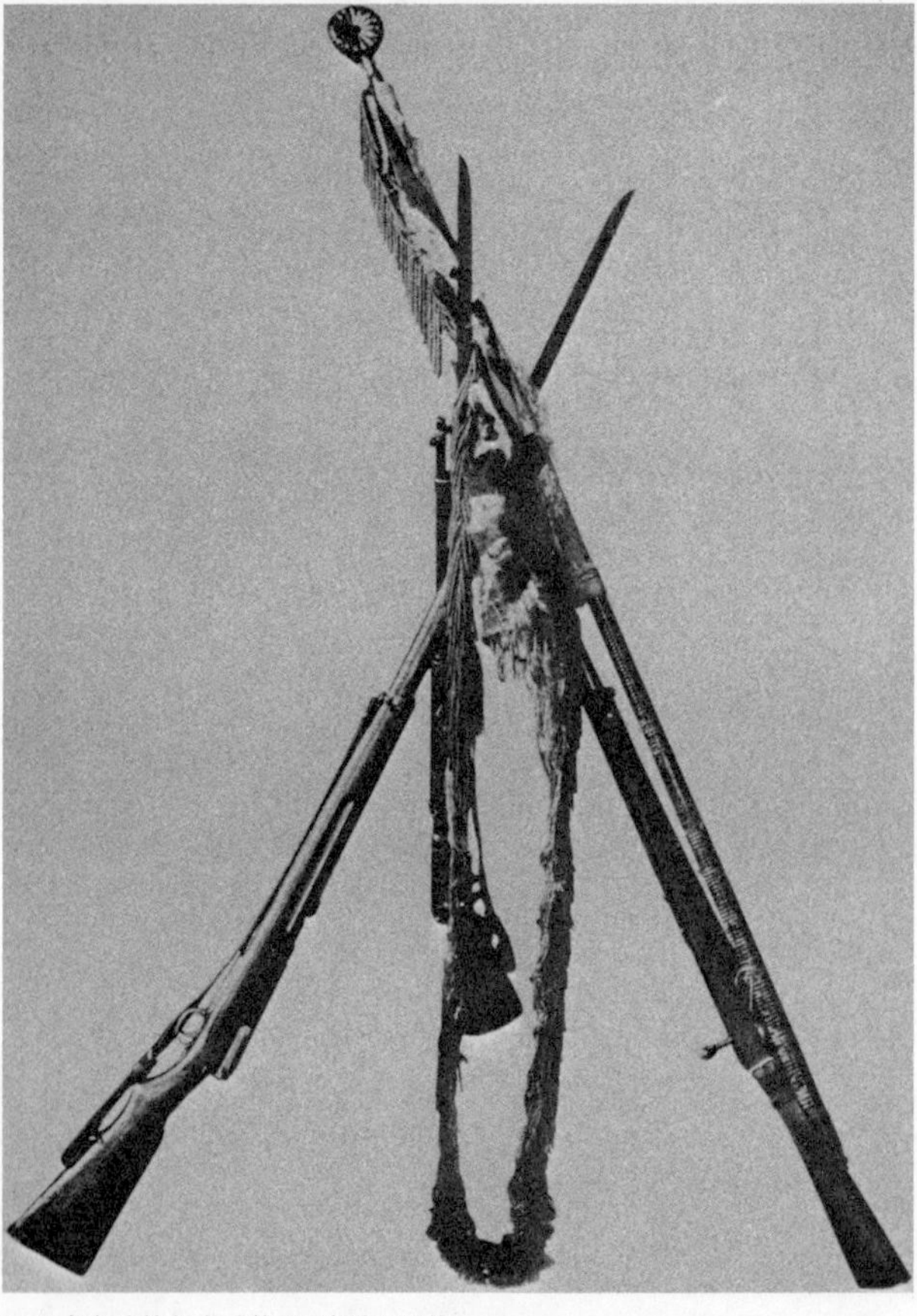

三八式歩兵銃と歩兵第25連隊の軍旗

第一章　肉弾

〈勇士の死屍《しし》は山上更に山を築き、戦士の碧血《へきけつ》は凹処に川を流す。戦場は墳墓となり、山谷は焦土と化す……

英国新聞スタンダードの一記者は「日本軍の喊声《かんせい》は、露兵の心臓を貫けり。その腸《はらわた》を剔《えぐ》れり」と言った。然り、日本軍の喊声は敵の心臓を貫き、腸を剔ったに違いない。しかし、その喊声は一日、一日とうすれて、敵の塁前、山と死骸を積んだにすぎなかったのである。幾許《いくばく》の鉄弾を抛《なげう》ち、幾何の肉弾を費《ついや》しても、この堅牢無比を誇った敵塁に対しては、殆んど何の効果を奏せざるに終ったのである。否《いな》、その後数回の大突撃も、肉弾又肉弾を投じて、勇士の血を涸《か》らし、骨を砕きしに止ったのである……〉

これは、桜井忠温著の『肉弾』の、明治三十七年八月十九日にはじまった旅順要塞第一回総攻撃を描いた節の冒頭の文である。

陸軍歩兵中尉・桜井忠温は、第11師団の歩兵第22連隊に属して日露戦争に従軍し、旅順の戦闘に参加した。この旅順要塞の本防禦線である東鶏冠山北堡塁の攻撃にあたり、八月二十四日、乱戦のあいだに桜井中尉は重傷を負ったが、奇跡的に一命をとりとめた。その著『肉弾』は、旅順における日本軍の活躍を伝える記録として、また迫力ある叙述によって、当時のベスト・セラーであり、日本海海戦を描いた水野広徳海軍大佐の『この一戦』とともに、明治末期から大正期の青少年のほとんどが読んだ有名な本である。日露戦争がおわって七年目の大正元年、桜井忠温氏は自らが傷ついた旅順をおとずれた。この時の見聞記は、『銃後』という本となった。これもまた、旅順の戦いの実相を伝える名著である。

旅順は、日露戦争でもっとも惨烈をきわめた戦場である。だが、〝肉弾〟となって戦った日本陸軍の将兵の活躍の舞台は、ここだけではなかった。実に、〝赤い夕陽の満州〟は、日本軍将兵の〝肉弾〟をもって戦われた戦場であり、日本陸軍はこの日露戦争を〝肉弾〟によって勝ちぬいたのである。ここに日本陸軍の起点がある。日本陸軍の興亡を描く本書は、まずこの日露戦争から回顧することとする。

臥薪嘗胆の一〇年

日本は明治二十七年（一八九四年）、清国と戦った。日清戦役である。そして翌二十八年、これを降した。大清帝国が、東海の小国日本の軍門に降ったのである。

それまで、欧米各国にいじめられながらも、〝眠れる獅子《しし》〟として不気味に思われていた清国を、この敗戦により猫ぐらいの力しかないと見てとった欧州列強は、遠慮会釈なく、利権獲得に乗りだしてきた。

まずロシアである。日清戦役の講和の時、日本が遼東半島を領有するのは〝東洋平和に害あり〟と言いがかりをつけて清国に還させた、いわゆる三国干渉から、舌の根のかわかぬ明治二十九年、旅順口をふくむ遼東半島の南部を租借し、東清鉄道敷設権を得た。

イギリスは、ロシアとのバランスを名として、対岸の威海衛を租借、フランスも南支の広州湾を租借と、それぞれ侵略の歩を進めてきた。

これに憤慨して、清国人の拳匪の蜂起（明治三十三年、一九〇〇年の北清事変）となったのだが、それがロシアに事実上、満州占領のチャンスをあたえる結果となってしまった。

こうなると、韓国もいつロシアの勢力範囲におさめられてしまうかわからない。一〇年前、となりの韓国に清国の手がのびるのを、いずれはわが身にふりかかる火の粉だとして、〝眠っている〟とはいえ〝獅子〟の大清国に、敢然とかみついていったのが日清戦役なのだ。こんどは、それがロシアである。

ピョートル大帝いらい、東へ、東へと手をのばし、なんとか清国をおさえつけて、ついに浦塩――ウラジヴォストーク（〝東方を征服せよ〟という名である）まで進出したロシアである。このロシアに対抗して、日本とイギリスは日英同盟（明治三十五年・一九〇二年）をむすび、東洋の現状維持を図ろうとしたが、そんなことでひるむ相手ではない。抗議をすれば撤兵を約束するが、胸に一物ある相手のこととて、これを実行するはずがない。ヨーロッパからどんどん軍隊を送りこんで、南満州を固める。既成事実を作りあげたほうが、外交辞令より効果的である。これは、今日でも世界の動乱に共通する一つのパターンである。

韓国にたいしても遠慮はしない。日本のような小国に気がねは無用である。結局、これで、ずるずると時がすぎていった。

ロシアの陸海の戦備が固まって、日本としては手も足も出なくなりそうな形勢となった。とうとう戦争に訴えるしかないとなった。明治三十七年二月六日であった。

日露開戦

容易ならぬ戦争である。まず何よりも京城を首府とする韓国を、日本の側に押さえこまなければならない。しかし、ロシアの艦隊が旅順と浦塩に頑張っている。京城に、ロシアよりもさきに日本軍を送りこめるか、どうか。

戦争は、こうしたきわどい対策からはじまった。日清戦役のときもそうであった。こんども幸いに機敏な日本海軍の活躍で、無事にスタートがきれた。

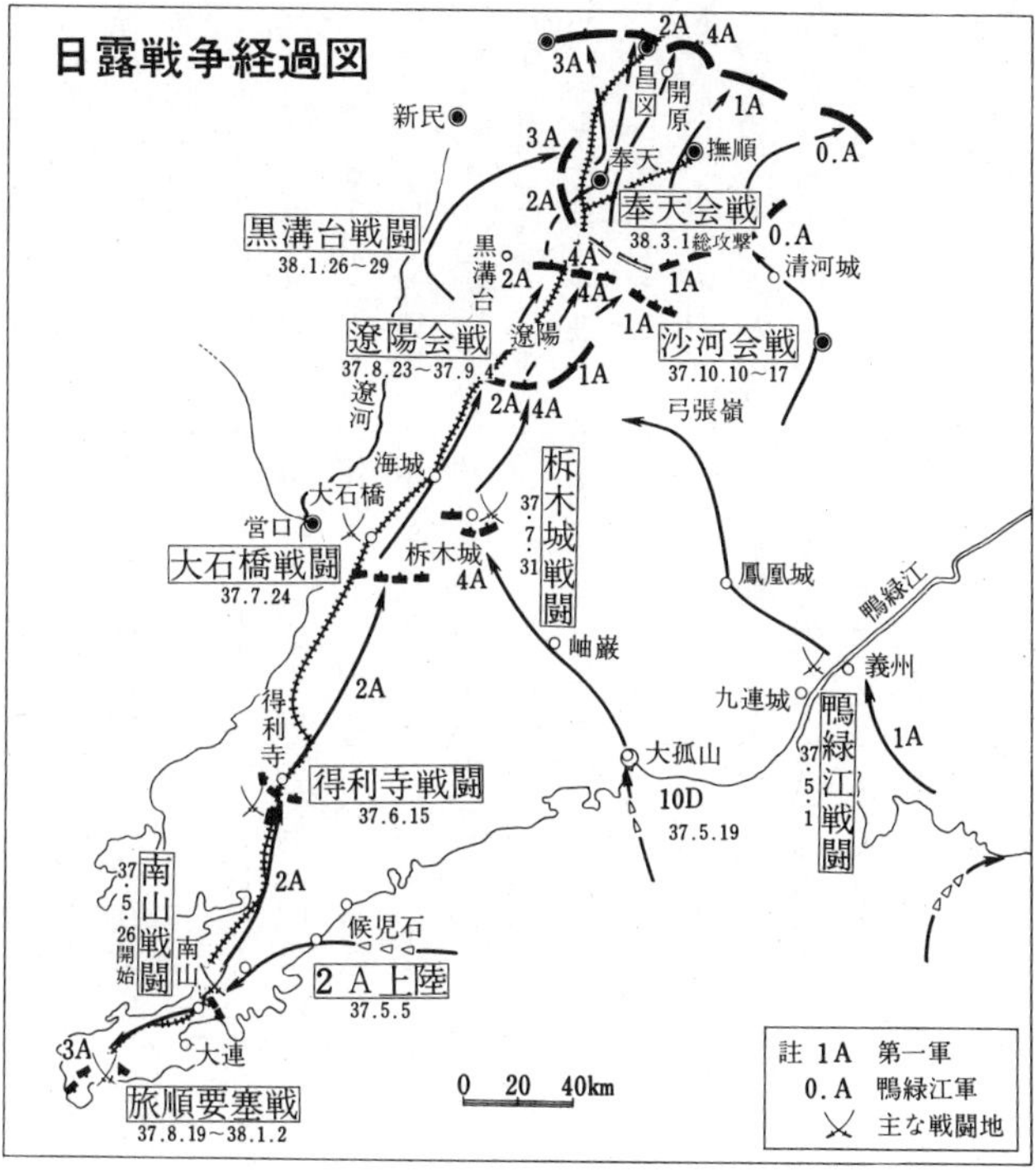
新民
3A
2A
4A
1A
0.A
昌図
開原
奉天
撫順
奉天会戦
38.3.1総攻撃
黒溝台戦闘
38.1.26〜29
黒溝台
清河城
遼陽
遼陽会戦
37.8.23〜37.9.4
沙河会戦
37.10.10〜17
弓張嶺
遼河
海城
大石橋
営口
大石橋戦闘
37.7.24
析木城
析木城戦闘
37.7.31
鳳凰城
鴨緑江
義州
九連城
岫巌
鴨緑江戦闘
37.5.1
大孤山
10D
37.5.19
得利寺
得利寺戦闘
37.6.15
南山戦闘
37.5.26開始
南山
候児石
2A上陸
37.5.5
大連
旅順要塞戦
37.8.19〜38.1.2
0 20 40km
註 1A 第一軍
0.A 鴨緑江軍
主な戦闘地

日露戦争経過図

目の上のコブのようなロシアの旅順艦隊を、港内に封じこめてしまおうと、船を港口に進めて自沈させる、いわゆる〝旅順口閉塞〟という、決死的な行動が三回も行われたのが、この時であった。広瀬海軍中佐と杉野兵曹長の話などが、ながく世に語りつがれたものである。

この間、黒木為楨大将の指揮する第1軍の三個師団（近衛、第2、第12）は、韓国を北進して、漸次ロシア軍を駆逐し、五月一日には鴨緑江を強行渡河し、優勢な敵を撃破潰乱させて、一日で九連城を占領してしまった。

開戦劈頭《へきとう》のこの戦勝は、戦争の推移に実に大きな影響をあたえ、やれるぞ、という気を全軍に起こさせた。第1軍は、さらに進んで鳳凰城をぬき、寛甸城を陥れ、連戦連勝をつづけ、ますます北進して遼陽にせまった。

一方、第1軍が鴨緑江の北岸に進出すると、奥保鞏大将の指揮する第2軍（第1、第3、第4師団）は、五月五日に猴兎石に上陸するや、ただちに金州城をぬき、南山の敵の堅塁を陥れた。そのあと第2軍は、旅順の攻略を第3軍にゆずって反転して北に向かい、旅順の救援に南下してきたロシア軍を得利寺の付近に迎え撃ち、これを敗走させた。

この北進第一次の大勝で、遼東半島における日本軍の足場はしっかりと確保された。一方ロシア軍は、旅順要塞を救援する見込みを絶たれてしまったのである。第2軍は、さらに進んで熊岳城、大石橋に敵軍を破って遼陽にせまった。

第1軍と第2軍の中間には、独立第10師団が、五月十九日に大孤山に上陸し北進した。七月二十五日、この独立第10師団に第5師団をくわえて第4軍となり、野津道貫大将指揮下に、岫巌をへて海城を陥れ、牛荘を占領した。

満州軍総司令部

こうして第1、第2、第4が相つらなって東方および南方より遠く遼陽を包囲する態勢がととのうと、満州軍総司令部が作られることになった。

六月二十日、総司令官にこれまで参謀総長であった大山巌元帥、総参謀長に、これまで参謀次長として開戦前から戦争の策案を一身ににになっていた児玉源太郎大将が任ぜられた。参謀総長には山縣有朋元帥が就任した。

各軍は八月二十三日から遼陽攻撃の行動を開始し、八月三十日から九月三日まで連日連夜、奮戦激闘をつづけ、ついに五軍団からなる優勢なロシア軍を北方に撃退した。世に有名な「遼陽会戦」である。

こうして満州軍は、遼陽付近の敵を撃退すると、渾河の近くに陣地を占領し、このあとの行動にそなえて準備していた。

この間に、奉天に退却していたロシア軍は、態勢を整えて再び南下を開始、前進してきた。これにたいして満州軍は、十月十日から全軍をあげて攻勢にうつり、ここにいわゆる

「沙河会戦」が起った。

この戦いも、十数日間昼夜をとわずつづいた激戦であったが、ついに敵を撃退することができた。苦しい戦いであった。押し返しただけであったが、ロシア軍は南下して日本軍を撃破するという企図に失敗した。しかし、このあとロシア軍は、増援をうけて逐次優勢となっていくのである。

旅順要塞の攻囲戦

満州軍の主力が、苦しい戦いながらも、じり押しに敵を北へ撃退している間に、第3軍は、旅順で言語に絶する苦しい戦いをつづけていた。

軍司令官、大将・乃木希典。第1、第9、第11師団に攻城砲兵などが増加されたこの第3軍は、旅順要塞の攻撃に従事していた。要塞前方の諸陣地を占領して要塞にせまった第3軍は、八月中旬には、いよいよ本防禦線である堡塁、砲台の前面にせまった。

日本軍が旅順で戦うのは、これが初めてではない。艦隊根拠地として好適のこの地には、日清戦役のときにも要塞があった。そして日本軍は、この時は強襲一日でこれをぬいた。

ロシアが堅固に作りあげたこの要塞は、日本軍としては封鎖して、ロシア艦隊が出港して暴れられないように封じこめておけばよいわけで、旅順口閉塞の壮挙も、そのために企てられたのだが、ロシア軍もそうはさせない。そこで、どうしてもこれを陸正面から攻撃

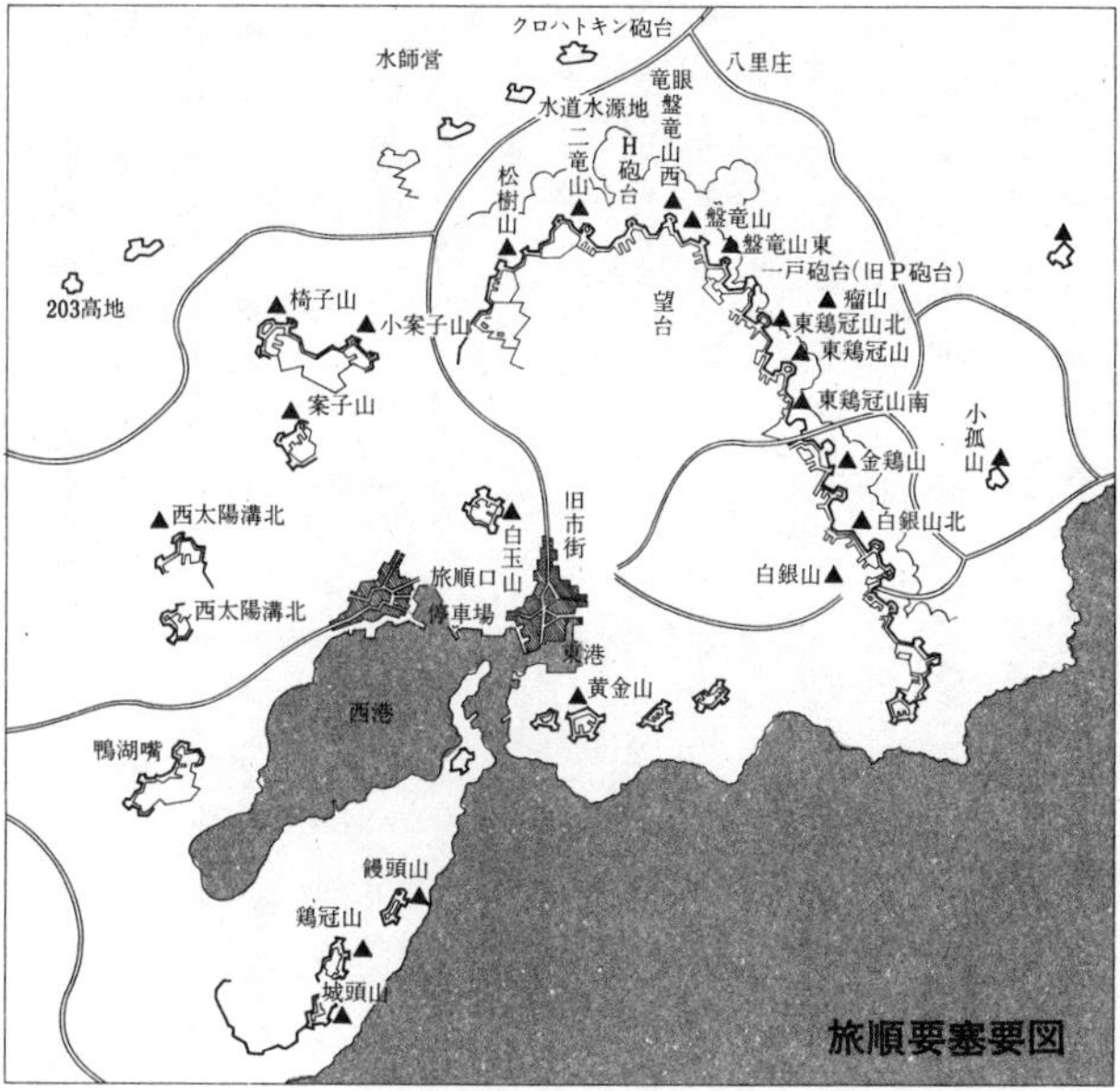
クロパトキン砲台
水師営
八里庄
竜眼
水道水源地
盤竜山西
二竜山
H砲台
松樹山
盤竜山
盤竜山東
一戸砲台(旧P砲台)
望台
瘤山
東鶏冠山北
東鶏冠山
東鶏冠山南
203高地
椅子山
小案子山
案子山
小孤山
金鶏山
白銀山北
白銀山
旧市街
白玉山
西太陽溝北
旅順口
停車場
西太陽溝北
東港
黄金山
西港
鴨湖嘴
饅頭山
鶏冠山
城頭山
旅順要塞要図

して占領し、ロシア艦隊を撃滅してしまわなくては、全満州軍の背後を安全にすることはできない。ここにこの堅塁を攻撃しなければならない理由があった。しかも、ロシアは、東洋艦隊を増援するために、はるばるヨーロッパから主力艦隊であるバルチック艦隊を東航させるという情報が入っている。旅順攻略を急がなければならない理由が、ここにあった。

桜井忠温氏は、旅順についてこう書いている。

〈日清戦役以来、旅順口の名は世界各国の注目するところとなり、殊に露国が十年の月日を重ね、数億の資を投じて、この地に堅塁を築いてより、戦略上最も重要なる地点となったのである……。

旅順の地たるや、市街や港湾を抱き込み、二百乃至四百米《メートル》の高地がこれを囲み、自然の防御陣地を形成している。すでにこの天険あり、加うるに、築城工事にかけては世界で有名な露国が、かの山、この丘と到る処に各種の砲台を築き、それに無数の巨砲、機関銃、小銃を配置して、正面、側面自由自在に射撃を指向し得る如くし、地雷、狼牢（おとしあな）、鉄条網をはじめ、あらゆる防禦材料をば、蟻の這う隙間もなく布設して、いかほど猛烈な日本軍の砲火に対しても、いかほど精鋭な歩兵の突撃にも、難攻不落の堅城なりと自信していたのである。

これに反し我軍の攻撃正面は、険しき山か、深い谷か、さもなくば敵の陣地に向かっ

て自然に緩徐な傾斜をもって登らねばならぬのであった。旅順口一帯の地形は、即ち守るに易く、攻むるに難きにあった〉

桜井中尉は、敵の本防禦線である堡塁に手をかけない前に負傷、後送されたから、その時旅順の堡塁にはぶつかっていない。

二龍山堡塁　外壕内部
前方の孔は側防砲の射撃する孔。この外壕は脊面のもの。日本軍の攻撃した前面のものはこれよりも広い

旅順要塞の堡塁は、写真にみるような構造である。堡塁を占領するためには、どうしてもその周囲の外壕を通過しなければならない。壕の中にはいることができたとしても、そのコンクリート室の中から壕を掃射する火器がある。これを破壊しなくては、外壕の中で生きていることは不可能である。そしてここを渡らなければ、堡塁内部に侵入できないという堅塁である。

旅順要塞にたいする日本軍の準備は、全般的に充分ではなかった。

こういう記録がある。明治三十七年四月二日、大山参謀総長から寺内陸軍大臣宛に次の通牒が出された。開戦してから二カ月後である。

「諸情報によれば、露軍は莫大な銅線を購入し、副防禦（障害物の意）に使用すること明瞭に有之候間、これに対し我は之を除去するの策を講ずること必要と存じ候に付、左の要領により鉄条鋏《ばさみ》を急製し、各部隊へ支給相成度。

新式のものを歩兵大隊に五〇〜一〇〇個

工兵大隊に六〇〜一二〇個

四月中に七二六〇個、五月中に三三〇〇個

交付順序は第3、第1、第4、近衛師団……」

新しく得た情報で、新式の鉄条鋏をというのだろうが、いかにもどろなわである。こんな莫大な数を、一、二カ月で作れるわけがない。大本営はとりあえず、各師団に二四〇個（各歩兵中隊に五個ずつ）という支給の示達をだしている。一事が万事、大本営側の準備や研究も必ずしも充分でなかった一例だが、この鉄条網というのが旅順では難物であった。

ふたたび桜井氏の記述をかりる。第一回の総攻撃の前である。

〈予等は大孤山の麓に在って、攻撃に関するすべての準備を急いでいた。殊に敵が副防禦中の最も有力なものとして頼んでいた鉄条網——我軍がかの棒杭とその鉄線との為に、いかに多くの生命を奪われたか。見渡す限り一面の山稜は、大小高低を問わず、遠く望めば点線の如くに取巻いているのは、即ち鉄条網である。

予等はこれを踏み、これを壊して前進せねばならぬ。これを破壊するのは工兵の本務とはいえ、その人員には限りがあって、鉄条網にはほとんど限りがない。されば歩兵も又、これが破壊に努めねばならなかった。そこで我等は、大孤山の前岸を利用し鉄条網を仮設し、工兵からその破壊方法を教えられたりした。

始めに鉄鋏隊《てつばさみたい》が前進して直ちに鉄線を切る。続いて鋸の一隊が進んで杭をゆすって仆《たお》す。仆れなければ鋸でひき仆すという具合にして、この網の一部を破って突撃隊の進路を開くのである……だが、おそるべき機関銃の銃先《つつさき》での仕事、鉄条網破壊のために驀進したるわが歩工兵の決死隊には、ほとんど生還者がなかった〉

鉄条網に突破口を開くにも、また肉弾をもってするのである。

こうした、当時としては破天荒ともいえる設備をもつ旅順要塞にたいし、日本軍はいかなる攻撃方法をもって、これを攻略しようとしたのか。

第一回総攻撃

全般の状況上、旅順の攻略は急がなければならない。第3軍は、もちろん大本営も同意で、「強襲」をもって奪取するに決した。「強襲」とは何か——突撃につぐ突撃をもって、遮二無二つきかかって堡塁、砲台を奪取しようというのである。

この是非は、今日これを論ずるまでもあるまい。だが、一部の砲台ではあるが、占領したのである。また、日清戦役で一日にして陥れた旅順であることも、勘定にいれなければなるまい。

八月十九日、天明とともに総攻撃は開始された。砲撃数時間の後に、歩兵は勇躍前進にうつった。砲撃中沈黙していた敵砲兵は、わが部隊の前進をみると猛然として射撃を開始し、全要塞ではたちまち起《た》って頑強な抵抗がはじまったのである。

戦況は刻々と悪化した。日本軍は、あくまで攻撃の手をゆるめない。攻撃は連続六昼夜におよんだ。だがいたずらに損害がふえるだけで、攻撃はいっこうに進捗しない。わずかに第9師団が、二十二日、盤龍山東堡塁の一角を、莫大な損害をだしながら占領しただけで、第11師団正面では、二十三日夜、望台の一角に突入したが、すぐに撃退されてしまった。

攻撃は行きづまった。第3軍は、二十四日の午後、総攻撃を中止しなければならなかった。本章冒頭の桜井氏の書いたような状況である。

この総攻撃におけるわが死傷は、一万五八〇〇名をかぞえた。史上空前の損耗である。

第一回の総攻撃に失敗した第3軍は、たとえ時日はかかっても、正攻法によらなくては損害が大きくなるだけだとして、軍司令部内部に異論がないわけでもなかったが、とにかくこの方法をもあわせて、実施することに決定した。

正攻法とは、一体どんな戦法なのか。

敵の堡塁に向かって壕を掘りすすめる。地形にもよるが、敵堡塁に近づいたら、敵前五〇メートル以内に、歩兵が展開できるような横にひろい突撃陣地を掘る。突撃隊がその陣地にはいり、予備隊はその直後の陣地につき、突撃準備を行うのである。

さらに、敵の堡塁には外壕がある。これを越す通路を開設しなければならない。外壕には側防火器がある。これも破壊しなくてはならない。すべて工兵の任務であるが、これには坑道を掘り進んで、敵の下から爆破するしかない。

こうした作業によって敵に接近し、敵の火器を爆破し、障碍を突破して、堡塁を占領しようとする戦法が、正攻法である。

これは時間がかかるし、日本軍の工事を敵が黙って見ているはずはない。壕の先端部で作業する将兵は、つねに決死隊であった。敵に近づく壕は電光形に作って、銃砲火の損害を減少しようとするが、敵がこの壕を縦射すれば一たまりもない。

正攻法を採用したとしても、特別の工事器材があるわけではない。工兵も歩兵も、岩石地帯の旅順で、つるはしとスコップで作業する。頼みの綱は爆薬だけ、近接戦ともなれば、小銃、銃剣で闘うのみであった。

掩護する砲兵は、砲も弾薬も足りない。総攻撃の時は別として、作業中の掩護射撃などできない相談である。即製の迫撃砲が作られたのも、この時であった。

旅順要塞の攻撃にあたって、現地の攻城砲兵廠でつくった木製、竹たがのもので、迫撃砲のはじまりである。盤龍山西砲台にむけて配置したもの。300メートルまでとぶ

旅順港内を砲撃中の徒歩砲兵第1連隊第3中隊

さらに強襲

第一回総攻撃の惨憺《さんたん》たる結果に直面して、第3軍は正攻法の採用を決心したが、はやく旅順を取らなければならないし、正攻法では時間がかかる。何とかして強襲によって堡塁が奪取できないか、という欲もでる。

九月十九日から再び、強襲がくりかえされた。各師団には、各堡塁を攻撃奪取せよ、という命令が下った。各師団は難戦苦闘、堡塁前方の諸陣地で、とりつ、とられつの激戦が展開されたが四七〇〇名の損害をだして、この攻撃は挫折した。

第1師団の攻撃正面の西南端にある二〇三高地が、この攻撃のさいに助攻正面として攻撃されているが、第3軍としては、まだこの高地に注目するにいたらなかった。

八月下旬の第一回総攻撃の失敗によって、海岸要塞の火砲である「二十八糎《サンチ》榴弾砲」を旅順に送る、という意見がでてきた。主唱したのは、陸軍審査部長の有坂成章少将と陸軍省砲兵課長の山口勝大佐であった。

この巨砲は、輸送や据えつけの時間の問題などが論議されたが、とにかく六門が旅順に送りこまれた。これが予想外にはやく、九月三十日には射撃ができるようになり、さらに増加されて一二門になった。この大砲については後述するが、当時の海岸要塞の主砲で国産であった。これが野戦に出てくるとはロシア軍も予期しなかったであろう。

第二回総攻撃

再び肉弾による総攻撃が企図された。成功の目算はなかった。だが時間的に追いつめられた第3軍としては、やってみるほかに途はなかった。

工兵第11大隊の攻城日誌を引用して、第二回総攻撃を見ることにする。

〈十月三十日。本日総攻撃の日なり。朝来、わが砲撃は猛烈を極め、砲弾は雨の如く敵砲台に命中し、硝煙敵陣を覆いて凄惨《せいさん》を極む。各将校は砲撃の光景に成功を夢見しが、この砲台にも、外岸匣室《こうしつ》の処置の未だ完成せざることに留意するもの少なし。午後一時突撃隊は奮進せり。突撃部隊は殆んど損害なく敵の散兵壕を奪取して、胸墻下に達せり。一時二分乃至《ないし》五分、形勢とみに可なりしも、六分に至れば形勢逆転、両方面とも先頭部隊の過半は仆《たお》れ、後方部隊又側防火に仆る。堡塁に向いしものは悉く地上に伏臥し、負傷者は続出して後退を始む。攻路頭は退却兵充満し、敵の射撃益々猛烈なり。彼我手榴弾戦を演ぜしが、ついに退却の余儀なきに至れり〉

〈ただ瘤山に向いし一隊のみ敵陣地を奪取し交通壕の開設に着手す。砲台に向かいし歩兵第四十四連隊及び工兵は三々五々弾痕に入りて日没を待つ。この間、勇敢なる工兵は敵と爆薬戦を演ず。……北砲台に対する攻撃は午前七時、穹窖《きゅうこく》突撃隊をもって穹窖を占領、爆薬をもって壁面を破壊、壕底に達する突撃路を作り、三十名の歩兵突撃せるも

……その多くは戦死し、外斜面を保持せる残兵は鶏冠山方面よりする爆裂弾のため射殺せられ、ついに攻撃を中止す〉

各師団は敵の猛火をおかして攻撃を敢行し、それぞれ、松樹山、二龍山、東鶏冠山北堡塁の外壕前にたっし（外壕前までは攻路作業で、ともかくたどりつける。問題は外壕である）、しばしば敵の逆襲を撃退したが、ついに堡塁を奪取するにいたらず、ただ第9師団が二十六日に鉢巻山、三十日に一戸堡塁を、第11師団が三十日に瘤山を占領しただけで、第二回総攻撃もまた挫折した。この総攻撃の死傷者は三八〇〇名であった。

この攻城日誌には、この総攻撃にかんする所見をこう述べている。

〈総攻撃の時機尚早なり。総攻撃を決行せんとせば、目標に対する諸作業は既に突撃を実行すべき時機に達しあるを要す。二龍山、松樹山いずれも未だ外壕を越ゆべき何等の方法を有せざりき。北砲台に於ける外壕は、突撃の日までわが軍の有にあらざりき〉

時期尚早であることは、正攻法にうつっている第3軍司令部とて知らなかったわけではない。急がなければならぬ苦しい立場から、万一を新来の二八センチ榴弾砲の威力にかけたのであろう。しかし、結局は、歩兵が外壕をこえ銃剣をひらめかせて突入するのでなくては、敵の堡塁の陥落は望むべくもなかったのである。

第3軍司令官以下の苦衷《くちゅう》を察することができるが、この難攻不落の正面に向けられた第3軍将兵は、まことに不運というほかはない。

二〇三高地をねらえ

要塞を強襲して失敗した第一回総攻撃のころから、大本営には二〇三高地方面から攻撃せよ、という意見があった。

第一回総攻撃と同様に、おなじ三堡塁(東雞冠山、二龍山、松樹山)を強襲して第二回総攻撃が失敗したのだから、当然、攻撃正面を二〇三高地に転換すべきである、という声が大きくなった。

しかし各師団とも、すでにその正面の主要堡塁にたいして、正攻法的攻撃を実施中である。この攻撃計画をかえて攻撃の重点をうつすには、第一線兵団を横すべりさせねばならないし、砲兵の陣地も移さねばならぬ。そんな時日の余裕はない。計画している攻撃を鋭意遂行するのが、目的達成の早道である。これが十一月のはじめころの第3軍の、また満州軍の見解であった。

戦争開始いらい第7、第8の両師団は、北辺に備えて控置されていたが、明治三十七年九月、第8師団は戦地に送られ、北方に使用されることになった。

第7師団は、国軍ただ一つの総予備兵力であった。旅順正面の苦戦がつづき、しかもその攻略を急がねばならないとなって、大本営はこの最後の一個師団を、旅順に増加することを決定した。

筆者は北海道の産である。旭川市近郊、現在の当麻町の屯田兵の家に生まれた。屯田兵のことは後章で詳しく述べるが、この屯田兵部隊が第7師団に育っていったのである。

筆者が陸軍士官学校を卒業して、はじめて勤務したのは、札幌にある歩兵第25連隊であった。だから第7師団の旅順の戦いは子供の頃から、そして大人になっても、この話の中で育ったようなもので、いまも記憶に新しい。

伯父の一人は、この旅順の二〇三高地で戦死している。

第7師団はこれより先、北海道を出発して十月には大阪に集結した。十一月十一日、第3軍の隷下にいれられ、十一月二十日には大連に到着した。

さて、第二回総攻撃にも失敗した第3軍は、こんどはいかなる方策をもってこの要塞を攻略しようとするのであろうか。勿論、第二回の総攻撃失敗後も、各師団の三堡塁にたいする正攻法攻撃は進められているが、その進捗の度は今までよりも格別テンポのあがる手段とてはなかった。

第3軍、第三回総攻撃を企図

この頃となっては、第3軍は軍内外からの非難の中心にあった。今日になっても、この旅順の指揮ぶりから〝乃木将軍凡将論〟がでてマスコミをにぎわすほどである。

八月いらい、うつ手はことごとくはずれ、損害をだすばかりである。砲撃は攻城砲の不足、とくに弾薬の不足でベトン製の堡塁、砲台に破壊の威力は充分にはおよばない。そして第二回総攻撃に失敗した頃には、いよいよのっぴきならぬところまできていた。

北方では沙河会戦（明治三十七年十月）の後、ロシア軍は兵力を増加して、攻勢に出てくる徴候もある。はやく旅順をかたづけて第3軍を北によびよせなくては、北方決戦の前途も危い。

しかし、これは陸軍戦略の問題である。さらに大きな問題は日本海軍にあった。東洋艦隊を封殺されたロシアは、遠くバルチック海から主力艦隊を東洋に送るため、すでにリバウ軍港を出発させている。敵の残存艦隊を旅順口内にしめつけているから、連合艦隊としては手がはなせない。一日もはやく旅順要塞をおとし、敵艦隊を撃破して連合艦隊を内地に引き揚げて、遠来の敵を迎え撃つ準備をしなければならない。それには、約二カ月を要する。バルチック艦隊の迎撃こそ、海軍の決戦なのである。

十一月中旬の状況では、敵の増援艦隊の日本近海進出は一月上旬と予想された。したがって日本海軍は十二月上旬になれば、たとえ旅順の封鎖をゆるめてでも、艦船の修理に着手しなければならない。これでは敵艦隊がまた暴れはじめて、満州軍の後方連絡線はどうなるかわからない。

これが第三回総攻撃強行が企図されたときの背景であった。

第三回総攻撃は、第3軍にとって、司令官はもとより全将兵にとっても最後の土《ど》壇場《たんば》であった。軍司令部には、満州軍総参謀長・児玉大将が乗りこんできて指図をしている。それよりも何よりも、総攻撃に先だって十一月二十二日、異例の詔勅まで下っていた。

「旅順要塞は敵が天険に加工して金湯《きんとう》となしたるところなり。その攻略の容易ならざるは素《もと》より怪しむに足らず。朕深く汝等の労苦を察し日夜軫念《しんねん》に堪えず。然れども今や陸海両軍の情勢は旅順攻略の機を緩《ゆる》うするを得ざるものあり。この時に方《あた》り第三軍総攻撃の挙あるを聞き其の時機を得たるを喜び成功を望むの情甚だ切なり。汝等将卒夫れ自愛努力せよ」

こうなっては全軍決死、突進するしかない。

筆者の母隊、歩兵第25連隊は十一月二十五日、戦線の後方、土城子で全将兵を前にして、この勅語の奉読式を行った。師団長・大迫尚敏中将からも二十四日、「必死」の訓示が下された。

総攻撃は計画どおり二十六日に開始された。前出、攻城日誌は簡単にこう書いている。

〈十一月二十六日。第一師団に於ける松樹山、第九師団に於ける二龍山の情況、わが北砲台と異なることなく、再三攻撃を復行せるも、ついに成功せず〉

ところで、この第三回総攻撃には、従来にない一つの奇策が計画されていた。「白襷隊《しろだすきたい》」とよばれる決死隊による砲台夜襲強行策である。

この策は、第1師団旅団長・中村覚少将の提案したものであった。第1師団がこれまで力攻中であった松樹山堡塁の南方にある松樹山第四砲台を「潜行、夜襲」によって強行奪取しようとするものであった。

この提案は、乃木司令官も松村務本第1師団長も、その結果を案じて賛成しなかったが、中村少将の決心あくまでも固く、またこの第三次総攻撃は、是が非でも成功させねばならない戦いであったので、ついにこれを許したのであった。

正式には「特別支隊」とよぶ。第1師団特別歩兵連隊（各連隊からの集成連隊）、歩兵第12連隊第1大隊（第11師団所属）、歩兵第35連隊第2大隊（第9師団所属）、歩兵第25連隊（第3大隊欠）、工兵一個小隊からなっていた。

全将兵、白襷を十文字にかけて味方の目印とした。「襲撃は銃剣を主とし、第一着の地歩を占領するまでは敵の猛射を受くるも応射することを許さず」と訓示された。

以下『歩兵第二十五連隊連隊歴史』によって、特別支隊の行動をたどることとする。

〈十一月二十六日夜、午後六時、支隊は水師営北東側集合地を発し、縦隊となって、水師営東端の小流に沿いて第二集合地たる松樹山北西麓の地隙に向い前進し……七時三十分頃ここに集合せり。午後八時四十分、第一師団特別歩兵連隊、歩兵第十二連隊第一大

白襷隊

隊は前進を始め、同五十分、松樹山堡塁の西側地隙に達して隊伍を整頓し、次いで松樹山第四砲台上西凸角に向い突撃せり。然るに敵前の障碍物は大いに運動を防害せるのみならず、敵の小銃、機関銃及び手榴弾の投擲にあい、又地雷の爆発などありて、我軍大いに奮戦努めたるも死傷算なく、今や頗る苦戦に陥れり。

ここに於いて中村少将は歩兵第三十五連隊第二大隊をして急行増援せしめ、歩兵第二十五連隊（第三大隊欠）を続行せしむ。而して同大隊は敵の第一線散兵壕下に達し、生き残りある諸隊と協力して突撃を敢行せしも、敵は頑として動かず。我死傷夥《おびただ》しく遂に目的を達せずして後退し、敵と二十米《メートル》を隔てて相対峙《あいたいじ》す。たまたま、我連隊増援して稍戦勢を回復せり。これより先連隊は第一、第二大隊の順で前進中、その先頭第二集合地に入りし頃、第一線を救援すべき命に接せり。乃《すなわ》ち連隊長渡辺（水哉）大佐は先頭に在りし第一大隊をまず急進せしめ、他は到着するに従い前進せしむ〉

〈この間中村少将は敵弾の傷つくるところとなり、連隊長渡辺大佐之に代りしも当時我第一線は部隊混淆《こんこう》し、幹部の死傷するもの多く、加うるに椅子山、案子山、松樹山の諸堡塁、砲台並に前面の敵よりいよいよ猛烈なる射撃をうけ、殊に前面の敵の探照燈破壊せるため全く暗黒となりて指揮益々困難となる。午後十一時……殆んど支隊の全力をあげて敵の砲台下に蝟集《いしゅう》し、尚しばしば突入を試みしも死傷者続出し、しかも益々敵兵増加し、且機関銃をもって我右側背を、松樹山堡塁より左側背を、諸砲台よりも射撃を受け情況すこぶる非にして、大勢いかんともし難く逐次後退せざるを得ざるに至れり〉

二十七日午前二時三十分、軍から特別支隊への後退命令が下った。

万策つきて採用した白襷隊の強襲の策であったが、この〝準備の全くない夜襲〟は、無暴の一語につきる。白襷隊の名は雄々しく、将士の奮闘に頭はさがるが、中村少将は果してどれほどの成算をもっていたのだろうか。

この連隊史に、つぎの記述がある。

〈第七中隊小隊長小出政吉少尉は、敵の銃砲火激しく死屍忽ち山腹を蔽い、形勢振わざるに至るや、奮然挺身、生存者を糾合して敵塁内に突入し、その砲身に跨るに至りしも遂に敵刃の仆すところとなれり。後、我軍同地の死体収容に際し、露軍将校より「最も勇敢なる日本将校の軍刀」として少尉の愛刀を送付し来れり。これより先、軍司令官より感状を受く〉

歩兵第25連隊はこの戦闘参加第一夜の戦闘で、将校戦死九名、負傷一三名、下士卒戦死一九八名、負傷三四九名、合計五六九名という損害をだした。

まことに苦しい緒戦であった。

二〇三高地

第三回総攻撃も、白襷隊の奇策も、ことごとく失敗したが、第3軍は攻撃をやめるわけにはいかない。

乃木軍司令官は、ここでいよいよ正面の攻撃を中止して二〇三高地を奪取することを決心した。この手をうってみるよりほかにない。しかもこの場合には、新来の第7師団がある。大きな部署変更などなしに、攻撃正面をつくる力をもっていた。

旅順の戦闘のはじまった頃、二〇三高地は堅固な工事を施した陣地ではなかった。高地の頂上に登ってみると、旅順市街と西港の全部と東港の大部分が手にとるように見える。椅子山、案子山堡塁なども眼下に見える。こんなところに何故永久築城をやらなかったの

戦闘直後の203高地

日露戦争を指導した日本陸軍の“頭脳”、児玉源太郎大将
写真は参謀次長時代のもの

か。日本軍の攻撃（最初の攻撃は九月二十二日）を受けるにおよんで、驚いて工事をはじめたのであった。

そしてその重要性をさとったロシア軍は、日本軍の攻撃を受けつつ工事を督励し、ついには永久堡塁にひけをとらぬ三条の散兵壕と強固な鉄条網とをめぐらし、頂上の鞍部――写真のように二〇三高地は馬の背のようである――にトンネルを掘って塹壕と塹壕とをつなぎ、その塹壕は軌條と鉄板とでおおったものであった。

第3軍がいよいよ二〇三高地を総攻撃すると決めたころには、防備は最大限に固められていたのである。第7師団は、この新たな金城湯池にひっかかったのであった。

第1師団は十一月二十七日、二十八日の両日、二〇三高地およびその東北方の赤坂山にたいし反復、突撃を決行した。三度占領し、そのたびに逆襲を受けてこれを奪還されてしまった。この時となっては、第1師団は疲労困憊《こんぱい》、損害甚だしく攻撃再興の余力はない。

軍司令部は二十九日、ここに第7師団を増加し、攻撃の強行を命じた。

ここでいよいよ二〇三高地、赤坂山の攻撃となるのであるが、攻撃する目標は、猫の額《ひたい》のような小さい高地で、攻撃する正面はかぎられている。第1師団の部隊、第7師団の部隊、各連隊の部隊や選抜隊が次から次と突撃し、友軍の屍をこえてすすんだ。戦闘の様相を伝えるため歩兵第25連隊の連隊史を引用するが、戦っているのは第1、第7師団など旅順の全部隊である。

〈十一月三十日、第三大隊は赤坂山攻撃隊（歩兵第1連隊第2大隊、歩兵第15連隊第3大隊、歩兵第25連隊第3大隊、歩兵第26連隊〔第2大隊欠〕基幹）に属し、同高地に対し、第一線は午前十時三十分頃より突撃を実施せり。第三大隊は予備隊たりしが、午前十一時突撃隊を援助すべき命令を受け、大隊長三宅少佐自ら先頭に在りて突撃をなし敵弾に仆れ第九中隊長伊藤大尉代りて大隊を指揮し、間もなく又仆る。第二線たる第十一、第十二中隊は第一線に近く前進せしが、突撃陣地には死傷者充満し且壕内狭く進出すること能わざりしをもって、後方交通壕より三、四〇名毎に一群となり、斜面を攀登《はんとう》し陸続敵陣地に突撃するも、同山東北部及び二〇三高地東北部より側射する敵の機関銃火、正面よりの小銃火、手榴弾等のため突撃頓挫し、遂に敵陣地を奪取するに至らず。ここにおいて午後一時頃より突撃を中止し、現陣地を固守して爾後の攻撃を準備す……同夜午前一時頃より第三大隊より選抜せる将校以下四十二名、歩兵第十五連隊第二大隊の選抜隊と共に攻撃隊の第一線となりて赤坂山陣地に突撃し中腹及び山頂散兵壕を奪取し、歩兵第二十六連隊の主力又到着し、全力をあげて陣地の構築に着手し屢々逆襲し来れる敵を撃退せしが午前四時有力なる敵の逆襲をうけ、応戦奮闘せるも遂に旧陣地に退却するの止むなきに至れり〉

屍の上に屍を積む苦戦であった。この一日の戦いで歩兵第25連隊の第3大隊は、大隊長以下将校九名、下士以下一八二名を失い、将校以下三四二名が負傷、合計五三三名の損害をだした。一日で大隊の戦力半減である。

白襷隊に参加した連隊の主力は十二月一日から、いよいよ二〇三高地の攻撃に加わることになった。二〇三高地攻撃部隊は、この日、配置についたが大迫師団長は敵情や第一線部隊の状況からみて、二〇三高地、赤坂山攻撃部隊にたいし隊勢の整理、体力の回復、攻撃作業の進捗を図るなど、攻撃準備を充分にすることを命じた。賢明な処置であった。

〈十二月二日。二〇三攻撃隊は従来の情況を維持し、西南山頂の一角は第三中隊これを固守せしも、東北部山頂は数日前以来敵の占有に帰しありて敵情大なる変化なし〉

〈十二月三日。二〇三高地西南部山頂の一角なる我陣地は、午前五時三十分、白玉山南方の敵艦より射撃を受け、夜来築設せる陣地の大部は破壊せらる。七時過敵兵五、六〇山頂より逆襲せるもこれを撃退せり。爾後敵の砲火猛烈を極め我観測所全く破壊し、八時過稍沈静に帰す〉

かくて十二月五日となった。これまで我慢して攻撃準備につとめてきた第7師団の将兵は、いよいよ、乾坤一擲《けんこんいってき》の総攻撃にうつった。

〈十二月五日。……連隊の選抜隊たる将校以下三十一名は、歩兵第二十七連隊、歩兵第二十八連隊の選抜隊並に歩兵第二十七連隊集成第三中隊、工兵第七大隊の一小隊と共に村上大佐の指揮に属し、午前九時過二〇三高地西南方山頂に向い突撃するや、敵は小銃火及び手榴弾をもって抵抗せるも、選抜隊はこれを撃退して遂に山頂敵陣地の一部を奪取す〉

〈第二大隊は第三攻撃陣地及び後方攻路に在りしが、午後二時連隊長渡辺大佐の命により大隊長平賀少佐は部下大隊及工兵一中隊を指揮し、山頂一帯の敵を掃蕩するため、逐次全力を展開し極力攻撃の結果、同二十分頃、敵を撃退し、東北部山頂の敵陣地を奪取す。然るに敵兵屢々逆襲し近く五、六米《メートル》或は二、三米に迫り、手榴弾、石塊等を投擲せるも、我も又射撃又は投石をもって之に当り、勇戦克《よ》くその位置を保持す。午後三時頃平賀少佐砲弾に斃れ第六中隊長大塚大尉代りて大隊を指揮す……〉

これで二〇三高地は、ついにわが手におちた。

〈十二月六日。二〇三高地を奪取するや午前九時連隊（第1大隊欠）は同山東北部山頂の守備に任じ、堅固に防禦陣地を施し、第一大隊は攻撃隊となりて同山西北麓に位置す〉

二〇三高地は確保された。

第三回総攻撃はこうして、二〇三高地の占領をもって実を結んだが、日本軍の損害は実に一万七〇〇〇名。歩兵第25連隊は、十一月二十六日の白襷隊いらい一〇日間の損害一六七三名、実に連隊の半数を失ってしまったのである。

血の出る二〇三高地

前出、桜井忠温氏は『銃後』に、戦後七年目の二〇三高地の上に立って当時をしのび、こう書いている。

〈二〇三高地の石を割ったら血が出るという。まさか血も出まいが二〇三高地は彼我の

燃える旅順港内　明治37年12月、203高地を日本軍に占領され、28センチ榴弾砲の砲撃をうけ燃える港内。大火災は黄金山下の石油タンク。軍艦、右は「パルラダ」、左は「ポベーダ」

兵二万人の死傷者を作ったところで、全山血に浮いたのであるから、石から血も出そうな筈である。十一月二十六日より十二月六日に至る間、即ち第三回総攻撃の大部分は主として二〇三高地の戦闘であった……。二〇三高地は戦闘後死骸の後片付をするのに手のつけようが無かったそうである。麓から死骸を引き抜くと、ズルズル山の上から死骸が下ってきたというようなこともあったのが二〇三高地である……敵の堡塁が爆発しては我兵もその土砂をひっかぶり、幾千となく地中に埋まり、爆発しては埋まり、何回となくひっくり返したので山の底まで死骸がつまっているわけである。一雨毎にコロコロコロ、

明治38年1月5日、乃木将軍とステッセル将軍の水師営会見　荒井陸男画

骨が出てくるのもそれがためだ。二〇三高地の墓場にはこれから何年たっても日露の勇士の骨が尽きてなくなることはあるまい。帽子や外套の布さえ、七年後の今日でもまだ昔のままである……〉

二〇三高地占領の効果は、予想以上に大きかった。二八センチ榴弾砲は二〇三高地上に観測所をえて、たちまち威力を発揮した。五日午後、はやくも戦艦「ポルタワ」に命中、弾薬庫が火災をおこし上甲板まで浸水した。戦艦「レトウィンザン」にも命中。六日、戦艦二隻が沈没。連日にわたって艦船撃沈、造船所などを粉砕する戦果をあげた。港内いたるところ敵艦船は残骸をさらした。日本海軍はその希望どおり十二月中旬以後、バルチック艦隊を迎えうつ準備に専念できることとなった。旅順のロシア艦隊を撃破してしまえば、もはや堡塁を強襲する必要はない。そしてその頃には、苦労に苦労をかさねた正攻法攻撃が実を結びはじめていた。

十二月十五日、鶏冠山北堡塁は爆破された。このとき、旅順要塞の柱石であった勇将コ

ンドラテンコ少将が戦死をとげ、これが旅順降伏の一因となった。十八日、この堡塁は日本軍の手におちた。十二月二十八日には、二龍山堡塁が徹底的に爆破され、十二月三十一日、松樹山堡塁も爆破された。

こうして一月一日、旅順背面第一の天険たる望台が落ちるにおよんでステッセル将軍は白旗をかかげ、二日、旅順開城引き渡しの文書にサインしたのである。

奉天会戦と日本海海戦

旅順は陥落した。

満州軍総司令官は、ただちに第3軍を北方によびよせた。沙河会戦いらい増加する敵兵力を前にして、まちにまたれた乃木軍であった。

その第11師団は、これを右翼方面にうつして、同方面で作戦中の後備第1師団と合して鴨緑江軍が編成された。司令官は川村景明大将であった。

諸軍たがいに連繫を保ちながら北進して、ついに奉天攻撃となった。彼我おのおの約四〇万、戦線は一六〇キロにおよんだ。鴨緑江軍は最右翼にあって清河城方面にすすんで敵を牽制し、乃木軍は最左翼にあって大迂回をして西北から奉天を衝き、敵の退路を絶とうとする。第1、第4、第2の諸軍はその中間を進む。

二月二十三日から三月十七日にわたる二三昼夜の間、日本軍将兵の奮進勇闘がつづいた。

明治38年3月15日、大山総司令官以下の奉天入城
鹿子木孟郎画

旅順とはちがう野戦ではあるが、砲戦、銃戦、あるいは爆薬をもって戦い、あるいは白兵突撃、その悲壮なることとかわりはない。第3軍をもって敵の退路を完全に絶つことはできなかったが、敵が約半年にわたって強化につとめていた、その満州軍を撃破、これを潰走させた。敵の死傷一二万、捕虜五万であった。

陸戦の決定的勝利であった。

日本国内の歓喜は想像に難くない。そしてその戦勝の最中に、児玉総参謀長はひそかに上京してきて、「陸軍はもう前進はできない。講和の潮時である」と進言した。当時日本に好意的であった米国のローズヴェルト大統領も「このたびの陸戦はほとんど世界無比の戦いである」と賞賛しつつも「講和談判の潮時」だと意見をのべている。

ここに当時の日本の軍事、政治の首脳者のみごとな終戦指導が始まるのであるが、ロシアにはまだ切札があった。東航中のバルチック艦隊である。これが、有力な力をもったまま浦塩軍港に着くことができたら、戦局の将来はまだまだどうなるか判らない。奉天敗戦の影響は決して少なくないが、日本軍とちがって兵力がないのではない。新鋭の部隊は続々とシベリア鉄道によって送りこまれているのである。

そして明治三十八年五月二十七日の日本海海戦となった。

「敵艦見ゆとの警報に接し、連合艦隊は直ちに出動これを撃滅せんとす。本日、天気晴朗なれども浪高し」

「皇国の興廃この一戦に在り。各員一層奮励努力せよ」

皇国の興廃のかかるこの一戦で、連合艦隊は、もののみごとに敵を撃滅した。その戦況をこの陸軍史で詳しくのべる必要はあるまい。それほどまでに有名な戦いであり、海戦史

満州軍の首脳たち　　右から川村鴨緑江軍司令官、児玉総参謀長、乃木第３軍司令官、奥第２軍司令官、大山総司令官、山縣参謀総長、野津第４軍司令官、黒木第１軍司令官（戦闘終了後、山縣元帥が総司令部を訪問したときの記念撮影）

上、空前絶後の完全勝利の戦闘であった。

提督ロジェストウェンスキーの率いるバルチック艦隊は三十七年十一月、本国を発し、二二〇日をついやし、一万七〇〇〇海里の海をこえて対馬の沖にたどりついたのだが、二十七日午後二時すぎから始まり、二十八日におよぶ昼夜の戦闘で、司令長官は捕虜に、艦隊三八隻中二一隻は沈没、七隻は捕獲されてしまった。日本軍の損害は水雷艇三隻であった。

そして、この大勝利が終戦の決め手になった。だめ押しの決勝満塁ホームランというところであろうか。みごとなものである。

その後、講和までの経緯は次のとおりである。

六月　米大統領、日露両国に講和勧告。

日本、ロシア受諾。
七月　日本各地で講和条件要求の集会相つぐ。
八月　日露講和会議ポーツマスで始まる。
九月五日　日露講和条約調印。日比谷で講和条約反対国民大会。政府系新聞社、交番焼打さる。全国にひろがる。
九月六日　東京そのほかに戒厳令施行。十一月末におよぶ。

明治維新いらい三八年、日本陸軍、生まれて三五年にみたない。それがここに世界の最強国ロシアを相手にしてその侵略的野望を粉砕するに足るだけの力をもつまでに成長したのである。

そして、その日露戦役を戦った日本兵は、どのようにして育ち、どんな武器をもって戦ったのか。

また日本陸軍の戦闘遂行力は、どのようであったのか。

いずれも、この戦争にさきだつ三十余年の所産である。

本書はここで、明治新軍の建設期にさかのぼり、日本陸軍の発展の足どりをたどることにしたい。

第二章　明治の新軍

明治新軍の建設、すなわち近代兵制の確立となると、話はどうしても、「御親兵」の昔に、そしてそれよりも前の、近代軍誕生の基盤になった諸事象に筆を戻さなければならない。

明治新政府は生まれたが……

幕末の情勢と新課題に直面して、徳川の幕藩体制は、何の対応力ももてずに、朽木のごとく崩れさった。当時、欧米の諸国は産業の発展から、以前にまして海外への伸張の力をたくわえていた。この外圧にたいして対抗できる近代国家に変身することが、明治新政府の課題であった。

そのためには、まず国内におけるふるい封建制度のかすを除き、これにともなう反対勢力の反動を制圧しなければならない。

このための第一要件は、なによりも新しい強力な軍事力をもつことであった。しかし、封建的秩序を打ち倒そうとするのであったから、古い封建的武力をそのまま用いることはできない。これをどうするか。ここに、藩制の廃止、武士団の解体、身分制度の撤廃、一般人民の解放など、新政府の課題の多くがかかっていた。

だが、新政府になったとしても、直属の軍隊などは何もなく、新軍建設の基盤もきわめて微々たるものである。一方、諸藩は、その藩籍は奉還したとはいうものの、実質上の支配権はその手にあり、厳として三百年の権威を保持している。こんな中で、どうやって新しい兵制をたてるか。いかなる改革にせよ、進歩と反動、保守と革新の闘うなかで行われるものだが、この新しい兵制確立の問題が容易でなかったのは想像にかたくない。

この難局に軍政の舞台に登場し、新軍の兵制の方向を確立したのが、大村益次郎永敏であった。

大村益次郎は山口の低い家格の医者の子に生まれた。刻苦精励して医者の勉強をしたが、その豪気鋭利な性格から医者であきたらず、蘭学者になり、そして洋式兵学者になった。ほとんど独学で軍事学を勉強したのだが、数理的な頭脳と強い意志で、幕末兵学界で一頭地をぬき、長州藩が幕府軍の攻撃をうけたときの戦争と、その後維新のときの上野の戦争で、そしてさらに奥羽、函館の戦争で、実戦場での戦術、戦略的手腕によって、その評価は決定的のものとなった。(明治維新の論功行賞で長州藩では木戸孝允が千八百石、大村は

千五百石、山縣有朋は六百石である）

しかし、新政府に登場（彼は明治二年七月、新設の兵部省の兵部大輔となる。兵部卿は嘉彰親王であったから、彼が事実上の長官である）したときには、すでに西郷、大久保のような幕末いらい倒幕に活躍した大立者が声望隆々と頑張っていたときだから、彼は二流、三流の地位であり、仕事に制約もおおかった。

だが大村は、フランス軍事学の勉強からえたフランス的理論、武士でない育ちからの感覚、そしてはやくも民兵の威力を現わした長州奇兵隊での実戦体験から、その考えは西郷とはちがっていた。

彼はつまり、もっとも尖鋭的な「藩兵主義反対論者」であり「民兵主義者」なのであった。藩兵を廃止し、藩制そのものを撤廃するのが彼のねらいであった。兵部大輔として軍務の全権は握ったが、確乎とした武力の背景のない新政府に威令の行われるはずもなく、倒幕に関係した諸藩の軍隊はますます増長する。大村は、はやくも倒幕の功労者たちに、きたるべき政治的反動と相剋をみてとった。

「逆賊となった奥羽諸藩による治安の乱れなど問題ではない。将来の禍害は西におこる」として、彼は軍事根拠地を東京でなく大阪方面においた。だが彼はそのあけすけな武士不要論のためこれに反対するものに暗殺されてしまった。

彼が実行に着手したものといえば、兵学寮、火薬や兵器の製造所の設置で人材養成、兵器製造という基本的で大切な問題ではあるが、基礎的なことにしかすぎなかった。

明治新政となって、その兵制のねらいが明らかにされるにしたがって、まず武士およびこれにつながる層が反対の側にたった。倒幕の軍事的主体となったのは各藩の下級藩士の大衆であり、また支配階級に立身しようとした庄屋、名主などのグループによる、いわゆる草莽《そうもう》隊であった。

倒幕成功後には、草莽隊などはいらぬものであり、藩兵の側からみると、新政府は、自分らのための政府ではなく、自分たちの存在を抹殺しようとするものであることがわかった。急激に反政府の方向に傾くのは当然といえよう。

大村益次郎はその犠牲であったが、この混乱の中に兵制改革の礎石をすえつけたのは彼の功績である。靖国神社設立の提唱者も彼である。ここに彼の銅像の残る理由もある。

大村の没後、その遺業は山田顕義、曾我祐準などが引きついだが、偉大な指導者をうしなっては進展はおそく、部内の相剋や紛糾があって事務はすすまなかった。この時、この兵制改革に献身し、やりとげたのが山縣有朋である。

山縣有朋といえば、明治・大正をつうじて長閥の巨魁《きょかい》、陸軍の〝ローマ法皇〟といわれ、「椿山荘」の大御所として、悪《わる》の親玉みたいにいわれた人であるが、その権威の基盤は、明治建軍期の実力によるものであり、声望の変遷は明治・大正六〇年の流れによるものといえよう。

（彼は大正十二年八十五歳で没した。長州・萩の足軽の倅《せがれ》として生まれた山縣小助の、東京・護国寺にある墓碑には、枢密院議長・元帥陸軍大将従一位大勲位功一級・公爵・山縣有朋とある）

さてこの山縣は、大村からその思想をうけついだのではなかったが、軽輩武士の出身だから身分的執着などはない。そのかわり奇兵隊の組織者としての実戦的経験はもっている。そして当時もっともはやく海外に派遣された者（明治二年二月、藩主の命令でヨーロッパ視察にでかけ――このとき、薩摩の命令で西郷従道も――明治三年八月に帰国）の一人として、外国兵制を自分の目で見ている。

山縣は、兵制改革の目標は、国民大衆を基礎とする近代兵制の実施とそれによる兵備の統一にある、と確信して帰国したのである。そして彼は狡猾《こうかつ》ともいえそうな明敏さと順応力をもっていた。大村のような非妥協的な態度はとらない。この旧奇兵隊長が、西郷の威望をかりて軍政の主班とし、西郷が「御親兵建設」を言いだすと「それも一段階」と、我意をすてて賛同し、ここに「御親兵」の創設となったのである。兵制改革の第一歩であった。

御親兵と鎮台兵

山縣有朋の『陸軍省沿革史』にこうある。

〈……故兵部大輔大村益次郎の議により、兵学寮を大阪に設け、士官を養い兵を畿内《きだい》に徴せんとしたるも、大村は中道にして斃《たお》れ（明治二年九月、刺客に傷つけられ没す）、東京に在りて国都を守護するものは、わずかに長州の兵のみとなり、薩州の兵はその藩士西郷隆盛之を率《ひき》いて帰藩し、土兵（土佐の兵）又その例を逐《お》い、兵権散じて復《ま》た収拾すべからず〉

長州の大村の案による徴兵民兵の策が気にいらん、と薩摩の西郷らが国に帰ってしまったのである。明治三年のことであった。

〈たまたま山縣有朋、西郷従道、欧州の巡遊を終えて帰朝したるが、三年十月政府は有朋を兵部少輔に、従道を兵部権大丞に任じ、以て兵賦の事にあたらしめたり。有朋は時勢の頗《すこぶ》る為し難きを見、西郷隆盛を起すに非ざればこの難局を救う能わずと思惟し、之を条件としてその任に就きたり〉

まさに、そのとおりであったろう。同年十二月、勅使・岩倉具視が薩摩に行く用務があったとき、大久保、山縣、川村純義らが供をして鹿児島に行った。西郷を説得するためである。先に還《かえ》してあった西郷従道もともに口説《くど》いていたのであろう。

〈……既にして隆盛来る。有朋之に対して時勢の要務を論じ、この際に於て先生の高踏遠引せらるることは国家のために不利なりと説きて切にその出廬《しゅつろ》を促したり。隆盛は、木戸孝允と談合の上その賛同を得て更に土藩を説き、薩長土三藩の兵をもって御親兵と為さん、との議を出したり〉

有朋、本来の考えとは違う。だが、ここで西郷の意に逆《さか》ってはどうしようもなくなる、賛意を表するにしかずとしたのだが、釘を刺すことは忘れなかった。

〈有朋曰《いわ》く、好意多謝。但し、既に御親兵という。藩の都合によって之を進退左右すること従来の如くなることあるべからず。いやしくも一旦御親兵となりたる上は、もはや藩の家臣に非ず、万一、薩摩守殿なり、はた又長土の藩主にして謀叛《むほん》せらるるが如きことあるに於ては、大義により断然これに対して弓を引くを辞せざるべきものたらざるべからずと。隆盛大いに之を賛同し……〉

言いだした隆盛自身、岩倉勅使一行とともに長門にいたり、木戸孝允と約束をとげて長州藩の同意をえて、さらに土佐にいたって藩主山内と板垣退助と謀《はか》って、土州藩からも御親兵をださせる約束をして上京、さらに帰国して兵を率《ひき》いて上京した。明治四年二月のことである。ここにはじめて御親兵の編成をみることになった。

薩摩藩は歩兵四大隊、砲兵四隊。長州藩は歩兵三大隊、土佐藩は歩兵二大隊、騎兵二小隊、砲兵二隊（薩摩、七十万石、長州三十六万石、土佐二十四万石の比に応じたもの。土佐藩は藩勢にあわずとして一大隊をへらす）、合計兵員一万人であった。西郷はもちろん出馬して参議となった。参議首席として、形式上は西郷の寡頭政治である。

「御親兵」が兵部省に隷属せられ、有力な政府直属の軍隊をえた。この士族軍隊の御親兵の背後には、三雄藩が光っている。

この強力な兵力をバックに新政府は懸案の「列藩を廃して県と為す」という、いわゆる廃藩置県を強行した。明治四年だった。反対をとなえる力をもった藩はすでになかった。

習志野原演習行幸
明治6年4月30日、明治天皇は千葉県大和村に近衛兵の演習を査閲された。のちにこの地は習志野と名づけられた。 小山栄達画

廃藩置県の断行とともに兵部省は、ただちに全国の城郭、武器、弾薬を接収しはじめ、政府直属の統一兵力として、従来の二鎮台を四鎮台とし全国に設置した。明治四年八月である。

この四鎮台、その配置、管区などが陸軍常備部隊配置の基礎となるものだから、『陸軍沿革史』によってこれを掲げると後表のようである。

従前所管の常備兵はすべて之を解き、全国一途の兵制を立つ。

鎮台	兵力	管区
東京鎮台（東京）	常備 歩兵一〇大隊	武蔵 上野 下野 常陸 下総 上総 安房 相模 伊豆 甲斐 駿河
第一分営（新潟）	常備 歩兵一大隊	越後 羽前 越中 佐渡
第二分営（上田）	常備 歩兵二小隊	信濃
第三分営（名古屋）	常備 歩兵一大隊	尾張 伊勢 伊賀 志摩 遠江 三河 美濃 飛騨

鎮台	兵力	管区
大阪鎮台（大阪）	常備 歩兵五大隊	山城 大和 河内 和泉 摂津 紀伊 丹波 播磨 備前 美作
第一分営（小浜）	常備 歩兵一大隊	若狭 近江 越前 加賀 能登 丹後 但馬 因幡 伯耆
第二分営（高松）	常備 歩兵一大隊	讃岐 阿波 土佐 伊予 淡路
鎮西鎮台（小倉 当分熊本）	常備 歩兵二大隊	豊前 豊後 筑前 筑後 肥前 肥後 壱岐 対馬

鎮台	兵力	管区
第一分営（広島）	常備 歩兵一大隊	安芸 備中 備後 出雲 石見 周防 長門 隠岐
第二分営（鹿児島）	常備 歩兵四小隊	薩摩 日向 大隅
東北鎮台（石巻 当分仙台）	常備 歩兵一大隊	磐城 岩代 陸前 陸中
第一分営（青森）	常備 歩兵四小隊	陸奥 羽後

鎮台本分営の常備兵は元藩下の常備兵を招集して、之に充つ。元大中藩の常備兵はその県下へ一小隊ずつ備えしめ、小藩にても他方の形勢により県下に多少の兵隊を備えしむ。但し一万石以下の諸県兵は之を解隊せしめ、銃砲その他諸兵器を当分県庁に収容せしむ。

「御親兵」すなわち近衛兵という藩兵、士族からなる中央直轄軍と、鎮台兵という徴兵の民兵からなる保安軍とによって、兵権は新政府に集中した。しかし大村や山縣の望んでいたものは、薩長土三藩の〝献上〟した、いわばひも付きの士族軍隊でない。本命は鎮台兵であり、これを国民軍隊に変身させることであった。

いわゆる町人百姓をあつめ、これを教育し、新しい装備によって、近代国家の軍隊である大衆軍を創《つく》ろうとするのが、彼らのねらいであった。日本陸軍のはじめは「御親兵」ではなくて「鎮台兵」である。

矢継ばやの軍事政策

「御親兵」の威力のもとに廃藩置県を断行した明治新政府は、矢継ばやに軍事上の施策を行った。

- 兵部省を廃して陸軍省および海軍省をおいた。

ともに当初は大臣はなく、代行するのは、陸軍大輔・山縣有朋、海軍大輔・勝安房（海舟）であった。陸海軍分立のはじめである。

- 全国徴兵の詔勅下る。

これについてはあとで述べる。

- 御親兵を「近衛兵」とする。

「近衛條例」によれば、定員は歩兵三連隊、騎兵一大隊、大砲四門とあり、これに中、少将の都督をおく、とある。山縣有朋、近衛都督となる。二月であった。九月になって、参議西郷隆盛をもって陸軍元帥に兼任し、近衛都督とする。元帥のはじめである。

・明治六年、徴兵令発布。

・陸軍、全国鎮台を六鎮台とする。

すでに述べた鎮台制の拡張である。〈第一軍管を東京に置き、東京、佐倉（新）及び新潟の営所を管し、第二軍管を仙台に置き仙台及び青森の営所を管す。第三軍管（新）を名古屋に置き、名古屋、金沢（新）の営所を管す。第四軍管を大阪に置き、大阪、大津（新）姫路（新）の営所を管す。第五軍管（新）を広島に置き、広島及び丸亀（新）の営所を管す。第六軍管（新）を熊本に置き、熊本及び小倉の営所を管す。

総計鎮台六、営所十四。歩兵十四連隊（四十二大隊）、騎兵三大隊、砲兵十八小隊、工兵十小隊、輜重兵六隊、海岸砲兵九隊、平時人員三万千六百八十人、戦時人員四万六千三百五十人とす〉と『陸軍省沿革史』にある。

営所の管轄する一四区域を師管とよび、一四師管、六軍管となり、その兵力は書類上の定数にすぎない。実際の兵力ははるかに少なく、明治六年にはまだ歩兵連隊は二個のみで他は大隊編制、総人員も一万五三〇〇人であったという。

・北海道に屯田兵設置のことを定めた。

これについては後に述べる。

不公平な徴兵

旧兵制の主体であった士族は、四〇万人もいた。これらの武士階級は実質的に解体された。その始末は大問題ではあるが、方策はすすめられている。一方、新兵制の実施の障害となるべき封建的身分制や、階層主義はいろいろな面で除去する努力がつづけられていた。前提条件は整った、いよいよ徴兵実施である。

明治五年、徴兵の詔勅が下り、明治六年に徴兵令が発布された。

これにともなう騒動は周知のことである。新しい制度は、それが革新的な性質をもてばもつほど、よりはげしい抵抗を受ける。徴兵制度もまた、そうであった。

徴兵制度は日本陸軍の兵制の基礎となったが、最初の徴兵令は、その画期的な意義は別として、内容は、厳密な意味での国民皆兵主義とは、はるかに遠いもので、いろいろな制約下に作られたものとはいえ、弱い者、貧乏な者だけが兵隊にとられて鉄砲を持たされる、という内容であった。何とも不公平な法律であった。

徴兵される兵は「全国の壮丁」とされて、身分の別はない。「全国士民二十歳に至る者は悉《ことごと》く兵籍に編入すること」を原則としている。士族だけの軍隊など、山縣のねらうところではない。ところが、この徴兵令には、兵役を免除する規定がついている。これが幅ひろいもので、士族や資産階級のほとんどが免役されるという、〝ざる法〟であった。

まず「身長五尺一寸未満の者。兵役に耐えぬ病者、不具者」、これでは兵隊には使えまい。ところが「官省府県に奉職の者、海陸軍の生徒として兵学寮にある者」とあるが、武官およびその候補者は当然であろうが、文官、つまり国家公務員、地方公務員は全員免役である。官僚の特権である。

「文部、工部、開拓その他の公塾に学んだ専門生徒、洋行修業の者、医術、馬医術を学ぶ者」も免除される。これらは、新国家の建設のために大切な人たちである、兵隊にする以上に大切だというのである。

つぎは家族制度の上からの免役条項である。

「一家の主人。嗣子ならびに家をつぐ孫。一人っ子、一人孫。父兄があるが病気や事故で父兄にかわって家を治むる者。すでに養家に住む養子。徴兵在役中の兄弟のある者」

何とも温情のある制度ではある。しかしこれでは徴兵されるのは、実際にどんな人たちか。貧乏人の次男坊以下、役たたずだけである。

さらにひどい規定があった。代人がきくのである。

「本年徴兵に当り、自己の便宜により代人料金二百七拾円上納願い出る者は、常備、後備両軍とも之を免ずず」とある。明治六年の米一石（一五〇キロ）は平均四円八〇銭であったという。本年の生産者米価に換算して、どれくらいになるだろうか。これを一時払いできるのは金持ちだけだ。だから、徴兵令で集められる壮丁は、結局、弱い庶民、大部分は農民だったのである。

この徴兵令に反対があったのは、当然である。地位と金のある連中は官吏の特権や養子の特権をつかう悪知恵をだして、あるいは代人をたてて徴兵を逃げる。

この規定の不公正なことは明らかでその後たびたび修正された。明治十八年、ドイツから招聘《しょうへい》されたメッケルがこれを聞いて、あきれて、忠告したことで改正され、大体、国民皆兵らしいものに変ったのであった。後章で述べるが、改正は明治二十二年になってからである。

法令の改正に、いかにいろいろの障害があったかが想像されるが、壮丁として徴募される者が貧乏人であったことは変りない。金があって学歴をもてるものには、特別待遇がついてまわったのである。

これが「歩兵銃」をもった日本兵の主体となって、陸軍がはじまった。

軍旗

明治七年一月二十二日、近衛部隊を歩兵二個連隊、騎兵一個大隊、砲兵二小隊、工兵一小隊、輜重兵一隊に改組し、そしてその翌日、近衛歩兵第1連隊と第2連隊に軍旗が授与された。軍旗授与のはじめである。

日本陸軍はその創設いらい、あるいは御親兵、近衛兵と称し、あるいは一般鎮台兵にたいしても、明治十五年の軍人勅諭にいたるまで、天皇とのつながりの強さが強調されるのであるが、外国軍隊の例にならってか、あるいは古来の錦旗の例によるのか、軍旗を歩兵連隊に、ついでこれを騎兵連隊に授与されることになった。これが歩兵、騎兵の誇りでもあり、またその団結、奉公の中軸ともなったのである。

軍旗は歩兵と騎兵で大きさがちがうが、いずれも、白地の絹地に旭日章を染めぬき金モールの縁をつけ、その三方に紫色の総《ふさ》をつけ、紫色の緒と革環をもって旗竿につける。旗竿は樫材のせんだん巻、黒色にぬり、その竿頭には金色の三面菊花の御紋章を冠している。後備隊の連隊旗は総が赤色であった。

軍旗は連隊の精神、名誉の表徴であった。ひとり部隊だけでなく、その徴募区、衛戍地の名誉を表すものとして各連隊で祝う、一般に軍旗授与日に行う「軍旗祭」は賑《にぎ》やかなものであった。

歩兵第25連隊の軍旗は、もちろん第一章の二〇三高地の攻撃には、連隊長渡辺大佐が、これを奉じて出陣していたが、すでにのべたように軍旗をひるがえして突進できるような戦いではなかった。巻頭の写真にある衰損は戦場での銃火によるものではなく、自然の衰損によるものである。

内乱頻発と鎮圧

徴兵令による新軍の建設のスタートは、地租改正による農村の不安定な空気の中で行われた。

反対の火の手は、二つの方向からあがった。旧士族層と農民層である。明治七年から十年にいたる一連の武力行為が特権を失った士族たちの苦悩憤激の現われであり、明治十年の西南の役は最後の、かつ最大の反撃であった。

『陸軍省沿革史』には、征韓論から西郷の下野《げや》などを、こう書いている。

〈十月二十日（明治六年）。陸軍大将兼参議近衛都督・西郷隆盛の兼官を免ず。大将、旧の如し。これより先、政府外務大丞花房義賢を釜山に遣《つかわ》し、東萊府使に会商し、日韓通商の希望を示す。時に韓王の生父大院君李是応　万機を攝し、攘夷の議を固執し、邦人を排斥す。ここに於て朝廷征韓の議あり。八月隆盛を以て全権大使とし其罪を問わんとす。右大臣岩倉具視、参議木戸孝允、大蔵卿大久保利通等、かつて四年十月を以て欧米視察の途に上りしが、此に至り相前後して帰朝し、皆内治の急なるを説く。十月二十三日遂に詔ありて、朝鮮使節のことを停《と》む。隆盛即ち上表して職を辞し、征韓論派の諸参議江藤新平、副島種臣、後藤象二郎、板垣退助等も又皆罷《や》む。而して隆盛の近衛都督を免ずるや、近衛の薩州人、数百人皆隆盛に従って国に帰る。事廷《ひ》いて土州人に及び物

情騒然たり〉

まことに物情騒然であったにちがいない。

争乱は全国にあいついで起こった。そして、鎮圧には旧士族にたいし、町人、百姓の鎮台兵が討伐に向かうのである。『陸軍省沿革史』はこう述べている。

〈二月四日（明治七年）、佐賀乱る（江藤新平の挙兵である）。熊本及び佐賀近傍の鎮台に命じ、兵を出して之を鎮定せしめ、次いで陸軍少将野津鎮雄をして、砲兵一隊、歩兵二大隊を率いて熊本に赴かしむ。……二十三日、二品《にほん》親王東伏見嘉彰を征討総督とし、陸軍中将山縣有朋を征討参軍となし、次いで海軍少将伊藤祐麿を参軍となし、陸軍少将野津鎮雄を参謀長となす。翌日本営を省中に設け三月一日を以て進発せしめ、特に近衛第二連隊を属す……〉

〈三月二十八日佐賀の賊平定……征討総督兵を率いて神戸に到り、将《まさ》に九州に赴かんとし、此命に接し帰途に就けり〉

近衛兵の出動をまつまでもなく、野津の率いる大阪鎮台の兵が到着して熊本鎮台兵をあわせ、さらに広島鎮台兵および海兵が参加して、江藤らの拠《よ》る佐賀城を奪取して、乱は終わった。

一方、熊本に敬神党という偏狭、不平の一団が蜂起した。「神風連の乱」という。

〈十月二十日（明治九年）。熊本神風連の党人上野堅吾、加屋霽堅ら乱を作《な》し、鎮台司令長官種田政明、県令安岡良亮等をその邸に襲うて之を殺し、遂に熊本城に逼《せま》る。城兵討って之を走らす。首魁自殺す〉

争乱はさらにつづく。

〈時に秋月の士族宮崎車之助等又これに応じ、兵四百を率いて福岡城を取らんとす。謀洩れ事成らずして自殺す（秋月の乱という）〉

〈十月二十六日、前原一誠（明治二年には兵部大輔になった）、奥平謙輔等乱を萩に起し、明倫館に拠《よ》る。十一月広島鎮台司令長官陸軍少将三浦梧樓その兵を率いて討って之を平《たいら》ぐ。一誠等捕えられ、ついで斬に処せらる〉

そして、最後の、最大の事件がおこった。

西南戦争については各種の資料がおおくあるが、最近よい本がでた。『田原坂』（中央公論社）という本である。著者は、陸軍士官学校出身の橋本昌樹という人で、周到な調査で生き生きと描かれている。

さて、九州に山口にと争乱が頻発するとなっては、陸軍としては大いに警戒しなければならない。明治十年一月九日、陸軍卿・山縣有朋は各鎮台司令長官に「……今や仄《ほの》かに聞く、鎮西《ちんぜい》及南海に於て人心頗《すこぶ》る恟《きよう》々たるものの如し……」として警戒と用意とを訓示している。

果して事はおこった。

西南戦争

どんなことからでも火のつく、いわゆる一触即発の情勢であった。二月十五日、三條太《だ》政《じょう》大臣は各府県に通達して、その直接原因をこう明らかにしている。

「今般鹿児島県下逆徒征討仰せ出され候御趣旨は、本年一月三十一日夜、海軍省所属鹿児島県下の弾薬庫へ逆徒多人数不意に押入、貯蓄の小銃弾薬多数奪取、尚又二月二日、三日の両夜同所へ乱入……銃器弾薬をはじめ倉庫にあるところの物品悉《ことごと》く掠《りゃく》奪《だつ》致し……容易ならざる形状に相聞え候に付、現状取調の為川村海軍大輔らを……鹿児島表へ差遣……大山県令へ面会の上、事情取り糾《ただ》し候処、逆徒等前文弾薬掠奪暴挙の後、俄《にわか》に当時帰県致し居候警察官吏数名を捕縛糺問の上、人心を煽《せん》動《どう》し凶徒を集むる等、不軌の形跡判然たるを認め……直ちに帰京上奏に及び候に付、尚取調の上至当の御処分に及ぼさるべき叡慮に候処、遂に去る十八日西郷隆盛、桐野利秋、篠原国幹等政府へ尋問を名とし逆徒を引率し兵器を携帯せしめ、熊本県下へ乱入候……」

明治維新の功将西郷隆盛も、事志と違っていたのであろうが、もう突きあげる若い者を押さえ切れなかったに違いない。旧兵士たちと私学校生徒とをもって組織した一万五〇〇

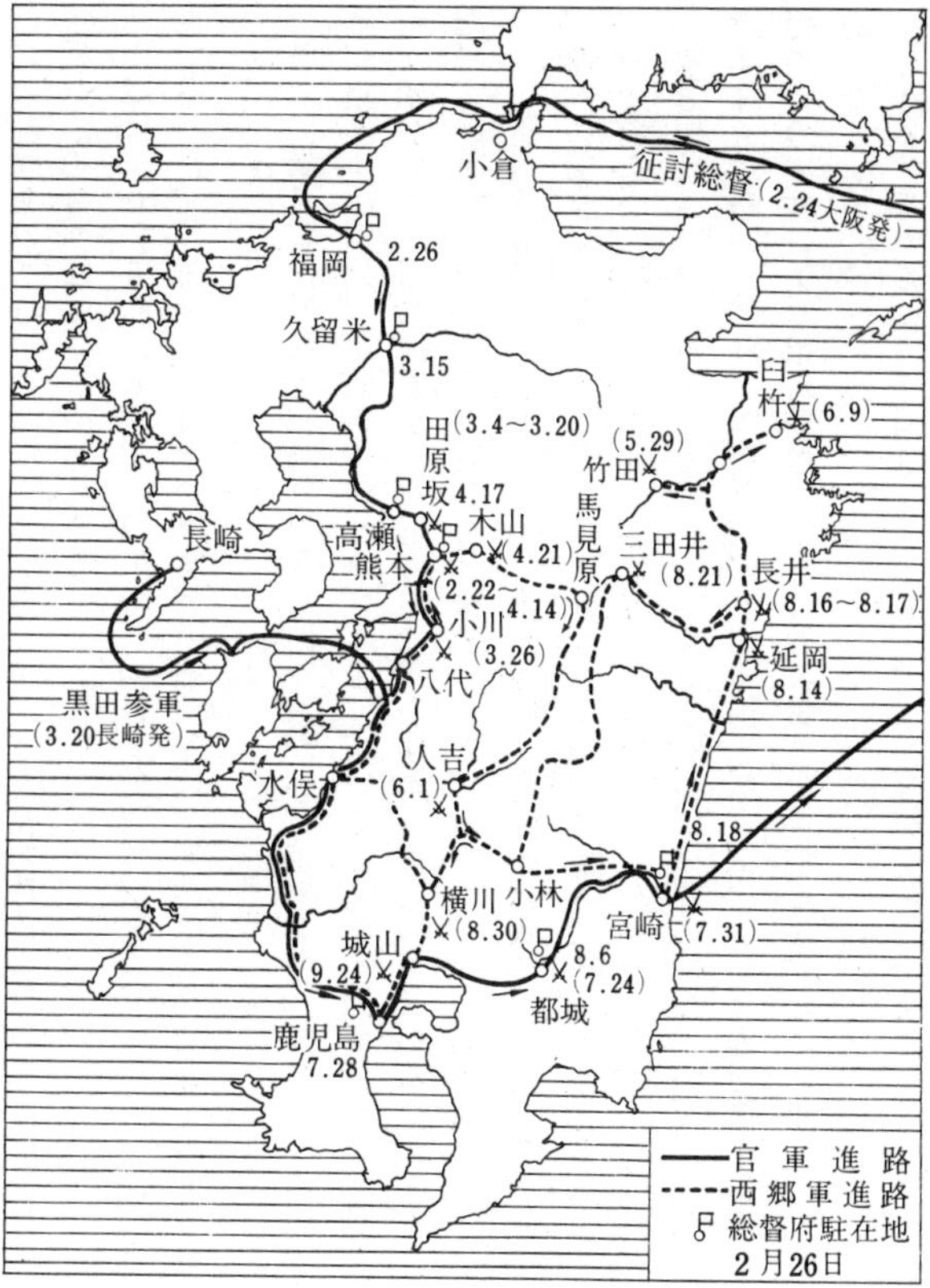

小倉
征討総督（2.24大阪発）
福岡
2.26
久留米
3.15
田原坂
(3.4～3.20)
4.17
高瀬
熊本
木山
(4.21)
(2.22～4.14)
小川
(3.26)
八代
長崎
黒田参軍（3.20長崎発）
竹田
(5.29)
臼杵
(6.9)
馬見原
三田井
(8.21)
長井
(8.16～8.17)
延岡
(8.14)
人吉
(6.1)
水俣
8.18
横川
(8.30)
小林
宮崎
(7.31)
城山
(9.24)
8.6
(7.24)
都城
鹿児島
7.28
官軍進路
西郷軍進路
総督府駐在地
2月26日

西南戦争要図

〇名の部隊をひきいて北進を開始した。集結した精鋭薩南の健児は、すでに述べた鎮台兵の兵力にくらべれば頗《すこぶ》る優勢である。

西郷はこれを五隊にわけ、篠原国幹、桐野利秋、村田新八、永山弥一郎、池上四郎が隊長であった。兵器弾薬その他の軍需品の補給力は不完全であったが、当面の戦闘にはさしつかえない。

さて、挙兵した西郷の戦略はどうであったか。官軍の兵力は、ひろく分散している。官軍が集結する前に、不敗の態勢をきずかなくてはならない。西郷隆盛の弟に西郷小兵衛という者がいた。西郷従道がすぐ下の弟で、小兵衛は従道の下である。西南の役で死んだ人だが、戦策についてこう献策したと伝えられている。

「一騎当千の精鋭二千をすぐって海路長崎を襲い、迅雷の如く長崎を占領する。この報熊本に達せば、鎮台より兵を繰り出すは必定《ひつじょう》。その時にあたり陸路急に兵を進めて鎮台の空虚をつかば熊本城を陥《おとしい》れるは容易……」

敵を離散させて、優勢なる我をもって之を討つというのである。だが、西郷軍は、まず熊本城を攻略し、これを本拠とし、九州一円を勢力下におくとの方策をたてた。意気軒昂《けんこう》、何のこの小城による鎮台兵のごとき、踏み破るに手間ひまがいろうか、という意気ごみであった。

しかし、西南の役の経過は、要するに、当初優勢を誇った薩全軍を熊本の小城一つに集めて力攻したがついにぬけず、この間、官軍の集結を許して、戦力比逆転するにいたって一敗地にまみれたのである。彼我の実力判断をあやまったということになるのだが、何とも無策であり、小兵衛の献策がほんとうであったなら、さぞかし地下で口惜《くや》しがったことであろう。

〈朝廷、有栖川熾仁親王を以て征討総督に任じ、陸軍中将山縣有朋、海軍中将川村純義を参軍に任じ、征討総督本営を大阪に置く〉

『陸軍省沿革史』はいう。陛下もこのとき京都におられた。いよいよ、征討作戦の開始である。

〈二月二十六日、陸軍大将正三位西郷隆盛、陸軍少将正五位桐野利秋、陸軍少将正五位篠原国幹の官位を褫奪《ちだつ》す〉

西郷軍に向かってまず進撃するのは野津鎮雄少将（薩州出身）の指揮する征討第1旅団、三好重臣少将（長州）の指揮する第2旅団であった。神戸で乗船、博多にむかった。

旅団という編制が陸軍史にはじめて登場した。鎮台は連隊よりなるが、全力で出動することはできないから、臨時に諸隊を編合したのである。現地の九州でまず敵にあたるのは、谷干城少将を司令長官とする熊本鎮台、与倉知実中佐を長とする歩兵第13連隊である。すぐこれを応援できるのは、小倉にあった乃木希典少佐の指揮する歩兵第14連隊であった。相手とするのは、薩摩兵だけではない。「西郷、兵を挙ぐ」となって、熊本では池辺吉十郎が熊本隊を編成してこれに応じた。熊本にむかって急進していた薩軍の将、別府晋介は池辺の「熊本城攻略の策如何《いかん》」という質問にたいし、「只《ただ》通過するのみ。若《も》し鎮台兵我道を塞《ふさ》ぐあれば、直ちに一蹴して通るのみ」と答えたという。

（この熊本隊は兵力一〇〇〇をこしたが、第14連隊および第1、第2旅団の兵の攻撃をうけ、二月二十六日に壊滅してしまった）

熊本籠城

「西郷起《た》つ」の報に、谷干城少将は、熊本城を敵に渡せば九州はたちまち賊勢になびき、九州が敵手に帰しては天下のこと知るべからず、と至当な判断をし、二月十四日、熊本城死守の決意を固めた。

堡塁を築き、地雷を埋没し、塹壕を掘り、障害物を設け、火薬庫を分散し砲弾に炸薬を装填する作業をはじめる。市中にあった将校の家族も城中にうつす。十九日には出火によって天守閣が炎上し、軍需品喪失の事故もあったが陸軍省から川上操六少佐も応援にきて東京の警視隊（巡査隊）も増援に来着、入城した。

開戦時の城内の人員を前出『田原坂』の橋本氏は「純粋の戦闘員約二千人、間接的戦闘員ともいうべき者が千数百人、それに家族など非戦闘員が数百人」と算定している。

二月二十一日、戦闘は開始され、二十二日には本格的な戦いがはじまった。薩軍の攻城兵力九千七百余という。第一日の銃砲撃戦で連隊長・与倉中佐ははやくも傷つき、翌日には死んだ。参謀長・樺山資紀中佐も傷つく。川上操六少佐が第13連隊長代行となり、参謀副長・児玉源太郎少佐らとともに谷長官を扶《たす》けて防戦にあたった。

戦いは、二十二日から二十四日朝まで、間断なくつづいた。薩軍は強襲につぐ強襲をか

西南之役　熊本城攻撃　明治10年2月、薩軍、熊本城を砲撃す　近藤樵仙画

さね、城の南西二キロほどの花岡山に山砲をすえつけて城を砲撃する。城兵もこれに応じ、対砲兵戦となった。当時の火砲の射程ぎりぎりいっぱいの砲戦である。

二十四日となると薩軍の攻撃がゆるんだ。正面の砲もへったし兵もへった。実は西郷軍は攻囲軍三〇〇〇を残して、主力は北に向かったのである。しかしこのあと、熊本攻防戦は五〇日にわたってつづく。

攻囲軍の中にまったく孤立無援、城中では逐次《ちくじ》兵糧が涸渇《こかつ》し、弾薬また欠乏し、苦戦をつづけた。四月八日、城内の一大隊が陸軍少佐・奥保鞏の指揮の下に城を脱して、城外の官軍と合して四月十五日、城の救援なるまで苦闘がつづいたのであるが、西郷軍はついにぬくことができなかった。

一方、熊本城救援は、まず乃木希典少佐の歩兵第14連隊の急行赴援ではじまった。二月二十二日からはじまった植木付近の戦闘が皮切りである。

約一〇〇名ほどの兵をひっさげて、敵に先んじて植木を占領しようと急行した乃木少佐の部隊が、薩軍のくり返す斬り込みによって包囲され、混戦のうちにおこったのが、連隊旗手・河原林少尉の戦死と、その奉持した歩兵第14連隊の軍旗が奪われるという事件であった。乃木大将が明治四十五年、明治天皇に殉死のときまで、「もうしわけない」と心にかかっていた事件である。

博多に上陸した野津、三好の両旅団が逐次《ちくじ》戦場に駆けつけた。西郷軍が熊本城を強襲したが、これがぬけないうちに、官軍の主力が植木方面に迫るとなっては、熊本城にだけこだわってはいられない。この攻囲を一部にまかして主力は北進することに決した。二月二十五日、桐野、篠原、村田、別府らの諸隊は、南下してくる官軍にむかった。両軍の戦闘が西南戦役の決勝戦として、山鹿、田原坂、吉次越方面でくり返されることになる。

戦闘は二月二十七日、まず薩軍の高瀬攻撃ではじまった。三好少将は負傷、乃木少佐も傷ついた。西郷の弟の小兵衛が戦死したのもこの戦いであった。山鹿方面にも官軍が到着し、戦いは二月二十六日朝からはじまった。第2旅団参謀長・野津道貫大佐みずから部隊を指揮して戦った。

高瀬方面では野津鎮雄少将が全軍を指揮していたが、この激戦のあと、守勢にたって兵力の集結をまつことにした。大山巌少将の指揮する別動第1旅団の増援も指令された。

薩軍も高瀬の一戦に敗れ、進撃をあきらめて、官軍の熊本への進撃阻止に重点をうつすこととした。田原坂の天険にむかうのである。

田原坂

三月三日、征討軍は大進撃にうつった。第14連隊（乃木少佐は入院中）はふたたび本軍の先頭となって植木方面へ、本軍は田原坂の険にむかうのである。別に支軍は吉次越にむかう。ここで田原坂の激戦となった。

田原坂は、近代的戦術の目でみると何の変哲もない小丘で、天険の要害などというは大げさに思われる。道路は切り通しで、クネクネと曲がっていた。この本道を扼《やく》して薩軍は配備をかためた。官軍も新鋭の大砲を使うためには、この本道しかない。ここに両軍の正面的攻防がはじまったのである。

この三月三日からの大進撃は、薩軍必死の防戦にあって激戦がつづいた。吉次越でもそうであった。篠原国幹はここに仆《たお》れた。兵力も志気も、まだ薩軍が断然優勢である。官軍のたのむところは、新式銃と新式砲だけであった。これにたいし、薩軍は抜刀隊の斬り込みである。戦いは五日、六日、八日も九日もつづいた。陣地をとったりとり返したりである。

この間、三浦梧樓少将は第3旅団長となって山鹿口を担当し、田原坂方面では兵力の増加もあって、勢いがついてきた。三月十一日、さらに態勢をあらたにして攻撃を再開した。しかし十二日、十三日となっても、戦勢は大きく動かなかった。

軍歌に「我は官軍、わが敵は……」という有名な「抜刀隊」の歌がある。この官軍抜刀隊が戦場に現われたのがこの時であった。内務卿・大久保利通の派遣した巡査隊、当時「警視隊」とよばれたものがこれである。戦場で警備にあたっていたのだが、なにしろ旧武士が大部分で、腕に覚えの面々である。しかも戊辰《ぼしん》の役、朝敵となった藩の者が多かった。これから斬り込み隊が選抜され、刀を買い集めて「抜刀隊」が編成された。十四日には参戦、たちまち薩軍にむかって、〝戊辰の敵討ち〟と叫んで突進していったという。

戦いは一進一退、大勢が決するのに三月二十日までかかった。

このころ三浦梧楼少将の指揮する第3旅団が戦場に到着、官軍側ではついで第4旅団、別動第5旅団と新手を編成して征討軍を強化した。そして官軍の戦略は、西郷軍のように一本槍ではなかった。陸軍大佐・高島鞆之助の率いる旅団を長崎から海路肥後の八代に上陸させ、ついで川路利良、山田顕義各少将の指揮する別動第1、第2旅団も八代に到着した。黒田清隆中将が征討参軍としてこの三個旅団を指揮して北進し、熊本城を攻める西郷軍の背後を衝くこととなった。

この南北挟撃作戦で大勢はきまった。西郷軍は囲みをといて南方に退却、その後、戦闘は肥後、薩摩、日向、大隅、豊後の五カ国にわたり連日くり返されたが、西郷軍はすべて利なく、八月十八日、可愛ヶ岳で官軍の囲みを破って西郷、桐野らは鹿児島に帰った。

そして同地の官軍を破って城山を奪い、これに拠ったが、官軍は全軍七個旅団と警視隊とをもって九月二十四日より総攻撃、一挙にこれをぬいた。西郷以下の諸将は、ここに枕をならべて戦死した。二月いらいの大動乱は八カ月を要して、終りをつげた。

西南戦争の勝敗については、いろいろの原因があげられる。官軍がそのほとんど全軍を動員し、臨時徴募の巡査隊までくり込んだのに、薩軍は、最初に決起した兵力以外に増強することができなかった。賊軍という名分のためである。

中期以降兵力は劣勢となり、軽蔑しきっていた〝町人、百姓〟の兵に敗れた。鎮台兵は絶対優勢を占めながら、この鎮圧に七カ月もかかったのであるから、指揮、訓練はもとより充分とはいえなかったのだが、ともかく圧倒的勝利をえたのは、結局、官軍の兵器のまえに薩軍抜刀の勇も歯がたたなかったからである。兵器の劣弱、弾薬の不足、装備すべて官軍におよばなかったことが敗因というべきである。

ここで、幕末、明治のはじめから、この最大の内乱鎮圧戦にいたるまでの銃砲を大観してみることにする。

後装施綫銃の出現

幕末史を読むと、いろいろな小銃の名がでてくる。幕府が文久二年（一八六二年）に買い入れた銃に雷管発火式のゲベール銃（オランダ製）がある。前装滑腔式の銃で、弾丸は球形の鉛弾である。口径一七・五ミリと大きく、着剣できるようになっている。

各藩もこれをたくさん買った。蛤御門の戦い（元治元年・一八六四年）や、薩長の攘夷戦争に使ったのがこれである。さらにエンピール銃（英）がある。やはり、雷管式前装銃だが施綫《しせん》銃（ライフル）であった。口径一四・七ミリ、射程は一一〇〇メートルであった。

これが維新戦争の主役である。

幕末から維新にかけての歴史を読むと、実に雑多な銃の名前がある。廃藩置県の後、政府は各藩の銃器を没収したが、外国銃一八万挺にたっしたという。こんな名前が見える。読み方と綴りの合わないものもあるが、読み方は当時の呼称である。

ゲベール（和蘭 - Geweer）、スナイドル（英 - Snider）、アルビニー（仏 - Albini）、ミニエー（仏 - Minié）、シャスポー（仏 - Chassepot）、ヘンリー・マルチニ（英 - Henry Martini）、エンピール（英 - Enfield）、マンツー（スイス - Manecau）、レミントン（米 - Remington）、スペンセル（米 - Spencer）、ツンナール（独 - Zündnadel）

やがて後装施綫式のスナイドル銃が日本に現われた。英国製である。口径一四・七ミリ、

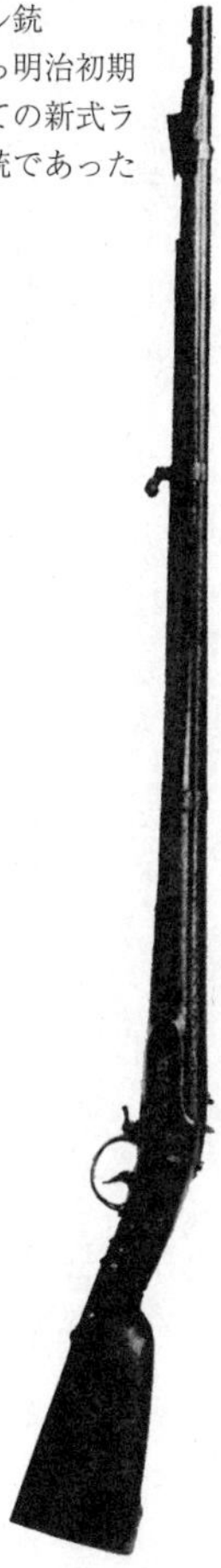

ゲベール銃
幕末から明治初期にかけての新式ライフル銃であった

射程一二〇〇メートル。これが佐賀の乱から用いられ、西南戦争では主役であった。しかし官軍側のスナイドルも、全軍にゆきわたったのではなく、エンピールもまじっていた。当時、陸軍では前記、没収したたくさんある銃器の中から、フランスのお傭《やと》い教師に選んでもらって、シャスポー、スナイドル、エンピールなど四種をえらんで三万数千挺を得て、陸軍の常備用とし、前装式のものは後装式に改造した。

明治七年になって、歩兵用としては英国製スナイドル銃を、騎兵、砲兵、輜重兵用として短い米国製スペンセル騎銃を正式に採用した。しかし、これは名目だけで、当時どこの鎮台でもこの銃だけで装備することは不可能であったから、他の銃が混在しており、後装銃と前装銃など、まちまちであった。西南戦争で熊本城救援のために駆けつけた乃木少佐の歩兵第14連隊も、そうであった。

大砲も旧式であった。砲兵隊に配当できるものは当時としては、すでに時代遅れになっていたのだが、仏式の四斤野砲や山砲しかなかったのである。

新軍が創設され、ドイツのクルップ社に最新式の鋼製八センチ野砲数十門を注文し、これが西南戦争前に到着したが、主として近衛砲兵大隊を装備しただけで、全軍的には旧式の四斤野・山砲が主力であった。

この四斤野山砲は、いずれも施綫砲ではあったが、前装砲であり、口径は八六・五ミリ、射程は二〇〇〇メートルにすぎなかった。それでも薩軍のもつさらに旧式の大砲よりはま

四斤野砲
フランス製、前装、
施綫、青銅砲

口　径　8.65センチ
弾　量　4キロ
初　速　343メートル(秒)
最大射程　4,000メートル

四斤山砲
フランス製、前装、
施綫、青銅砲

口　径　8.65センチ
弾　量　4キロ
初　速　237メートル(秒)
最大射程　2,600メートル

さっていた。

だから西南戦争は、官軍の後装式スナイドル銃と前装ながら施綫式の四斤野山砲にたいする、薩軍の前装式エンピール銃と旧式の前装滑腔式火砲との戦いといえるのであった。

西南戦役で西郷は敗退した。だが、もう一つ、新政府に不満の党派があった。かつて御親兵の一翼をになった土佐である。やがて、事破れて縛につくのだが、林有造らが主唱した武力蜂起である。板垣退助、後藤象次郎列席のうえで挙兵に決した。西郷の挙を利用してともに政府を転覆し、事によれば、また鹿児島と戦い西郷を倒すというのである。

相手は藩閥専制政府、天皇は勝ったほうへつくという考え方である。幕末戦争のころと何の変りもない。あいかわらず天皇は〝玉〟なのである。そして名分上、まず民選議院設立の建白書をだし、これと士族団による挙兵とによって政府を挟撃しようとするのであった。土佐の自由民権運動なるものの本質はこれである。

土佐の挙兵は明治十年八月、一味が捕えられ不発に終わったので、陸軍史には直接的影響はないが、その翌年の十一年八月に、天皇のお膝元でおこった、いわゆる竹橋騒動という近衛砲兵大隊の暴動は、兵卒二百余人の反乱で銃殺刑五三名という大事件であった。

近衛砲兵の反乱

この反乱計画の情報は事前にもれたのだが、砲兵大隊長が、銃剣を振りかざす兵によって殺された。非常呼集によって集合した近衛歩兵第1、第2連隊は、この有様に将校の号令で小銃を乱射する。砲兵は負けじと大砲を撃ち小銃で応戦する。週番士官が「静まれー、静まれー」と乱軍中におどりこんだが、たちまち刺し殺される。つみ重ねたまぐさに火をつける。こういう大騒ぎであった。さらに砲兵の主力は、代官町から半蔵門をへて皇居の正門にむかった。

「皇居に火を放ち、諸官員の参内を待ち受け、残らず斬殺する」というのがその企図であった。

だが、近衛歩兵の攻撃で結局、武器を捨て、捕縛されてしまった。まことに容易ならぬ事件であった。

事件の本質は、一般に当時の陸軍にフランス的な兵の訓練から生まれた自由、気ままの気分が隊内にみなぎっていたこと（これはこのあとのフランス的な将軍たちの行動がこれを証明する）、近衛砲兵と称する特権的な者の立場からのエゴイズム、西南戦争で死んだ近衛兵の前身である御親兵の創始者、西郷にたいする一部の将校の同情的動きなどによると評されているが、直接の誘因は給与問題であった。それまで特別に高い砲兵の月給が、歩兵なみに減らされたからである。

ともかく「近衛兵は……全国諸兵の上に位せしめ、其の給俸を増加す。……各鎮台管内常備熟練兵の中、強壮にして行状正しき者と各隊中より兵種に応じ若干人を選挙したる者より編成し……」と『陸軍省沿革史』にある近衛兵である。しかも「砲兵は体格五尺四寸以上、歩兵は五尺一寸以上、他は悉く《ことごと》五尺三寸五分以上」と規定されていた時代だから、近衛砲兵は全軍中のエリートであった。西南戦争で薩軍は、優秀な火砲をもつこの近衛砲兵をもっとも恐れたのであった。

ところで陸軍は、西南戦後の財政緊縮から、軍隊の給与の削減を行った。これに不平をもっての大ストライキであったわけである。首謀者は近衛歩兵の兵であった。砲兵も歩兵も近衛のエリート意識によるおごりから発したものとも見られるであろう。

彼らにとって、天皇などは問題ではない。皇居に火を放つことは、土手の上から目の下の大隈重信参議の邸に小銃をぶち込んだのと大して変りはなかったのである。

勿論、兵だけの反乱ではない。扇動者は将校である。最高位の処刑者は東京鎮台予備砲兵第一大隊長・陸軍少佐・岡本柳之助であった。

こんな将校や兵士では、治安維持軍としても、国防軍としても、あぶないかぎりである。農民一揆と士族団の暴動、そして自由民権運動と、うち続く嵐の中で、この竹橋騒動は、日本陸軍がドイツ陸軍的に傾いていく大きな動機になったのである。

フランス的将軍の言動

明治十四年九月、陸軍中将・前近衛都督・鳥尾小弥太、陸軍中将・西部監軍部長・三浦梧樓、陸軍中将・前東部監軍部長・谷干城、陸軍少将・中部監軍部長心得・曾我祐準の四人は、つぎの上奏文を提出した。

「……今日政府の組織、頗《すこぶ》るその大体を失し、古今内外の制度に於て未だその類例を見ず……立法、司法、行政の三大権ことごとく一内閣に統《す》べ、親政の名ありて実なし……」にはじまって「速かに国憲創立議会を元老院中に開設し……」と、三権分立、国会開設問題などについての上奏である。鳥尾はすでに予備役であったが、他の三名は現役である。

これは軍部をびっくりさせた。すでに「軍人訓戒」で禁制されている政治問題にかんする意見の公表である。四将軍のこの上奏の背景をなすものは、山縣、大山、桂一派のドイツ的傾向にたいするフランス派の抵抗と、これにかんする軍部内の権力争いであったといわれている。

鳥尾も三浦も長州出身であるが、反山縣である。谷は土佐出身、曾我は柳川藩出身であった。この人たちは後に大臣にもなり枢密院顧問官にもなるのであるが、いずれも長州陸軍にたいする反対役にまわっている。思想対立と権力対立の上に動くのである。

ともあれ、日本陸軍で、将兵の反乱はおこるし、押さえのきかぬ将軍連は、上奏文によって反主流派的立場を明らかにして政府を弾駭《だんがい》する。この段階で山縣有朋ら軍首脳部のとった処置は、「軍人勅諭」の発布であった。

軍人勅諭下賜
明治15年1月4日、天皇は陸軍卿大山巌に軍人に賜う勅諭を授けられた　寺崎武男画

軍人勅諭

　明治十五年一月五日、軍人勅諭が発布された。昭和敗戦のときまで、日本の軍人の根本的教条となったものである。今ここで詳説するまでもなく、記憶に新しい人も少なくはあるまい。

　事態がすでに述べたようになっては軍人と天皇を頭首、股肱《ここう》の関係と直接結びつけ、忠節を基本として、軍人の使命が強調された。フランス式の〝批判の自由〟などとんでもない。「世論に惑《まど》わず、政治に拘《かか》わらず」と軍人を世論、政治から切り離した。しかし実際のところ、軍は、徴兵令による壮丁をあずかる。これは政治の一つの表現である。これを根底とする陸軍が、世論、政治と無関係でいることができるであろうか。

　服従の項では「上官の命を承ること実は直ちに朕が命を承る義なりと心得よ」と、兵卒にたいする伍長の命令も一気に、天皇の命なり、と結びつけられた。

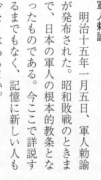

軍人勅諭の発案者は山縣有朋、西周がこれを草し、福地源一郎、井上毅らが参加したといわれる。発布の当初は後世のようにそんなにありがたがられたものではないようである。「これは軍人にたいする一種の嵌口令《かんこうれい》だが、全く我輩のためにできたのである」と三浦梧樓は語り、「軍人が政治に口を出すとはもっての外だ。厳罰に処すべきである、という論が軍部中におこったそうだが、生憎《あいにく》この時まだ何も規定が出てないので、何とも仕方がない。それで一夜作りに一条が軍律中に加えられたのは妙である」と曽我祐準も述べている。

軍律も勅諭も山縣のつくったもの、「政治に拘わらず」などたいして歯牙にはかけていないのである。陸軍の反主流、すなわち反長州閥の人たちの中には、こうした考えが、ののちまで生きていたとみられる節《ふし》がある。

第三章　国防軍を目指して

西南戦争前後までの陸軍は、国内の治安維持軍であった。幕末、国防の重大性に目をさまされた日本ではあったが、他方、国防軍である海軍を一朝一夕に作るほどの力はまだなかった。和親条約を押しつけた諸外国のために、日本はいわば三分の一か四分の一、植民地の性格をもっているが、諸外国の勢力均衡の点からみてこのうえ侵略される心配はない。一応安穏である。

「海軍は当今第一の急務なるを以て、速かに基礎を確立すべし」として国防兵力優先で発足した明治新軍では、「海陸軍」の順序でよばれていた。

ところが「廃藩置県」がおわった明治五年一月には、これが改められた。

『陸軍省沿革史』にこうある。

〈五年一月八日。兵部省の陸海軍の順次を定めて、陸軍の次に海軍を置かれたり〉

正式に「陸海軍」とよぶことになったのである。しかし何故、「海陸軍」が「陸海軍」

に改められたのか、理由はどこにも明らかにされていない。

この時期以後には、日本軍の主な努力が、国内の暴動、反対勢力の鎮圧にうつったのだから、当然、陸軍を主体とすることになったのである、とうがった説明をする人もある。

しかし、かりにこの時期が、日本陸軍の国内治安維持軍である性格を明らかにした時であったにもせよ、このころ、純然たる国防軍という意識で生まれた陸軍部隊があった。

北海道に作られた屯田兵《とんでん》である。

北の護り、屯田兵

筆者は、北海道屯田兵の家に生まれた。明治二十六年の当麻《とうま》屯田である。旭川市の東北、今の当麻町である。となりが、永山屯田。屯田兵司令官・永山武四郎中将の名をとった屯田兵村であった。また現在旭川市に編入されているとなりの東旭川屯田は、大東亜戦争での「隼」戦隊長・加藤建夫少将の生地でもある。

北海道の屯田兵は、今でも生きている。大東亜敗戦で、旧軍の何もかもがなくなってしまった今日だが、屯田兵の業績は、北海道の僻地にその精神が三世、四世にうけつがれて残っていることが、マス・コミによって時どき伝えられている。

ここで、その発祥の経緯などを見よう。

幕末史を賑《にぎ》わすのは、米国艦隊の浦賀出現を最とするが、北辺の騒ぎも、辺地であったからとり扱いこそ小さかったが、この方面への黒船来寇《らいこう》はくらべものにならぬほど多い。ロシアの侵寇であり、日露雑居の北蝦夷《きたえぞ》（樺太《からふと》）、千島などでの紛争はあとを絶たず、北辺警備の急を唱えられることは、たびたびであった。

安政元年（一八五四年）箱館《はこだて》奉行がおかれたが、翌年にははやくも「屯田兵制」をとるべき建議があった。元治元年（一八六四年）に五稜郭が築かれたのも、北辺防備の一環だった。明治維新となって、明治二年（一八六九年）箱館戦争がおわると、政府は「開拓使」を設けた。蝦夷が北海道と改められ、箱館が函館に改称された。

この年はやくも、本府と定められた札幌では、円山の地に守護神社の位置が定められ、神社から真東に豊平川畔にいたる一大幹線道路が設定されるなど、急テンポな北海道開拓が開始された。幅六〇間というこの「大通り」は後年札幌市が侵食して、現在あますところ一二、三町にしかすぎないが、気宇壮大な都市計画の記念碑である。

開拓のための移民事業は、開拓使の当初から開始された。政府は明治三年には南樺太にも開拓使をおき、北海道経営にも馬力がかけられた。西郷隆盛の命によって桐野利秋が札幌を視察し札幌郊外月寒を、将来の鎮台予定地と定めた。

この明治三年に開拓次官・黒田清隆は樺太を視察して、樺太放棄を決心し（明治八年の樺太・千島交換条約と発展する）、北海道屯田兵設置を必至と考えた。

黒田清隆は明治四年、米国の開拓事業を視察し、お傭《やと》い外人ホーレス・ケプロン（当時六十六歳、現職の米政府農務局長）らをつれ、農具、家畜などを買って帰国した。北海道開発にかんする一〇カ年計画の予算定額も定められ、ケプロンらの具申も決まって、ここに

北海道巡幸　屯田兵御覧
明治14年9月1日、天皇は石狩国山鼻村（現在札幌市内）にて、屯田兵が家族と共に農業に従事する状況を視察された　高村真夫画

北辺開拓事業に着手した黒田清隆は、明治十五年の開拓使廃止まで、終始この任にあった。彼の異常なほどの北への熱意は、北海道開拓の大きな原動力となった。

黒田清隆は鹿児島の下級武士の家に生まれた。文久三年（一八六三年）の薩英戦争には二十四歳で従軍した。土佐の坂本龍馬の意見による薩長連合を、西郷に説いて成立させたのは彼である。そして、明治元年、箱館五稜郭で、蝦夷地独立を宣言した榎本武揚らの征討にあたって、参謀として戦いにくわわったが、平定後、叛徒の救命を懇請し、全員を開拓使に登用した。

明治三年、彼は三十一歳の若さで開拓次官に任命されている。しかも黒田は参議として中央の要人である。これが開拓使の発言力を強いものにした。彼の藩閥政府擁護の方針から、開拓使は薩摩派の独占官庁となり、その強引さが後に明治十四年の「官有物払い下げ事件」という失敗につながり、また開拓使の廃止となるのだが、それはともかく、彼の数多い施政の一つが屯田兵である。

黒田は明治三年十月、樺太視察から帰って、北海道開拓の意見を上申したとき、札幌警備の問題について上奏している。

「札幌郡へ常備兵一小隊、兵部省より差し出され、開拓使をして指揮せしめ候よう御沙汰《さた》これあり度、且《かつ》軍艦二隻を海防のため、平素北海道全道、樺太にかけ廻航致し、開拓の後備《うしろそなえ》に相成候よう仕り度きこと。

但し、函館には現今常備兵二小隊ほどはこれあり候事」

この具申は政府の同意をえなかったが、西郷隆盛の支援をえた。明治六年十二月に、さらに上申している。

「北海道及び樺太の地は当使設置以来、専ら力を開拓に用い、未だ兵衛の事に及ばず。……今や樺太は国家の深憂たる固《もと》より論を俟《ま》たず。故に今日の急務は軍艦を備え、兵衛を置くに在り。……今、屯田の制に倣《なら》い、民を移して之に充て、且、耕し且つ守らしめば、拓地、兵備二つながら其便を得ん……」

この上申が容れられ、屯田兵一五〇〇戸、男女合計六〇〇〇名、三年計画が陸軍省との間に決った。黒田は明治七年、陸軍中将に任ぜられ開拓使次官を兼ね、北方における文武の二制を統轄する最高指揮者となった。

最初の屯田兵第1大隊第1中隊は、明治八年五月、札幌郡琴似村に到着した。青森県にあった旧会津藩士六〇戸、宮城県から旧仙台藩士九〇戸、酒田県より旧庄内藩士八戸、合計一五八戸、これに旧松前藩士の三〇余戸を加えたものが第一次入植であった。

翌年第二次屯田兵が、札幌郡山鼻村に二四〇戸、札幌郡発寒に三五戸、入植した。この山鼻村が第2中隊としてながく札幌本村の警備にあたり、明治十四年、明治天皇北海道巡幸の際、その家族とともに農耕する軍服姿をごらんになった兵村《へいそん》である。

北海道の開拓は、もとより屯田兵だけによったものではない。明治初年いらい多くの農耕移民が渡っており、とくに明治新政にあたって朝敵の名を冠せられた東北諸藩、とりわけ最大の削禄をうけた仙台、会津二藩の悲壮な北海道集団移住は、北辺警備の先頭にたって新天地をひらく名分の下の辛苦であり、屯田兵の先駆といえる。

伊達邦成は代々仙台家の家老で、亘理・三万石、家臣一三六二戸を養っていた。戊辰の役のあと、本藩が六二万五〇〇〇石から二八万石に削られ、伊達邦成は一朝にして六五石になってしまった。彼は家臣の田村顕允と謀《はか》って北海道移住を出願し、有珠、虻田、室蘭三郡の支配を命ぜられた。この業績は今でものこっているが、苦心開拓のはじまりである。明治二年からのことであった。

伊達邦直もおなじ伊達家の支族で、一万四六四〇石、家臣七三六戸、おなじく明治二年移住を出願し、空知郡に支配地をえた。当別村を開いたのは彼らである。その重臣の吾妻謙の名とともに北海道開拓史を飾っているが、彼らの帰るに家なき背水の陣による難苦は、まことに筆舌につくせぬものがあった。

屯田兵、西南の役に出動

明治十年二月二十二日、琴似兵村に出動の命が下った。〝西郷起つ〟の一週間たらずのうちである。西南の役の対策が全国的であったことがわかる。ただちに一個小隊は函館警備を命ぜられ、従来の調練用のエンピール銃を後装式レミントン銃と交換して、任地についた。彼らは四月にいったん帰村しさらに二個中隊をもって一大隊を編成し、熊本にむかった。指揮するのは准陸軍大佐・堀基、准陸軍中佐・永山武四郎であった。

この部隊は、八代方面から作戦する別動第2旅団（少将・山田顕義）に属し人吉、小林、高鍋方面に歴戦した。兵士はもと仙台、会津などの藩士である。すでにのべた官軍抜刀隊と同様に、いまや官軍の名をいただいて、〝天地容れざる朝敵〟の薩軍に立ち向かったことであろう。はじめ彼らの異様な軍装と、動作が不活発なことで鎮台兵の嘲笑の的となったが、攻撃における戦闘力で舌を巻かせるものがあったという。九月末に札幌に帰った。

永山武四郎
明治20年7月、露国ドン・コサックの首都にて　左から2人目、屯田兵本部長・永山少将

北海道屯田兵は最初士族に限られ、年齢も十八歳から三十五歳までとされた。要害守備を主としたからである。そして屯田兵には、十五歳以上六十歳までの身体強健でいっしょに農事に従事できる家族が二名以上あることが条件になっていた。

屯田兵の訓練は、相当きびしいものであった。入植後三ないし六カ月は生兵と称し、毎日訓練があり、春秋二期には野外総合演習が行われた。秋の農事が忙しいとなると、十二月、一月の厳冬期、雪中に七日、一〇日と野営して訓練をつづけた。そのほかに彼らには年中、徒歩憲兵としての警備勤務があった。各自の兵村や付近の部落は勿論のこと、山鼻兵村は札幌本府の守護、海岸の兵村には海辺守備の任務があった。

きびしくとも、軍事訓練には彼らの武士の教養が多少の役にはたつ。しかし、農事にいたってはまったくの素人《しろうと》である。指揮する上官にとっても未知の仕事であった。

だから農業経営や開墾《かいこん》には、部隊全体が驚くほど拙劣であった。しかし「たとえ軍事に熟達しようとも、農耕で生計が立てられないでは、屯田兵の本分に背《そむ》く」のである。

毎朝、起床ラッパでいっせいに起きる。集合のラッパで農作業の服装で週番事務所に集まり、人員の点呼をうけて指揮官に引率され、開墾予定地に行く。再びラッパの合図で全員が一列横隊に五尺の間隔でならび、「懸《かか》れ」のラッパで鍬を振りあげる。琴似、山鼻兵村は今は札幌市で、昔の面影《おもかげ》を偲《しの》ぶものはないが、入植当時は草ふみわけて道がつうじる程度であった。兵村は万古斧鉞《ふえつ》を知らぬ原始林におおわれ、丈余の熊笹《くまざさ》は天日を遮《さえぎ》り、鹿《しか》、熊《くま》、狐《きつね》が横行し、ときには兵屋の窓からのぞきこむこともあったという。

屯田兵の編成は五名が一伍、六伍で一分隊、四分隊を一小隊、二小隊二四〇名を一中隊というのが基本編成で、その上の編成はいろいろ変わったが、中隊が全組織の中核であったことは変わりはない。

兵村は中隊単位で編成、中隊長である大尉以下、中尉、少尉、曹長、軍曹などの幹部が兵事、農事全般の指導役であった。

兵村には練兵場、射的場、軍事教育の作業場、本部敷地などのほか学校、社寺、道路、防風林などが計画的に配置された。兵屋は密集してその周辺におくものと、各戸に給与された農耕地に各自の兵屋をおくものとあった。

開拓使が明治十五年に廃止されるまでの屯田兵の数は、五〇九戸、二一七八名であった。明治八年の第一次から三十二年の最後の入植にいたる二五年間に、兵村の数三七、戸数七三三七、総人員三万九九一一人という。

この屯田兵の入植地は、初期と後期で非常な相違がある。初期の琴似、山鼻、室蘭の輪西、根室、厚岸方面は、札幌本庁の守護や海岸線の警備を目指す国防軍である。札幌から北へ鉄道開通とともに、この方面に増加された兵村は防備から興農に目的がかわった。明治二十三年以降のことである。

ことに現在の旭川市を中心とする上川平野の肥沃《ひよく》な土地は、開墾の尖兵として入った、明治二十四年以後の〝平民〟屯田兵の業績である。上川地方には北の離宮設定の話まであったほど、北海道のかなめになった土地であり、後に第7師団のほとんど全部隊の駐屯地ともなった。

屯田兵を育てあげ〝屯田兵の親〟とよばれる人が永山武四郎である。

永山武四郎は薩摩藩の武士の家に生まれた。初陣は明治元年の会津の攻略であった。明治四年、大尉に任ぜられ御親兵の小隊長となった。陸軍にイギリス兵制を、と主張して陸軍を辞したのち、開拓使に勤めることになった。黒田をたすけて屯田兵入植の準備をしたあと、准陸軍少佐兼開拓使出仕として屯田兵の指導と、北海道の開発、北辺の防備に余念なく働いたのであった。

明治十年、准陸軍中佐に任ぜられた永山は、翌十一年屯田兵事務局長となってその軍務を双肩にになない、明治十八年には陸軍少将にすすみ、屯田兵本部長を仰せつかった。

明治二十年、アメリカ、ロシア、清国の三国の視察を命じられて、これらの地の移民制度や寒地農業などをくわしく視察し、翌年帰国した。そして、この経験と開拓の要務をにらみ合わせて、屯田兵制度の大改革を行った。この年（明治二十一年）、屯田兵本部は屯田兵司令部と改められ、永山は屯田兵司令官となった。

彼は同年、岩村通俊のあとをうけて二代目の北海道庁長官を兼任（二十四年まで）、さらに中将に累進し、日清戦争のときには臨時第7師団司令官を命ぜられた。明治二十九年、第7師団が設置されるにおよんで初代の師団長に補せられたが、三十三年退職、三十七年、東京に没した。

没するにあたり「わが骨を札幌に埋むべし、死して猶《なお》北方を監視するの要あり」と遺言した。遺族はこれを守って、その骨を札幌市の豊平墓地に埋めた。まことに烈々たる屯田兵魂の育ての親、今も北辺にあって生きているにちがいない。〝永山〟村は今は旭川市に編入されている。その村名は永山存命中、彼の功労を思われた明治天皇の御意志によるものと伝えられている。

国際的舞台に

明治十五年、軍人勅諭を賜って、その性根をたたき直さねばならぬ陸軍ではあったが、この年はじまった、いわゆる「京城の変」以後、しだいに〝日本の陸軍〟に成長していくのである。これらの出来事は一般の歴史の範囲であるから、ここでは『陸軍省沿革史』の記述を借りて、事態の進展をつないでおくこととする。

〈七月（明治十五年）。朝鮮乱る。これより先、朝鮮、我陸軍工兵中尉堀本礼造を聘《へい》し、洋式の操練を教習せしむ。大院君之を喜ばず。ひそかに軍人を煽動《せんどう》し、堀本中尉及び学生七人を殺し、我公使館を襲う。公使花房義質仁川に走り、英国測量船に搭じ長崎に達す。ここに於て公使に訓令を伝え、陸軍少将高島鞆之助、海軍少将仁礼景範をして之を護衛し、罪を問わしめ、爾今《じこん》歩兵二中隊を止《とど》めて公使を護衛せしむ。この間当局者は東京鎮台の騎兵一小隊、輜重兵一小隊、及び輸卒、憲兵若干を福岡に派し、熊本鎮台の兵と共に混成旅団を編成し、之に備うるところありしが、朝鮮我要求を容れて事なきを得

たり。これ参謀本部創設後第一回の動員となす〉

いわゆる「第一次京城の変」である。

〈京城再び乱る（明治十七年）。この月、朝鮮国乱れ、国王援を我公使館に乞う。辦理公使竹添進一郎護衛兵を率いて王宮に至る。適々《たまたま》清国の将卒又到り、我兵を砲撃し、国王清兵に投ず。我兵守りを撤して公使館に帰る。暴民従って之を襲う。陸軍歩兵大尉磯林真三之に死し、公使仁川に逃る。朝廷、外務卿井上馨を以て全権大使とし、陸軍中将高島鞆之助をして熊本鎮台の歩兵二大隊を率いて之を護衛し、行きて之を処理せしむ〉

朝鮮の金玉均、朴泳孝ら開化派のクーデターであった。そして結局は、韓国をはさむ清国と日本との争いとなってきた。

〈三月（明治十八年）。参議伊藤博文を全権大使とし、参議陸軍中将西郷従道と共に清国に赴き、其の大臣李鴻章と天津に会し、両国の朝鮮駐劄《ちゆうさつ》兵を撤回し、他の外国人を傭《やと》いて兵士を教練せしめ、将来若《も》し兵を朝鮮に出すことあらば、両国互いに相通報することを約す〉

しかし、話し合いで片づく相手ではなかった。

陸軍卿自ら兵制視察に

明治十七・十八年ころは、日本国自体が内部的革新の時期であった。

明治二十三年に約束された憲法実施をまえにして、憲法調査のためドイツに行っていた伊藤博文が帰り、十七年春には制度取調局がつくられ、十八年には太政官制度が廃されて内閣制が創設された。

こうした情勢のほかに、朝鮮の諸事変をめぐる対清関係の悪化があった。ここに陸海軍、とくに陸軍の全機構は徹底的な革新の時期をむかえることになったのである。

明治十七年二月十二日、陸軍卿・大山巌につぎの詔勅が下っている。

「朕特に汝を派して欧州の兵制を視察せしむ。其紀律、節制の詳《つまび》らかなるを観《み》、その精神を採《と》り、其要領を獲《え》、事実に行うべからしむるは朕が深く望む所なり」

じつに勅命による陸軍卿自らのヨーロッパ兵制視察旅行である。この勅語を拝した大山は、明治十七年二月十六日、横浜を出帆した。一行は陸軍中将・三浦梧楼、同野津道貫、陸軍病院長・橋本綱常、陸軍大佐・川上操六、同桂太郎、ほかに小池正文、矢吹秀一、村井長寛、清水俊、小坂千尋、馬場命英、伊地知幸介、野島丹蔵、俣賀致正ら各部の俊秀を加えて総勢一四名。一行が充分の研究、視察をおわって帰朝したのは翌十八年の一月二十五日であった。

陸軍卿みずから一年間国をあけて、先進国兵制を調査するのであるから、その意気ごみのほどがわかる。この結果、陸軍の軍制に大改革が施《ほどこ》されるのであるが、それは一般に、フランス方式からドイツ方式への転換と表現されている。

この新軍制転換の実行者として陸軍軍政の舞台に登場したのが、桂太郎、川上操六、児玉源太郎らの一群の新しいタイプの人たちであった。とくに軍制改革を一身にになった代表的人物は桂太郎であった。長州の出身である。

陸軍は明治三年十月に、フランス式によると定められていた。山縣有朋と西郷従道の二人は三年六月、「普仏《ふふつ》（プロシアとフランス）両国に遣《つかわ》し、地理形勢を視察せしむ」として、ヨーロッパに派遣された。普仏戦争の直前であった。

ナポレオン三世がセダンに包囲されたのが九月であるから、山縣らの帰国がもっとおそければ、あるいはフランス兵制は採用されなかったかもしれない。ベルリンのテンペルホーフ練兵場でヴィルヘルム一世の観兵式をみた山縣は大いに感心したが、西郷は少しも感心しなかった。フランスが負けても西郷の対仏信頼は変わらなかった。

このころ桂太郎は、フランスで勉強するためヨーロッパにいた。彼は、山口素臣、児玉源太郎、寺内正毅らとともに大阪の兵学寮にいたのだが「本場で勉強しなくては」というので〝病気〟を理由に退校し、自費留学でフランスに向かっていたのだった。ロンドンについた時に、パリはプロシア軍に包囲されて入れなかった。彼はここで決心をかえ、ドイツで学ぶことにしたのである。この時二十四歳であった。

桂がサンフランシスコに向かっていた同じ船に、別の一行が乗っていた。大山巌（弥助）、土佐の板垣退助、山口の品川弥二郎らが、太政官から普仏戦争の観戦者として派遣されたのであった。大山一行もパリ包囲で入れないのでベルリンに行き、メッツなどの戦跡を視察の後に従軍許可をえてパリに入っている。

ここで敗戦フランスの弱点なども充分に見たのであろうが、その大山はさらに明治四年になって、陸軍少将の職をみずから願いでて退官し、再びフランスに留学している。大山このとき三〇歳であった。このころの軍人たちが、とにかくヨーロッパの新しい学問を勉強しようとしていたことと、他面、フランス依存の度の強かったことがわかる。

桂太郎は明治三年からのドイツ留学中に、組織的・実際的なドイツ流軍事学の優れている点にすっかり心酔した。明治六年に帰国したが、明治八年、在外公使館武官制度が設けられるにあたって、ドイツ公使館付武官を命ぜられてふたたびベルリンに赴き、在独さらに三年、十一年七月に帰ってきた。まさにドイツの新知識である。

歩兵大尉であった桂太郎は、第一次帰国後の明治七年一月、はやくも陸軍卿・山縣中将に、フランス式兵制では駄目だ、と力説している。山縣も意がうごかぬわけではなかったが、「ドイツ語に精通している者を得るのが困難だ」という。何よりも薩摩派の大山、西郷がフランス党であり、谷干城も三浦梧楼、曾我、鳥尾などという長老格の軍人が、その要なしとフランス流を支持していた。実際一度はプロシアに敗れたが、その後のフランスの国力回復がめざましかったからでもある。

ヴィルヘルム・メッケル少佐

メッケル少佐――ドイツ兵学の導入

さて、明治十七年の大山卿の派遣任務の一つに「陸軍士官学校、陸軍大学校に兵学を講ずべき教師を選び招聘する」というのがあった。

この任務にもとづいて、大山は時のドイツの陸軍大臣フォン・シェレンドルフ将軍に人選をたのんだ。この相談をうけた老モルトケ元帥がメッケル少佐を選んだのである。

クレメンス・ヴィルヘルム・ヤコブ・メッケルは一八四二年（天保十三年）、ライン河畔のケルンに生まれた。ドイツ軍人の主流派である地主貴族《ユンカー》でも貴族でもない。一八六二年、少尉に任官した。きわめて謙譲で目立った存在ではなかったが、一八六七年には二十五歳で陸軍大学校に入った。二十七歳で優等で卒業したが、普仏戦争となり、歩兵第82連隊付で出征したが、仏将マクマホンを敗ったウェルトの戦場で負傷、鉄十字二等勲章をもらっている。

戦後ハノーヴァー士官学校の教官をへて、陸軍大学校兵学教官となり、大尉から少佐にすすんだ。彼は一八七四年に『戦術学』、七五年に『兵棋入門』（兵棋は彼の創始という人もある）、八一年には『師兵術』という本を著《あらわ》している。この人がモルトケに選ばれた。

大山陸軍卿は明治十七年十月十一日付、参謀本部長・山縣中将にあてて、大尉と予定したのだが、少佐となったので、「今更《いまさら》致し方もこれなく」と事情を説明した後、「その人は参謀官にしてメッケルと申す者にて、学術も優等、有名なる人の由（著述書もあり頗《すこぶ》る声名ある人）。過日拙者一面晤《めんご》致し候処、至極《しごく》適当なる者 認《みとめ》申し候……」と、一目で惚《ほ》れこんだことを書き送っている。

メッケルは明治十八年三月十八日に着任した。彼はきわめて鄭重《ていちょう》にあつかわれた。住居は参謀本部構内に赤煉瓦《れんが》で新築され、とくに清潔に留意した。旅行となると大名旅行で、一夜の旅館でも隙間風をふせぐため目張りをし、寒い時はストーブ携行、通訳、書記、従者などあわせて二〇余人の旅であったという。

この国賓的待遇に、彼も誠実に熱意をもってこたえた。一年間の契約で来日したのであったが、満三年をわが陸軍のためにつくして明治二十一年三月十七日、惜しまれつつ故国に去った。

帰国後、中佐に進級し、ケルンの連隊長となり、大佐、少将とすすんでプロシア陸軍大学校教頭、参謀本部部長を歴任した。さらに上部シレジアの第8旅団長に転任の命をうけたが拝辞して退職、悠々自適の生活に入った。

閑居一〇年になろうとする一九〇四年、日露戦争がはじまった。メッケルが日本にいたとき陸軍大学校校長として、またこの間、陸軍軍制万般にわたる献策、指導について親交のあった児玉源太郎は、参謀次長として彼に謝電をうっている。メッケルは時に六十二歳であった。この老将軍は「日本における知己、門下生の多数がロシアに勝った将軍であり、参謀長であり、部隊長であること」を誇りとしつつ余生を送ったが、日本大勝の後の明治三十九年七月五日、満足のうちに逝った。

この報をうけて日本でも知己門下生があつまり、八月四日に陸軍大学校で追悼の祭典を行ったが、参謀総長・児玉大将は、この間の七月二十三日に急逝し、同大将みずからの起草した弔文は、メッケル着任のとき、陸軍大学校三年学生で、彼の薫陶《くんとう》をうけた井口省吾陸軍大学校校長が代読した。弔文の内容は誇張でなく、全く真実のこととして、参会者の胸をうったのであった。メッケルの日本陸軍に貢献したところが何であったかが、簡潔明瞭に述べられているので引用する（宿利重一氏『メッケル少佐』より）。

〈……回顧すればすでに二十余年の昔我国の軍制改革日尚浅く、英仏二国の式を経て、方《まさ》に貴国の式を採用するの時に際し、閣下は貴国の選抜により、我国政府の聘に応じ、この校に来り莅《のぞ》み、教鞭をとられしこと四年、日夜精励、諄々後進を提撕《ていき》し、その広博なる学識と懇切なる性情とをもって能く最新、至高の戦略戦術を不敏なる我等の頭脳に注入し、材に随《したが》い器に応じ、各々適度に成達を得せしめ、その薫陶《くんとう》の及ぶところ、独り学生に止まらず、我全軍の改善を促したること又尠《すく》なからず。ここに於てか我陸軍は明治二十七八年の役に全勝を占め、三十三年の北清役に欧米列強軍と比肩して遜色なく、三十七八年の役には世界の強国と戦いて再び全勝を得たり。我陸軍の能く此に至りしは実に遠く閣下の訓誨《くんかい》に淵源するもの多くして我等常に感謝忘るる能わず……〉

この追悼会のとき、メッケルの像をつくって陸軍大学校の校内に安置することが決められ、完成はおくれたが、明治四十五年になって除幕式が行われた。このメッケルの像は、筆者らが陸軍大学校に学んだ頃には勿論あった。敗戦後の今日、行方不明だという。在日中、おそらく陸大学生がつけたのであろう、あだ名は〝渋柿爺《しぶがきおやじ》〟であった。

ドイツ方式で軍制改革

日本陸軍軍制のフランス方式からドイツ方式への転換は、フランス派の反対をうけながらもこれまですでに徐々に行われていた。その顕著なものは参謀本部の陸軍省からの独立である（明治十一年）。

これまでに陸軍省に参謀局が設けられ、軍令関係の事項を処理していたが局長は陸軍卿に属していた。ところがこの十一年の改正による参謀本部は「凡そ軍中の機務、戦略上の動静……等其の軍令に関するものは専ら本部長の管知するところにして、参画し親裁の後直ちに之を陸軍卿に下して施行せしむ」と規定された。

当時、天皇輔弼《ほひつ》の責任は太政大臣にあって、陸軍卿はその部下にすぎないから、軍令輔弼の任につく参謀本部長が生まれたことは、太政大臣に匹敵する軍令機関の独立であった。つまり、プロシア流の二元の組織がもう芽をだしたのであった。

一般的にみて、フランス兵制はフランス革命後の所産であるから、すべて下からの運動として下層から盛りあがって定められていた。

それにたいしてドイツは、その前身プロシアの勃興ぶりが示すように、まず何よりも徹底的な軍制改革による軍隊の再建によってその生存を図らねばならなかったのだから、憲法の制定そのほか近代的政治形態の導入される以前に、近代兵制が採用される、というわば軍事先行型ではじまったのである。

その軍制上の二元組織なども、その特徴である。すでに君主国日本がドイツ王制のドイツ憲法に範をとると決めている以上、軍制もドイツ方式にかわるのは自然であったともいえよう。

前述の参謀本部条例につづいて、監軍部条例とか、鎮台条例とかいずれもドイツ方式で決められていった。その結果、全面的検討の目的をもって大山陸軍卿のヨーロッパ旅行となったのである。

このあと、桂太郎と川上操六という若い二人が軍政と軍令の要職について、改革の火ぶたが切られた。歩兵大佐・桂太郎は少将に任せられ陸軍省総務局長（次官である）に、歩兵大佐・川上操六も少将に任ぜられて参謀本部次長になる、という抜擢《ばってき》であった。この二人には反対派の論議が集中した。しかし二人の背後には薩長首脳部のバックがある。少しもひるむことなく制度、機関、編成、組織の全面にわたる改革を実行した。

桂の命をうけて智恵袋の役をしたのが、児玉源太郎であった。明治十九年三月、彼は、臨時陸軍制度審査委員長を命ぜられている。歩兵大佐・参謀本部第一局長であった。委員には中佐、少佐の若手の俊秀がならんでいる。陸軍大臣秘書官・歩兵中佐・寺内正毅の名も見える。

児玉大佐は俊敏鋭利でならした人である。この十九年九月には陸軍大学校幹事に兼補されている。陸軍制度審査のため、大学校に教鞭をとる参謀本部顧問メッケル少佐との連絡を密にするためであったろうか。

この軍事改革において、メッケルのはたした役割は大きなものであった。彼はプロシア式を機械的に日本に適用しようとはせず、日本に適するように咀嚼《そしやく》して指導してくれた。

軍制改革・師団編制の採用

こうして遂行した軍制改革は大別して三つであった。

第一は、軍制の中核をなす陸軍編制の改革である。軍団編制をとるドイツのメッケルは、師団編制が日本にもっとも適当であるとして師団編制を勧《すす》めてこれが採用され、これにともなって経理や兵站《へいたん》機関も改善された。これまでの鎮台組織にかわって、近代戦、外征に適する軍の編制がはじめて決まったのである。

第二は、軍制の上部機構である高等指揮機関の改革である。陸軍省と参謀本部が改革されて、軍政、軍令の業務が統一され、また監軍部が再興されて軍隊教育の分野が統轄されることになり、わが国だけともいえる三位一体の機構がつくられた。

第三は、近代軍制の下部構造をなす兵役制度の改革であった。

第二の改革は、本書の目的から、ここでふれるのは略して、まず第一の、師団の編制を見ることにしよう。

日本陸軍には、なぜ「軍団《コア》」という組織がなかったか。世界各国軍は、みな「軍団」制を採用しているのに、大東亜戦争が終わるまで日本にはない。

じつは日本でも、軍団制を採用しようとした記録はある。

大正七年九月二十八日付、参謀総長・上原勇作から、大島健一陸軍大臣宛に「統帥綱領送付の件通牒」として改正統帥綱領を送ったときの通牒に「追《おっ》て新統帥綱領は将来採用を企図せる軍団編制を顧慮して改訂せるものにこれあり候」と書いてある。

これは予算編成のため陸軍省概算要求にもだされるほど具体化したものらしく「大正八年歳入歳出概算査定に関する閣議決定」の中に「……兵力増加に関する経費については

……軍団編制、特科兵隊の増設……」という文句が見える。

だが、結局、これは実現しなかったから、日本に「軍団」は、ついに生まれなかったのである。

メッケルが日本にきたころ、ドイツは全国を七個の軍管区にわけ、それを徴募、警備などの基本管区として、それぞれ常備二個師団を備え、常備軍十数万を擁《よう》していた。そのドイツから日本にきたメッケルがみた当時の陸軍は六個の鎮台で、まずは警察の大きなようなものであった。明治十七年から一〇カ年計画で兵力増強に着手していたものの、次のようなまことに貧弱なものであった。この程度の規模の軍隊が参謀官を養成するというのだから、メッケルもびっくりしたのではなかろうか。

歩兵　一三個旅団と一個連隊
騎兵　二個大隊
砲兵　七個連隊と一砲隊
工兵　三個大隊と四個中隊
輜重兵　六個小隊
屯田兵　一個大隊と一中隊
軍用電信　二個小隊
ほかに憲兵

将官を除き、隊付士官一九八三、下士四九〇二、兵卒三万六九四一、総計四万三八二六という平時兵力にすぎなかった。

メッケルはこう述べた。

「日本は兵力が少ない。ドイツにくらべ、五分の一ほどしかない。これを軍団のような大団体に分類するのは不可能でもあり無用でもある。日本では師団は全兵種から編成し、平時では一管内の諸隊をすべて隷属《れいぞく》させ、戦時には担任区域の防禦の任と出師準備のために、独立の動作ができるようにしたらよろしい」

メッケルは従来の鎮台編制の特徴やその管区制などを認めて、これから師団をつくるという方式を導きだしたのである。

これら編制問題が充分に検討された結果、明治二十一年五月になって、師団、旅団などの司令部条例がつくられて、鎮台にかわって、近衛、第1から第6師団の七個師団が誕生した。

これにともなって経理、補給などの制度がつぎつぎと公布されて、日本陸軍は近代的編制で外国軍と戦うことのできる態勢を、はじめて整えたのである。

明治二十一年、師団編制がとられた時の実兵力は、陸軍省編纂《へんさん》『陸軍沿革要覧』によると、次頁の表のような程度であった。特科兵の欠隊が目立つ。だが特科兵は、このあと充実されて行き、日清戦争直前の二十六年には拡張計画が実を結んで、平時総人員六万三三六八人が充足された。

欠隊のもっとも目につく騎兵は、明治二十二年に第4、第6大隊、明治二十五年に第2、第3、第5大隊がつくられ、各師団に二個中隊ずつの騎兵大隊がそろったのである。

次は徴兵令の改正である。明治六年の徴兵令がどんな内容のものかは、前章で述べた。その不合理をなじる声が強くなったため、明治十二年、十六年と改正され、不平等な点が除外されていった。それがこの時、さらに改正されたのである。

兵種	部隊数	士官以上	下士兵卒
歩兵	一四個旅団	一八四四	四二七四七
騎兵	二個大隊（四中隊） 近衛、第一師団のみ、他はなし	三九	七三四
砲兵	七個連隊	三〇〇	四〇三五
工兵	六個大隊と一中隊 近衛師団は一個中隊	九八	一七八六
輜重兵	六個大隊 近衛師団はなし	八二	一六四九
屯田兵	三個大隊と一中隊	五	一五〇九
その他		六五	一四八三
合計		二四三三	五三九四五

明治六年の第一次のものはすでに批評した。明治十二年の改正の理由は何か。前に述べたように明治六年以後、旧体制の担い手であった士族層と、新体制の担い手の主力である農民層の新政府にたいする反撃がおこり、動乱がつづいた。それは、西南戦争をもって一段落をつげたが、明治十一年にはお膝元の近衛砲兵大隊で暴動がおこると

いう始末である。

いよいよ軍隊の内部を固めねばならぬことになってきたのである。そして徴兵令は元来がざる法であったから、そのまずい点だけが目につく。農民のながくおかれてきた地位から考えても兵役義務への自覚など容易に浸透するわけはない。徴兵や入営の忌避、入営後の脱走、逃亡が相いついだ。政府はまず免役規則を改正し、徴兵忌避の悪弊を除こうとした。

これが明治十二年の改正である。

だがこれとて国民皆兵の建前からは不徹底なものだから、逆に代人料として金を払って免役を願うものが増加したのがおちであった。

明治十五年ころとなると、一方では「軍人勅諭」が発布されて、いっそう軍隊の質的向上が図られたのにたいし、国外では隣邦韓国に「京城の変」が勃発、日本としては新しい転機を迎えようとしていた。韓国をはさんで日本と清国との対立の表面化である。陸海軍増強にかんする御沙汰も下る。こうした情勢のもとでは、軍備の基礎となる徴兵令を改正して軍備拡張のための常備兵の増加と、徴兵忌避者を徹底的に除去する必要があった。

これが明治十六年の改正で、その主眼点は免役制の改正にあり、これは原則的には除去された。勿論、代人制は廃止された。この改正もメッケルを呆《あき》れさせるような点を残していたから、不充分な点はあったのだが、金で兵役が免れる制度の撤廃など、はるかに前進であった。
そして明治二十二年の、さらに徹底した改正がこれにつづいたのである。
これでどうにか〝国民皆兵〟らしくなった。

メッケルが、日本へきて調べてみると、近代戦の場合、戦時には平時の二倍にもおよぶ予備、後備の将校を必要とするにもかかわらず、日本陸軍にはまったくその準備がないことがわかった。

平時兵力をもって、西南戦争のようにおっとり刀で駈けつける準備しかなかったということである。

その原因は、これまでの徴兵令が予・後備将校として適当な教育をうけている階層にたいして、実質上、平時兵役を免除するという制度をとっていたからである。一年志願兵という制度も、いわばこれら特権階級の在営期間の短縮という、国民全体からみると不公平な制度にすぎない。ここでこの制度が改められて、予・後備幹部養成の制度として確立された。これによって一年志願兵は入隊のときから、予・後備幹部養成の目的のもとに特別の教育がほどこされることになった。

これを起点として、「一年志願兵」は、志願者の範囲とか服役年限とかにいろいろの改正はあったが、昭和二年までつづいた。

昭和二年に在来の徴兵令を廃して、兵役法が制定され、一年志願兵を「幹部候補生」と改称したが、その補充、教育にかんする制度としては同様であった。

士官教育のこと

この軍制改革のときに、陸軍現役将校の補充制度も大きく変えられた。現役将校の養成は、大村益次郎の兵制改革いらい新軍建設の基礎として重視されたもので、多くの変遷があったが、その詳細にはふれない。

要約すると、士官学校は明治八年、陸軍省の直轄の学校として、第一期生徒の教育を開始した。正規の将校教育のはじめで「士官生徒」といった。規則上、士族、平民の別なく試験に合格した者をとったが、当初は士族が大部分であった。これが第一期生から第十一期までつづいた。陸軍士官学校は、東京の市ケ谷に新設された校舎で、この第一期士官生徒以後、昭和十二年におよびその後、座間（神奈川県）に移転した。

この士官生徒の制度は、明治二十年六月に根本的に改正された。これもまた、ドイツ方式が採り入れられた結果である。従来の「士官生徒」は「士官候補生」と改められた。士官候補生は採用後まず各軍隊に配属され、一カ年（幼年学校出身者は半年）の隊付勤務に服したのち、軍曹にすすみ、将校団の後継者として士官学校に送られ、修学一カ年のあと、卒業して原隊に帰る。

そして曹長の階級をあたえられて、見習士官として約半年、隊付勤務に服する。その後、所属将校団の将校銓衡《せんこう》会議において可決された者が少尉任官の資格をうることに定められた。

修学年限などはいろいろ変更され、陸軍幼年学校卒業者との年限的関連や陸軍士官学校に予科、本科の制度を置くなど各種の改変はあったが、この将校団を基本とする士官候補生の制度は大東亜戦争末期までつづき、陸軍士官学校を卒業、任官した者は第五十八期におよんでいる。

「士官生徒」の第一期が、日露戦争のときの若手の将軍クラスで、本書にも出てくる有名な将軍は、歩兵科では田村怡与造、長岡外史、大谷喜久蔵、仙波太郎、砲兵科で伊地知幸介、大迫尚道、豊島陽蔵、井口省吾、押上森蔵らで、「士官候補生」の第一期となると、昭和時代、国民になじみのふかい名前がみられる。歩兵科で宇垣一成、白川義則、騎兵科の鈴木荘六らである。

勤勉だった青年将校

将校教育に関連して、ここで陸軍大学校の生いたちを説明しておこう。陸軍大学校が開校したのは明治十六年四月である。指揮官の戦略戦術能力のないことが西南戦争で証明されたばかりのときであった。

明治三年	一〇人	明治十一年	〇人
四	四	十二	二一
五	九	十三	二二
六	一	十四	六
七	一	十五	三
八	二	十六	四
九	〇	十七	三
十	二		

それでは、陸軍大学校が開校されるまで、陸軍将校はどこで戦略戦術を習っていたか。彼らは海外に留学したのである。上の表は海外に留学のため派遣された陸軍将校の数を示している。

明治新軍の初期に、それに西南戦争後、いよいよ国軍の基礎をかためようという時期に、多くの若い将校が海外に派遣されて勉強していることがわかる。ことに明治十二年の数は当時常備兵数三万ほどの陸軍としては、思いきった人数である。

明治十六年に大学校が創設されて第一期生二〇名が入校したが、教官も少なく、実際に戦略戦術を教えられる人はいなかった。大学校らしい教育は、メッケルが来てはじめて行われたのである。

メッケルの教育は厳しいものであったらしく、陸大第一期から第六期生までが教えをうけているが、彼のめがねに叶《かな》わぬ者は卒業させていない。各期とも定員は二〇名のはずだが、卒業した者は第一期（明治十八年卒業）一〇名、第二期九名、第三期七名、第四期一三名にすぎない。

日本陸軍の当時の若手錚々《そうそう》たる連中は、このようにしてドイツ兵学を学んだわけであるが、その中には桂、川上、児玉のように直接ドイツで勉強をはじめた者と、メッケルによって手ほどきをうけた者とがあったわけである。

桂、川上、児玉らが日清、日露の戦役でどんな役割を演じたかは周知のことである。

制式銃砲の制定――村田銃の出現

明治十年代に入って、陸軍はその内部にいろいろの悩みをかかえ、それの克服、体質の改善に多くの努力がかさねられたが、国家の独立と自衛の確保のために必要なことは、ほかにもあった。

兵器や艦艇の生産において、外国の依存から脱し、独立の実をあげることであった。これには、多くの前提条件が必要である。国際的水準の技術も習得しなければならないし、最新の機械や装置を買い入れて生産設備を作らなければならない。同時にわが国独自の制式兵器を定め、海軍の場合は、艦船の計画時から外人技師が関与することを必要としない状態にならねばならない。

明治十年までの後進国日本は、国際兵器資本の売りこむ銃砲にとびつき、何でも買いこみ、まるで世界の廃品兵器のはきだめみたいな有様であった。西南の役以後の陸軍の仕事は、この兵器の面での独立をはかることが大きな課題であった。

まず、当時の国情に適した制式銃砲を、どんなものに決めるか、が大きな問題であった。

すでに述べてきたように、明治維新の直前から明治初年にかけて、欧米では軍用銃の大転換が行われていた。精密機械技術の発達によって、滑動式閉鎖装置が可能になり、前装銃から後装銃に転換したのである。そしてこれらの新式小銃が、機械装置によって大量生産される時代となっていた。

この時、日本陸軍に村田経芳という射撃の名人がいた。薩摩の人で、幕末の頃から名手として知られていた。明治八年、陸軍少佐であった村田経芳は小銃改良のためヨーロッパ各国へ巡遊を命ぜられ、帰国すると東京工廠の小銃製造工場に入って実地に研究した。彼を外国に送りだしたのは大山巌でこの有名な陸軍の大御所は砲兵科であり、維新戦争には砲兵隊長で活躍している。その体験から従来の大砲を改良して「弥助砲」をつくったり、ほかにも火砲改良をやっている。従って、今でも、日本陸軍砲兵科の先駆者とみられているのである。

さて、村田少佐は、おりから起こった西南戦役には、戦線にあって兵の使う銃について研究、実験し、数種の小銃が混在して弾薬補充に苦しむ状況や新式スナイドル銃にも故障が多く、射撃の精度も良好でないので、ながく制式軍用銃として使用できないことをさとった。

村田は戦後、イギリスから小銃製造機械を買い入れて、製造、実験をくりかえしながら、明治十三年になって「村田銃」を完成し、これが軍用銃として採用、制定された。

この村田銃という名は、その後の陸軍で、そして日本で、なじみのふかい名前となったが、およその範をフランスのグラー銃にとり、撃発発条だけはオランダのボーモン銃の方式によったものといわれる。外国の銃をモデルにしたので、寸法や、重量などが小柄な日本人には不向きな点があったので、その後いろいろ改造して、ついに「十八年式村田銃」を完成した。

この改良銃は、十三年式銃の機構と、その実包（実弾）、銃剣を改良して着剣したときの重量を約一割ちかくも軽減し、携帯兵器として、ほとんど理想に近いものとなったのであった。

だが、このころ、世界の兵器界の大勢は、無煙火薬の発明とあいまって、連発銃の時代

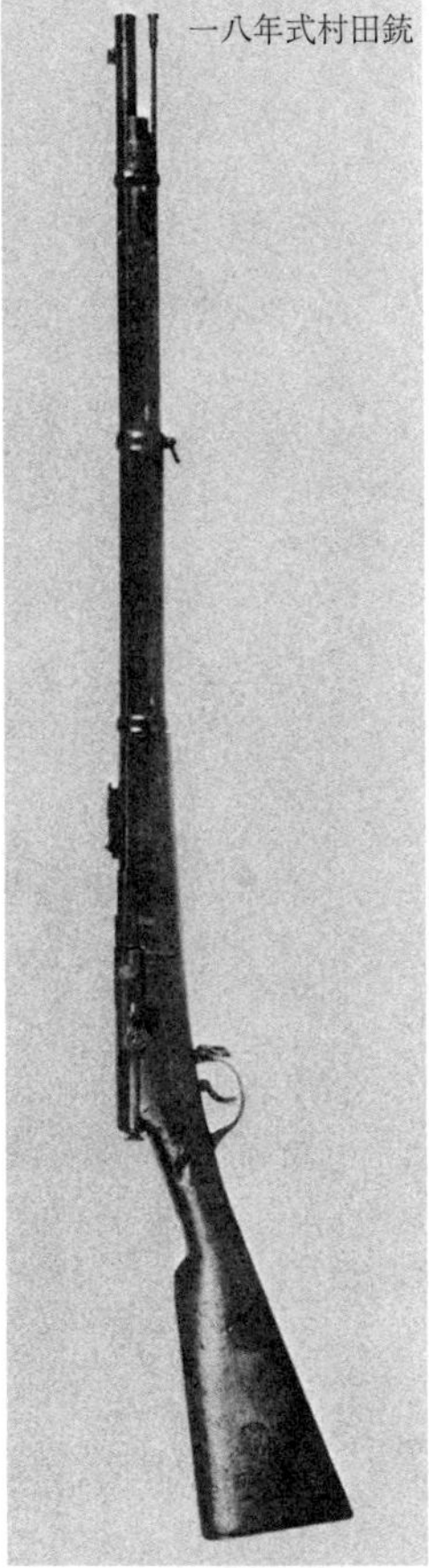
一八年式村田銃

にすすんでいた。そこで村田は、明治二十二年式村田銃を創作した。これは、銃身の下部の弾倉内に八発の弾丸を収め、無煙火薬で発射するものであった。

十八年式村田銃のできたころ、東京砲兵工廠の製造設備も改善されて、十八年度には年産三万挺をこす生産高をあげることができた。そのため翌年には全国の鎮台兵に、外国製の銃をやめて、国産銃を支給することが可能になった。二十一年ころから後備兵用の銃もこれを充当し、また二十二年以後は前記「二十二年式連発銃」の生産設備が準備されていった。

日清戦争では、日本兵は十八年式村田銃をもって戦ったのである。近衛師団と第1師団だけは、二十二年式村田連発銃で装備された。

火砲の国産化

西南戦役で日本陸軍は、フランス式前装式施綫四斤野（山）砲で戦った。しかし、こんな前装砲は、当時でもすでに時代おくれの廃品にひとしい大砲であった。

すでに明治二、三年（一八七〇～七一年）の普仏戦役で、プロシア軍のクルップ製後装式野砲がこれを圧倒してしまっている。その後のヨーロッパの火砲は、後装式にすすんでいた。

日本陸軍も西南戦役の前から、四斤野（山）砲をつくるかたわら、クルップ砲を買い入れ、各砲兵隊に支給をはじめていたが、戦後に野（山）砲改定問題が起こったときもクルップ砲のような鋼鉄砲を、という意見がでた。

しかし、国内生産の実状からみて、当時の未熟な製鋼、製砲の技術を考えると、クルップ砲のような優秀な鋼鉄砲を大量に製造することは、とうてい急速に実現できるとは思われなかった。また、その鋼材をすべて輸入に頼る、とすれば財政的にも不可能であった。そこで陸軍部内の意見は、しだいに国産材料をもって内地で製造できる程度のものを採用すべし、という方向にむいていった。そしてその当時、オーストリアやイタリアで採用されていた圧搾式青銅砲がよかろう、ということになったのである。

かつて幕府の傭教師であったフランス人の、「鋼材の乏しい日本で、鋼製野（山）砲の採用はいけない。イタリア式の圧搾青銅製七糎《サンチ》砲の採用が最も適当である」という進言があったことなどから、原料の点からも、技術の状態からも国内の生産が一応可能になるのであるから、と議論は一決して、この様式を採用することになった。

明治十四年、さっそく人を派してこの製砲技術を学ばせる一方で、生産を担当する大阪砲兵工廠で製造準備を開始し、反射炉や工作機械などの設備の強化につとめ、翌十五年から生産にうつった。かくして日本の野戦砲も、明治十五年、十六年ころから独立生産のめどが立つようになったのである。

なお陸軍には、野（山）砲のほかに大口径の海岸砲が必要であるが、これもイタリア式によることになった。イタリアから製砲術の教師を招聘《しょうへい》し、その意見と監督のもとに製造

七糎半野砲
国産、後装の青銅砲

口　径　7.5センチ
弾　量　4.28キロ
初　速　422メートル(秒)
最大射程　5000メートル
放列重量　690キロ
全備重量　1250キロ

七糎半山砲
国産、後装の青銅砲

口　径　7.5センチ
弾　量　4.28キロ
初　速　422メートル(秒)
最大射程　3000メートル
放列重量　256キロ

二十七糎海岸加農

口　径	27.4 センチ
弾　量	216 キロ
初　速	620 メートル（秒）
最大射程	14850 メートル
明治 32 年制定	

に着手したのである。

一方、日本海軍は、クルップ砲を採用した。まずその基礎となる製鋼技術の習得からはじめ、製鋼所、鍛工場の建設にすすみ、自製鋼材を使ってみずから兵器を製造する準備にかかり、明治十七年には兵器独立の基礎を築きあげた。どうも陸軍は、道草をくったようである。

青銅砲を主体とする理由がわからぬではないから、批判するなどおこがましい限りだが、鋼製砲自製のスタートを誤り、のちに国軍野戦砲の主力となった三八式野砲の場合、完成品と素材を、ともに輸入品で間に合わせ、充足してしまったことが、のちの自製能力の増強を阻害したのではないか、と残念に思われる。

この青銅製七糎《サンチ》野（山）砲は、だいたい明治十九年から二十一年にかけて旧制火砲と交換され、砲兵隊はこれによって装備された。日清戦争はこの砲で戦ったのである。その要目は次のとおりである。

砲身　青銅製施綫式

口径七五ミリ　全長一・七八メートル　重量二七〇キロ

鎖栓式閉鎖機　装輪砲架　全備重量一三〇キロ　榴弾、榴霰弾の二種使用　初速四二〇メートル　最大射程五〇〇〇メートル　四馬輓曳《ばんえい》

山砲はこれと同様だが、砲身短かく重量一〇〇キロ、一馬曳または四馬駄載《ださい》、最大射程三〇〇〇メートルであった。だが、この砲は、黒色火薬を使用する。

海岸砲はイタリアの将校の指導のもとに明治二十年に、口径一二センチから二八センチにおよぶ七種の砲の制式を定め、二七センチ加農《カノン》だけは大阪工廠では設備不足でつくれないので、当分の間、フランスに注文することとし他の六種の自製に着手、各地の要塞に備えつけた。明治二十五年までに各種火砲二一〇門、輸入火砲二門が装備された。野戦軍の装備とともに要塞砲兵の火砲も、国内製品をもって充足することができたのであった。

日露戦争で、旅順、奉天に出陣した「二十八糎《サンチ》榴弾砲」は、この国産火砲である。

第四章　日清戦争

朝鮮半島をめぐる紛議は次第に多くなり、いずれは清国との衝突は不可避という情勢になってきた。だが、相手はおそるべき大国である。

彼我の兵備

陸軍は明治二十一年に師団編制を採用して、明治二十六年には、諸団隊の編成をおおむねおわり、総兵力は野戦七個師団、要塞砲兵一個連隊と一個大隊その他で、屯田兵をくわえ、平時兵力は六万三三六八人にたっした。

この年、戦時編制を改め、翌二十七年度から、戦時野戦師団の兵力は、歩兵一二個大隊、騎兵三個中隊、砲兵は野砲山砲あわせて六個中隊、工兵二個中隊、輜重兵二個中隊で、総人員は一万八四九二名、馬五六三三頭にたっした。七個師団の合計は、将校以下一二万三〇四七人、馬三万八〇〇九頭におよんだ。火砲は野砲一六八門、山砲七二門であった。これに一〇万余の後備兵を動員するとして、二三万余の大兵を動かせるほどになっていた。その歩兵がもつ兵器は、口径一一ミリ、最大射程二四〇〇メートルの村田銃で、近衛師団および第4師団だけは明治二十七年になって、新式の口径八ミリ、最大射程三一一二メートルの村田連発銃を携帯、後備隊はスナイドル銃であった。新式の連発銃をもつ両師団は主戦場には使われなかったから、日清戦争は、村田銃で戦ったといえる。野（山）砲は、ともに既述の青銅砲であった。

ちなみに日本海軍の所有艦艇は日清戦役前に、軍艦二八隻、五万七六〇〇トン、水雷艇二四隻、一四〇〇トン、計五万九〇〇〇トンであった。

清《しん》国は一八五六年（安政三年）におこった阿片戦争に端を発して、英仏連合軍に太沽砲台を占領され、天津を攻められ、古い伝統を誇る清帝国軍は完全に崩壊した。

一八六〇年（万延元年）には英仏連合軍によって北京は陥落し、有名な円明園は焼き払われてしまった。これに目をさまされた清国は、欧米の近代的諸方式を採用し、明治十六年からの安南をめぐるフランスとの戦争では、フランス軍もかつての戦争のように容易に成果をあげることができないほどに改善されていた。

首都北京がある北清の地の防衛は、はやくも明治十年ころから近代的官僚の李鴻章らによって計画され、軍艦を外国に注文して北洋艦隊の建設に着手し、大連、旅順、太沽、威海衛、膠州湾など、黄海沿岸の各港に要塞や築港の工事を開始していた。

清国陸軍は、創設いらい二百余年にわたる「八旗」と「緑営」の二軍をもっていた。八旗軍は満州族の軍であって、北京そのほかの要地に駐屯していたが、もはや常備兵としては何の力もなく、近衛兵か警備兵だけである。緑営軍は漢民族の軍であるが、省の民兵にすぎず、省の治安兵力だった。

政府として頼りになる常備軍は、各地の総督や巡撫《じゅんぶ》が維持統率している勇軍と練軍で、これが事実上の常備軍である。勇・練両軍はともに歩、騎の両兵種からなっており、砲兵は歩兵営の中に含まれていた。「営」が基本の単位で定員は五〇〇名であった。

呼称も編制も雑多であったが、日本軍にたいする使用可能兵力は、北洋大臣麾下の勇・練両軍と東三省および南部各省の軍をあわせ、約四〇万と日本側では算定していた。戦後の調査では約三五万だったが、それでもわが平時兵力にくらべれば、五倍以上という優勢である。このほか清国政府は、臨時に新兵六三万を召集して合計九八万人とした。わが戦時兵力にくらべて約四倍である。

では、どんな兵器をもっていたか。種類も雑多で一営の中でも統一されていなかったが、清国軍の大多数はモーゼル銃で、そのほかレミントン、グラー、スナイドル銃もあった。火砲はクルップ製の野（山）砲であった。ガットリング機関砲が平壌の戦闘で清軍に登場した。鴨緑江の戦いでは、二門だけであるがドイツ・クルップ製の速射野砲にお目にかかった、と従軍将校の話にある。

清国海軍は、北洋、南洋、福建、広東の四水師（艦隊）にわかれていた。北洋以外は艦艇の威力も訓練も、外洋での戦闘には耐えぬものとされていた。だが、広東水師に属する「広甲」「広乙」「広丙」の三艦は優れていたので、これは一隊をなして北洋水師と連合、訓練を行っていた。北洋水師は訓練もよく、戦闘準備も整っており、東洋にある列国艦隊からもたかく評価されていた。

四水師合計軍艦八二隻、水雷艇二五隻、総トン数約八万五〇〇〇トンであった。戦後の調査で、日本との戦役に参加したのは北洋水師の全部、軍艦二二隻、水雷艇一二隻、それに広東水師の前記三艦、合計トン数四万四〇〇〇トン余、日本海軍と大差はなかった。

内閣は第二次伊藤博文内閣、陸軍大臣は大山巌、海軍大臣は西郷従道であった。参謀総長は熾仁親王で、実質的に策案に任ずるのは参謀本部次長・川上操六。海軍は明治二十六年五月に、海軍軍令部として陸軍の参謀本部に対立する機関を設けたが、長は二十七年七月いらい樺山資紀だった。

陸軍で軍政の府を実質的に担当するのは少将・児玉源太郎で、彼は明治二十五年八月いらい大山陸相をたすけ、川上操六とあいたずさえて、この戦争の準備、実行を処理した。海軍では、これを実質的に動かしたのは、官房主事・山本権兵衛大佐であった。

日清開戦、陸海で勝利

東学党の乱をきっかけとして、朝鮮における日清の衝突は避けられぬものになった。明治二十七年六月二日、閣議は朝鮮派兵を決した。六月五日、大本営設置、第5師団に動員が下令された。六月下旬には、海軍は佐世保を策源地として、内地と釜山間の航路を確保した。これで陸軍も混成旅団（旅団長、大島義昌少将）を韓国に上陸させることができた。形勢は日々に悪化し、平和交渉でまとまる見込みはうすらいでいった。

川上次長は、この対清国戦争において、主目標を敵の首都北京にとり、日本軍主力を渤海湾にすすめ、直隷平野で敵主力との決戦を強要する、という考えであった。

しかし、この施策の絶対的前提は、まず日本海軍が、黄海と渤海湾での制海権をとることであった。山本権兵衛に「陸軍は橋をかけて渡るのか」といわれたという話が残っているが、これが先決問題であることを充分にさとった川上中将のその後の施策は、艦隊海戦での勝利の度に応ずる融通性のあるものとなった。

海軍が制海権をとれるだろうか。七月二十三日、連合艦隊は佐世保を出港した。まず朝鮮西海岸を制するためである。七月二十五日、豊島沖の海戦で勝利をえて、わが海上権は朝鮮西海岸にのびた。

一方、陸上での緒戦も七月二十九日に行われた。成歓の戦闘である。

当時清国軍は、韓国側の要請で、直隷提督（中将）葉志超を将とし、兵三五〇〇、砲八門をもって、京城の南方牙山に上陸、成歓にすすんでいた。清国軍の主力は平壌にある。これが南下するかもしれない。従って、京城付近をからにするわけにはいかない。混成旅団は四個大隊ほどを残し、京城から南下、葉志超軍を各個に撃破する策をとった。その兵力は歩兵約三〇〇〇、砲八門。彼我ほぼ同兵力であった。

京城から南下急行すること三昼夜、大変な難行軍であった。

清軍は、日本軍を待ちうけていた。大島旅団は軍を二分し、右翼をもって京城街道方面から、主力である左翼隊をもって成歓を東側面から攻める策をとり、おりからの雨をおかし、全軍泥まみれになりながら成歓の敵陣地の前面に迫った。

戦闘は午前三時すぎ、京城街道方面の敵陣地にたいする日本軍の急襲ではじまった。右翼隊は、突撃をもってたちまち敵を追い払ってしまった。夜が明けて両軍の火戦は激しさをくわえ、成歓北東の山では清軍もよく頑張ったが、日本軍は吶喊《とっかん》、これを抜き、成歓の敵はたまらず敗走した。兵員は、のちの支那事変でなじみのように、小さなグループに分かれ、変装し、消えてしまった。

この成歓での三〇〇〇人の部隊による勝利は、日本軍が外国軍と戦ってはじめてえた勝利だった。兵を回して京城に引きあげたとき、韓国の官民はその凱旋を歓呼して迎えたという。いっぽう、海軍も緒戦で勝利をえた。

明治27年8月5日、成歓、牙山に大勝した大島混成旅団を迎える京城近郊の凱旋門

七月二十五日、連合艦隊の第一遊撃隊（巡洋艦隊）「吉野」「浪速《なにわ》」「秋津洲《あきつしま》」の三艦は、佐世保をでて仁川にむかう途中、豊島沖で「済遠《さいえん》」「広《こう》乙《おつ》」の二艦に遭遇した。時はまだ宣戦布告前であったが砲戦が開始され、激戦一時間半、「済遠」は大破してかろうじてのがれ、「広乙」は逃走中浅瀬に乗りあげて破壊した。

この海戦のとき、英国商船旗を掲げた運送船「高陞《こうしょう》」を認めて「浪速」艦長・東郷平八郎大佐は、停船命令を発して船内を臨検させたところ、清兵と火砲とが搭載されていた。軍使をもって降伏を求めたが、清兵は頑として拒絶したので、乗組外人に避難を勧めたのち、これを砲撃、撃沈した。高陞号事件として世を騒がせたものであったが、東郷艦長の処置は国際法上適法なものと認められた。

宣戦布告

この陸海緒戦の勝利を足場に、明治二十七年八月一日、宣戦が布告された。日本海軍は、北洋艦隊に一大打撃を与えなければならないが、豊島沖の緒戦でびっくりした敵艦隊は消極的となって、威海衛から出てこない。

わが連合艦隊は、大本営の督促をうけて、勝敗を一挙に決すべく、八月七日、大同江口に向かって進出、十日には敵の本拠威海衛にまで迫ったが、たまたま北洋艦隊の出航とかけ違ってこれを逸した。

こうして海上権の決定がさきにのばされたため、年内に直隷作戦を実施することは、冬期の上陸作戦が困難であるため不可能と判断され、かわって朝鮮半島から敵を駆逐して将来の地歩を確保する目的で、作戦をすすめることに決定された。八月中旬であった。

しかし、朝鮮半島での作戦は、戦争終結の決め手にはならない。決定的な制海権の獲得が不可能であったため、やむなくとった方策であり、直隷決戦をあきらめたわけではない。海戦が起きて制海権が握れたならば、冬の間に直隷平野の決戦準備を完成するため、旅順半島を攻略占領するという方針も定められた。旅順を占領して、ここを兵力の集合地とし、決戦準備をしようという川上将軍の考えであった。

こうした作戦方針がとれそうな情勢が一カ月もたたぬうちにやってきた。九月十五日、平壌総攻撃を開始した第1軍が、翌十六日には平壌を占領し、また海軍が九月十七日に黄

平壌側から見た玄武門付近　右上が牡丹台、左上の門が玄武門。立見少将の部隊はこの向う側から攻めた。牡丹台のそばの構築物は円形堡塁である

海の海戦で大勝をえたからであった。

平壌に進撃

第5師団の主力は、師団長・野津道貫中将の指揮のもとに八月一日から逐次韓国に渡り、二十九日までに龍山に到着した。また第3師団の一部、歩兵一個連隊、山砲一個大隊を基幹とする部隊も、八月三十日までに元山に上陸した。

大本営は九月二日、第3師団（師団長、桂太郎中将）および第5師団をもって第1軍とし、山縣有朋大将が軍司令官を命ぜられた。野津第5師団長は八月十九日、京城に着いていた。

当時、韓国朝廷が、成歓の役いらいの日本軍の実力を高く評価しているものの、平壌にある清軍をはなはだしく恐れているのを知り、

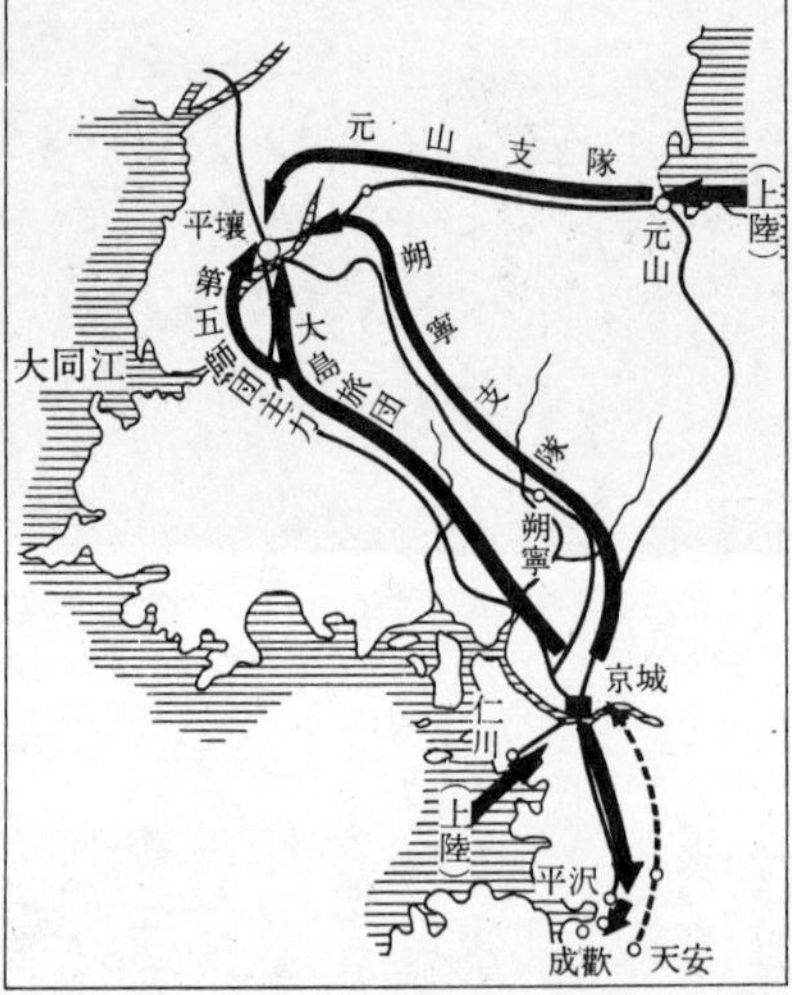

平壌に向う分進攻撃図（明治27年9月）

またこの敵を日本軍が撃破することは政略、戦略の両面からみて、きわめて重要であることから、野津師団長は、現存兵力をもって断然これを攻撃することにした。

すなわち、大島混成旅団は義州街道より敵の正面に、立見尚文少将の指揮する朔寧支隊（歩兵二個大隊基幹）を敵の左翼に、佐藤大佐の元山支隊（歩兵三個大隊、山砲一個大隊基幹）を平壌北方に、さらに歩兵四個大隊、山砲連隊を基幹とする師団主力は大島混成旅団に続行し、大同江を渡河して平壌の南西にむかうように指令した。

諸隊は九月一日から九日の間に行動をおこした。行軍はまことに困難であったが、諸隊は期におくれず進軍し、九月十四日の夜には、各方面とも平壌にむかって攻撃行動にうつった。

平壌は古来、北鮮の要地である。豊臣秀吉の朝鮮征伐のときも、日本軍は明軍との間でこの地の争奪戦を演じている。清軍が平壌に拠るのは当然であった。

平壌は、高さ約一〇メートル、基底で厚さ七メートルという城壁で全市が囲まれ、この城壁に七星門など一〇余の関門があり、その主要な外郭には玄武門などが築かれていた。東には大同江があり、西には普通江が流れ、大同江は七〇〇メートルから一〇〇〇メートルもの幅があって徒渉できるところではない。北面は丘陵で、南は水田、まことに天険の地である。

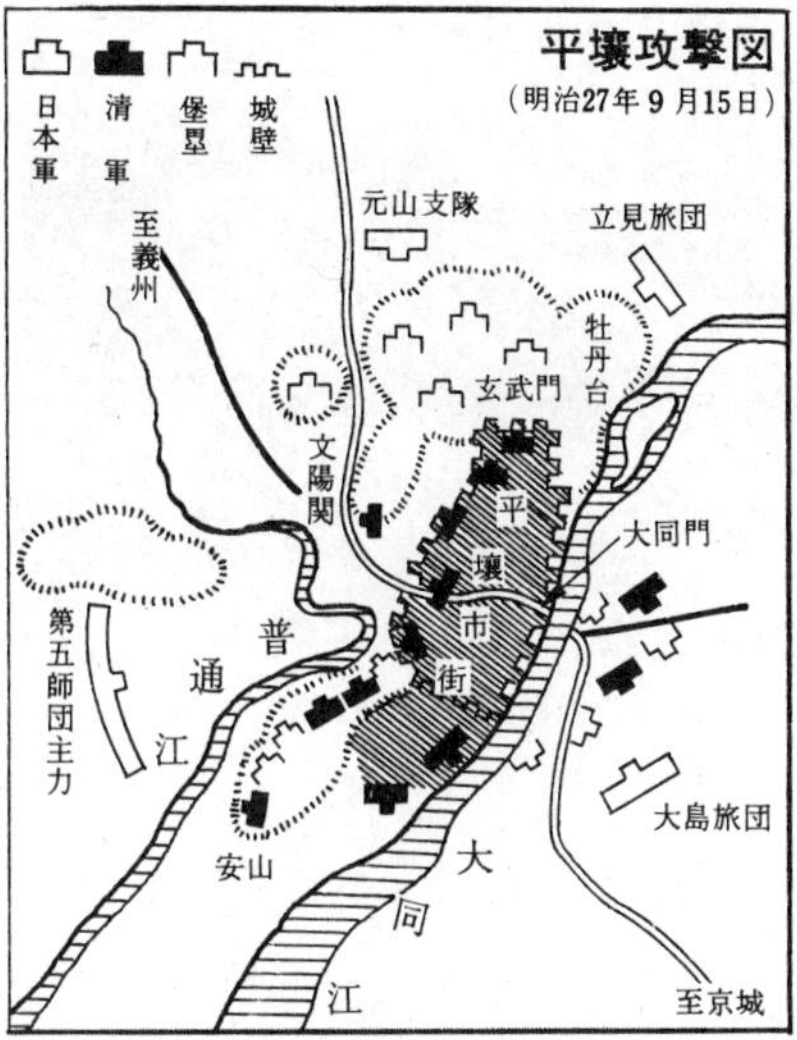

ここに清軍が拠った。城の北の丘陵と、大同江の東岸から城南に多数の堡塁を築き、これにつらねて多くの角面堡を設けた。

清軍は七月上旬から、平壌に集結をはじめた。もともと、京城にむかって進撃するつもりだったが、成歓の敗報であきらめ、ここに増兵を図《はか》り、防禦工事に専念するこ

平壌南方の角面堡　　9月15日、大島混成旅団の攻めた方面のもの

とになった。八月末には兵力一万六〇〇〇にたっした。そこへ八月下旬、成歓の敗将葉志超がおちのびてきた。しかも彼が最高位の軍人であったので、この平壌の戦いを指揮することになった。その部下には左宝貴将軍の指揮する奉天軍三〇〇〇もいた。彼は勇将として有名な将軍であった。

十五日、総攻撃は開始された。まず大同江正面に大島旅団がむかった。はるかに平壌を望みながら苦戦力攻したが、正面にある堡塁、角面堡などの強力な抵抗をうけて、どうしても攻撃が成功しない。午後となって、ついに全部隊を退却させるほかない戦況となった。

一方、西正面の師団主力の攻撃もはかばかしく進まなかった。安山堡塁は堅く、普通江堤防の陣地もぬくのは容易でなかった。師団主力は十五日の強襲を断念し、夜襲によることとした。こうして、戦局進展の鍵《かぎ》は立見少将の朔寧支隊と、佐藤大佐の元山支隊がにぎることになった。

そして、この方面に大異変がおこった。有名な「玄武門破り」である。筆者は、この玄武門の古跡に立って、当時の話をきいたことがある。

立見旅団は十五日朝、東部丘陵に迫り大喊声《かんせい》をあげ堡塁に突撃、占領し、その守兵を玄武門に追い払った。佐藤支隊も同じころ、正面の堡塁をぬいて城門に迫った。敵は防戦に努めたが、日本兵はついに牡丹台に突進し、白兵乱闘のすえにこれを占領し、敵を城壁内に追い落とした。しかし敵は、城壁に頑張る。砲弾は雨のようにとんでくる。突破口をあけようと城壁、城門を砲撃するが、砲弾がはね返ってくるだけである。潜行して城門を壊《こわ》すか、城壁をよじ登って突入するしかない。

この時、城門に肉薄する決死隊が選ばれた。当時その名を国民に謳《うた》われた原田十吉工兵一等卒ら工兵一六名であった。この一隊は、三村歩兵中尉の指揮で玄武門に到着した。門はもちろん堅くとざされている。門楼によじのぼった小隊を見て清兵はびっくりした。たちまち、銃弾が集中してくる。小隊は進退きわまった。

原田一等卒は、全員に「飛びおりろ」と叫んで、同僚の一名とともに高さ一〇メートルをこす門楼からとびおりて中から門扉を開き、小隊を入れるという離れわざをやってのけた。小隊はここで玄武門を死守する。孤立無援である。だが増援の来着まで、敵火の中でかろうじて守りきった。

しかし、この正面でも全般の戦況ははかばかしく進まず、日は西に傾こうとし、この十五日には決定的戦果のあがる見込みはない。全軍にわたって翌十六日の攻撃再興の準備をしようか、となった午後五時直前になって、城壁上にいく本かの白旗があがった。

攻撃する日本軍は兵一万二〇〇〇、山砲四四門、数では守る清兵が優勢である。主力方

大島混成旅団の平壌攻撃　明治27年9月15日。右、乗馬は長岡外史参謀、左 中景に角面堡が見える　金山平三画

面は撃退され、もしくは停頓している。北からの日本軍は奮戦して城壁にまで迫ったが、突入はできない。もし敵が頑張れば、その後続部隊二万は、すでに一日行程と二日行程のところに来ている。頑張られたら日本軍は背後をつかれるばかりでなく、糧食も乏しかったから、あるいは負けたかもしれない。

しかし、勝負は紙一重、最後の五分間という。負けたと思った方が負けである。実にこの平壌の戦いは、その見本みたいなもので清軍の方で負けた、と思ったのであった。

九月十四日夜、清軍側で軍議が開かれた。総帥葉志超がだしたのは「戦わずして退却する」という案であった。日本兵がはやくも四面を囲んで、義州との連絡も絶えた。明日となれば、〝袋のねずみ〟となる。夜間脱出して鴨緑江にさがり、反撃するがよい、というのである。

清軍とて、こんな弱将ばかりではない。左宝貴将軍は自分の親兵で葉を監視させ、十五日の戦いとなった。しかし、牡丹台を失ったことと、玄武門が破られたことが、葉志超の神経を麻痺《まひ》させてしまった。

第二回の緊急会議で「開城論」が提議された。城を敵に渡して、将兵は逃げるにしかず、というのである。驚いた左宝貴らは、牡丹台と玄武門は城のわずかに一角、他はことごとく清軍が勝っているのだ、と諫《いさ》めたが、成歓の戦いいらい、日本兵の吶喊《とっかん》におびえきっている葉の意志は変わらない。臆病風は他の三将にもうつって、抗戦を唱えるのは勇将左宝貴と馬玉崑のみであった。結局、白旗をかかげることに決まった。憤然とした左宝貴は、手兵三〇〇を率いて七星門から出撃し、元山支隊に向かい、ついに戦死した。皇帝より賜った礼服を着ていたという。

黄海の海戦

九月十六日、平壌陥落の日、連合艦隊司令長官・伊東祐亨は、敵情偵察の目的をもって本隊「松島」「厳島」「千代田」「橋立」「扶桑」「比叡」の六隻と、遊撃隊「吉野」「秋津洲」「高千穂」「浪速」の四隻、「赤城」「西京丸」の諸艦をひきい、大同江口の根拠地をでて海洋島方面に進航し、翌十七日さらに大孤山沖にむかった。

午前十一時すぎ、提督丁汝昌のひきいる北洋艦隊に遭遇した。「定遠」以下軍艦一三隻、水雷艇六隻、まさに敵艦隊の主力である。彼我すすんで距離約六〇〇〇メートル。「定遠」がまず「吉野」にむかって砲火をきった。日本艦隊は自重して応ぜず、三〇〇〇メートルの距離になってはじめて応戦した。

遊撃隊は敵の右翼から背後に迫り、本隊は正面からすすみ、協力して敵艦隊を挟撃しようとした。激戦四時間余敵は五艦を失い「定遠」以下大破、わが方は一隻も失わなかった。敗残の敵は旅順口に遁入《とんにゅう》し、黄海の海上権はまったく日本海軍に帰したのであった。

平壌の勝利が、半島での作戦に効果的であった以上に、黄海の海戦は、決定的であった。これによって清国艦隊は、もはやふたたび決戦的海戦をすることはできなくなった。この海戦ではわが方の徹底的追撃が行われなかったから、敵艦隊は全滅をまぬがれたが、とにかくこれで朝鮮近海と黄海との海上権は完全にわが手に帰したので、かねて考えていた決戦的作戦への手がうてる段階となってきた。

九月二十一日、大本営は第2軍の編成に着手し、旅順半島攻略の新作戦にうつった。

これにたいし、陸海で敗れた清国の方針は、支離滅裂となってきたが、とりあえず、清韓国境の鴨緑江方面の防備を急ぎ、残存した北洋水師を保全して渤海湾口を守らせるとともに、旅順口、大連湾方面の陸正面防禦を強化しようとした。

半島から進撃する日本軍にたいし奉天を掩護し、渤海湾に上陸するかもしれぬ日本軍にそなえて北京を掩護するというのである。これで清国は、完全に兵力分散の守勢にたった。これでは、いたるところ兵力手うすとなり、日本軍の進撃を支えきれないのは当然である。

十月下旬、清韓国境は破れ（第1軍の九連城付近の勝利）、十一月下旬には旅順半島も第2軍の占領にゆだねてしまった。このあと、清国側の作戦としてみるべきものはない。

本書はここで第2軍の旅順攻略にふれねばならない。のちに日露戦争の激戦場となるからである。

旅順強襲

第2軍は陸軍大将・大山巌がひきいまず第1師団と混成第12旅団（第6師団より）で旅順口にむかった。

旅順は当時でも東洋第一の要害といわれ、港口には黄金山、饅頭山の砲台があり、背面には鶏冠山、二龍山、松樹山、椅子山、中央に白玉山が堅固に占領され、守兵一万四〇〇〇、大小火砲百数十門をもっている。「一〇万の精兵をもって半年をついやさねば落ちない」と呼号していた。

十月末に上陸をおわった第2軍は、十一月六日には金州城をおとしいれ、十一月二十日には旅順の堡塁前にたっした。兵力は一万六〇〇〇、砲五〇門だった。二十一日未明から、長谷川好道少将の混成第12旅団をもって二龍山方面、山地元治中将の第1師団（旅団長は西寛二郎、乃木希典少将）をもって椅子山方面に進撃、激戦の後まず椅子山を占領、ついで松樹山を攻略、両兵団協力して、午前十一時、二龍山、鶏冠山一帯の砲台を奪取した。

山地師団長は、さらに黄金山攻撃を決心して、師団を部署して猛攻した結果、旅順第一の要害といわれた黄金山も一挙に陥落した。

まことに恐るべき日本兵の銃剣突撃の威力であった。砲兵は数もすくないので、制圧射撃は充分ではない。その効果のあがる以前に突撃隊が死を決して吶喊《とつかん》突撃する。成歓のような野戦ではない。堡塁、砲台である。これに肉弾突撃する。あわてふためく敵を撃破し

明治 27 年 11 月 28 日の旅順砲台
中央は饅頭山砲台、矩形の囲壁は観兵大営（兵営）

明治 27 年 11 月 21 日、旅順を砲撃する野砲兵中隊

て占領する。将士の勇敢決死の突撃こそが勝利の原動力であった。一〇年ののち、旅順でどんな戦いがおこったかは読者はすでに見てきた。日清戦争においては、二〇三高地は防備はまったくなく、占領した日本軍は、さっそくこれを砲兵陣地に使っている。日露役の第3軍司令官・乃木大将はこのとき旅順をわずか一日でぬいた第1師団所属の旅団長であった。

直隷決戦を前に休戦

日本軍の決勝作戦を目指す方策は、きわめて急速に成功をおさめ、その戦略的態勢は非常に有利、しかも強固なものとなっていた。しかし一方では、外交上の危険もおとずれようとしていた。

列国が干渉する兆候が、はやくも九月の陸海での二大勝利のころから見えはじめていた。十一月には清国が欧米各国に講和の仲裁を乞うたのである。いつ列国が積極的に動き出さぬともかぎらぬ情勢となってきた。

日本側としては急がねばならない。冬期駐屯して、翌春決戦では間に合わない。冬の困難をおかしても渤海北岸に大輸送を敢行し、直隷平野に決戦を求めなくてはならない。こうした意見が大本営におこり、旅順攻略の成功をみた十一月下旬には、しだいにこれが決定性をおびるようになってきた。

それまでにも大本営は、直隷平野への突入を考えていたから、ちかく第1軍の主力を大連湾によびよせるつもりで、その方面では積極的な動きはさせぬつもりであった。

しかし山縣第1軍司令官はちがった考えで、第2軍が旅順口をおとしいれると、ただちに第3師団をもって、敵中深く海城に向かって突進していった。当時この方面に敵兵が増加していたので、これを撃破して他日、大連湾方面に移動するときの障害を除くというのが理由であった。

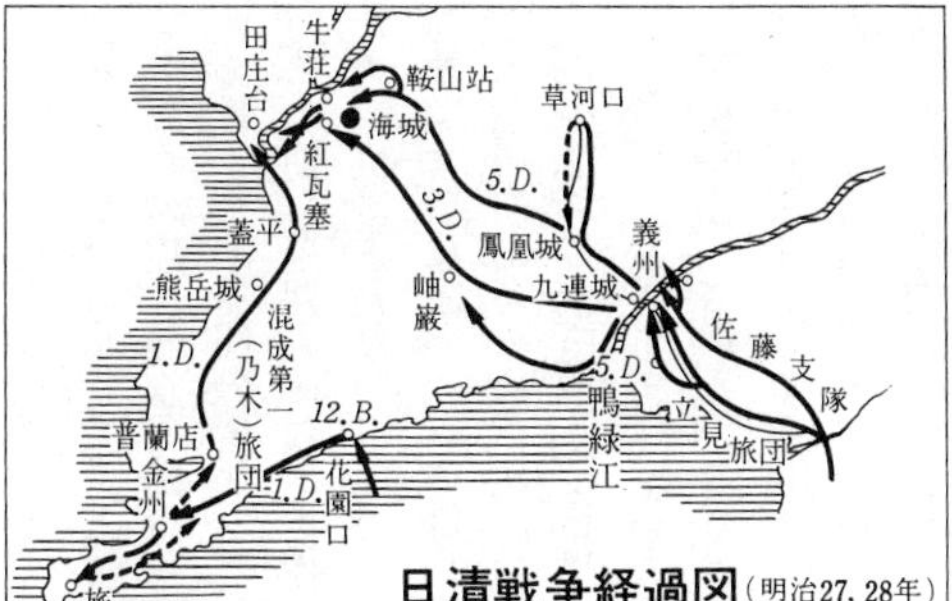

日清戦争経過図（明治27, 28年）

　海城進撃は大変な難行であった。第3師団にはまだ冬服のわたらぬ兵士もあったという。もう十二月である。はじめての海外出征で補給も行きとどかなかったのであろう。後年、十二月のモスクワ前面で夏装備のドイツ軍が戦った例もあるが、兵士の労苦はいつの時代もかわらない。

　敵も日本軍がこんな奥地まで、しかも第1軍方面から一挙に突進するとは予期していなかったのであろう。遼東平原の交通の要地海城は、半日で日本軍の手におちてしまった。

しかし、それからが大変であった。左にも右にも、また正面にも清兵の大軍がいる。桂太郎第3師団長は、たちまち苦境に立たされてしまった。これが海城防守の苦戦となり、第2軍への増援請求、山縣軍司令官の内地帰還（後任は野津道貫）、大本営内でのはてしない論議、乃木旅団の増援などにつながる。

この間、冬期の直隷進攻作戦は第2軍司令官や連合艦隊司令長官の、「寒気と悪天候のため、直隷進撃は不可能である。陸軍をもって山東作戦を実施し、海軍と協力して威海衛を攻略するにとどめ、直隷作戦は延期することが望ましい」という意見もあって大本営はその強行をあきらめ、決戦は春期に実行する方針にもどった。

このころ、伊藤博文（総理大臣であるが明治天皇から特に重要な作戦会議に列席して発言せよ、というお示しを戴《いただ》いていた）が、大本営に「威海衛を衝き、台湾を略すべき方略」という案を提出していた。これは大本営、軍部の直隷決戦案にたいして、「北京へ進撃すれば、清朝は瓦解《がかい》するかもしれない。そうなると列国の干渉を誘起するおそれがある。それよりも安全な方策として、威海衛を取り、台湾を攻略せよ」という意見であった。こうした政戦両略の考慮が総理大臣からもだせる時代であった。

目的に違いはあっても、山東作戦は行われた。二月、威海衛は陥落し、北洋水師は全滅した。海城方面でも陸軍部隊は奮戦し、三月上旬には、第1軍は第2軍の一部とともに、

牛荘市街戦　　筆者不詳（遊就館蔵といわれる）

牛荘、田庄台を占領し、遼河河口方面では敵影は消えた。

いよいよ直隷平野に結集した約二〇万の敵軍を撃滅すべく、野戦七個師団の集中をはかり、とっておきの近衛師団、第4師団が内地を発して大連湾にむかった。征清大総督府（大総督・小松宮彰仁親王）も旗を旅順に進めようとしたが、このとき講和がまとまって三月三十日、休戦となり、四月七日には講和条約が成立した。

これが〝渺《びょう》たる一つの島帝国〟が巨大な大陸軍国にかみついて降だした経過である。その力の源泉、勝利の原因がどこにあったか、また清軍の敗れた理由が何であるかは、この簡単な経過描写からもくみとることができよう。

なお、わが北辺の雄、屯田兵には、明治二

十八年三月四日に動員が下令され、臨時第7師団を編成、同三十日、第1軍の戦闘序列に入り、四〇〇〇の屯田兵は東京に待機していたが、戦地には行かずに復員した。

三国干渉

日清両国の講和の折衝は、開戦後わずか三、四カ月後の明治二十七年秋からはじまった。清国側が諸外国に仲介を頼んでいたからである。正式の講和折衝は二十八年三月、清の長老政治家李鴻章が下関にやってきて始まった。このとき李鴻章が日本人に射撃される事件がおこったため、無条件休戦となった。彼の負傷が直って再開された交渉で、とにかくも講和はまとまった。

これには「奉天省の南部にある遼東半島を日本に譲渡すること」という条項がふくまれていた。

四月十七日、調印された講和条件にたちまち物言いがついた。二十三日、東京にいたロシア、フランス、ドイツの三国公使が「遼東半島を日本に割譲するのは、清国の首府を危くするし、朝鮮の独立を有名無実とし、将来極東の平和に障害を与えるものと認められるから……その領有を放棄するよう忠告する」という爆弾的な申し入れであった。

これが有名な三国干渉である。

ロシアが言いがかりをつけるのは予期されぬことではなかったが、フランス、ドイツまでがその尻馬に乗っていた。日本にはこれをはねつけるだけの力はない。遼東半島は日本から清国に返還された。戦勝にわく日本の上下にぶちかけられた冷水であった。

日本が三国の一喝に縮みあがって一番よろこんだのは清国であった。南洋大臣・張子洞は上奏して、ロシアにはこの際の援助に酬《むく》いるため、新疆または天山南路、回疆、天山北路のあたりを与うべし、と述べたという。こういう大臣がいては小国日本にも勝てるわけはない。

北清事変

明治三十三年、清国に義和団の変がおこった。中国に古くからあった義和団は、宗教的および政治的な秘密結社で「拳匪《けんぴ》」とも「団匪《だんぴ》」ともよばれていた。

日清戦争で敗れた清国の政界は、守旧、進歩の二派に分かれてもめていたが、列強による侵略の魔手がはなはだしくなると排外思想がさかんになり、ついに明治三十三年四月、直隷省保定にはじまって、義和団を中心とする排外暴動に進展してしまった。火の手はたちまち、天津、北京はもとより直隷省一帯にひろがった。

清国政府はこの機を利用して「四億の民すべて外敵と戦え」と布告をだして、太沽、天津で列国駐屯軍と戦い、北京にある公使館区域は孤立した。この間、天津の居留地も敵の重囲の中にあり、逐次到着した列国陸軍は、露軍約六九〇〇、日本軍約三八〇〇、英軍二二〇〇、米、仏、独、墺（オーストリア・ハンガリー）、伊軍など総計一万七〇〇〇であったが、七月中旬に攻勢にでて、天津城を占領することができた。

こうして北京救援の途は開かれた。天津の戦況がこうなると清国政府には穏健派が勢力を回復し、猛烈をきわめていた公使館区域にたいする攻撃も下火となったが、孤立の苦境は少しもやわらがない。救援を急ぐのだが、もっとも大兵力を有するロシア軍が、北京救援を喜ばない。この際、事変の拡大を望むかのようであった。

これより先、日本は第5師団（師団長、山口素臣中将）の動員を下令し、師団は七月中旬から八月中旬にかけて太沽に到着した。師団主力が逐次天津に到着するようになって、山口中将は急遽北京を救援することを主張し、列国軍もこれに決した。

第5師団主力の到着で、列国軍の兵力は日本軍一万三〇〇〇、露軍八〇〇〇、英軍五八〇〇、米軍四〇〇〇、独軍四五〇（海兵のみ）、その他仏、伊、墺軍を合わせて三万三五〇〇となり、八月五日行動を開始した。十四日には北京城を総攻撃し、ここに列国公使館は七〇日の籠城から救われた。

清国皇帝は十五日、あわてて北京から逃げて、遠く陝西省の西安にうつった。北京占領後、連合軍は付近の討伐にあたって占領地域を拡大する間に、ドイツからワルデルゼー元帥が一個旅団の兵を率いて到着し、連合軍総司令官におさまった。

清国と列国との折衝は、明治三十四年までもちこされた。交渉のあいだにロシアが清国側に満州独占の密約を強要したことが明らかになって、紛糾したためであった。

もともとロシアのねらっているのは満州の完全占領である。三国干渉で恩を売って、明治三十一年には、旅順、大連を租借し、ここにつうじる鉄道敷設の権利をえて、足場をかためていたときであったから、北清事変はまさにチャンスであった。

北清事変のための出兵を名として満州に兵を送りこむ。事変の騒乱が三十三年七月に満州に拡大して、その鉄道の一部が破壊されるとさらに増兵して、要地の占領をひろげた。講和条約となれば、これらの既成事実を確認させようとする意図であるのは、当然であった。

ロシアだけではない。ドイツにしても、膠州湾租借（明治三十一年）いらい中国での地歩の拡大をねらっていた。北京の救援ができたあとに、ワルデルゼーが乗りこんできている。政略出兵の目的遂行に遺憾のないように、あちこちにその舞台を派遣していた。

この事変で、日本兵はふたたび、大陸の野に戦った。ロシア軍やドイツ軍、フランス軍など世界最強の陸軍国の軍隊にもはじめてお目にかかったのである。騎兵は勇敢だが、その馬は何とも貧弱だと笑われる一方で、軍紀厳正、態度公明で名声を博したが、ヨーロッパの軍隊からみたら、ずいぶん野暮ったくも見えたことであろう。

日本軍の鉄道隊と電信隊は、この北清事変ではじめて出征して活躍した。

講和はできたが……

講和交渉は、各国の目論見《もくろみ》がいろいろ違うためまとまらず、遅れに遅れてようやくまとまったのは、明治三十四年九月であった。各国は、公使館区域と、天津、太沽、山海関など指定の要地に駐兵権をえたほかは、撤兵することとなり、清国は償金を支払ってけりがついた。この結果、日本は歩兵四個大隊を基幹とする混成部隊をもって北清駐屯軍がつくられ、出征軍は撤兵帰還した。

ロシアが北清事変を利用して満州に兵力を送りこみ、東洋での足場を固めようとする意図が、明確になったことで、日露の将来がさらにはっきりしてきた。ロシアの膨張政策は、もともとイギリスの神経にさわるところである。こうして明治三十五年に日英同盟が締結された。

これは、ロシアにはかなりの衝撃であった。ロシアとしては、まだ旅順の戦備も鉄道の工事もおわらない。だからひとまず、低姿勢をとって明治三十五年から六カ月をへだてて、三回にわたって撤兵することを清国と約束した。

だが、果たして、そのとおりに実行するだろうか。

日本本土の防衛

さて、導入部の日露、旅順の死闘のくだりから、ふり返って明治新軍の建設にもどり、日清戦争におよび、そして日露戦争前までを見てきた。

しかし、ここに一つ残っていることがある。それは日本本土防衛の問題である。筆者は、日本陸軍の海岸要塞の興亡消長というものを、日本の国防や、軍備の、一つの象徴的なものとして見ており、それをもってこの陸軍史の各期の外枠的しめくくりとしたいと思っている。


徳川三〇〇年の平和の夢が、外国船の来航によってさまされたとき、「国防」の声がおこった。黒船は、東京湾に入って、江戸にやってくるかもしれない。

江戸湾沿岸、今の東京湾の入口に砲台が築かれはじめたのが文化五年（一八〇八年）、明治維新に先だつこと六〇年である。今、東京港の入口にのこる「お台場」がそれである。ここに大砲をすえつけて、異国船を撃ちはらおうというのである。いわば当時の国防第一線は、お台場の線であった。

文政八年（一八二五年）に「異国船打払令」がでた。外国船が来たら打ち払ってしまえ、という勇ましい命令であるが、大砲が必要であり、砲台が必要である。しだいに各藩もそれぞれに国防の第一線を作りはじめたが、嘉永六年（一八五三年）、ペリー提督が浦賀にやってきたときには、これに対抗する軍艦もなければ、あの久里浜に大砲、砲台の一つもなかった。「攘夷、攘夷」と強腰の長州藩と薩摩藩も、国防第一線の砲台に外国艦隊を迎えて戦ってみたが、てんで勝負にはならなかった。文久三年（一八六三年）のことである。

外国艦隊は来ようと思えばどこにでも来れる。すでに英仏軍がとなりの国で長駆、北京を占領したことを知っている。これに対抗するには海軍しかない。明治の新政府は、国防の要務は、海軍の建設であり、外国の艦隊は来ようと思えば、どこからでも攻めて来れるのだ、と骨身に感じていた。従って海軍建設を急ぐ一方で、自衛的国防というか、専守防禦というか、要地を火砲、砲台で固めようとしたのは当然でもあった。

明治四年十二月、兵部大輔・山縣有朋、少輔・川村純義、少輔・西郷従道らが、内地の守備、沿岸防禦などについて建議しているが、その中でこう述べている。

「……其の二は沿海の防禦を定む。則《すなわ》ち戦艦を作る也。海岸砲台を築く也。戦艦は運転砲台也。皇国は沿海万里四面皆敵衝なれば大いに海軍を皇張し至大の軍艦を造り、砲台の及ばざるを援け内地を護らしむべし。要衝の地は常に兵を蒙るが故に、防禦線を定め、守備を厳にし、人民をして逃避するところを知らしむべし……」

戦艦は動く砲台なり、陸上の砲台のおよばざるところを援けるものであると海軍を性格づけている。人民——国民大衆がどこに逃げるかを示しておけというのである。これが当時の本土防衛論議であった。

明治八年、国内守備兵力を六鎮台に増加したとき、海岸砲隊は九隊計画された。

東京鎮台三隊　品川、横浜、新潟
仙台鎮台一隊　函館
大阪鎮台二隊　川口、兵庫
広島鎮台一隊　下関
熊本鎮台二隊　長崎、鹿児島

これが当時〝国防上の要地〟と見られたところである。しかし、実際上は整備できず、西南戦争前には函館砲隊だけであった。当時の北海道、千島、樺太方面でのロシアとの関係の紛糾から北辺防備が関心の的であった証拠であるが、砲隊といっても装備は野（山）砲であったから、気休めの程度にすぎない。

東京湾の防備

明治八年一月、陸軍卿・山縣有朋は次のように上奏している。

「本邦の地たる、沿海数千里、防禦の策緩《ゆる》うすべからず……蓋《けだ》し長崎、鹿児島、下関の如き、豊豫、紀淡の海峡、函館等の如き、皆まさに大いに砲台を設け、多く利器を備うべし。而して又此より急なる者あり。近海の固めこれなり。請う、まず相州観音崎、総州富津崎等の数所に於て、堅牢の砲台を築き、万一事あるの日に当り輦《れん》下枕を高うするの安きにあらしめん……」

東京湾を神奈川県の観音崎と千葉県の富津崎の線で、封止する国防線をつくるのが何より先決で、これで東京も枕を高くして安心して眠れるであろうというのである。

これより先、明治七年十二月に陸軍少佐・黒田久孝らが東京湾防備にかんし意見を上申している。その全文が『陸軍省沿革史』に載っている。山縣陸軍卿の上奏はこれに基くものだが、要するに東京の防備は最も急ぐべきである。地形上観音崎の海峡しかないが、ここは対岸との距離約一万メートルで防禦には便でない。もとより天然の要害でもない。充分の国力を盡くして大いに砲台を築造して堅固な海門を設けるより他の術なかるべし、として具体的にはこう具申している。

「富津崎は海中に突出せる平担の岬にして、其の地床漸く延びて海に入る。長さ数十町潮の干満により出没す。この洲の尤《もっと》も遠く海の中央に出て恰適《こうてき》なる処を求め、岩石を埋塡して地礎となしその上に砲台を建築すべし。この砲台は海門中第一の要害なれば、その制極めて偉大なるべし。須《すべから》く二層或は三層なる鋼製の覆塁《ふくるい》にして少くとも砲六十門ばかりを備うべきものを要す。富津崎にも又恰適の砲台を築き、洲上砲台の側面射を行い、山野砲を兼ね備えて敵の上陸に予備し……西岸には防禦に供すべき地形三処とす。曰く、観音崎、曰く走水の山頂、曰く猿島これなり……此各砲台に備うる砲種は大口径にして遠距離に達し、且装塡の速かなるものを選ぶべし。兵備かくの如くなる、敵隊を連ねてこの海門を侵撃するも、各処の砲台相応じて十字に数百の弾丸を雨射し、その他海中に浮砲台を設け、水雷火を施し、各種の障碍物を装置して之を防がば、豈《あに》能くこれに抗するの敵あらんや。然りと雖も防禦の位置、只一線なるをもって万一諸砲台の火を遁れ、海中諸種の障碍物に罹らずして湾中に侵入するの敵艦あるを顧慮す。因て猶、五、六隻の軍艦を備え進んで海門の火力を援け、退いて脱入の敵艦を撃砕せば、海門の兵備始めて完全なるを得べし……」

今日、観音崎付近に立ってみると目の下は横須賀市であり、いたるところ家また家である。明治七年ころ、この台上から、海軍の製鉄所と造船所しか目ぼしいもののない横須賀や、はるか富津崎を望みながら（海堡はもちろんない）、ここに敵艦隊が強行突進してきたら、どうやって防ぐか、と心魂を傾けていた陸軍将校の一群があったわけである。そして来攻する軍艦の方はこうして防ぐとして、もし敵兵が上陸して来たらどうなるか。

上申はこうつづく。

「海門の兵備すでに十分なる、敵必ず浦賀の近傍より上陸し、陸行進撃を行うべし。因って浦賀湾口の旧砲台を修繕して敵の上陸を防ぎ、観音崎の山頂にも又数門の山野砲を備え敵の陸行進撃にも予備すべし……」

かくして、西南の役もおわった明治十一年、陸軍省参謀局に「海岸防禦取調委員」が設けられ、海岸要塞建設を具体的に計画し、明治十三年から着手された。第一歩はもちろん東京湾要塞である。

東京湾要塞地帯には、その後長年にわたって、数多くの場所に砲台が築かれていくのであるが、その第一着手は、明治十三年、十四年の観音崎、富津崎と猿島の砲台である。いずれも明治十七年に竣工した。

今日、東京湾の入口にのこっている海堡が建設されて、第一海堡が明治二十四年完成、これに二八センチ榴弾砲が配置されると、後方の砲台は無用になった。

明治二十三年から二十四年にかけて横須賀軍港を直接防備するため、波島や夏島など港口付近に火砲が配備されたが、日露戦争後となっては無用の長物であった。第二海堡は日露戦争のころにほとんど完成していたが、これと第三海堡の完成は、大正にはいってからであった。

要塞の構築には、ながい年月がかかる。この間に、一般の情勢も変化し、艦砲、陸上砲の威力もどんどん増大してゆく。東京湾要塞の興亡は、その縮図のようなものであった。

清国艦隊の脅威と要塞

明治十五年、十七年と、朝鮮をはさんで清国との間に紛議がおこりはじめ、日本本土の国防ということが重大な問題になってきた。

清国艦隊の威力は、軽視するどころのものではない。明治十九年八月には清国の水師提督・丁汝昌が、新鋭巨艦「定遠」「鎮遠」を率いて来航した。いわずと知れたデモンストレーションである。おまけに長崎で、飲酒暴行して逮捕される者もでたり、清兵五〇〇が日本の巡査と乱闘するというおまけまでついていた。

清国海軍の脅威を前にして、どんなことが行われたか。

明治十九年十月。陸軍、臨時砲台建築部を設く。

明治二十年三月。海防費（海岸砲台建造費）に三〇万円下賜されるとの詔勅下る。

同月、総理大臣・伊藤博文、地方長官を集め、勅旨を伝え、管下の富豪、貴族に献金をさとすように指令、九月末までに二〇三万円余集まる。これに御下賜金をくわえ、ことごとく、海岸砲台建造費にあてたのであった。

丁汝昌の示威来航は俄然《がぜん》、大反響をもたらしたのである。

東京湾の工事は再開され、砲台の火砲が増強され、第一海堡の建設がはじまったのは、これが原因である。

朝鮮にたいする戦略上の考慮から、対馬の重要性がうかび上ってくる。明治二十年、対馬要塞の建設がはじまった。同様に下関付近の戦備を固めるため下関要塞の建設にかかった。下関付近とあっては敵が上陸してくるかもしれない。日清戦争直前の明治二十六年から陸正面にたいする防禦堡塁までつくられている。それほど、強大な清国であったのだ。

次は大阪、神戸の入口、紀淡海峡を押さえる砲台である。建設は二十二年に開始された。

日清両国間の関係が緊張の度をくわえてきた明治二十四年ころ、防衛すべき地点はどこかと真剣に考えられた。これは日清戦役の大勝によって、大修正が加えられたものであるが、次のようであったという。

すでに着手しているもののほかに、芸予海峡、鳴門海峡、広島湾（瀬戸内海に敵が入ってくるかもしれない。豊予海峡は広くて火力で防ぐことができない）、佐世保、舞鶴（いずれも艦隊の根拠地である）、函館、室蘭、小樽、七尾、敦賀、清水、鳥羽、宇和島、鹿児島などである。

これらの海岸砲台建設が急がれると当然、火砲が必要である。イタリア式にならって、急いで海岸砲がつくられたことはすでに述べた。

日清戦争では、どの要塞も戦闘はしなかった。

さらに大きいロシア艦隊の脅威

日清戦争で大勝し、清国艦隊は撃滅したが、三国干渉、遼東半島還付となって、戦勝国どころではなかった日本の正面に立ちはだかってきたのは、ロシアの艦隊であった。ウラジヴォストークに要塞、軍港をもち、旅順を固めている。三国干渉のころの日露の海軍を比較すれば左表のとおりである。

勿論、全部が極東にいるわけではないが、その新鋭度で段違いであるし、さらにどんどん拡張中である。日本海軍が、このロシア海軍を対象に大拡張に入っているのだが、強大な太平洋艦隊の脅威を前にして、直接国土防衛が重大化してきたのは、当然である。要塞建設の第二段階ともいえよう。

明治三十年頃から実行にうつった。

首都の入口、東京湾要塞では、第二海堡が日露戦争のころには、おおむね完成した。

日清戦争後、新たに領土となった台湾には、基隆要塞、澎湖島要塞が建設された。対馬要塞の本格的な建設もはじまった。下関要塞も強化拡充しなければならない。佐世保要塞の建設は三十年に開始され、三十四年にはほとんどできた。軍港の直接防備である。長崎要塞は三十一年に着工、三十三年には完成した。湾口を閉止する兵備である。舞鶴要塞も軍港防備が目的である。三十年に着工、三十五年に完成した。

	ロシア	日本
一等戦艦（一万トン以上）	一〇	〇
二等戦艦（七〇〇〇トン以上）	八	〇
三等戦艦（七〇〇〇トン以下）	〇	〇
一等装甲巡洋艦（六〇〇〇トン以上）	一一	〇
二等巡洋艦（三六〇〇トン以上）	二	七
三等巡洋艦（一五〇〇トン以上）	三	六

ウラジオ軍港の目の前の北辺も固めなくてはならない。函館要塞（後に津軽要塞となる）がそれで、三十一年から三十五年にかけてつくられた。

さて、この当時、紀淡海峡、鳴門海峡方面や、広島、呉のある瀬戸内海のまた内海の防備が、今日では不思議なほどに強調されている。由良要塞は明治三十六年以後強化され、当時、国軍随一の大要塞となった。

広島湾要塞は明治三十年、芸予要塞は三十一年それぞれ着工し、いずれも五年で完成した。広島湾は宇品を中心に陸軍の一大基地であった。だがどこを押さえようとしたのか。厳島の東方の水道を閉止しようとしたのである。今日、あのにぎやかな宮島を見て、日露戦争前、たとえ一隻の敵艦でもここに出現したら一大事、と防備がほどこされたことを思う人はあるまい。

芸予要塞とは愛媛県の北側の来島海峡を防ぐ砲台群である。しかし日露戦争に大勝した後となっては、はやくも無用の長物になってしまった。

第五章　日露戦争

日露戦争の根本的原因は、日清戦争の中にすでに含まれていた。

日本の明治二十七、八年戦役の真の相手は、もはやこの救いがたい清朝の国家ではなく、むしろこの老衰帝国の遺産のわけどりに虎視眈々《こしたんたん》たる欧米諸列強であることは明白であった。三国干渉と、そのあとの対清諸要求とがこれを示している。だから日本にとって帝政ロシアとの一戦は、とうてい避けられない運命としてのこっていたのである。

日清戦争の後、陸海軍の首脳部は、三国干渉の張本人たるロシアとの一戦が不可避である、ことを明確に覚悟した。そして新しい敵にたいする準備として、厖大《ぼうだい》な軍備拡張計画が戦後経営の名のもとに開始された。臥薪嘗胆《がしんしょうたん》の一〇年となったのである。

陸軍の拡張

まず陸軍では、平時兵力一五万、戦時兵力約六〇万とする大拡張計画がたてられたが、この大計画を一挙に実現することは、勿論、財政の許すところではない。時の伊藤内閣は、拡張計画の完成期を明治四十二年度とし、第一期、第二期に分けて遂行してゆくこととした。はやくも明治二十八年末に議会に提出、二十九年に通過した第一期戦後経営策は、第7から第12におよぶ六個師団の増設と、騎兵および野戦砲兵各二個旅団の新設、砲台建設や兵器の製造改良などをふくみ、四年から七年の継続事業とされた。翌年から実行にうつった師団の増設によって、三十一年には第8から第12師団までの五個師団が、新しい衛戍《えいじゅ》地に駐屯することになった。

第二期戦後経営計画は、第一期計画の諸設備の増強や戦時兵員の増加、兵器、被服などの整備、新たな砲台建設それに屯田兵部隊を第7師団とすることなどを内容とするものであった。

明治三十一年から三十三年にかけて議会を通過し、これも四年から七年の継続事業としていたのだが、当局者は強行に強行をかさね、ついに当初の計画の目標四十二年までのなかばにも達しない明治三十六年には、すべての陸軍拡張計画を完成したのであった。

こうした強行的な拡張計画の実現と対応して、陸軍内部での組織の変更や改革も行われた。三十一年の初め、参謀総長になった川上操六を田村怡与造少将がたすけて、ともに対露作戦準備に心魂を傾けたが、川上操六は明治三十二年五月に亡くなったので、田村がその遺志をついだ。

明治三十三年の北清事変で日本陸軍は、はじめてヨーロッパの軍隊と肩をならべうる兵力を示したのであるが、同時に和戦両用の組織や動員、兵站勤務などの欠陥も暴露したのだった。そのため、一層の改良を要するものがあって、軍令、軍政の担当者の苦労は大変なものであった。

明治三十五年春、参謀次長に任ぜられた田村中将こそ、日清戦争における川上中将のように作戦指導を一身に担う最適任者と、万人が期待をかけていたが、この人も精魂を使い果して三十六年十月一日に亡くなってしまった。日露戦争を目前にひかえた陸軍にとって、おそるべき打撃であった。

このあとを当時、内務大臣兼台湾総督という要職にあった児玉源太郎大将（三十五年までは陸軍大臣）が明らかに下級職の参謀次長（参謀総長は大山巖大将）となって、川上と田村の遺業をうけついだのであった。

こうして開戦までに陸軍がきずきあげた戦時兵力の内容は、歩兵一五六個大隊、騎兵五四個中隊、野戦砲兵一〇六個中隊（砲六三六門）、工兵三八個中隊であり、このうち混成二個師団は、台湾に分遣されていた。全部の戦闘員約二〇万、別に必要に応じて後備である歩兵九四個大隊、騎兵七個中隊、砲兵四個中隊、工兵一三個中隊のうち大部分が使用できるように準備されていた。

海軍の準備

海軍もまた、鋭意準備にあたった。中心人物は海軍省の中核であり、明治三十一年に海軍大臣となった山本権兵衛である。戦争準備に欠けるところのなかったのは、彼の功績である。

明治二十九年から三十八年にわたる一〇カ年継続の大拡張計画として、二期にわたって議会に提案され、第一期拡張は三十五年にいたる七カ年継続事業として議会を通過し、二十九年五月には前の一〇カ年計画にさらに若干追加され、この修正にもとづく第二期拡張案が議会に提案されたが、これも通過した。

わずか数年前の明治二十年、日清戦争をひかえながらの第四帝国議会では一二万トンを限度とする海軍軍備拡張案を衆議院では否決し、ついには明治天皇から「三十万円を下賜、文武の官僚、俸給の十分の一を納《い》れて製艦費の補足とせよ」という詔勅まで下る始末であったのだが、三国干渉後のこのときには、野党の間からさえ、海軍の兵備を倍にせよ、との叫び声があがるほどであった。

こうして一〇年計画、総額二億一三〇〇万円という未曾有《みぞう》の大計画が実現することとなり、明治三十五年に海軍は待望の「六六艦隊」をもつことができたのであった。

この計画の目標は、艦型、速力、砲種、砲数などがすべてそろった戦艦六隻、装甲巡洋艦六隻を基幹とし、これに軽快な二、三等巡洋艦、駆逐艦、水雷艇などの付属部隊をくわ

第一期、第二期計画によって作られたもの

	計画	製作されたもの（カッコは製造国）
甲鉄軍艦	四	四	敷島（英）、朝日（英）、初瀬（英）、三笠（英）
一等巡洋艦	六	六	八雲（独）、吾妻（仏）、浅間（英）、常磐（英）、出雲（英）、磐手（英）
二等巡洋艦	三	三	笠置（米）、千歳（米）、高砂（英）
三等巡洋艦	二	三	新高、対島、音羽
水雷砲艦	三	一	千早
浅吃水砲艦		三	宇治、伏見、隅田
駆逐艦	一二	二三	
一等水雷艇	一六	一六	
二等水雷艇	三七	三七	
三等水雷艇	一〇	一〇	

え一大艦隊をつくろうとするもので、各種軍艦、水雷艇九四隻、各種の艦艇五八四隻を建造しようとするものであった。

さらに第三期拡張案が、上積みされた。明治三十五年ころには、欧米各国の建艦競争がようやく激しさをまし、日本も既定の計画では、一〇年もたたぬうちに最下位になってしまう恐れがでてきたからである。

この第三期案は、明治三十六年度から四十六年度にわたる一一年間に約一億円をもって、戦艦、巡洋艦あわせて八隻を作ろうとするもので、三十六年の臨時議会で通過した。このうち一等巡洋艦二隻（「日進」「春日」）は繰り上げて購入され就役、日露戦争に参加することができた。

こうして、対露開戦を前にした明治三

十六年末、わが海軍は軍艦五七隻、二五万一七〇〇トン、駆逐艦、水雷艇などをくわえ合計一五二隻、二六万四六〇〇トンを保有することになった。前記、「日進」「春日」をくわえると七大海軍国の中で、英、仏、露、独、日、米、伊と第五位を占めていた。

日本海軍では、すでに横須賀、呉の工廠や呉の造兵廠などで、これくらいの軍艦はつくれるだけの設備や能力はもっていたのだが、時間の問題から海外に注文したり、買いこんだのだといわれている。

海軍拡張の計画と実際に製造された軍艦は、日露戦争の経過中になじみ深いものなので、『海軍軍備沿革』によって、表示しておく。

三十年式歩兵銃と速射野（山）砲

日清戦争の終わったころ、世界の小銃は、すでに尾筒弾倉式の連発銃時代に入っていた。日清戦争の経験で村田連発銃は、前床弾倉式であったために、連発機能がうまく働かなかったことや、ほかにもいくつかの欠点のあることが明らかであったので、戦後、東京工廠では提理（廠長）砲兵大佐・有坂成章が主任者となって、新式連発銃の研究をはじめた。銃の機構を中央弾倉式に改め、口径も七ミリ、六・五ミリ、六ミリの三種について実験した結果、効力などについてさまざまな異論もあったのだが、口径六・五ミリのものを採用、三十一年二月にこれが制式になった。「三十年式歩兵銃」がこれであり、その弾道の低伸（弾道が直線的なこと）と命中精度において、世界の最高水準をゆくものであった。騎銃もこれにならって制式を定められ、東京工廠ではただちに大量生産を開始し、明治三十六年には野戦師団の歩、騎兵すべてに支給することができた。日露戦争は、この銃で戦ったのである。

歩兵第８連隊第８中隊の戦闘（明治37年9月3日）

日清戦争が終わるころには、日本軍の七糎《サンチ》野（山）砲は、すでに旧式になっていた。世界の兵器界は文字どおり、日進月歩であったのだ。

「三国干渉」の憤慨《ふんがい》にもえる日本陸軍にとって、これは大問題であった。何としてでも新式火砲をそろえなければならない。しかし、それには外国技術の導入が必要であった。

明治二十九年、陸軍はイギリスのアームストロング社、フランスのカネー社、シュナイダー社、ホチキス社、ダルマンシェー社、ドイツのクルップ社の六大民間兵器製造会社から速射式野山砲各一門を見本として購入し、日本側で有坂成章大佐、秋元盛之中佐、栗山勝三少佐の三グループに各一門を試作させて、計九種の比較研究を行うことになった。これら各砲の試験は明治三十一年までに終了した。その結果、有坂大佐の製作したものに、外国製火砲の特徴をとり入れたものを採用することに決定した。

これが「三十一年式速射野(山)砲」とよばれるものである。

このころの〝速射〟という呼称は、黒色火薬時代の火砲では、発射の黒煙が消え、砲腔内の煤《すす》を掃除し、後座した砲の位置をなおし、あらためて照準しなければつぎの射撃ができなかったのにたいし、無煙火薬時代となって、砲腔の掃除の手間がはぶけただけ、〝速射〟になったという意味である。

発射ごとに砲が動く点はのちに「駐退機」が開発され砲身後座式となるまで変わらない。駐退機が実用されてはじめて本格的な〝速射〟になったのだから、この三一式の〝速射〟はこの点では速射でない。砲身と砲架とが連結したものであったからだ。

三十一年式速射野砲は、口径七五ミリ。鋼製後装式施綫《しせん》砲で砲架後座式、発射速度は毎分三発、最大射程は六二〇〇メートルであった。

砲架後座式というのは、砲架と砲身が一体になっているので、発射の反動で砲架ごと後退する。車輪には後退どめの〝下駄《げた》〟のようなものがあり、架身の後端の駐鋤《ちゅうじょ》の近くに一種のバネがあって、この〝下駄〟と接続されていて後座を調節する。しかし一発発射するごとに、砲は反動でとび上がるので照準器の修正が必要であった。

三十一年式速射野砲　口　径　7.5センチ
弾　量　6キロ
初　速　488メートル（秒）
最大射程　6200メートル
放列重量　908キロ
明治32年制定

この火砲は明治三十一年八月から大阪砲兵工廠で製造を開始したものの、すでに一〇年以上を空費している陸軍の当時の製鋼技術では、とうてい急場の間に合わぬと考えられたので、ドイツとフランスに製造を依頼し、できあがった砲から各隊に支給し、三十六年二月までには、野、山砲とも全野戦師団に配当を終わることができた。

こうして日本軍は、この鋼製速射砲で、日露戦争を戦うことになったが、そのときロシアはすでに、砲身後座式の、真の〝速射砲〟で、射程八〇〇〇メートルという野砲をもっていた。

軍需生産の状況

陸軍の兵器生産の主力工場は、東京砲兵工廠と大阪砲兵工廠の二つだけであった。小銃などを主とする東京工廠も、火砲を主とする大阪工廠も生産力はきわめて貧弱で、陸軍の軍需生産の準備は充分でなかった。

これは軍需生産の実力を上回るほどに陸軍拡張の規模が大きかったからである。その欠陥が、開戦後すぐにあらわれてくるのであるが、この第一線軍備と後方の軍需工業能力のアン・バランスの状態は、この後の日本陸軍の歩んだ道からみて、きわめて象徴的であった。第一線の軍需を充足するだけの生産能力をもたなかったのである。

また兵器の材料もなかったから、いよいよ戦争開始となると、兵器の材料を外国から買わなくてはならない。

「明治三十七年二月四日、東京砲兵工廠へ製造命令。

三十年式歩兵銃一〇万挺、ホチキス機関砲四〇〇門（双輪式二〇〇門、三脚架式二〇〇門）三十年式銃実包一億五〇〇〇万発、架橋材料五縦列分。

外国より右の所要材料を買収せよ」

「三十七年二月四日、兵器本廠へ命令。

三十一年式速射野砲二五〇門、三十一年式速射山砲一〇〇門。

外国より所要材料を買収せよ」

開戦の前々日に、このような命令がだされているが、当時の実情をよく示していると思う。

軍需工業の動員計画もなければ、設備も不足し、兵器の貯えも少ない。だが、戦前すでに弾丸および火具製造設備の不備が感じられていたから、大阪工廠に戦前多少の設備増強の手は打たれてもいたし、全工場が徹夜作業にはいり、民間の工場もできるだけ利用したのだが、旅順方面で南山の戦闘が行われてみると、その弾薬消費量は厖大で、大阪工廠だけではまったく補充不可能であった。

急いで東京工廠でも作るようにするとともに、全国の官民の工場で兵器生産に使えるものは全部動員することにしたのだが、今まで何の経験もない、ろくな機械ももたぬ工場で、成果のあがる見込みはすくない。

結局、外国から買うより仕方がなかった。三十七年七月以降、外国会社への大量発注となるのである。

「明治三十七年九月九日。兵器本廠へ達(命令)。

クルップ製造所製三十一年式速射野、山砲用弾薬左の如く買収すべし。

榴弾弾体五五、〇〇〇発、榴霰弾弾体一八〇、〇〇〇発、複働信管一八〇、〇〇〇発、野砲薬莢三、五〇〇、〇〇〇発」

「三十七年九月十四日。兵器本廠へ達。速射砲弾薬買収の件」

	アームストロング社	カイノック社	キングスノルトン社
榴霰弾弾体	二五万	七万	
複働信管	三〇万		一二万
野砲薬莢	一五万	二〇万	二〇万

「三十七年十一月五日。兵器本廠へ達。速射砲弾薬買収の件　榴霰弾弾体、アームストロング社二〇〇、〇〇〇　カイノック社一〇〇、〇〇〇」

「三十七年十一月二十四日、兵器本廠へ達。速射砲弾薬買収の件」

	アームストロング社	カイノック社	キングスノルトン社
榴霰弾弾体	五万	四万	一二万
野砲薬莢	六万	七万	七万

右は当時の記録の引用であるが、これによってもわかるように、物量の面で日本はまことに急迫した状態であったのだ。

弾薬の質を落とせ

八月の旅順第一回総攻撃の実施は、再び厖大な量の重、軽砲弾薬を消費させることになった。北方での遼陽会戦もまたそうである。砲兵工廠も兵器廠も、もう手の打ちようのない絶望状態に追いこまれてしまった。

陸軍省はついに信管や弾丸の制式を改め、質を落としても量を確保する策をとった。鋼弾の不足と生産設備を補うために、弾体の質をおとし、さらに信管も、機械作業を減らすように設計変更がされた。

明治三十八年に入って、陸軍省からつぎのような秘密命令がでた。

「明治三十八年二月四日。満密第二〇九号。東京、大阪両砲兵工廠提理へ大臣訓示。

時局の関係上、多大の弾薬を要し、所要の数量は両工廠をしてすでに製作を分担せしめたり、従って両工廠に於ては是等《これら》分担数は是非共充実せざるべからざるをもって、使用に差支えなき限り検査を緩《ゆる》うし、弾薬の速製につとむべし。例えば、鉄製榴弾の如き弾底の瑕疵《かし》（きず）は之を避けざるべからざるも、円筒部殊に弾頭部には気泡の存在するも、水圧に合格し実用に耐えるの見込あるものは之を採用するも支障なかるべし。而《しこう》して瑕疵のため弾丸の威信に害ある恐れあるものは、適宜《てきぎ》の方法により補填修飾《ほてんしゆうしょく》を加うべし。右内訓す」

どんなきずが「弾丸の威信を害するもの」なのか、どんなにして修飾を加えるのか筆者にはわからぬが、とにかくおしゃかになるものを減らせ、という訓示である。大東亜戦争の末期、本土決戦準備で大童《おおわらわ》のときにもこんな指導があったことが想起される。

こんな粗悪な兵器が、戦闘に影響しないわけはない。これに関連して町田經宇大将の回顧談を引用する。

〈弾丸も非常な粗製濫造で、不発弾が多かった。あとで敵の陣地をみると、露兵が不発弾を丁寧に並べていたのには随分と腹が立った。ある参謀が、「撃ちこみしわが砲弾のひる寝かな」という句を作ったほど、砲弾がひる寝をしていた〉

それでも、なお砲弾は不足であった。当然、作戦にも影響する。沙河会戦では弾薬不足が全軍におよび、満州軍としては進撃中止も止むをえない状況になったのである。

明治三十八年初頭には旅順は陥落したし、冬期のこととて北方では作戦による消耗も少なくなった。一方、海外に注文した弾薬も到着し、他方では前年八月いらいの兵器増産計画の進行により、補給のたちおくれもとりもどした。奉天会戦初期には各部隊の定数を充足したほか、砲弾、小銃弾の相当数の予備を戦地に貯えることができるようになったのである。

ところで、こうした事態は、小銃や火砲をはじめ、すべての兵器、軍需品について大なり小なり同様であった。戦争中に多くの後備師団や後備混成旅団などが、そして末期には野戦四個師団が編成されたのだが、工廠の努力にもかかわらず、これらの動員のための需要を急速に充足することはできなかった。

当初は村田銃や旧式の野、山砲で装備するしかなく、銃砲弾薬などはまったく不足であった。戦争の末期になって、工廠の拡張が実現されるにいたって、ようやく態勢が整ってきたのであった。

要するに、戦争になるまで保護も助成もせず、まったく顧みていなかった民間工業を急ぎ総動員しなくてはならぬ局面にたたされ、惨澹《さんたん》たる苦難を経験したのであった。これまでに造船業にたいして周到な保護育成策をとり、また日清戦争の経験から、充分な軍需動員の計画をもっていた日本海軍とくらべると、まったく対照的であった。

ロシア軍の新式野砲

日本軍の三十一年式速射砲にたいして、ロシア軍は新式の野砲をもっていた。第1軍は鴨緑江の会戦で、このロシアの新式火砲を鹵獲《ろかく》した。さっそく日本内地に送り、陸軍省は技術審査部に命じて、これの研究をさせた。三十一年式速射野（山）砲の生みの親、有坂成章中将を長とする技術審査部は、この火砲と鹵獲弾薬を研究した結果、六月十八日付で次の報告を提出した。

「この野砲は、毎発自動的に復座し、砲車全体は毫《ごう》も後座することなきをもって、我野砲の如く一々これを復座せしむる必要なく、又弾丸と薬筒は一体にして、所謂《いわゆる》完全弾薬筒をなしあるをもって、その発射速度は我三十一年式速射野砲の射撃速度に比し著しく大なり。然れども、毎発砲架頂仰起するをもって、火砲の軸心、砲車の両輪に関し正し

ロシア軍から鹵獲した火砲の活用　南山の戦闘で鹵獲、首山堡の戦いにこれを使用した

く中心にあるときのほかは両輪に及ぼす力に著しく差違を生じ漸次方向躱避《たひ》（弾着のばらつき）を生ずるに至る……」

さらに、信管、弾丸についてはこう述べている。

「複働信管。著発機能は良好なり。曳火機能は正しからず。

野砲榴霰弾。弾子は発射後著しく変形し、効力微弱なり。」

いくら変形しようが、この弾子で我将兵は死傷し、その大きな爆煙は日本軍将兵をびっくりさせていた。そしてこう結んでいる。

「結論。之を要するに千九百年式露国野砲はその射距離に於て、並にその射撃速度に於て、著しく優等なりと雖《いえど》も其信管は不正にして、その榴霰弾は効力少なるが故に、その威力は微弱なり。而してこの種火砲に効力大なる弾丸を附属するに非《あらざ》れば、之をもって砲隊を組織するの利を認めざるなり」

ロシアの砲兵など、こんな弾丸を使っていたのでは砲兵隊としての価値はない、とけなしている結論である。この報告は、参考のために、参謀次長から各軍参謀長にまわされているが、第一線部隊は納得しなかったであろう。

射程が長いから日本軍の射てないところから、射ってくる。発射速度は大である。それが遮蔽《しゃへい》陣地をとるようになってからは、所在不明のロシア砲兵から砲火をあびせかけられる。日本軍は早くから敵に行動を妨害され、まったく敵砲兵に翻弄《ほんろう》される有様であった。弾丸の悪いのは日本軍もおなじだったし、同時に日本軍は弾薬の不足に悩まされた。そして敵が遠距離から射ってくるので、こちらも無理をして射程ぎりぎりで射ちかえす。当然、命中率がわるい。だからたくさん射たねばならぬ。弾薬が不足する。こういう悪循環であった。

陸軍技術審査部も認めるように、ロシアの砲身後座式野砲の優秀性については論議の余地はない。大本営としては、さっそく手をうたなければならなかった。

新式火砲購入

「明治三十七年十月三十日。陸満密発第一八二八号。兵器本廠へ達。

砲身後座式速射野砲買収の件。

砲身後座式速射野砲（前車を除く）砲身、砲架、軸座、防楯具、その他附属品共四〇〇門。

右至急買収すべし」

相手はドイツのクルップ社である。この稟議書《りんぎしょ》には経費についての説明がついている。

「本件に要する費用は四〇〇万円にして、内二〇〇万円は三十七年十一月に、残額は三十八年一月に於ける砲兵課（兵器管掌の課、当時陸軍省には兵器担当の部局はない）要求予算額内にて支弁す」

この火砲は日本軍現用の三十一年式速射野砲の弾薬がそのまま使えるようにとの注文であった。

つづいて次のような指令が出ている。

「克魯伯《クルップ》会社より攻守城砲購買の件、兵器本廠へ達。

克式十二糎《サンチ》榴弾砲ほか五点、別紙の通購買方取計《とりはから》うべし。

克式十二糎《サンチ》榴弾砲　三十四門

全備弾薬　榴弾　六八〇〇発

榴霰弾　一〇二〇〇発

克式十五糎《サンチ》榴弾砲　十六門

全備弾薬　榴弾　三二〇〇発

榴霰弾　四八〇〇発
克式一〇・五糎速射加農《カノン》　二〇門
全備弾薬　榴弾　四〇〇〇発
榴霰弾　六〇〇〇発

本件に要する経費は約二、八七一、九五〇円にして半額は契約時、残りは来年七月迄の間」

これらの火砲は、砲身後座式の最新火砲である。以上いずれもドイツのクルップ社から購入している。火砲についてはフランスも先進国であり、日本陸軍とは縁故の深い国であるが、この当時は露仏同盟によって敵国の同盟国であったので避けたのである。

クルップ社に注文した火砲四八〇門、弾薬などをくわえて総額、約六八〇万円。現在とは貨幣価値が違うから、どれ位のものにあたるのか想像は困難だが、日露戦争二カ年間の日本陸海軍全軍の戦費が、約一五億円であったから決して少ない金額でない。

一方、日本唯一の火砲製造工場である大阪砲兵工廠の拡張計画などもたてられたが、工作機械なども外国から買い入れねばならぬ状態だったから、結局は外国製品を買うほうが、時間的にも経済的にも実情に合っていたのである。

兵器生産の基盤がなく、軍需工業の面で戦争実力のなかった当時の日本の大きな弱みであった。

これらの火砲はいずれも決戦・奉天会戦後に到着したので、日露戦争には間に合わなかったが、戦後これが三八式火砲として制式に定められ、日本軍の基幹火砲となった。それについては後章で述べる。なお、砲身後座式速射野砲は前述の完成品四〇〇門のほか、部品、材料四〇〇門分が注文されている。

保式機関砲

日露戦争で威力をあらわしはじめた新兵器に機関銃がある。すでに一〇年前の日清戦争でも出現していた兵器である。

日本軍でこの機関銃はどのような状況であったろうか。東京工廠に生産命令が出ていたことは、前に述べた。

「明治三十七年三月十三日、大山参謀総長より寺内陸軍大臣宛通牒。

機関砲隊編成に関する件。

作戦上の必要有之……機関砲隊八隊を編成し、一時歩兵隊に配属することと致し度」

日本軍で初めての機関砲隊編成の動きである。東京湾要塞砲兵をもって編成し、これに保管させているホチキス式機関砲を使おうというのである。要塞砲兵から編成するという点に注意されたい。

参謀本部のこの提案は結局、二隊各四個小隊、各小隊三個分隊、計機関砲六門、一隊計二四門、総計四八門の機関砲隊として生まれた。しかし行李も運搬用材料もないから、人力で曳《ひ》くしかない。これには臨時歩兵隊のものを使う。つまり砲兵が扱って、歩兵は運搬するだけである。歩兵の扱いきれる兵器ではない、とされたのである。

その用法も攻撃作戦であるから、何に使うというはっきりした案もなく、第1、第2機関砲隊は遼東半島方面に作戦する第1、第3師団に配属し、各歩兵連隊に一個小隊、各歩兵大隊に一個分隊を分属されることになった。機関砲隊としては、別に騎兵用に繫駕《けいが》機関砲の製作が命ぜられている。

ここで、日本の機関銃の最初の路線となったホチキス機関砲について述べておこう。

明治に入ったころ、機関銃が各国に生まれた。明治十六年にマキシム機関砲が発明され、その驚異的性能が伝えられると、日本陸軍は明治二十三年に二挺を購入して研究した。日清戦争が始まると、マキシム機関砲のコピーを東京工廠で二〇〇挺作って、台湾派遣軍に支給したが、材料、機構、操作すべて不良で事故続出、何の役にも立たなかったと伝えられている。

明治二十九年、砲兵会議（技術審査部の前身）は、ホチキス機関砲の購入を決定した。明治三十一年から模倣製作を開始したが失敗し、とうとう音《ね》をあげて、ホチキス社に、三十年式実包が使用できるように改作試作を発注した。五門を作ってもらい、これを手がかりに明治三十五年「保《ホ》式機関砲」の制式が決定された。

（機関砲と機関銃という名称であるが、明治四十年六月三日に陸軍次官から陸軍一般へ従来機関砲と称呼せしものにしてその口径、一一粍《ミリ》およびそれ以下のものは自今、これを機関銃と改称することに定めらる、とある）

明治三十四年、砲身五〇門購入とともに、国内製作権を契約した陸軍は、翌年から大量生産にうつれることになった。その結果、前述のように戦場に送られたのだが、用法上でも何に使うのか、という点で混沌《こんとん》としており、これという成果はあげなかった。

鴨緑江の戦いや南山の攻撃では、ロシアの使うマキシム機関砲の威力におどろくばかりだった。いずれもロシア軍は防禦に用い、旅順でもそうだったが、機関銃の防禦兵器としての威力は第一次大戦をまつまでもなく決定的に発揮された。これが日本軍苦戦の一因であったが、攻撃する側の日本軍のわずかの機関銃では、戦局に影響するほどの成果はあげられなかった。

騎兵隊に与えられた繋駕《けいが》機関銃も後退戦のときに追尾する敵を撃破するのが目的だったという。駐軍や守備の場合の警戒や防備用には有用であったはずである。

この保式機関砲は当時、少佐の南部麒次郎（のち、中将）が全面的改良を企図し、さまざまの角度から検討をかさねた。その結果、実用性あるものが明治四十年に三八式機関銃となって制式とされた。しかしこれも放熱性不良、連続射撃による銃腔の磨滅、部品交換は互換性がないなどの難点があって不評であった。そのためさらに改善をくわえ、大正三年（一九一四年）になってようやく三年式機関銃という実用兵器を得たのであった。

これらの点については、また後章で述べる。

兵器の後進国としては、まず模倣で追いつけ、ということであったが結局は、素材についての冶金学的な知識の欠如、精密な部品の交換性のある生産法の欠如などが原因となり成功しなかった。工作技術や技術的見通しの低さにも不成功の原因があった。

万事は人力で

日露戦争は勝った。だが戦勝陸軍の実情はすでに述べたとおりだった。

日露戦争の主役となったのは火砲、弾丸ではなく、歩兵であり、小銃、銃剣であり、肉弾であり、将兵の血と汗であった。

勿論、このほかに軍馬がある。陸軍の戦うところ、大東亜戦争の終りまで、この〝ものいわぬ戦士〟馬なくしては、軍隊は戦えなかった。日露戦争も例外ではなかった。しかし、ここで述べたいのは、馬の数さえ充分でなかったこの戦争のころ、兵器、軍需品を運ぶのに大きな役割を演じたのが、人間であったということである。

明治三十七年四月（開戦後二カ月）、留守第1師団長に陸軍大臣から命令が発せられた。

「一人曳《びき》荷車、属品共（傍点筆者）三〇〇〇輛を徴発し四月末日までに在広島第二軍兵站監部に引渡すべし」

日露戦争は兵の血と汗で戦われた　人力で28センチ榴弾砲をひく

全国的に行われた荷車徴発の一例である。戦地へ「大八車」をもって行かねばならないのだ。いまの若い人たちは大八車など見たこともないだろうが、昔は、もっとも一般的な人力の荷車だった。ところで大八車の〝属品〟とは何だろうか。次のようなものを含んでいた。

「荷車所要附属品

雨覆　一個、ズック又はゴザ

荷綱　一条、麻またはシュロ縄約三丈（曳き綱である）

注油膏入空缶、竹筒の類で車台下に吊下げる

軸轄　二個　金属製（車輪止のピンである）

鉄環　二個　金属製（車輪止めの環）

小袋　一　右を入れるもの」

後年、支那事変ころになって民間の自動車を徴発したように、このときは大八車の徴発が行われた。留守第1師団には技術審査部や砲兵工廠から将校が

増派され、徴発する車の鑑定にあたった。大仕事だった。

大八車をこの約三丈の曳き綱を使って兵士や軍夫があの泥濘《でいねい》や、酷寒《こくかん》の満州の野を曳いて進んだのである。これが日露戦争の現実であった。

兵器も人力で曳いた。徒歩砲兵連隊がそうであった。その一例を示そう。

旅順に使用された徒歩砲兵第1連隊に、クルップ式一五センチ榴弾砲の大隊があった。一五榴という大砲は、後の四年式一五榴の場合でもそうだったが、砲身車、砲架車だけでも各々輓馬《ばんば》六頭を必要とする大砲である。

克《ク》式一五榴の場合、全備砲車を三二人、砲身を一〇人、砲架前車を一六人で曳くので、四門の中隊で合計二三二人が必要だった。中隊で砲床材料、工作材料、観測通信具などが輜重車三一台分ある。輜重車は四人で曳くから一二四名が必要だった。もし、この四門中隊を一時に運ぶとしたら、三五〇人ほどの兵士が曳き綱をひいて運ぶのである。

上陸地から旅順の戦場まで、ちょうど蟻《あり》が獲物を運ぶように、大陸に進んだ兵士・軍夫の群が、大切な大砲、器材のまわりをうろうろしながらひいていった姿、これが日露戦争であった。

日露戦争は、戦場に散った将兵の血で勝っただけでなく、いたるところ、従軍将兵の汗の戦さでもあった。

第六章　日露再戦に備えて

ポーツマス講和条約の結果は得るところ少なく、政府は弱腰だ、と血の気の多い日本国民の反対運動や、新聞社焼打騒動などもおこった。そんな国内状勢であったが、満州の広野に小銃一挺に身を託して戦っていた兵士たちは故国に帰れることになった。名誉の凱旋《がいせん》である。

次頁の写真は、明治三十八年十月、満州軍総司令部の作った全軍帰還計画の表紙である。「満洲軍凱旋計画」とある。

意気揚々たる思いが、この墨痕からよみとれる感じがする。大東亜戦争の敗戦の満州を思うと、感慨深いものがあるのは筆者だけではあるまい。

満州軍故国帰還の要領は、次のようである。大本営は戦争の末期に第13、第14、第15、第16の四個師団を編成した。そして第13師団を朝鮮北部に、ほかの三個師団を満州に送った。この第14（第3軍）第16師団（第4軍）を満州に残し、第15師団（第2軍）は韓国に移して駐箚《ちゆうさつ》部隊と交代させ、これらを残して、歴戦の満州軍全軍を帰そうとするのである。この手はずもみごとである。

「一、全軍（第十四乃至第十六師団を除く）鉄道を以て乗船地まで輸送せらる。

二、第十四、第十六師団は満州に残留す。但し其の各野戦電信隊、及び輜重、兵站諸部隊は凱旋す。

三、第十五師団は韓国駐箚となりて派遣せらる。その輜重は凱旋す」

主文わずかに三条、簡潔明瞭である。

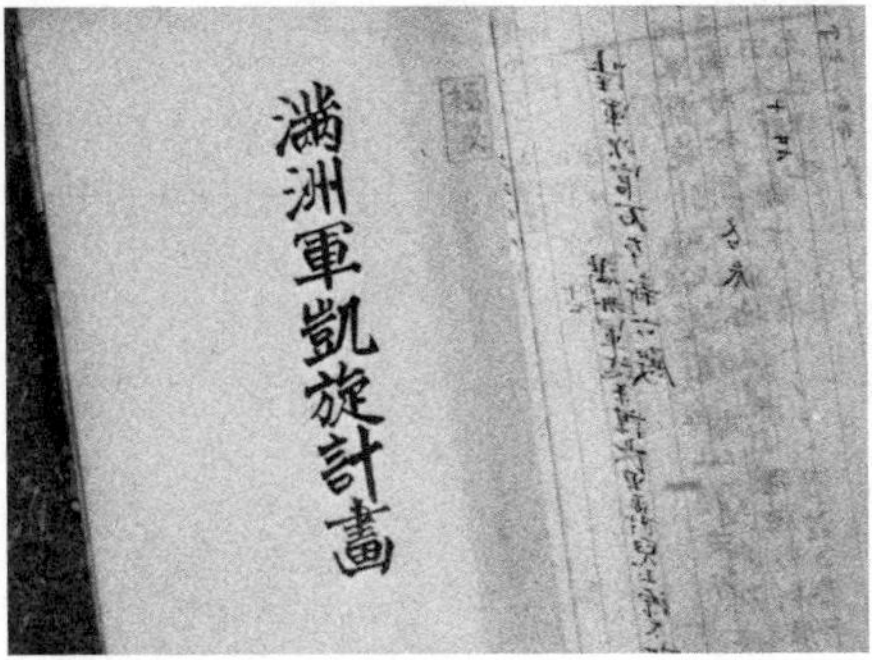

満洲軍凱旋計画書　明治 38 年 10 月

平時兵力を増強

明治三十九年一月六日、平時兵力が増強された。

「今回の戦役間、兵力の均勢を得むがために臨時設置せられたる野戦第十三乃至第十六師団は平和克復後と雖《いえど》も戦役の結果により新たに獲得したる国権を確保する為、之を常置するを要し、……この際これを平時編制内に入れ、常備団隊とする……」として四個師団が常設部隊として残された

師団番号	十三		十四		十五		十六	
砲兵旅団	二十五	二十六	二十七	二十八	二十九	三十	三十一	三十二
歩兵連隊	四十九、五十	五十一、五十二	五十三、五十四	五十五、五十六	五十七、五十八	五十九、六十	六十一、六十二	六十三、六十四
騎兵連隊	十七		十八		十九		二十	
砲兵連隊	十九		二十		二十一		二十二	
工兵大隊	十三		十四		十五		十六	
輜重兵大隊	十三		十四		十五		十六	

のである。
さしあたりは満州、朝鮮に残っているが、その駐屯地や師団の管区も定めなければならない。これら四個師団の編合は、のちには駐屯地と師団管区の編合の関係から、連隊番号などいりくんだものになるが、新設当時のものは順序番号である。（騎兵と砲兵は、旅団騎兵や旅団砲兵があるので、師団番号と合わない。）（前頁表参照）
さらに、明治四十年に開始され四十三年までに軍備の拡充が行われた。第17、第18師団の二個師団を中心とする常設部隊の拡充であった。
この増強着手の結果が、あとで述べる「平時編制」に示される戦後の平時兵力となる。明治三十九年に常設された四個師団は、今は満鮮の地にあるがいずれは帰ってくる。そこへさらに二個師団の増設開始、そのほかの部隊もある。これらの駐屯地の決定、兵営の建設など大仕事である。明治初年いらい四〇年間でつくった陸軍部隊は、屯田兵部隊をふくめて一三個師団分である。いま六個師団以上のものを、ここ数年間に作ろうというのである。これは容易ならぬ大事業で、このあと大東亜戦争期にいたるまで、こんな大仕事を陸軍は経験しなかった。

陸軍常設部隊配置の原型

陸軍の常設部隊は、この明治四十年の一七個師団のほか、のちに第19、第20師団が朝鮮

軍旗を奉じて各師団代表の分列式。凱旋大観兵式

明治 39 年 4 月 30 日
凱旋大観兵式（青山練兵場）小林萬吾画

に増設されて、平時二一個師団態勢となった。大正十四年、いわゆる宇垣軍縮で四個師団が減らされて、廃止部隊や移駐部隊があって第二次の配置となる（後出）。そして昭和に入って大東亜戦争前の陸軍部隊の大量の満州移駐期をむかえて、第三次の配置となる。

明治四十年の配置が、いわゆる郷土部隊の配置の原型であり、このあとの軍備改変で航空部隊をはじめとして、砲兵部隊などの特科部隊が多数新設されたが、師団固有の歩・騎・砲・工・輜重の各部隊の駐屯地はそうかわらない。騎兵第3旅団、第4旅団は明治四十二年編成されるもので、この時は「盛岡、豊橋と予定す」とあったものだが、決定したものを一九八ページ以降に表示する。

日露戦争がおわって、常設部隊も増し、陸軍の全般にわたって態勢がととのえられた。明治四十年十月九日、軍令陸乙第三号をもって「陸軍平時編制」が改訂された。これがこのあと、陸軍平時編制の原型をなすものであるから、ここにその全容を紹介しておく。

第三条　軍隊と称するもの左の如し。
一、師団（一九個）
二、台湾守備隊（二司令部　歩兵二連隊と山砲兵二中隊）
三、重砲兵隊（二旅団司令部　六連隊と八大隊）

四、交通兵旅団（一個）
五、警備隊（一司令部と歩兵一大隊）
六、憲兵隊（一司令部と一九隊）
七、懲治隊《ちょうじ》（一隊）

第四条　師団は左の諸部隊より成る。
師団司令部、歩兵二旅団、騎兵一連隊（近衛、第1、第8、第15師団にありては騎兵一旅団）野砲兵一連隊（近衛師団は野砲兵一旅団、第1師団は野砲兵二旅団）山砲兵一連隊（第2、第17、第18師団に限る）工兵一大隊　輜重兵一大隊　軍楽隊一隊（近衛、第4師団に限る）　歩兵一旅団は旅団司令部、歩兵二連隊　騎兵一旅団は旅団司令部及騎兵三連隊（甲二連隊、乙一連隊）　野砲兵旅団は旅団司令部及野砲兵三連隊（一旅団に限り野砲兵二連隊）より成る。

第十三条　官衙《かんが》と称するもの左の如し。
陸軍省　陸軍技術審査部　陸軍築城部　陸軍軍馬補充部　陸軍兵器廠　陸軍砲兵工廠（二個）　陸軍火薬研究所　陸軍運輸部　陸軍会計監督部　陸軍衛生材料廠　陸軍被服廠　陸軍糧秣廠　千住製絨所《せいじゅう》　参謀本部　陸地測量部　教育総監部　東京衛戍総督部　要塞司令部（一一個）　衛戍病院（七七個）　連隊区司令部（七二個）　沖縄警備隊司令部　衛戍監獄（一九個）　東京廃兵院　台湾総督府陸軍部　台湾衛戍病院（四個）

第十四条　学校と称するもの左の如し。
陸軍大学校　陸軍砲工学校　陸軍戸山学校　陸軍騎兵実施学校　陸軍野戦砲兵射撃学校　陸軍重砲兵射撃学校　陸軍士官学校　陸軍中央幼年学校　陸軍地方幼年学校（五個、地名を冠す）　陸軍砲兵工科学校　陸軍経理学校　陸軍軍医学校　陸軍獣医学校
第十五条　特務機関と称するもの左の如し。
元帥府　軍事参議院　陸軍侍従武官　陸軍東宮武官　皇族附陸軍武官　陸軍将校生徒常置委員　外国駐在員　陸軍主計候補生　陸軍衛生部士官学生、同候補者　陸軍獣医部士官学生、同候補者　統監附陸軍武官　元帥副官　軍事参議官副官　台湾総督府副官　関東都督府副官
第十六条　樺太、韓国及南満州に駐屯する部隊。（建制を以て派遣する師団及び樺太守備歩兵大隊を除く）
樺太守備隊司令部　樺太衛戍病院　韓国駐劄軍司令部　鎮海湾、永興湾要塞司令部　鎮海湾重砲兵大隊（韓国駐劄《ちゆうさつ》軍司令官の統率に属す）　韓国駐劄憲兵隊、軍楽隊、兵器支廠、軍馬補充部支部、衛戍病院（四個）、陸軍倉庫、衛戍監獄　関東都督府陸軍部　旅順要塞司令部　旅順重砲兵大隊（関東都督の統率に属す）　関東憲兵隊　関東軍楽隊　関東兵器支廠　関東軍馬補充部支部　関東衛戍病院（三個）　関東陸軍倉庫　関東衛戍監獄　陸軍運輸部支部

陸軍平時常設軍隊の編合・部隊名・配置

師団	近衛師団（東京）	第1師団（東京）
歩兵 旅団	近衛1（東京） 近衛2（東京）	1（東京） 2（東京）
歩兵 連隊	近衛1（東京） 近衛2（東京） 近衛3（東京） 近衛4（東京）	1（東京） 49（甲府） 3（東京） 57（佐倉）
騎兵旅団 騎兵連隊	騎1旅（習志野） 近衛（東京） 13（習志野） 14（習志野）	騎2旅（習志野） 1（東京） 15（習志野） 16（習志野）
砲兵旅団 砲兵連隊（大隊）	野砲兵1旅（東京） 近衛（東京） 13（東京） 14（東京）	野砲兵2旅（国府台） 1（東京） 15（国府台） 16（国府台） 野砲兵3旅（国府台） 17（国府台） 18（下志津） 重砲兵1旅（横須賀） 1（横須賀） 2（横須賀）
工兵大隊・ 工兵関係部隊	近衛（東京）	1（東京） 交通兵旅団（千葉） 鉄道連隊 本部（千葉） 一・二大 三大（津田沼） 電信隊（中野） 気球隊（中野）
輜重兵大隊ほか	近衛（東京） 軍楽隊（東京）	1（東京）

第2師団（仙台）		第3師団（名古屋）		第4師団（大阪）		第5師団（広島）		第6師団（熊本）	
3（仙台）	25（山形）	5（名古屋）	30（津）	7（大阪）	32（和歌山）	9（広島）	21（山口）	11（熊本）	36（鹿児島）
29（仙台） 65（若松）	4（仙台） 32（山形）	6（名古屋） 68（岐阜）	33（名古屋） 51（津）	8（大阪） 70（篠山）	37（大阪） 61（和歌山）	11（広島） 22（松山）	42（山口） 71（広島）	13（熊本） 23（熊本）	45（鹿児島） 64（都城）
2（仙台）		3（名古屋）		4（大阪）		5（広島）		6（熊本）	
2（仙台） 山砲1大（仙台）		3（名古屋）		4（和歌山） 重砲3（由良 深山 福良）		5（広島） 重砲4（広島） 芸予重砲大（忠海）		6（熊本）	
2（仙台）		3（名古屋）		4（和歌山）		5（広島）		6（熊本）	
2（仙台）		3（名古屋）		4（大阪） 軍楽隊（大阪）		5（広島）		6（熊本）	

師団	第7師団（旭川）	第8師団（弘前）	第9師団（金沢）	第10師団（姫路）
歩兵 旅団	13（旭川）、14（旭川）	4（弘前）、16（秋田）	6（金沢）、31（富山）	8（姫路）、20（福知山）
歩兵 連隊	25（札幌）、26（旭川）、27（旭川）、28（旭川）	5（青森）、31（弘前）、17（秋田）、52（青森）	7（金沢）、36（鯖江）、35（金沢）、69（富山）	10（姫路）、40（鳥取）、20（福知山）、39（姫路）
騎兵旅団・騎兵連隊	7（旭川）	騎3旅（盛岡）、8（弘前）、23（盛岡）、24（盛岡）	9（金沢）	10（姫路）
砲兵旅団・砲兵連隊（大隊）	7（旭川）、重砲大（函館）	8（弘前）	9（金沢）	10（姫路）、重砲大（舞鶴）
工兵大隊・工兵関係部隊	7（旭川）	8（盛岡）	9（金沢）	10（福知山）
輜重兵大隊ほか	7（旭川）	8（弘前）	9（金沢）	10（姫路）

第14師団（宇都宮）		第13師団（高田）		第12師団（小倉）		第11師団（善通寺）	
28（宇都宮）	27（水戸）	26（高田）	15（新発田）	35（福岡）	12（小倉）	22（善通寺）	10（徳島）
15（高崎） 66（宇都宮）	2（水戸） 59（宇都宮）	50（松本） 58（高田）	16（新発田） 30（村松）	14（小倉） 24（福岡）	47（小倉） 72（大分）	43（善通寺） 44（高知）	12（丸亀） 62（徳島）
18（宇都宮）		17（高田）		12（小倉）		11（善通寺）	
20（宇都宮）		19（高田）		12（小倉） 重砲兵2旅（下関） 5（下関） 6（下関） 重砲大（対馬）		11（善通寺）	
14（水戸）		13（小千谷）		12（小倉）		11（善通寺）	
14（宇都宮）		13（高田）		12（小倉） 警備隊一大（鶏知）		11（善通寺）	

第15師団（豊橋）	第16師団（京都）	第17師団（岡山）	第18師団（久留米）
17（豊橋） 29（静岡）	18（敦賀） 19（伏見）	33（岡山） 34（松江）	23（大村） 24（久留米）
18（豊橋） 60（豊橋） 34（静岡） 67（浜松）	9（大津） 19（敦賀） 38（伏見） 53（奈良）	41（福山） 54（岡山） 21（浜田） 63（松江）	46（大村） 55（佐賀） 48（久留米） 56（久留米）
騎4旅（豊橋） 19（豊橋） 25（豊橋） 26（豊橋）	20（京都）	21（岡山）	22（久留米）
21（豊橋）	22（京都）	23（岡山） 山砲2大（岡山）	24（久留米） 山砲3大（久留米） 重砲大（佐世保） 重砲大（長崎）
15（豊橋）	16（伏見）	17（岡山）	18（久留米）
15（豊橋）	16（京都）	17（岡山）	18（久留米）

以上が日本陸軍の平時編制の全容である。この平時編成にはすべてにわたって個々の編制表がある。これからあと重要なものの変遷は本書でふれていくが、ここで付言しておくと、軍隊の部で、交通兵旅団というのは司令部、鉄道連隊、電信大隊、気球隊からなるもので、のちに航空部隊の母体となる。警備隊というのは対馬警備隊で、大陸とのかけ橋の朝鮮海峡の重要性がクローズアップされている。

なお戦争がおわって平時態勢にうつっているのだから、これで軍隊は全部なのだが、実はこのほかに北支那に駐屯部隊が派遣されていて、内地から交代派遣される。これは、明治三十三年の義和団の乱、すなわち北清事変後、清国との協約にもとづいて、諸外国の部隊とともに、北京、天津付近に駐屯している部隊である。

満州と韓国

陸軍には戦後、新たに領土となった関東州、租借地の遼東半島、南満州鉄道の沿線警備の任務があり、また明治三十八年いらい保護国とした韓国にたいして、その防衛を引き受ける任務があるし、実際的には対日暴動の鎮圧という仕事がある。この満韓駐箚部隊について、明治四十年二月五日、次のように指令された。

南満州駐箚部隊

師団一個　旅順要塞砲兵大隊（のち、重砲兵大隊と改称）　独立守備隊六個　第十五憲兵隊　関東陸軍軍楽隊　関東都督陸軍部　旅順要塞司令部

このほかは、前出平時編制のものに同じで、これが満州守備部隊である。

韓国駐箚部隊

韓国駐箚軍司令部　師団一個　鎮海湾要塞砲兵大隊（改称同前）　第十四憲兵隊　韓国駐箚軍楽隊　鎮海湾、永興湾要塞司令部

このほかは前出平時編制のものに同じ。

これらの部隊のうち師団と要塞砲兵大隊（本部は常駐）は、内地から約二カ年を期間として派遣される定めであった。

満州では、大正八年に関東都督陸軍部が関東軍司令部に改編され、その隷下でこの規定による駐箚師団と独立守備隊態勢をもって昭和に入り、満州事変につながる。大正の末期から急に忙しくなるのだが、それまではまず平穏である。

問題は韓国駐箚部隊である。こちらは初めから難問題の続出であった。一個師団の交代派遣などでおちつく情勢ではなかった。確かに、大陸に足場を占めた日本が、そして陸軍が、まず手こずるのは韓国であり、朝鮮の土地であったのだ。

ここで目を韓国にむけて、その情勢をみることとしよう。

日清戦争でも、日露戦争でも、日本の戦略の第一歩は、韓国政府をおさえこんで、親清国、親露国分子の策動を封じ、日本側に有利な態勢をかためることにあったことはすでに述べた。

日露戦争が勝利をもっておわり、講和条約が結ばれる段階となって、日本政府は韓国を保護国とする決心をした。明治三十八年十一月十八日午前十一時をもって調印された。これがどんな状況であったかを示す資料がある。韓国駐劄軍司令官・大将・長谷川好道の報告である。

明治三十八年十一月十八日、長谷川好道大将は、参謀総長・山縣有朋にたいして「保護条約締結報告」を提出した。

いまの隣国との関係の、そもそもの発端であった。

〈さきに帰国中にして本月二日、京城に帰任せし林全権公使の携帯し来れる十月三十日附大本営訓令により本職は伊藤大使（博文）及び林公使を輔《たす》けて不日韓廷に提出せらるべき保護条約の通過を図るべき任務を与えられ、十八日午前一時を以て該条約に調印せしむるを得たり……。

八月十二日、ロンドンに於て調印せられたる日英同盟新条約及び九月五日調印を了したる日露講和条約の内容は、発表に先だち世界に喧伝せられたると同時に、日本が韓国に於ける保護、指導及び監理の措置を執《と》るの権利云々の文字は、強く韓国政客の耳朶《じだ》を襲いたり。これより以後、漢城の政界は漸く活動の色を呈し、独立問題の紛議紛々として起り、或は書を軍司令部に致して反省を求め、或は英国公使に訴えて撤回を乞い、政府に建議して自強を論ずるものあり、八道に飛檄《ひげき》して奮起を促すあり。国力を測らず大勢に通ぜざる腐儒老客《ふじゅろうかく》等は壮語を発して自ら快とし、……宮中府中に昏迷して煩悶《はんもん》の中に悩乱し、遂に外部大臣は公函を英国公使に送附してその一笑を博するに至れり。……かくの如くにして政界内面の混乱は日を追うて増大せるも、駐箚軍の圧力は間断なく彼等の脳裡を支配せしが為、十月下旬に至るまではその外面に出現せる状況は意外に沈静にして多く秩序を失わざるを得たり。

　十月下旬に入り伊藤大使来韓の報伝わるや……政界は遽然として活気を呈したり。……秘密運動、陰険手段流言蜚語《ひご》紛々として相つぎ政界は一段の擾乱《じょうらん》を加え……十三府の儒生は総代を京城に集め運動の中心を成して熾《さか》んに反対運動を行い、遂に林公使及び日本党と目せらるる大官等を暗殺せんとするものありとの風聞も生ず……。

　本職は、我にして断然保護条約を提出せば……その通過に毫《ごう》も疑いなきも唯韓廷の慣用する遷延の手段により数日を遅緩せしめらるる事あらば、由来当面の責任を避くるを以て保身の秘訣とする各大臣等は辞職逃遁《とうとん》等を企て、或いは外館遷幸の旧劇の再演せらるることあらんかを考慮し……十一月五日以後憲兵をして厳に各大臣その他の動静を監視せしめたり。

十一月九日夕、伊藤大使入京し……十五日謁見……十六日林公使……新条約案を外部大臣に示して正式に談判を開始したり……。

よって本職は軍部大臣李根澤を招き……切に利害を説き、且曰《いわ》く、予はこの条約の通過に就て特に努力すべき訓令を帯ぶ。予が最後に執るべき手段、那辺に在るかは敢て断言せざるも……卿能く之を済《な》せ、と。根澤、戦慄蒼惶《そうこう》として退き直ちに参内《さんだい》せり。

この間、大官等の脱走を防ぎ、在野群小の盲動を制する目的を以て、しばしば歩兵部隊の巡邏を市内に放ち、外国公使館等を護衛せしめ、一は之に投ずるものに備えしが、議は夜半に入るも決することなし。

翌十七日……前日来の形勢は、この日に於て益々巡邏を厳にし武威を示すの必要を感じたるを以て、歩兵部隊をして警戒を継続せしむる外、特に騎兵連隊及び砲兵大隊を城内に招致して万一に備え、夕に入り、大街道を経て城外宿営地に帰らしめたり。満城皆おののき敢へて一人の豪語するものなし。

翌十七日、林公使は……決断を促したるも議容易に決せず。午後八時、伊藤大使及び本職も又参内し……十八日午前一時を以て調印を了するに至れり……」

つづいて暴動が起こり、討伐がはじまる。今日、明治四十年ころの陸軍省「密」大日記をめくってみて驚くことは、各冊に駐箚軍司令官や参謀長からの、賊徒討伐報告、戦闘詳報、兵力配置の報告などが多いことである。討伐というより戦闘にちかい。

日露終戦直後、第13師団が韓国に配置されていたが、これが明治四十一年十一月までに帰還すると第6師団が派遣された。しかし、とても交代派遣の一個師団くらいで静まる状況ではなかった。内地の各師団から歩兵大隊を派遣して臨時韓国派遣隊（歩兵第1、第2連隊の六個大隊）を編成増派（明治四十二年四月）せねばならなかった。

そして次から次へと増強されていったのが憲兵隊であった。四十二年六月には、さらに増員され、第14憲兵隊は本部と七個分隊、人員二五四二名という兵力になった。本部を京城におき、分隊を京城、平壌、天安、大邱、咸興など全土に配置して治安維持にあたったが、指揮系統は東京の憲兵司令官に属していた。

韓国統監は初代が伊藤博文、二代が曾弥荒助、三代目の統監は寺内正毅であった。寺内統監は陸軍大臣の現職のままである。

憲兵政治はじまる

明治四十三年六月一日、京城の韓国統監・寺内正毅から東京の陸軍大臣・寺内正毅あてにつぎの通牒がきた。

「目下韓国に於ける警察機関の配備は頗る稀薄にして、警察官五二〇〇余人、憲兵二三〇〇余人、憲兵補助員（韓国人）四五〇〇人、計一万二千人にして、これを韓国の面積一万四千方里に割り当つれば、一万方里僅かに〇・八六人の配置に止まり、内地の一・四人、台湾の二・四人に対比するときは警察力遥かに及ばざる現況に有之《これあり》候。随って、平時に於ても尚韓国の治安を保持するに容易ならざる次第にして、この際憲兵を増加さするも尚、一方里につき〇・九二人の配置に止まり、内地、台湾と比較すべからず状態には候え共、差当り憲兵将校以下千名増遣方取計り相成度、此段依頼候也」

大臣が京城から命令している。軍事課主務課員・真崎甚三郎は大車輪で動く。翌二日には内閣に請議案提出、平年維持費一〇〇万円の増員である。六月十四日、桂太郎総理大臣から「請願の通り」との返事があり、上奏裁可ののち六月十五日には、軍令陸乙第九号として編制改正発令という急テンポであった。

この改正で韓国にある憲兵隊は一隊七分隊のものが、一挙に憲兵司令部、一三個憲兵隊、各憲兵隊は六個分隊、総計七八個分隊、総員三四五五人の部隊になった。

このあと事態は朝鮮併合へとすすんだ。

明治四十三年八月二十二日、韓国併合にかんする日韓条約が調印され、八月二十九日には、韓国を朝鮮とあらため、朝鮮総督府をおく旨、公布（当分の間、統監府は存置）された。

そして、この年の九月十日に設定公布された。朝鮮駐劄憲兵条例によると朝鮮駐劄憲兵は「治安維持に関する警察（行政警察、司法警察）及び軍事警察を掌《つかさど》る。陸軍大臣の管轄

（憲兵司令官の統轄）に属し、その職務の執行については朝鮮総督の指揮監督を受く。軍事警察に就ては陸軍大臣及び海軍大臣の指揮を受く」とされている。これが悪名たかかった憲兵政治の発足であった。

三八式火砲群の誕生

日露戦争後、陸軍の態勢は一挙に増強整備されてきた。これと表裏の関係で急がねばならぬのは、兵器である。

まず火砲についてみると、クルップ社から到着している火砲群があった。前章に述べた砲身後座式の野砲四〇〇門と、材料部品四〇〇門分である。

これを制式化するための研究は、戦争中の明治三十八年九月、はやくも技術審査部に命ぜられた。同部はこの火砲、弾薬について実験をかさねたが、さすがドイツ製の最新火砲である。好成績であったので、明治四十年三月二十九日、審査部長・有坂成章から「御制定相成度」と建議した。これをうけて四月、「新式野砲制定相成度」と上奏している。

上奏の制定理由には「軍事の進歩に伴い火砲、殊に野戦砲は発射速度の至大を要求す。現用三十一年式速射野砲は、この点に於て現時の進歩に伴はざるを以て砲身後座式たる本野砲を採用せらるるを要す」とある。

技術審査部の建議につけられた説明書にはこうある。

〈本砲は砲身後座式速射砲にして、後座一・二五メートル内外。後座、復座進退極めて寛和にして架尾の駐鋤《ちゅうじょ》は能く各種の抵抗力を支え砲架は毫もその位置を変移せず。従って照準の変移を生ずることなし。故に砲手、稍《やや》操作に慣熟するに至れば一分間に二十発以上を発射し得べし〉

この火砲の特徴である砲身後座式をこう説明して、さらにつづく。

〈弾丸。二七〇個の弾子を有する榴霰弾と五八〇瓦《グラム》の黄色薬を炸薬とする榴弾。共に複働信管。重量何れも六・五瓩《キロ》。

初速、五二〇米《メートル》。射程は架尾、車輪と同水平地上に在る時、六一五〇米。架尾を掘り下げて射角三〇度を附与する時は八五〇〇米に達し得。

放列砲車の全重量は約九五〇瓩。前車を接続すれば全重量約一七五〇瓩。輓馬《ばんば》六頭にて輓曳《ばんえい》す〉

砲身はニッケル鋼製。口径七・五糎《サンチ》。全長二・三二五米。閉鎖機は鎖栓式で一挙動で開閉する。

高低照準器は俯角八度から仰角一六・五度。方向照準器は架尾を動かすことなく左右へ距離の百分の六以内。

前車は三十一年式速射野砲前車と同一様式。弾薬筒四個を入れる弾薬匣九個、計三六発。

こうして明治四十年六月十日、陸達第四十三号をもって「今般三八式野砲の制式制定せ

三八式野砲

口　　径	7.5センチ
弾　　量	6.8キロ
初　　速	520メートル（秒）
最大射程	8350メートル
放列重量	947キロ

らる」と達せられ、とくに秘密を維持する要あり、とされた。まさに陸軍の〝虎の子〟であった。

これによって日本陸軍は、最新鋭の火砲をえた。三八式野砲は日露戦争の従軍将兵の役にはたたなかったが、以後四〇年、大東亜戦争の最後まで、全軍になじみの火砲となった。

三八式野砲と同様、クルップ社から買いいれた一二センチ、一五センチの榴弾砲と一〇センチ加農《カノン》砲も奉天戦後に到着し、実戦には使えなかったが、重砲不足のおり、あとの戦闘に備えて増設された重砲連隊に装備された。これらも制式兵器として制定され、三八式十二糎榴弾砲、三八式十五糎榴弾砲、三八式十糎加農とよばれた。

このうち十五榴は、はやくも明治四十一

年に新しいものの研究をはじめねばならぬ火砲であったが、三八式十二榴は昭和十二年の上海事変や、昭和十四年のノモンハン事件にも登場する火砲である。

	口径（センチ）	砲身長（メートル）	砲架様式	放列砲車重量（キロ）	運搬様式	弾量（キロ）	最大射程（メートル）
三八式十二糎榴弾砲	一二・〇	一・四四	単一箭材	一二五七	六馬輓曳	二〇	五六五〇
三八式十五糎榴弾砲	一四・九一	一・八	単一箭材	二〇九〇	八馬輓曳	三六	五九〇〇
三八式十糎加農	一〇・五	三・三二五	単一箭材	二五九五	八馬輓曳	一六	一〇八〇〇

四一式山砲

砲身後座式野砲（三八式）を購入して、三十一年式野砲といれかえた陸軍としては当然、山砲も更新せねばならぬ。

日露戦争後、技術審査部は山砲の研究をはじめ、二種の試験砲が試作された。一つは平射と曲射との間に後座量を伸縮する様式で、一つは平・曲射ともおなじ後座量を維持するため特別の平衡装置をつけたものであった。これらの試製認可を明治三十九年、四十年にうけ、いずれも四十二年二月に竣工した。それから各種の比較実験を行った結果、前者の方が優秀である、という結論をだして戦後六年たった明治四十四年五月、制式制定された。「四一式山砲」とよばれる。

諸元は制定時の「説明書」によると次のとおりである。

一、砲身。口径七・五糎。全長一・三〇五五米（一七・四口径）
二、砲身托架。閉鎖機は螺式一挙動開閉
三、揺架。復座はバネ式
四、小架
五、大架
六、車軸及車輪。轍間距離一米
七、防楯。厚さ三粍、特殊鋼、三個に折りたたむ
八、高低照準具。仰角二五度乃至《ないし》俯角八度
十一、弾薬筒。榴弾、榴霰弾の二種。三八式野砲のものに同じ。装薬〇・二七瓩、射角二五度に応ずる射程五六〇〇米。架尾を掘り下げて大射角を附与すれば最大射程六五〇〇米に達す
十二、運搬法。繫駕又は駄載。繫駕砲車重量五二八瓩。駄載は六馬に分載、各馬負担量は一〇〇瓩内外

四一式山砲

口　　径	7.5 センチ
弾　　量	5.71 キロ
初　　速	360 メートル（秒）
最大射程	6500 メートル
放列重量	540 キロ

四一式山砲一分隊
（一門）の駄載

輪　馬（小架、車輪、車輪）
大架馬（前砲架、後砲架）
揺架馬（揺架、托架）
砲　馬（砲身）
防楯馬（防楯、器具箱）
第一～第五弾薬馬

三一式・四一式の諸元（四一式制定当時）

	三一式	四一式
一般構造	砲身固定式	砲身後座式（変後座）
駐退装置	渦形発条靭履（車止め）	水圧駐退機 駐鋤
繋駕砲車重量	三四四・四キロ	五二三・五キロ
轍間距離	○・七米	一米
発射高	○・五米	○・七九米
初速	二六一・四米	三四五米
最大射角	仰三○度 俯一○度	仰二五度 俯 八度
最大射程	四五○○米	六五○○米
弾量	六・一キロ	六・五キロ
一分時発射速度	七	約二○
繋駕法	一馬曳	二馬又は一馬曳
駄馬数	五馬	六馬
駄載区分	1砲身 2車輪 3前砲架、引枠、器具箱 4後砲架、駐退索靭履 5弾薬箱	1砲身、洗桿 2砲身托架、閉鎖機 3揺架 4小架、車軸車輪 5前後砲架 6防楯、器具箱など

この四一式山砲は、のちに九四式山砲が生まれるまで、山砲部隊の基本砲であった。九四式にかわったのち、歩兵の連隊砲として使用されたので、歩兵にもなじみの深い火砲である。歩兵部隊に連隊砲が装備された初期には、三十一年式速射山砲、三一山砲とよばれたものが交付されたので、この日露戦争前の火砲もまた、日本軍歩兵になじみの砲である。

野戦砲兵の主体を野砲に

明治三十九年三月二十日、野戦砲兵連隊の編制にかんする平時編制の改正が示達された。

「明治三七、三八年戦役の実験に徴し山砲は野砲に比し効力著しく少なく、且、未来に予期する戦場の地形より、野戦砲隊は野砲編成とするを適当と認めたるによる。但し、火砲製造の関係上、三十九年度に於ては四個連隊に止め、その他は漸を追うて改正せんとす」

日露戦争当初の一三個師団は第5、第8、第9、第10、第11、第12師団の砲兵六個連隊が山砲編成で、他の師団砲兵六個連隊と、野戦砲兵二個旅団の砲兵六個連隊の計一二個連隊が野砲編成、第7師団は野砲山砲混成という編成であった。

この方針で日本陸軍の主力砲兵を野砲とすることが決められた。そして第9、第11師団の砲兵が山砲、第7師団のは野、山砲混成そのほかの全部の師団砲兵と野戦砲兵旅団は野砲、と編制が改められた。

ドイツからメッケルを招聘《しょうへい》した時、日本軍の砲兵装備をいかにするかについて、メッケルは山砲をよしとした。その当時の日本軍は、外敵を国内に迎えうつという防衛軍であったから、いかに俊敏なメッケルでも、日本の地勢をみては、山砲主体と提言せざるを得なかったのであろう。

ところが、それから二〇年がすぎてロシアに勝ってみると、予想戦場はかわってしまった。前記の理由書にいう〝未来に予期する戦場〟は満州の中、北部の一望千里の広野となったのである。ここでは野砲でなければならぬ、という結論がでるのは当然である。新式の野砲がドイツから到着していることも考えたのであろう。そして、このとき具体的には、これまで山砲編成であった第5、第8、第10、第12の四個連隊が、まず野砲編成に改められたのであった。

なお、第9、第11師団の砲兵はこれで山砲になっているが、明治四十年に野砲となり（前出、平時配置表参照）、大正十一年の軍備整理のとき、また山砲となっている。第7師団の砲兵は四十年に野砲になっている（つまり明治四十年以後、全砲兵連隊が野砲という時期があったわけである）。

騎兵旅団がもって動くことのできる騎兵用野戦砲の必要なことは勿論である。日露戦争中、日本軍は野戦砲兵第1旅団の人馬を集成して騎砲兵中隊（火砲は三十一年式速射野砲）を編成して騎兵第1旅団に配属している。

野戦砲兵の主力兵器として三八式野砲をえた陸軍は、これにならって新式騎砲の研究に着手した。三種の試製砲と弾薬車を試製して、これについて機動性能、堅牢性、射撃成績などについて慎重な実験を行い、三種のうち、これならという一種をえたので、明治四十二年三月になって、技術審査部から制式制定の建議がでるという運びとなった。

制式制定されたのは明治四十四年十月七日であるが、四一式騎砲とよばれる。火砲諸元は三八式野砲と同様である。

部隊としては明治四十年の軍備充実で、野砲兵第3旅団に属する野砲兵第10連隊（下志

四一式騎砲

口　　径	7.5センチ
弾　　量	6.8キロ
初　　速	520メートル（秒）
最大射程	8350メートル
放列重量	916キロ

津）に騎砲兵大隊（二個中隊）が設けられ、騎兵との協同訓練にあたることになった。

三八式歩兵銃・騎銃

三十年式歩兵銃は、日露戦争に勝った小銃である。良い銃であった。

しかし、この大戦を闘ってみると、それなりの欠点はあった。部品を堅牢にすること、作動を確実にすること、分解結合や操作の簡便を期することなどをねらって、南部大尉が努力して、満州の砂塵の中でもこまらないようにと、遊底覆いのついた三八式歩兵銃が明治三十九年に制定された。騎銃もこれをもととして制定された。この騎銃は砲兵、輜重兵などが装備し、騎兵はのちに専用の四四式騎兵銃を使用することになる。

三八式歩兵銃

口径　六・五ミリ

全長　一・二七メートル、着剣の場合一・六六六メートル

重量　三・九五キロ、

着剣の場合四・三九キロ

三八式騎銃

口径　六・五ミリ

全長　〇・九六六メートル、着剣の場合一・三五六メートル

重量　三・三四キロ

着剣の場合三・七八キロ

三八式機関銃

明治四十年五月十六日、「小銃口径機関銃制定の件」として次のように兵器の制式について上奏された。

「戦後の実験に基き、小銃口径機関銃（小銃とおなじ口径）を採用する必要を感じ、かねて試用せし保式機関砲につき、戦後直ちに当該機関をして研究審議せしめたる結果、

……これを制定相成り、三八式機関銃と称し度……」

保《ホ》式機関銃についてはすでに述べた。明治三十一年から、あれこれいじってみたが、実際上、日露戦争では大きな威力を示すものにはならなかった。

新式火砲を買い入れて軍容刷新をはかっている陸軍として、その用法にはまだまだ確信はないにしても、信頼するにたる機関銃を生みださなければならない。日本の銃砲技術界の鼎《かなえ》の軽重を問われる問題である。そして、とにかく新機関銃制定にこぎつけた。その価値判定にかんし、上奏文の理由書には、こう書かれている。

「理由。戦役（日露）の実験に依れば、発射速度甚大にして而も軽便な小銃口径機関銃を使用するの必要を感ずるや切なり。本機関銃は、三七・八年戦役間試用し大いに威力を発揚したる保式機関砲に改良を加えたるものにして、現制三八式歩兵銃と同一の実包を用うるをもって前文の目的に能く適合し、将来の機関銃として採用せらるべき十分の価値あり」

とにかく「将来の機関銃として十分の価値あり」と上奏して、日本での制式機関銃第一号が誕生した。

ところがこの三八式機関銃を、歩兵兵器として使用してみると、まだどうも具合が悪い、ということがわかってきた。そこで明治四十二年十一月、大がかりな実験射撃をやってみた。耐久試験として連続射撃をやってみると、八〇〇〇から一万発射撃すると、弾着のばらつきが試験前の四倍にもなってしまった。銃腔が磨滅してしまうのである。銃身の命数は一万発以下と推定された。原因は銃身の冷却が不充分だからである。

一万発も射たぬうちにあたらなくなり駄目になってしまう機関銃では、とうてい第一線歩兵用として使いものにならない。制式制定後、わずか二年で新しい機関銃を研究せねばならぬことになった。

新機関銃の開発

銃身の冷却不良が銃腔磨滅の原因なので、水冷式の機関銃をつくり、約二年の研究準備の後、四十四年十月、これの試験をしてみた。冷却は空冷式より当然よくなるが、弾着のばらつきは三八式より多少よいという程度であった。また水冷式は構造が複雑だから、できれば空冷式でやりたい、ということになって、出発点にもどった。

そして空冷式の放熱面の増加に工夫を加えるほか、銃身が磨滅すればこれを交換する様式に着想し、二年後の大正二年三月には試製銃が完成した。秋までに四万発の耐久試験、歩兵学校や騎兵実施学校での実用試験が行われた。その結果、二万発までは実用可能、ときによっては二万五〇〇〇発まで使用可能と判定され、歩兵学校も「戦闘兵器として充分の価値あり」と、折紙をつけた。

この銃は、三八式機関銃にくらべて軽いし、銃身が短いから駄載にも便利であり、徒歩運搬は差なく、射撃操作はらくであった。

大正三年十二月二十八日、軍令陸乙第一七号をもって制定発令となった。ホチキス機関砲の製造権を入手してから約一五年かかって、やっと国産機関銃が生まれたのである。なんともスローモーションだといわざるを得ない。

この銃は後年、口径七・七ミリの九二式機関銃の実用されるまで、いやその後の太平洋戦争においても、六・五ミリ口径の重機関銃の唯一のものとして従軍将兵になじみになった機関銃である。太平洋戦争では、発射速度がおそいので米軍将兵の笑い物になった兵器であるが、大いに働いた機関銃であった。

その諸元は制定時の説明書にはこうある。

「説明書。一般の構造。機関部、三八式に同じ。銃身は交換式。三脚架、三八式に同じ。三八式実包使用。

銃、全長一・二二米。重量二五・六瓩。

銃身口径六・五粍。熱の放熱面を大にす。

連発発射速度一分間約五〇〇発」

騎兵用の銃

いろいろな兵器の制式が決定されてゆくうちに、騎兵銃のことが問題になってきた。騎兵は日露戦争中、三十年式騎銃をもって戦った。その後、前述のように三八式歩兵銃とともに、三八式騎銃が制定された。これは輜重兵も使用した。

小銃を装備している兵が銃剣をもっている場合には、これをつけて、いわゆる剣付鉄砲とし銃剣突撃ができる。しかし騎兵は、白刃をかざして乗馬襲撃することを建て前とし、軍刀を腰におびているのであるから、戦況上、徒歩戦闘となると——日露戦争では敵の騎兵が優勢だったから、乗馬襲撃を行う機会は少なく、多くの場合、戦闘は下馬、徒歩で行われた——次のような戦いになる。

騎銃での射撃。彼我近接してくる。いよいよ白兵接戦となる。射撃をやめて銃を背負う。抜刀して突撃にそなえる。敵の射撃がおとろえぬ場合、ここで大きな損害がでてしまう。もし銃剣がついていれば接戦のときまでおちついて射撃をつづけ、そのまま白兵突撃にもちこむことができる。

前哨勤務のような徒歩警戒の場合にも便利である。ながい軍刀を腰にぶらさげていたのでは、徒歩戦に不便なことは当然である。

だが、白刃襲撃を本領と考えている騎兵は、なかなかこの軍刀を手ばなさない。歩兵の真似をして銃剣をもって突撃する気にならなかったのだ。

ところが日露戦争後、世界各国で騎銃に銃剣をつけるようになってきた。外国でやりだしてから、はじめて考えるのが日本の悪いくせである。明治四十二年、騎兵旅団は四個

――これが日本陸軍騎兵旅団数のピーク――になったが、四月になって、ときの騎兵監・秋山好古から、教育総監・大島久直にあてて「騎兵銃に伊太利《イタリア》式の銃剣を附着し、研究の為騎兵実施学校に下附せられ度」という上申がでた。

これが教育総監から陸軍大臣へまわり、技術審査部へおりるという例のコースを経て試作にかかった。試作品を学校や部隊でテストして制式採用となったのが明治四十四年十二月三十日であった。

これが騎兵専用の「四四式騎銃」である。上奏の「理由書」は、この銃についてこう述べている。

〈日露戦役の実験に徴するに、騎兵は戦闘及び警戒勤務に方《あた》りて徒歩戦闘を行い、遂に白兵を使用するに至りし場合少なからず。然るに軍刀はこの際徒歩者の軽快なる運動を妨げ、その使用(銃の操作)適確ならざるの不利あり。欧州諸強国に於てはこの不利を医《い》するため、既に騎銃に剣を附着し或は将に附着せんとするの趨向《すうこう》にあり。我陸軍に於ても右の実験に鑑み、戦後数年に亘り研究審議を遂げ、寧《むし》ろ銃に剣を附着し以て徒歩戦闘の実施を適切ならしむるを緊要と確認せり……軍刀は従来の如く腰に帯ぶるを本則とし、徒歩戦闘の如き場合に於ては之を鞍に附する如くせらるを要す〉

趣旨は一読明瞭である。戦闘法の変移に応ずる見地から考えると当然の修正といえる。しかし、ここにいたるまで必ずしも円滑にいったわけではなかった。騎兵界内部に反対が

疾駆する騎兵　四四式騎銃と軍刀装備

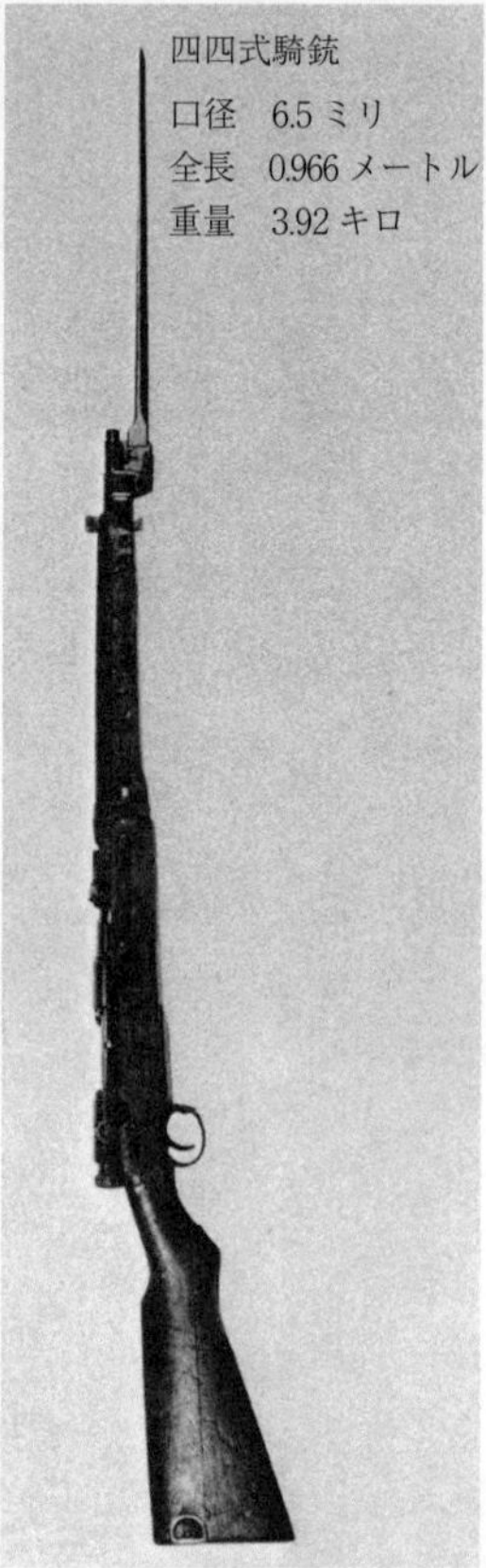

四四式騎銃
口径　6.5ミリ
全長　0.966メートル
重量　3.92キロ

あったからである。

つぎの事例をみると、このあたりの事情がよくわかる。

この銃の開発中、明治四十三年六月に陸軍省の戦時補給品調査委員長（軍事課長）田中義一から、寺内陸軍大臣あてに伺《うかが》いがでている。「騎兵に銃剣を採用するの可否決定相成度件」というものである。この中に次の一文がある。

〈……騎兵に銃剣を与うるはその攻撃精神を萎靡《いび》せしめ、不完全なる歩兵に変ぜしむるを憂うる者あり。銃剣を与うるも軍刀を奪うに非ず。騎兵操典は明らかに乗馬戦を以て騎兵戦闘の本旨たるを示せばなり〉（傍点、筆者）

騎兵としては、白刃をきらめかせて敵に殺到する乗馬襲撃の夢を忘れられない。また陸軍の花形である誇りをすてられないから、歩兵の真似などできるか、ということになり、騎兵銃に銃剣をつけると攻撃精神がなくなる、と理窟をつける。前記のように軍事課長が説得しても納得しなかったので、陸軍大臣決済にもちこみ、やっと決着がつくという一幕があった。

この四四式騎銃は、制定当時の説明書によると、左の諸元をもつ。

〈銃身その他三八式騎銃と同一。銃口部に附すべき剣は三角形の槍状。銃剣を起すとき銃の全長一・三二五米で、三八式騎銃に銃剣（三〇年式銃剣）を附したるものに等し。銃の全重量は三・九二瓩で、銃剣を附せざる三八式騎銃より五八〇瓦《グラム》重し〉

火砲製造に着手

三八式火砲群を手に入れて、陸軍はただちにその製造にとりかかった。日露戦争中のことである。待ちに待った大砲なのだ。一刻もはやく、作りはじめねばならない。

明治三十八年六月八日、寺内正毅陸軍大臣から山本権兵衛海軍大臣あてにつぎの通牒がだされた。

〈当省においては明治三十九年一月より当分の間、毎月、砲身後座式七・五糎野砲六〇門、同式一〇糎砲四門、同十二糎砲及び十五糎榴弾砲各八門ずつ製造の予定に有之、右に要する砲身地金（砲身素材）は成しうる限り内地製品を用うるの主義に依り、貴省所管、呉海軍工廠の鋼材を使用致し度候処、地金供給の都合如何に候哉《や》。若し全部を供給し能わずとすれば、何種のもの何門を供給し得る儀に候哉、その不足の分に対しては他に供給の手段をも講ぜざるべからざる次第に候間、何分の儀、至急承知致度〉

三十九年になってからだが、月産八〇門の大砲をつくろうとする計画である。だが、材料がない。海軍から供給してもらおうというのである。

日露戦争後あたりから陸軍と海軍との対立が目だってくる。これまでも決して仲のよかった両軍ではないが、これから以後、予算や、物資をはさんで対立するようになった。この陸軍大臣からの照会にたいして海軍大臣は、これを拒否している。

〈……同廠目下の設備にては……軍艦、火砲……の製作にも需要を充し得ざるため、当省用砲身材料も一部は外国品を仰ぎ居る現況に有之、製作の余力無之候。尤も来年度に至り、新設シーメン炉完成の上は多少の製造余力を生ずべくと存じ居り候之共、……今回は遺憾ながら貴意に応じ得ず〉

自分の方の仕事で精いっぱいだから陸軍の大砲どころではない、という回答である。ここで陸軍がひらきなおった。

「元来、呉海軍工廠をつくったときの約束は、陸軍の分も作るという約束ではなかったか。今になって自分の方で手いっぱいとは納得しかねる。約束のとおり引き受けるべきではないか」と抗議した。

これで海軍は渋々ながらであろうが「新設シーメン炉完成の上は来年度以降、毎年約千トンを供給致すべし」と回答してきた。これで話がまとまり事態は進展するかに見えたが、今度は品質の規格について話がこじれてきた。これは次官級の話し合いで解決した。なんとか事態の落着したのは明治三十九年三月のことで、話がはじまってから九カ月かかったわけである。

ところが、いよいよ明治四十年になって約束実行の段階になって主務者間で話し合ってみると、約束の一〇〇〇トンなどとんでもない、四〇〇トンしか供給できないことがわかった。

陸軍としては、ずいぶん腹もたったにちがいないが、しかし物がなければ仕方ない。結局、海軍からの示唆もあって室蘭の日本製鋼所のものも購入することになった。そしてさらに不足分を外国から買うことにした。

ドイツ　クルップ社
三八式野砲砲身材料　一〇〇門分
四〇式十五加防楯材料　一五門分
輪帯及復座発條材料　一二〇門分
フランス　シュナイダー社
三八式野砲防楯材料　一三〇門分
三八式野砲箭材材料　二〇〇枚
特殊硬鋼　四〇トン
呉海軍工廠
三八式野砲砲身材料　一〇門分
室蘭製鋼所
三八式野砲砲身材料　一〇門分

三八式野砲の整備

自製しようとしても、材料の入手自体がこんな調子である。だが戦争中に、八〇〇門分は手当がしてあった。これでとにかく、日露再戦にそなえる整備は一とおりはすすんでいった。

明治四十一年四月、陸軍省でつぎの決定が行われている。主題は弾薬にかんすることであるが、この新式火砲の充足数や、その状態などのわかる資料である。

〈三八式野砲弾薬製作の件、決裁相成度。

目下軍隊、学校に支給せられある三八式野砲は凡て分離弾薬筒（装薬と弾丸の別なもの）を使用する如く製作せられあるも、今後製作すべき同胞一〇〇一号砲より完全弾薬筒（装薬弾丸一体の薬莢式砲弾）を使用しうる如く製作せしむることと致し度。

理由。常備野戦師団野砲兵連隊の全所要数は九〇〇門にして、その他野戦砲兵射撃学校、士官学校等に支給せるもの、計三十一門。之に野戦兵器廠の野戦師団用六十九門（全所要数は七十五門なるも内六門は野戦砲兵射撃学校のものを引き当てる計画）を分離弾薬筒式に製作し、その他の野戦師団補充隊用、予備師団野砲兵連隊及び後備砲兵中隊等の所要数計一三八三門は全部完全弾薬筒式に製作し、之に要する弾薬も又漸を以て完全弾薬筒にて準備するを得策なりと認むればなり。又、野戦師団用の既製品たる一〇〇〇門は分離弾薬筒を消耗するに従い逐次完全弾薬筒式に修正せしむる計画なり〉

ドイツから買い入れた成品四〇〇門、素材四〇〇門分を基盤として、明治四十年度中には野戦師団用の火砲の交換を終了したことがわかる。

海岸要塞整備

海岸要塞について概観する。

日露戦争当時には、戦争中、戦争行動の一部として、重要な地点の戦備が急速にかためられ、戦後これが増強された。

釜山要塞（のちの鎮海湾要塞）は戦争開始後、連合艦隊の根拠地である鎮海湾を掩護するため大いそぎでつくられた。永興湾要塞（元山）もまた急造の臨時要塞である。旅順要塞はわが第2軍が大連港を占領するとすぐ港口付近に砲台をきずき、第3軍が旅順口を占領したのち、ロシア軍の海正面砲台を改修して要塞を建設し四十年に完成している。三十九年に大連、旅順が統合されて旅順要塞となった。

日露戦争がすんでみると、要塞の必要度がまったくちがってきた。強力な海軍があるから、東京湾要塞にせよ、由良要塞にせよ、ここを攻められるということはありえない状態になった。

海岸要塞には要塞砲兵部隊が配置され、この編制などは要塞の重要度や火砲の発達とともに動く。その変遷は、めまぐるしいほどである。

	明治三十六年	明治四十二年
東京湾要塞	東京湾要塞砲兵連隊 甲三個大隊（計九個中隊）　乙一個大隊（三個中隊）	重砲兵第一連隊（二個大隊計五個中隊） 重砲兵第二連隊（二個大隊計五個中隊） 甲二個中隊　乙八個中隊
由良要塞	由良要塞砲兵連隊 甲一個大隊（計四個中隊）　乙二個大隊（計四個中隊）	重砲兵第三連隊（三個大隊計七個中隊） 甲一個大隊（三個中隊）　乙二個大隊（計四個中隊）
広島湾要塞（大正十五年廃止）	広島湾要塞砲兵連隊 甲一個大隊（二個中隊）　乙一個大隊（三個中隊）	重砲兵第四連隊（二個大隊計六個中隊） 甲二個中隊　乙四個中隊
下関要塞	下関要塞砲兵連隊 甲二個大隊（計七個中隊）　乙一個大隊（三個中隊）	重砲兵第五連隊（二個大隊計五個中隊） 重砲兵第六連隊（二個大隊計五個中隊） 甲二個中隊　乙八個中隊
	独立要塞砲兵大隊（八個大隊） 基隆　甲四個中隊 佐世保　甲三個中隊 対馬　甲三個中隊 舞鶴　甲三個中隊 芸予　甲三個中隊 函館　甲二個中隊 長崎　甲二個中隊 澎湖島　甲二個中隊	独立重砲兵大隊（一〇個大隊） 基隆　甲二個中隊 佐世保　甲三個中隊 対馬　甲三個中隊 舞鶴　甲二個中隊 芸予　甲二個中隊（大正十三年廃止） 函館　甲二個中隊 長崎　甲二個中隊 澎湖島　甲二個中隊 旅順　甲二個中隊 鎮海湾　甲二個中隊
甲乙の比率	甲四四個中隊（計五七個中隊）　乙一三個中隊	甲三一個中隊（計五五個中隊）　乙二四個中隊

（砲兵沿革史による）

要塞砲兵部隊は、海岸要塞の火砲をあつかう部隊（甲隊という）と、繋駕重砲をもって攻城砲兵として出征する部隊（乙隊）とからなっていたが、これを日露戦の前と後とで比較してみよう。要塞の重要度の変化、砲兵部隊の質の変更、すなわち野戦重砲兵（乙隊）の比重増加の著しいのがわかる。やがて野戦重砲兵部隊として分離、独立していくのである。

第七章　攻撃精神

日本陸軍は、明治二十年ころにはじめて近代兵制をとりいれてから一五年余、日清戦争を経てここに強国ロシアに勝った。だが、その間というものは、ひたすら増強、増強で一心不乱であった。

軍隊の教育、訓練の基本になる操典教範の類にしても、明治初期からのフランス式、ドイツ式の入りまじったものしかなかった。そして日露戦争という大苦戦を経験し、兵備全般について貴重な体験をしたのである。

陸軍中央部は、明治三十九年の春、「陸軍軍制調査委員」を設け、「明治三十七、八年戦役の実験に依り、各部団隊より提出したる意見を遍《あまね》く銓衡《せんこう》審議し、以て採否を決し、将来陸軍の採るべき軍制改良の資材を提供せしめんとする」ことを目的として活動を開始させている。翌四十年になると、その厖大な報告がではじめた。

勝って兜の緒を締めて

そしてまた〝勝って兜の緒を締める〟ことも怠らなかった。明治三十九年、陸軍中央部の三官衙《かんが》をのぞく全軍の軍隊、官衙、学校などにたいして一斉に「特命検閲」を行っている。これは陸軍最高の検閲で、勅命により、必要に応じて行われるものであった。全軍にたいして同時に行われたのはこの時がはじめてで、そして最後ではなかったろうか。検閲使と検閲地区は、つぎのとおりだった。

検閲使	検閲する師団管区
大将・男爵・黒木為楨	四、九、十、十一
同　奥保鞏	二、七、八
同　乃木希典	五、六、十二
同　川村景明	一、三

日露戦争の四軍司令官が、勅命によって検閲使を命じられたわけである。検閲される主要な事項は「軍紀、風紀の張弛、軍隊、官衙、学校、整頓の程度。将校以下の勤務の状態、人馬保育の良否、それと経理の概況」であった。戦勝におごってともすればでたらめになりそうな時、大いに引きしめようとするのであり、これもまた至当なことであった。

台湾でもこの年、「臨時検閲」と称して特命検閲とおなじ内容の検閲を行っている。検閲するのは台湾総督・大将・子爵・佐久間左馬太であった。

陸軍の部隊そのものを引きしめるとともに、陸軍省は軍人個々について、そして民間人との関係などの状況についても注意をおこたらなかった。戦地で血を浴びて、勝って帰ってきたのであるから、ともすれば功をかさにきていばりかえり、粗暴な行動になりがちな時であった。

明治三十九年上半期における全国の状況の報告の記録がいまものこっている。部隊長らの指導、監督の資料としたもので、次のような点について報告されている。

一、各衛戍地の軍紀、風紀の一般
二、在営下士官への親元からの送金
三、将校以下の遊興の状況
四、刑罰、懲罰の事故件数
五、敬礼そのほか礼式の状況
六、軍人の人民にたいする態度
七、諸兵遊歩先の状況
八、人民の諸兵にたいする態度
九、在郷軍人の状況
十、従卒使役の状況
十一、下士、古参兵の新兵にたいする状況

十二、徴兵忌避者の状況

人民などという言葉がいかにも明治的であるが、民間人との関係や、新兵、従卒などにたいする配慮など、こまかい点まで陸軍省から憲兵隊に調査事項として指令されたのであった。

ここで陸軍はいよいよ、その態勢の根本的整頓にのりだすのであるが、さて、当時の陸軍は、この日露戦争で勝つことのできた理由をどう考えていたのであろうか。

日露戦争に勝てた理由

大正二年に在郷軍人会本部から発行された『帝国陸軍』という本がある。陸軍省歩兵課編纂《へんさん》とあって軍務局の一課の名で出されている。いわば公刊の陸軍の教科書であり、今でいうPR書でもある。この本に日露戦争勝利の理由について、こういう意味のことが書かれている。

〈日露戦争戦捷《せんしょう》の原因は何であるか。

国土は彼の百三十万方里に対し我は二万七千方里に過ぎず。軍人は三分の一に充《み》たず。彼我の交戦兵力、常に敵方が優勢。両軍の兵器、器具、材料を比べるに、彼遥《はる》かに優越しあり。露軍歩兵の射撃術、行軍力、工兵の工作術、我に優る。然《しか》らば勝ち得たるは何《なに》故《ゆえ》ぞや。軍人精神の彼に優越せるに在り。我将兵が義勇奉公の精神に富み、国の為笑っ

て死地に赴く偉大なる覚悟あること戦捷の理由なり〉

日露戦争の経過を見てきた読者はこの戦勝の原因が、歩兵銃をもつ兵の突撃、すなわち特攻的攻撃精神にあったことは疑わないであろう。だが、そのあとが問題なのである。

〈吾人は将来、益々軍人精神即ち帝国臣民の特有の英気、所謂《いわゆる》大和魂の修養に努め、如何なる強敵と雖《いえど》も、常にこの精神的優越を以て圧倒するの覚悟を必要とす〉

陸軍省軍務局歩兵課の、在郷軍人および、これから軍隊に入ろうとする青年層にたいする呼びかけである。PR書として精神要素の強調はわからぬではない。だが、「この突撃精神こそが国軍の特徴であり、いかなる強敵に対しても戦捷の要訣」とする考え方は、たんなる志気鼓舞の言葉にとどまらず、じつに日本軍の戦術の根本信条になったのである。

〝無敵の軍〟と自分の軍内の志気高揚をふれまわっているうちに、いつか上下ともその気になって「無敵なのだ」と思うような自己陶酔《とうすい》におちいってしまう。いつの世にもあることである。第二次大戦期になって、一九三九年、小国フィンランドに攻めこんで大敗を喫したソヴィエト軍など、その例はおおい。

明治四十二年の歩兵操典

日露戦争の後、陸軍はこの戦争の経験、その戦勝の原因などをふまえて歩兵操典など、典範令の大規模で根本的な改正を行った。これだけの大戦争を勝ちぬいた軍としては当然である。

明治四十二年、まず「歩兵操典」が改正された。改正のための起草委員は田中義一歩兵中佐、日露戦争当時の満州軍参謀。大庭二郎歩兵中佐、旅順の第3軍参謀。尾野実信歩兵中佐、満州軍参謀ら。当時の錚々《そうそう》たる軍人であった。いずれものちに陸軍大将になって軍の要職を占めた人たちだから、彼らの考え方にもとづいて編纂《へんさん》されたこの歩兵操典をつらぬく兵学思想は、大正期の陸軍の根本的思想であったと考えて誤まりはなかろう。

「歩兵操典」というのは、歩兵科のための典範である。しかし、この当時はのちにつくられた、大兵団運用のための準拠である「統帥綱領」とか、師団内各兵種、部隊の戦闘のよりどころとする「戦闘綱要」などはない時代であった。だから歩兵操典が全軍戦闘のための金科玉条である。歩兵は戦闘の主兵である。したがって陸軍の他兵種の部隊は、この歩兵の典範を基準にして訓練し、戦闘すべきであるとされた。

こういう話がある。工兵科でも戦後工兵操典の改正を考え、工兵監・上原勇作(のちの陸軍大臣、元帥)の意図によって起案された。これにたいし山梨半造歩兵中佐(のちの陸軍大臣、大将)は「工兵に操典なんか必要があるか。歩兵操典と技術教範があれば充分だ」といったという。こんな空気だから、歩兵操典の理念は当然、全軍の理念でなくてはならなかったのである。

それでは、この明治四十二年の歩兵操典をつらぬく理念とは、どんなものであったか。

この操典の辞句をとおして、これを見ることとしよう。

「歩兵操典」の理念

まず改正の趣旨のなかの、注目すべき点をあげよう。

- 歩兵は軍の主兵たるの主旨を益々明確にし、之を基礎として、他兵種の協同を規定せられたること。
- 攻撃精神を益々鼓吹《こすい》し、白兵主義を採用し、常に射撃の優秀をもって敵に近接し、最後の時機には白兵を以て其の決を与うるの主旨を明らかにすること。
- 無形教育の骨子となるべき事項を加え、有形教育に精神、気力を附与すること。

この操典ではじめて「綱領」というものが書かれた。操典の本旨、すなわち根本の趣旨を示すものである。次のようにいう。

〈第一。戦闘は諸兵種協同一致して、各々固有の戦闘能力を発揮するによりて効果を得るものなり。而して、歩兵は戦闘の主兵にして、戦場に於て常に主要の任務を負担し、戦闘に最終の決を与うるものなり。故《ゆえ》に、他兵種の協同動作は歩兵をしてその任務を達成せしむることを主眼として行わるるを通則とす。

歩兵の本領は地形及び時期の如何《いかん》を問わず戦闘を実行し得るに在り。故に歩兵はたとえ他兵種の協同を欠くことあるも、自ら能く戦闘を準備し、之を遂行せざるべからず〉

〝歩兵は戦闘の主兵〟という趣旨が明示されている。では歩兵はどういう戦闘法をもって戦うのだろうか。

〈第二。歩兵戦闘の主眼は、射撃をもって敵を制圧し、突撃をもって之を破摧《はさい》するに在り。射撃は戦闘の経過の大部分を占むるものにして、歩兵の為緊要なる戦闘手段なり。而して戦闘に最終の決を与うるものは銃剣突撃とす〉

日露戦争は、銃剣突撃によって勝ったのである。今後とも、これによるべきであるとしている。

〈攻撃精神は、忠君愛国の至誠と献身殉国《けんしんじゅんこく》の大筋とより発する軍人精神の精華なり。武技これにより精を致し、教練これにより光を放ち、戦闘之により捷《かち》を奏す。蓋《けだ》し、勝敗の数は必ずしも兵力の多寡によらず、精錬にして且《かつ》攻撃精神に富める軍隊は毎《つね》に寡をもって衆を破ることを得るものなり〉

日露再戦にそなえて、営々と努力している日本陸軍であったが、敵にたいし兵力数で優勢を期することは不可能なのである。敵はつねに優勢、これに勝つ道は、日本陸軍が〝精錬にして攻撃精神に富む軍隊〟であることしかなかったのである。

頼りになるのは歩兵だけ

この操典では、第二部として「戦闘の原則」が規定された。諸兵種の戦闘の要領の原則を示したもので、のちに「戦闘綱要」となって諸兵種を律することとなるものの原型である。

これの第二十一条に、つぎの項がある。

〈戦闘の進捗に伴い歩兵は射撃の威力を最高度に発揚し、以て終《つい》に突撃を実施す。歩兵の突撃に先だち、砲兵は攻撃点に火力を集中し、機関銃は瞬時に至大の効力を現わし、工兵は要すれば突撃の為進路を開き、騎兵は敵の側背を脅威する等諸兵種協同の実を発揮し、以て戦勝を収むることに努むべし〉

どうも、砲兵の火力をあまり重視していない。実際のところ、日露戦争でのわが砲兵は、大砲が、ロシア軍の大砲にくらべて性能が悪かったことは前章で述べたとおりだから、砲兵自身も苦戦をしたが、歩兵の側からみて砲兵はたよりにならぬ、と評判がよくなかった。

旅順に二八センチ榴弾砲をもっていった当初、第3軍司令部は「港内の敵艦を砲撃しろ」という命令をだした。ところが観測所のよいのが得られなかったから、うまくあたらない。第3軍司令部は、この大砲は駄目だといいだした。満州軍総司令部でも「この砲の威力は平時にありて予想したる如くならず」と大本営に電報している。ところが、一たび二〇三高地を手に入れたとなると、港内が手にとるように見える高地だから、ここを観測所とした二八榴は、たちまち威力を発揮した。命中正確、侵徹力の偉大なのにそれまで悪口をいっていた連中が、舌をまいたという。観測が充分にできなければ大砲も威力を発揮

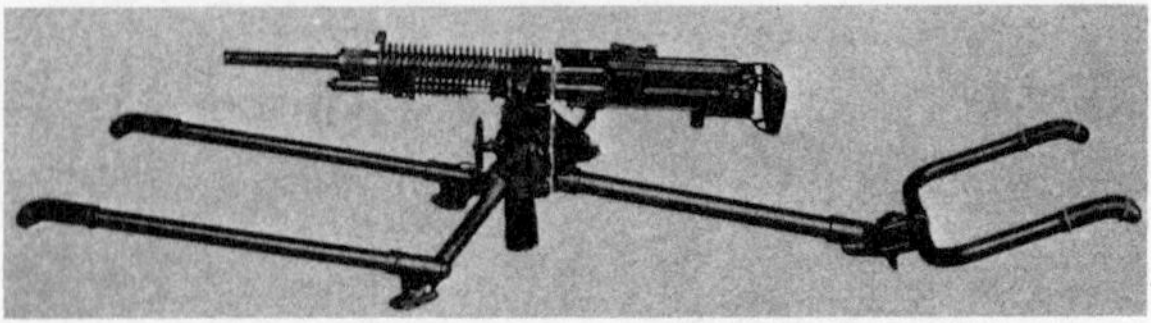

三年式機関銃（大正3年12月制定）

口径　6.5ミリ
全長　1.22メートル
全備重量　53.1キロ
重量　25.6キロ
三脚架重量　27.5キロ
連続発射速度　毎分約500発

できないことなど、すぐわかりそうなことだが、思ったとおりにならぬと、高等司令部は、すぐ駄目だとレッテルをはり、友軍からはたよりにならぬ、と酷評される。

おなじようなことは後年、ノモンハンの戦場で戦車、砲兵についても現われてくる。いつの世にもあることだ。だが、この日露戦争の経験の結論づけ方は、この歩兵操典の根本理念の基礎となっただけに、影響するところ重大であったといえる。

機関銃については、既述のように日露戦で機関砲運用に見るべきものがなかった関係上、起草委員にも大した自信がなかったのか、あるいは今後の研究にまつとしたのか、具体的な自信のある記述はない。いずれにせよ、砲兵火力についてこんな調子なのだから、機関銃の火力にも大した期待はもっていなかったのであろう。

「砲兵火力を軽視する国軍独自の戦法は、その淵源《えんげん》をこの明治四十二年の歩兵操典の根本主義に発したものである」と戦後に回想してなげいた将軍がある。機関銃についても世界大戦をまたなくては、日本の歩兵を納得させなかったのである。

明治四十二年歩兵操典のことを書いたから、ついでにこの操典にある「軍人基本の姿勢」というものを説明しておこう。

昔の陸軍の訓練や、軍事教練を知っている人びとにはなじみの言葉と思われる「不動の姿勢」である。

精神はまず形からである。「軍人たるものの姿勢は……」と、新兵入営のはじめから、教えこむ方も、習う方も苦労した、難物であった。「気をつけ!」の言葉は今もあるだろうが、その号令がかかったらどういう姿勢をとるのか、今の若い人は笑うかもしれないが、こういう規定があったのである。操典はこう示す。

〈不動の姿勢は軍人基本の姿勢なり。姿勢は常に厳粛にして、端正ならざるべからず。軍人精神内《うち》に充《み》つるときは外容自《おのずか》ら厳正なるものとす。

不動の姿勢をとらしむるには左の号令を下す。

気をつけ。

両踵《かかと》を一線上に揃えて之を着《つ》け、両足は約六〇度に開きて斉《ひと》しく外に向け両膝《ひざ》は凝《こ》らずして之を伸し、上体は正しく腰の上に落ちつけ、且少しく前に傾け、両肩を稍後ろに引き一様にこれを下げ、両臂《うで》は自然に垂れ、掌《てのひら》を股《もも》に接し、指は軽く伸して之を並《なら》べ、中指を袴《はかま》（ズボン）の縫目に当《あ》て、頸《くび》を真直ぐにし、頭を正しく保ち、口を閉じ両眼は十分に開き、前方を直視す〉

読んだだけでは、立派な姿勢にはならないので苦労したものである。同感をもって思い出される読者も少なくはないであろう。

むなしかった機械化の発想

この〝陸軍の整頓期〟が日本陸軍の〝火力軽視〟〝技術軽視〟の淵源であったとする前述の将軍のなげきは、筆者も同感である。

陸軍史をふりかえってみて、日露戦争までの陸軍勃興《ぼっこう》期には、例えば、陸軍の膨張に伴わなかった軍需生産、軍需動員のような不充分な面もあって、日露戦争で思わぬ苦戦をした不手際などはあるにせよ、とにかく短時日に総合的な兵備が拡充増強されたことは、立派なものだと思う。それが明治末期から、どうも陸軍の進展は〝歩兵的〟である。「何が戦力であるか」という考え方に〝歩兵偏重〟があったようである。

総合的戦力の増強の面で欠けていたといわざるを得ない。

筆者は『帝国陸軍機甲部隊』で日本陸軍機械化の歴史をたどったが、その発祥は大正の後期である。だが、はるか以前の日露戦争の直後に、将来の軍の機械化を洞察した意見がでているのである。こうした発想はまったく〝歩兵的〟ではない。これが、この時点で実をむすばなかったことは、まことに惜しいことであった。

日露戦争直後の明治四十年二月十三日、陸軍次官から技術審査部あてに、つぎの指令がだされている。筆者の知るかぎりで、軍の機械化にかんし公式に研究を命じた第一号である。用語は現在からするとまことに奇妙である。

〈自働車（誤字ではない）は諸外国に於て軍用に供しうるや否や研鑽《けんさん》を重ねおり候趣にこれあり候えば、貴部に於ても既に研究中のことと存ぜられ候え共尚別紙審査要領により詳細審査の上覆申《ふくしん》（報告）相成度。

別紙　自働車審査要領。

一、自働車は主として在来品中左の種類に付軍用に供し得るやを研究すること。

輜重用輓曳自働車

輜重用積載自働車

重材料輓曳自働車

患者運搬用自働車

乗用自働車

伝令用自働車

二、自働車はその構造、製作の難易、能力……等必要の諸件を研究し用途を定めること。
三、自働車の製作は本邦砲兵工廠その他の製造所に於て為しうるや、を調査すること。
四、在来自働車の改良及び将来に対する意見〉
軍の自動車化のスタートの調査指令としては充分である。

調査事項は、すこぶる広範なものでそうたやすく回答がでるとは思われない。そのせいか、明治四十二年になってつぎの指令が追いかけている。このころ、将来の作戦準備を考えて調査品目をしぼる必要があったのであろう。

〈明治四十二年一月二十六日。陸軍次官より技術審査部長宛。

(かねて通牒せられたるものにつき)、軍事の必要上右審査は先づ野戦車の後方に於て、糧食弾薬運搬に使用すべき輜重用積載及び輓曳自働車を制定する目的をもって進捗せられ度〉

この二つの指令にたいして、明治四十二年八月十八日、有坂審査部長から寺内陸軍大臣あてに「輜重用積載自働車の分は、さきに交附相成居候輜重用積載自働車実験成績に鑑《かんが》み、とりあえず覆申《ふくしん》候也」と、外国から買い入れた自動貨車の調査報告をだしているが、写真もついているはずの原本が残念ながら見あたらない。とにかく自働車が現存するのだから、これのとりあつかいを勉強させなければならない。同年九月二十一日、技術審査部に指令がでている。

〈十月一日より約二ヶ月間左記将校下士をその部に派遣せし候條、自働車の使用法を修習せしむべし。
鉄道連隊、近衛輜重兵大隊、輜重兵第一大隊より各々大（中）尉一、下士又は候補者四〉

これは同部で審査中の輜重用積載自働車について研究、修習し、将来、軍事的試験をするときの自働車手の基幹とするものである、と説明されている。これが陸軍の自動車要員教育の第一号である。

〝自働車〟という名称については、大正三年六月になって〝自動車〟とあらためられた。その理由は、明治四十三年の関税定率法に〝自動車〟という字が使われていたので、それに従うことにしたのである。

筆者は、この明治四十年の技術審査部にたいする指令の構想は、総合的で実に立派なものだと思う。

重材料、つまり火砲の牽引車から自動貨車、牽引自動車、患者自動車、指揮用自動車までを頭にえがいて兵備の改善進歩を予見した調査指令である。起案部局は軍務局砲兵課、課長は山口勝大佐である。

この砲兵大佐・山口勝（のち中将）という人は、日露戦争開戦前からの軍務局砲兵課長

三八式十二糎榴弾砲
青島戦からノモンハン事件、大東亜戦争まで使用された

口　　径	12センチ
弾　　量	20キロ
初　　速	276メートル（秒）
最大射程	5650メートル
放列重量	1257キロ
全備重量	2165キロ

で、戦争にそなえ兵器弾薬の整備、繋駕重砲兵部隊の創設、砲兵工廠の生産設備の増強の促進に努力した。開戦後は欠乏をうったえる砲兵弾薬の補給に万策をつくし、旅順に二八センチ榴弾砲を送りこんだのも彼の献策といわれる。またクルップ社からの火砲購入も彼の努力によるものだった。

この時期の文書をしらべてみると、この砲兵大佐の「山口」という大きな印がいたるところで目につく。じつに八面六臂《はちめんろっぴ》の大活躍をした人である。軍自動車化第一歩の調査指令も、当時砲兵兵器部門も担当し、技術審査部のことを担当していた砲兵課からでている。従って着想の面で、戦列部隊から輜重、兵站までをふくんだ総合案がでたものと思われる。

ところが明治四十一年、陸軍省に兵器局

が設けられ、兵器にかんする業務はここにうつされ、これまでの兵器とその編制化の一元的組織から、兵器そのものと、編制、運用とが二元的にも三元的にもなってきた。いずれも内容が厖大になるから、分科は当然の処置ではあったが、分科すると総合、統制がむずかしくなり、ともすれば大局を見あやまるのが世のつねである。はたして明治四十二年の指令以後、自動車は輜重兵器として補給の部門だけが強調されることになった。

大正四年七月、軍令陸乙第七号をもって、「軍用自動車試験班」という部隊がつくられた。

このころ、すでにヨーロッパでは大戦の第二年に入っていた。むこうでは自動車は実用兵器である。それを日本では試験や操縦教育をほそぼそと行おうというのである。編制は班長・輜重兵少佐一、輜重兵科将校三、下士七、兵二三、鍛工兵一、計三五名という小さな組織で、兵は各隊より分遣する。任務からして軍隊というより〝ミニ自動車学校〟である。設置場所は輜重兵第1大隊内だった。

これでわかるように、自動車は輜重兵の領分となった。戦車はまだ未来のことだったのだが、陸軍全般の自動車化の基盤としての自動車の研究という大目的は、どこかにとんでしまった。大正八年になって「陸軍技術本部の研究方針」にあらわれてくる「軍機械化関係事項」を見ると、これがいかに断片的、分散的であり、この明治の指令がいかに総合的であるかが判るのである。
惜しいことをしたと思う。

軍隊教育の主義

日露戦争で、戦場の勇者こそ戦勝の基礎であると確信した陸軍は、戦場の勇者を得るためには、軍隊での教育を国民教育につなぎ、国民の性格の陶冶《とうや》を軍隊教育でやる、軍隊は国民教育の場である、という立場をとり、これを推進することになった。

明治四十一年には、軍隊での生活、起居を律する「内務書」が改正された。

軍隊は、兵を鍛錬して良卒とするばかりでなく、良民たらしめるための国民の性格陶冶の場なのである、という方針が明らかにされた。

前出『帝国陸軍』の記述を借りる。

軍隊教育の主義として「良卒は良民たらざるべからず。淳朴《じゅんぼく》にして勤勉、国民の中堅、儀表《ぎひょう》として郷党州閭《きょうとうしゅうりょ》の間に尊敬せらるる人にして、始めて戦場の勇者たり得べし。これを今日の軍隊教育の根本主義となす」と書かれている。

「軍隊は国民学校なり」とも要約され徴兵制からなりたっている軍隊は〝国民の軍隊〟であって、軍隊はその国民の修養の道場である、という立場がとられた。

〝軍人〟教育と〝国民〟教育には、前者は軍事技術を教えるものではあるが軍事技術の根本は精神にあるのだから本質的な差があるのではない、より完全な教育を軍隊でやるのだ、しっかり軍隊で教育を受けたものは、地方(軍隊外という意)に帰っても、かならず忠良な臣民である、とされたのである。

「中隊は家庭なり」ということも強調された。入営してから除隊するまで、三カ年なり二カ年なり一つか、ま、どの飯をたべてすごす軍隊生活では、部隊が一つの家族的な結合にたとえられ、中隊長と兵との関係を親と子のように考えさせている。建て前としては文字どおりに温情的な家父長制の精神であり、兵の側に敬愛、服従を要求する反面、中隊長以下の幹部には温情をもって育成、指導を要求したものであった。

陸軍と海軍

「国民学校としての軍隊」にふれたところで、陸軍と海軍の組成を比較してみたい。

一言にしていえば、陸軍は、徴兵による〝大衆軍〟であり、海軍は志願兵による〝専門軍〟である。

まず明治四十五年度の「現役兵、補充兵配賦員数表」を見よう。これはこの年、徴兵適齢にたっした者を検査し合格者を現役兵と補充兵に分け、陸軍では各師団に、海軍では各鎮守府に分配する配当表である。当時陸軍は常設第1~18師団、海軍は横須賀、呉、佐世

明治45年度		
陸　軍	現役兵	補充兵
歩　　兵	69,137	72,740
騎　　兵	4,114	1,876
砲　　兵	8,462	10,440
工　　兵	4,505	4,042
輜　重　兵	1,836	950
輜重輸卒	15,492	63,012
縫　工　卒	69	10
靴　工　卒	69	
合　計	103,784	153,080
総　計	256,864	
海　軍	現役兵	補充兵
水　　兵	2,437	227
機　関　兵	1,563	150
木　工　兵	79	18
看　護　兵	76	17
主　厨　兵	302	62
合　計	4,457	474
総　計	4,931	
陸海軍　総計	261,795	

保、舞鶴の四鎮守府、日露戦後の海軍拡張に入った時である。

つまり、陸軍が一〇万余人の壮丁を入営させねばならぬのにくらべ、海軍は四五〇〇人でたりるのである。あとは志願する現役兵で充足する。

もう一つ大正六年度を見よう。陸軍は待望の朝鮮二個師団の増強が認められ、海軍も念願の八八艦隊建設に邁進《まいしん》中で、ともに所要兵力はピークにちかいときである。

陸軍は一一万をこす壮丁の入営に増加しているが、海軍は減っている。志願兵の募集をふやしたのであろう。

ここに陸海軍のなりたちの根本的差異がある。当時の現役兵は、金がなくて中学校以上の教育を受けられなかったものとか、とにかくあまりめぐまれぬ境遇のものがおおい。補充兵とは現役兵の定数をこえた者で、これほどの数、つまり壮丁候補者が二倍もある時期だから、入営して二年も三年も現役兵をつとめるのは不運のきわみということになる。

これは筆者が、将校になった昭和時代になっても、おなじであった。北海道であったから、農村漁村の子弟が大部分であり、いわば貧農、小漁師らの倅《せがれ》たちである。この兵隊の顔に、わが家の不作、不漁の悩みがはっきりとあらわれる。それこそ、社会、政治の歪《ひずみ》が鏡のように映るのである。これが陸軍の将校にかなりの影響をあたえた、と筆者は思っている。

大正6年度		
陸　軍	現役兵	補充兵
歩　兵	75,860	82,043
騎　兵	4,377	1,902
砲　兵	8,669	11,098
工　兵	4,895	4,286
輜重兵	1,931	976
輜重輸卒	15,748	63,012
縫工卒	55	9
靴工卒	56	7
合　計	111,515	163,333
総　計	274,848	
海　軍	現役兵	補充兵
水　兵	1,378	131
機関兵	1,096	109
木工兵	42	9
看護兵	106	23
主厨兵	170	37
合　計	2,812	309
総　計	3,121	
陸海軍　総計	277,969	

海軍はその点、根底に〝志願〟という形式がある。志願する者も、陸軍とおなじような階層で、農家でみじめな暮らしをするよりは、と志願したのであろうが、とにかく〝自発的〟である。そして、海兵団生活はともかく、軍艦となると、陸軍の部隊とはちがって技術的な構成体であり、職分が判然と決まっている。中隊長と兵が一緒になっておなじ泥中をはいまわるようなことはない。軍艦の中にちゃんとした、待遇や衣食住での階級区分が厳存していて、誰も不思議とは思わない。それぞれその職分をつくせばよいのであるから、身分社会のような安定が保たれている。徴兵でつれてくる兵が少ないから、〝国民学校〟だなどと、大それたこともいわないし、〝家族的〟などと気に病むこともない。

海軍士官は、将校になる前に練習艦隊で世界を一まわりして海外の風にもふれてくるから、陸軍将校よりは、たしかに目が世界にひらけている。

軍艦という技術の所産が戦力そのものだから、百発百中の訓練は強調しても、〝突撃精神第一〟などとはいわない。〝技術〟、ひいては技術関係者にたいする考え方も、陸軍とは、とくに歩兵の連中とは、雲泥の差がある。そして陸軍では、歩兵が〝戦闘の主兵〟であることはまだしも、平時でも〝軍政、軍令の面の主兵〟に育っていってしまうのである。

これも、日露戦争─明治四十二年の歩兵操典の影響であろうか。

軍隊はつらいところ

この陸軍の軍隊教育の方針は、壮丁の教育を通じて、日本に広く浸透していった。軍隊を立派に勤めあげた兵は郷党の間でも信用あつく、〝兵隊帰り〟ということが、青年の成長の一時期ともみられ、さあ嫁を貰うか、と一人前になった扱いもされるという具合で、国民鍛錬の場として大きな役割を演じたのである。しかし反面、「精神を形の上から陶冶《とうや》する」というやり方は、とかく形の上だけに流れ、服従の徳は面従腹背にながれやすく、小ざかしい〝要領〟のいい者が良兵に見られ、内務、整理、整頓のよい者がほめられるというような弊害を生みやすい。ことに、平和時代になると、形式的、外面的なことだけが成績の優劣を決めることになる。

陸軍というところは、上は将軍から下は兵に至るまで、「一番が二人おる」という世界ではない。かならず一列縦隊である。一列横隊の同期生とか同年兵とかの組織はあるが、その中でもすべて一列縦隊の序列（順位）がつく。これを何で判定するか。戦時であれば武功も基準となるが、平時では、学科の成績とか行状態度とか、かならずしも戦場での能力に結びつかぬことで決められやすい。

秩序を維持するために〝古参〟〝新参〟の序列を強調するから、近ごろの言葉でいうと〝先輩のしごき〟も行われやすい。一年上の先輩でも上長の権威は天皇陛下につうじる。三八式歩兵銃の菊の御紋章も陛下につながるというような指導になる。

上官は部下に盲従を強い、「文句があるのか」と問答無用の権力万能となるから、部下の方はちぢかんで卑屈になってしまう。こういう弊害がしだいに目に見えるようになってきた。「国民学校なり」とりきんでみても肝心の将校以下がこうなっていっては、〝つらい軍隊〟〝いやな軍隊〟とならざるを得ない。

人のいやがる軍隊で……

明治四十五年七月十六日、陸軍省高級副官から全軍の参謀長などにあててつぎの通牒がでた。陸密第二二一号、秘密通牒である。「兵卒間に於ける俗謡に関する件」というのがそれだ。当時、陸軍大臣は上原勇作、次官は岡市之助、軍務局長は田中義一、軍事課長は宇垣一成だった。

内容を要約すると「最近、兵営内でいかがわしい俗謡がはやっている。兵は外出先でもこれを歌っているから厳重にとりしまり、軍紀の厳正をたもつように努力せよ」というものである。そして参考のためとして、この俗謡六種がつけられている。

大東亜敗戦の時期まで、兵営生活の経験のある人はかならず一度は耳にしたことのある「一つとせ節」である。この数え唄は、このころつくられたものと思われる。替え唄はいくらでも作れるから六種に限ったものではないがこんなものである。

〽一つとせ、人のいやがる軍隊に、志願ででてくる馬鹿もある。お国のためとはいいな

がら
〽二つとせ、両親泣いてもでたからは、陛下に命は捧げ銃《つつ》、不足ながらも国のため
〽三つとせ、皆さん承知の兵隊は、酒と女は禁ぜられ、遊びにでるのも時間ぎり
〽四つとせ、夜の衛兵寝ずの番、朝から晩まで立ちぐらし
〽五つとせ、何時《いつ》か判らぬ不時点呼、夜の夜中に起こされて。人員点呼はつらいもの
〽六つとせ、無理なことでも上官の、命令なんとの名をつけて、残酷きわまることばかり
〽七つとせ、七日七日の土曜日は、馬の検査や武器被服、検査検査で日を暮らす
〽八つとせ、やけから営門でるときは、遊びついでに五、六日、帰ればただちに重営倉
〽九つとせ、公務規則をよく守り、寝るも起きるもみなラッパ、演習食事はなおのこと
〽十とせ、十日十日の俸給も、金はわずかに五十二銭、煙草代にも足りはせぬ

こんな調子で二十までもある。くだらないといってしまえばそれまでだが陸軍の兵隊さんのムードや悲哀がよくでているのでつづけて収録する。

〽十四とせ、士官、下士官みな志願、義務ででてくる兵卒に、服従せよとはどうよくな
〽十五とせ、ごまかし上手な三年兵、それを見習う二年兵、正直一方の新兵さん
〽十七とせ、何から何まで苦労して、三年務めるその内に、戦争となったら命がけ。

こんなのもある。のぞきからくりの調子で憂《う》さをはらしたのであろう。

〽今度このたび国のため、両親妻子と別れ来て、知らぬ他国によこされて、
我身の上を思うなら、去る昨年の十二月、陸軍歩兵に身を入れて、
毎朝ラッパで起こされて、日朝点呼がすみ次第、歯磨楊子を手に持ちて、
さして行くのは洗面所、井戸のまわりにたちよりて、汲み上げ水にて身を清め、
心で祈る神々を、西に向かって手を合わせ、東に向かって手を合わせ、
午前練兵にひきだされ、擔《にな》え銃《つつ》やら捧げ銃、早駈《はやがけ》競争であごを出す
午後は体操銃剣術、のどをつかれて目をまわし、夕食おわれば学科なり
日夕点呼がすみ次第、風に吹かれて靴磨き、消燈ラッパで床につき
なれぬ毛布で身を包み、その夜も故郷の夢ばかり、両親無事に対面し
何時もかわらぬ不時点呼、ねむい夜中に起こされて、人員検査のすみ次第、
我れ先勝ちにと床につき、明くれば衛兵で寝ずの番、士官以上に捧げ銃
兵ほどつらいものはない、わが身でわが身がままならぬ、鳥にたとえて籠の鳥、
首尾よく勤めて一日も、早く除隊を待つばかり、寝てもさめてもその話
ニコニコ営門でる時は、ながのお世話になりました

いずれお礼は予備の節

軍隊教育、兵営内の内務教育、躾《しつ》けこそ良兵教育の基本と確信し、意気ごんでいる軍中央部のお偉ら方は、たるみきっている、軍紀がなっとらん、と遺憾千万に思ったことであろう。

攻撃精神偏重は危険思想

時間的には次章であつかうべきだが、大正三年に発刊された『日本軍の暗黒面』という本がある。著者は、歩兵中尉・原田政右衛門とあり、どういう人か詳《つまび》らかにしない。書中、その文筆の冴《さ》えていること、大いに在郷将校以下の奮起勉励を促している点からすると文筆人で、しかも在郷軍人の指導にあたっていた人ではないかと思われる。

この本には「この書を、戦捷を誇張し、戦勝に心酔せる堕落人士に与えて、敢えてその三省を促す」とある。この書が「戦捷を誇張し」と指摘してあげている事例は、「憶病連隊長」とか、「不忠者一束」とか「憶病なる日本兵」とか、まことに痛烈である。とくに強調しているのは「万宝山の敗戦」である。日露戦史上、秘密のことではないが、日本軍としては不名誉な敗戦なので、いわば頬冠《ほほかむり》で扱っている事件である。これをこの本は「疑わしきは大和魂」「露国振天府に飾られる三一式速射野山砲一一門」と題して痛撃している。

事情はこうである。明治三十七年秋、沙河会戦の時であった。日本軍が占領した万宝山を八田少将（この書の使用している仮名である）の指揮する一支隊が守備していた。これが戦線の突出部をなしており、ここに露将クロパトキンが奪回のための大規模な攻撃を指導し十月十六日、夕刻から翌払暁まで、八田支隊は数倍の敵の攻撃を受けた。守る歩兵第41連隊は、軍旗に訣別《けつべつ》してこれを後方にさげ、連隊長、各大隊長、ここに仆れたという苦戦であった。

ところが、「支隊長八田少将、後備歩兵第20連隊長らは、身に一創だに蒙《こうむ》らず戦塵の渦中から逃れ、敗乱又収拾すべからざる兵卒の行方も知らず、遥か南方の友軍陣地に帰り来れり」というのである。これで守兵山砲二個中隊、野砲一個中隊も壊乱状態となって、野山砲一一門はやすやすとロシア軍の手に陥ちた。振天府とは日本の宮城内の戦利品記念館である。この野山砲が露都の振天府を飾っているのだと痛歎するのである。

この著者の原田中尉は戦後の万宝山を訪れて「昨日は首山堡（有名な橘中佐の戦死の場所）に泣き、今日は万宝山に憤《いきどお》る」と書いている。野砲中隊は野砲兵旅団から臨時に八田支隊に配属したもの、本属の連隊長が戦闘後、八田少将を詰問した。「手ぶらの部下を受け取るわけにはいかぬ。六門の野砲を受け取りに参った」「切腹を勧告する」ときめつけられて悄然《しょうぜん》とする少将の姿をえがいている。

原田中尉は、「疑わしき大和魂」という。勿論、この書の目的からして激励のための言葉である。だが、こう書きすすめる。

〈徴兵検査場は一の悲劇の演練場である。一年志願兵や六週間現役（小学校教師の特別の待遇で師範学校卒業後、この現役をつとめ、ただちに国民兵役に入る。少国民教育のため大切な人であるとされた特典である）の如き差別待遇がある。彼等は矛盾極まる恩典によって、在営期間が短縮され、徴兵に合格する者は、九分九厘までがその日暮しの労働者ではないか〉

こうした組織に基礎をおく陸軍は、よほど褌《ふんどし》をしめてかからんと、万宝山の二の舞を演ずることになるぞ、として「日本兵は臆病だ。コサック騎兵の前で大パニックをおこしたではないか」と指摘する。そしてまた「現役将校は勉強がたりない。小説でも社会主義でも、もっと勉強したらどうだ。〝武弁〟を気どるのはいいが、文字と没交渉では社会の先達者にはなれない」という。

そして原田中尉はこう結論する。

「陸軍に危険思想がある。陸軍の有識者中には、戦争は志気のみを以て勝利を獲得することができるなどと誤った説をなす者がある。これまことに危険思想というべきである」

第八章　藩閥、軍閥をたおせ

日露戦争中に、陸軍の常備兵力がそれまでの一三個師団にくわえ、四個師団が新設され、さらに二個師団が増設されて戦後一九個師団になったことは第六章に述べた。これは勿論、やたらと増強されたわけではない。戦争がおわるとともに将来を予想し、日露再戦不可避とみた対抗計画にもとづくものであった。

陸軍の仮想敵はロシア

日露戦争では、勝ったといっても日清戦争ほど敵を徹底的に屈服させたわけではない。いわばそのつま先の方をふみつけて、アメリカの仲裁のおかげで戦争を終結させることができたのである。奉天会戦では敵を撃退したものの、その後両軍はにらみあったまま、ロシア軍は増強をつづけ、講和の成立した九月には、わが軍の一倍半以上の勢力になっていた。日本軍としては、この敵が日露再戦を目ざす場合にそなえなければならない。事実、ロシアでは戦後も対日戦備を着々と整えていたのである。

日本陸軍は、これにたいし戦時所要の兵力を算定した。一体、ロシアは極東にどれくらいの兵力を集結使用することができるか。ロシアの全兵力は一〇〇個師団、そのうち四五個師団は極東にまわせないと予想されるので、五〇～五五師団の敵軍と対戦することを考えねばならぬ。

陸軍は、ロシアが東洋に使用することのできる陸軍部隊に対抗するには、戦時兵力、五〇個師団が必要であると考えた。このためには戦時に二倍動員するとして常備兵力二五個師団が必要である。これが陸軍の軍備拡充の目標と決定されたのである。

海軍の仮想敵は米国

ところが海軍はちがう。

海軍は、日露戦争直後に、はやくも仮想敵国をアメリカとし、五〇万トンの海軍軍備をととのえ「北守南進を目指すべし」という方針を決めていた。陸海軍それぞれ主たる仮想敵国がちがったのである。

米国は、日露戦争のおわるまでは、英国とともに日本に好意的支持をあたえ、ロシアの極東政策を阻止することに日本を利用した。しかし、日露戦争後となるとアジア、とくに中国大陸にたいして門戸開放、機会均等を要求する政策をもって、しだいに対日圧迫に乗りだすようになり、戦争終結を転機として情勢は一変して日米関係は協力から抗争へとつる様相を示してきた。

そして米国は、その政策推進の力として、英国につぐ世界第二位の海軍を目標として建艦をつづけていた。日本はこの脅威に対抗せねばならぬ。

陸海軍の所要兵力量を決定するためには、日露戦争後の国際情勢も考えながら、まず日本の〝国是《こくぜ》〟――国策を定めねばならない。

その新国是によって「国防方針」もしたがって「国防所要兵力量」も定められるべきである。だから、まずそれから論議すべきであろう。

国防方針などの検討

明治三十九年の末、参謀総長・奥保鞏、海軍軍令部長・東郷平八郎は、勅命によって、これら諸問題の論議検討を開始し、四〇日ほどで意見をまとめ四十年二月、「帝国国防方針」「国防に要する兵力」「帝国軍の用兵綱領」を定めて上奏した。

このことは、防衛庁戦史室編纂《へんさん》の『大本営陸軍部(1)』および『海軍軍戦備(1)』に詳述されているが、この論議の結果決められた「国防方針」なるものは、今日正確な資料はのこっていないという。戦史室は各種の資料などから、つぎのように推定している。

帝国国防方針

一、帝国国防の本義は、自衛を旨とし国利国権を擁護し、開国進取の国是を貫徹するに在り。

二、帝国国防の方針は、帝国国防の本義に基づき、勉《つと》めて作戦初動の威力を強大ならしめ、速戦即決を主義とす。

三、帝国の国防は、帝国国防の本義に鑑み、露国、米国、仏国を目標とし、東亜に於て攻勢を採り得る兵備を整う。

四、帝国国防に要する兵力は左の如し。

陸軍　五〇個師団

海軍　八八艦隊（最新式戦艦八隻、同装甲巡洋艦八隻を主力とし、これに相応ずる補助艦艇を付属す、という意味である）

一言でいうと、〝開国進取〟というほか、具体的に何が「国是」であり、日本は何を国策とするかは、この「国防方針」からはわからない。いま注目を要するのは、この内容ではなくて、この「国防方針」や「兵力量」が勅裁をうるまでの経緯である。

ところで、およそ一国の兵備を決める場合、陸海軍の按配など一途の方針によるべきなのは当然だが、日本では日露戦争まで、そんなことは一度もなかった。それぞれに天皇に申し上げてお許しをいただいて実行していただけである。

戦後になってもそうだった。そしてはやくもくいちがっていた。なんとか一途の国防方針を決め、これにもとづいて兵力量も決定し、陸海軍の按配分担を定むべきだという考えは、誰しもが持ったことだろう。そしてはじめてそうした試みが行われたのであって、それがこの論議であった。

所要兵力量決定の経緯

ことのおこりは、明治三十九年十月に山縣有朋が、元帥として「帝国国防方針私案」を起案し「日露戦前には協同作戦の話し合いがなかったが、戦後の経営に着手し、兵備の拡張を策するにあたって、陸海軍協同作戦の計画を策定し、以て両者の分担任務を定めることが急務である」として明治天皇にこれをさしだしたことにはじまる。

天皇から「この〝私案〟を元帥府（陸海軍の元帥からなる）で研究せよ」と御下命があって、元帥府は「適切な意見だから、これを参考として、陸海軍統帥部に立案を命ぜられるがよい」と奉答した。

これで、参謀本部と海軍軍令部が協議することになった。その結果、まとまったものが、つぎのようにあつかわれることになった。

「帝国国防方針」と「所要兵力」について、それぞれ陸海軍大臣に相談する（「用兵綱領」は純統帥事項だから相談はしない。自分らで決めて、勅裁をえれば決定である）。「異存がない」という大臣からの返事をえてから「帝国国防方針」「国防に要する兵力」「帝国軍の用兵綱領」を策定して陛下に上奏した。

「国防方針は政策に重大な関係があるから、さらに内閣総理大臣に御下問になるよう、また必要があれば『国防に要する兵力量』は内閣総理大臣にお見せになるように」と申し上げる。この結果、内閣総理大臣（西園寺公望）は、「帝国国防方針」を審議すべきことを命ぜられ、またとくに国防に要する兵力の閲覧を許された。


今から考えるとまことに妙なことに思われるかもしれない。しかし、これが明治憲法および当時の「条令」による陸海軍統帥部と内閣総理大臣の立場と権限であった。

「用兵綱領」は軍令大権事項だから、陸海軍大臣も内閣総理大臣も口だしできることではない。憲法第十一条の規定であった。「軍の編制事項」となると陸海軍大臣が補弼《ほひつ》の責任者として加わってくるが、内閣総理大臣は政府の首脳ではあるが枠外である。


この天皇の編制大権に属する「常備兵額」の補弼《ほひつ》者は誰であるのか。これが、昭和の代まであとをひく問題なのだが、明治憲法の起草者である伊藤博文の「憲法義解」には、憲法第十二条について、〈本条は陸海軍の編制及び常備兵額も亦《また》天皇の親裁するところなるを示す。これ、もとより責任大臣の補翼《ほよく》によると雖《いえど》も亦帷幄《いあく》の軍令（用兵事項）と均《ひと》しく至尊《しそん》（天皇）の大権に属すべくして、而して議会の干渉を須《ま》たざるべきなり〉とある。

これが憲法論議の種となった見解である。議会も政府も、常備兵額にかんする天皇の御決定には口がだせない。いいかえると、陸海軍統帥部と陸海軍大臣が必要と考え、自分らだけで上奏して、親裁があれば、政府はそのとおりにしなければならないのである。だから、西園寺首相は「これだけの兵力が必要なのだぞ」と拝見を許されたわけである。

西園寺は一カ月たらずのうちに奉答した。大要は「帝国国防方針は妥当なものでありますが、国力からみて急速には実現できません。ゆっくりやることを御許しねがいたい」というものであった。

これについて、山縣元帥は「一日もはやく実行させる必要があります」と報告して政府を牽制した。

結局、天皇の御裁可をえたのであるが、元帥会議で「政府を大いに鞭韃《べんたつ》される必要があります」という駄目おしをして、天皇に下駄をあずけた形で終幕となった。

これが陸軍平時二五個師団、戦時五〇個師団、海軍八八艦隊の決定の経緯であるが、陸海軍統帥部の話し合い（討議の記録は何もないという）が、勅令によるとはいえ、四〇日ほどで決まるのは異例のことである。両方が欲しいと思う量をならべて書いただけだからである。国力の上からみて、〝可能か〟などという論議はない。かりに政府側からそういう意見がでても、軍部側は「可能になるように国政を運用すべきである」と反撃するだけで、軍が譲歩しないかぎり政府はどうすることもできなかった。

このときすでに、山縣元帥は〝軍部先行〟〝軍備優先〟〝政府追随〟の意見を述べている。この点は昭和になっていっそうはっきりする。

また、かりに軍部の要求量が過大という空気になったとしても、おたがいに、「お前の方を減らせ」というだけで、「自分の方を減らす」などという陸海軍ではない。太平洋戦争敗戦の時までの陸海軍の対立ぶりがこれを証明している。裁定されるとすれば天皇ご自身しかないという制度なのだが、そうされるはずはない。このときの手続きがよく示している。

ともあれ、この「国防方針」、具体的には「国防所要兵力」が日本をゆさぶってゆくのであり、陸海軍がそれぞれにその欲しいと思う量が〝御嘉納〟になったのである。

あとあとまで批判をまねく経緯であった。

朝鮮に二個師団を

陸軍の常備兵力は明治四十年に一九個師団になった。平時兵力二五個師団という目標も、内閣総理大臣は〝ぼつぼつ〟とねがってはいるが、天皇にお許しをいただいている。

四五式二十四糎榴弾砲
青島戦から大東亜戦争まで使用

口　　径	24センチ
弾　　量	200キロ
初　　速	387.4メートル（秒）
最大射程	10350メートル
放列重量	33058キロ

明治四十二年十月、前の韓国統監・伊藤博文がハルピンで韓国人安重根のために狙撃されて没し、その年の十二月に韓国の総理大臣・李完用も傷つけられるという事件がおこり、日本に韓国を併合するという意見が急速に進展し、明治四十三年八月二十二日に併合条約調印となり、日本は韓国を併合してしまった。

韓国には、かねて内地から師団を派遣して韓国駐劄《ちゅうさつ》軍司令官の指揮のもとで、韓国内の治安維持にあたることにされていたことはすでに述べたとおりだが、二五個師団の兵備充実の上からも、対露作戦の前衛としても、新領土朝鮮の治安維持の点からしても、朝鮮に二個師団を増設、常置することは陸軍の希望するところであった。だが、戦後のあと始末が一段落して本腰を入れて戦後経営という段になると、日本の財力、実力からみて、すべてが〝間口のひろげすぎ〟ということがわかってきた。

日露戦争によって獲得した利権、権益というが、租借地の「関東州」にせよ、満鉄沿線の「付属地」の経営にせよ、財力の面からして柄《がら》にもない大荷物をかかえたようなことになっていた。明治四十一年からの桂太郎内閣は財政政策の行きづまりによってたおれた。そのあとをおって組閣した第二次西園寺内閣にとって、とくに予算の膨張をともなう海軍の軍備充実案と、陸軍の朝鮮二個師団増設案というのが最大の難問題となった。

海軍大臣・斎藤実は、この内閣の組閣そうそう、海軍軍備の緊急充実をいいだした。明治四十五年から七年計画として、約三億五〇〇〇万円という厖大な計画であった。

明治四十五年度予算編成にあたり、大蔵大臣・山本達雄は、財源枯渇《こかつ》のおりからとんでもない、びた一文だせません、と拒否した。こまった西園寺が斎藤海相を説得して、四十六年度以降に一部の建艦を認めることで妥協し、この年の議会は与党政友会の絶対多数のもとに、平穏無事におわった。このあと、陸相・石本新六が病にたおれて上原勇作中将があとをつぎ、七月三十日には明治天皇が崩御《ほうぎょ》され、世は大正へうつった。

陸軍、内閣をたおす

西園寺内閣は、経費節約をとなえ、各省一割ないし二割の減を命ずるという財政状況であった。このとき、上原陸軍大臣が朝鮮二個師団増設案を閣議にだした。首相と大蔵大臣は当然、とんでもないという立場である。

「海軍軍備の拡張は焦眉の急とはいえぬ。問題は満蒙問題である。朝鮮の治安維持のみでなく大陸における国権発揚の支柱としていそぐのだ」というのが上原の主張であった。閣僚の大多数ことに与党政友会の原敬、松田正久らは行政整理を先にすべきだと主張したが、上原陸相は断固としてゆずらなかったが、とうとう閣議は、この兵力増強案を否決してしまった。

ここで上原陸相は、陸軍の大御所である山縣元帥と相談して単独で事情を上奏、辞職してしまった。

西園寺首相は、陸軍大臣の後任を求めようとしたが、大親分の山縣が、陸軍大臣をだそうとしない。陸軍大臣がいないのでは内閣にならない。西園寺内閣は、ついに総辞職してしまった。

「陸海軍大臣は現役将官とす」という規定がある。陸軍と海軍とが、そんな内閣には大臣はださないとなると内閣をつくれないのが、この明治憲法下の内閣で、団結力ある陸海軍の〝伝家の宝刀〟であった。この〝宝刀〟は、このあと何度も抜かれる。

陸軍が上原陸相をもって西園寺内閣をたおしたあとの組閣の大命は当時、内大臣であった陸軍の桂太郎に下った。

ところが、議会で絶対多数をしめる政友会をはじめ各政党、それに言論機関がさわぎだした。スローガンは〝憲政擁護〟というのであった。そして今度は、海軍側が海軍大臣をださないといいだした。山本権兵衛海軍大将一派と桂太郎陸軍大将（山縣有朋）一派の確《かく》執《しつ》である。まさに〝薩長戦争〟であった。

弱りきった桂が天皇に泣きついて、勅諚《ちょくじょう》を賜って、斎藤実前海相が留任するということで海軍大臣をだしてもらうという始末であった。

まことに陸海軍部の持っていた〝宝刀〟は、奇怪な力を発揮する〝妖刀〟でもあった。

薩長閥、横暴

日本陸軍の生いたちをたどってゆく場合、〝軍閥〟という言葉——軍部内でいう長閥、薩閥——にふれねばならない。

海軍部内では、佐賀系没落のあとは薩摩系が主流で、派閥争いは薩摩内部のことであり、山本権兵衛の時代がおわると、主流的派閥がなくなり、陸軍のように〝藩〟につながる派閥争いはなくなった。

ところが、陸軍における〝長閥〟の問題は、大正時代までつづき、昭和時代にもながく尾をひき、派閥抗争の因果を招くことになるのである。

そして〝藩閥〟という特権的党派はこの陸海軍の〝長閥、薩閥〟を中心的原動力として形成されたものであった。その由来は幕末、明治のはじめの薩摩藩、長州藩にさかのぼる。

この時代の事情は最近、テレビ・ドラマその他でにぎやかで、「坂本龍馬」「勝海舟」と長州、薩摩のいわゆる志士が大いに活躍する。しかし、誰でも気がつくと思うのは、当時、いかに薩摩と長州と仲が悪かったかということだ。これが明らかにあとを引く。

しかし、とにかく大政奉還となって陸軍の「御親兵」をだしたのが薩摩、長州、土佐の三藩であったから、陸軍の軍権はこれに帰した。諸藩のうち、進歩した海軍をもっていたのは薩摩と肥前（佐賀）だったから、海軍の主流はおのずからこれになった。

明治八年（一八七五年）、すなわち、西南戦争のおこる二年前の陸軍の将官を次に列挙する。

大将　正三位西郷隆盛
もちろん薩摩の大御所、明治七年の征韓論に敗れ、近衛都督を返上して故郷に帰っている。

非役である。

中将　兼参議・陸軍卿・近衛都督・正四位山縣有朋（長州）、兼参議・開拓使〔北海道〕長官・正四位黒田清隆（薩摩）、兼陸軍大輔・従四位西郷従道（薩摩）

陸軍卿は大臣、大輔は次官役、山縣、西郷と長州薩摩のバランスをとっている。

少将　正四位四條隆謌、兼司法大将・従四位山田顕義（薩摩）、正五位鳥尾小弥太（長州）、正五位桐野利秋（薩摩）、正五位三浦梧樓（長州）、正五位谷干城（土佐）、正五位野津鎮雄（薩摩）、正五位篠原国幹（薩摩）、正五位曾我祐準（佐賀）、正五位種田政明、正五位津田出、正五位井田譲、兼陸軍小輔大山巌（薩摩）、東伏見宮嘉彰親王

一見、明らかなように薩摩が制している陸軍である。ついでに日清、日露戦争に陸軍の代表者として登場する人を描いてみる。

大佐　歩兵科

従五位小沢武雄（福岡）、従五位野津道貫（薩摩）、従五位高島鞆之助（薩摩）

中佐　歩兵科

正六位山地元治（土佐）、正六位長谷川好道（長州）、正六位佐久間左馬太（長州）、正六位山川浩（会津）、正六位黒木為楨（薩摩）

少佐　歩兵科

三品王北白川能久、従六位岡沢精（長州）、従六位乃木希典（長州）、従六位山口

素臣（長州）、従六位奥保鞏（福岡）、従六位大島義昌（長州）、従六位西寛二郎（薩摩）、従六位川上操六（薩摩）、従六位村田経芳（薩摩）、従六位桂太郎（長州）、従六位児玉源太郎（長州）、大島久直（秋田）

いかに長州、薩摩の出身者が多いかが判ろう。

前記のとおり、陸軍は薩長で占め、しかもその幹部の主力は薩摩である。長州は幕末の争乱で、その第一級の若者たちを失った。明治新政の現場にあらわれたのは幕末史からすると二流以下の山縣、伊藤などであった。西郷、大久保などに拮抗《きっこう》できる連中ではない。だから、薩摩は海軍で一頭地をぬいただけでなく、陸軍も〝薩摩の陸軍〟となるはずであった。だが、西郷隆盛が征韓論に敗れて故山に帰り、ここに薩摩の陸軍での衰退がはじまり、西南の役で山縣中将の指導する官軍との戦いに敗れて、西郷大将、桐野、篠原少将らが消えた。しかし大山、高島、野津、黒田清隆、川上操六などがあって、長州に対抗し、明治十八年、内閣制度の実施から、日清戦争後の三、四年間までは陸軍大臣の椅子は薩摩人（大山、高島、西郷）が独占しており、山縣も手がでなかったのである。

ところが、黒田、川上、のちに野津をうしない、高島失脚となって薩摩は陸軍で影がうすくなり、山縣の第二次内閣（明治三十一年成立）以後、陸軍の実権は長州に帰した。

〝薩摩の陸軍〟にとって、川上操六の死は大打撃であった。参謀本部の設置は、桂太郎のようなよい子分をもった山縣有朋の業績であったが、これを完成させたのは川上の手腕であり、日清戦争の基本戦策は、彼の策になったものであった。しかも川上操六は気宇壮大、薩摩だ、長州だなどとけちなことはいわず、人材をよく用いたので、俊秀がその門にあつまり、参謀本部の実力が形成されたのであった。この川上操六が、日清戦争にさきだつ明治三十二年に亡くなった。彼が死んで陸軍の人脈図は大きくかわったのであった。

ここで〝長州の陸軍〟〝薩摩の海軍〟という形がクローズアップされてくるのである。

世人の痛憤する薩長藩閥横暴の系譜をみると、明治十八年、内閣創設いらい、総理は、伊藤(長)、黒田(薩)、山縣(長)、松方正義(薩)、伊藤、松方、伊藤、大隈、山縣、伊藤、桂(長)、西園寺、桂の順で明治時代をおわる。要するに、明治の総理大臣は、憲政会を背景とする大隈重信と、政友会を背景とした西園寺公望をのぞいては、薩摩と長州だけである。

明治新政のバスに乗りおくれて、民選議員の設立を主唱した土佐藩をはじめ、各藩、幕府につながる人びとが〝薩長横暴〟をとなえて反対にまわる。この態勢が大正にまでつながるとなっては、閥族打破、憲政擁護の声のおこるのは当然でもあろう。

さらに、陸海軍大臣をみよう。海軍大臣は、山本権兵衛、斎藤実(準薩系)とつながって、明治三十一年から大正三年まで、一六年間という薩摩の長期政権。陸軍大臣は、桂、児玉、寺内の約一三年間というながい長州政権。ともに部内における薩摩、長州の覇権を確立するに充分な年月であった。世人は、これを〝薩の海軍、長の陸軍〟という。この派閥に世人の攻撃が集中しないわけはない。

薩の海軍、長の陸軍

明治四十四年に発行された『薩の海軍、長の陸軍』という書物がある。著者は鵜崎熊吉（鷺城学人と号す）。この人のことは詳《つまびら》かにしないが、おおくの人物評伝もあり、この本に、福本日南の序があることなどから考えて、評論をもって名のあった人であろう。憚《はばか》るところなく派閥の非を論じ、遠慮会釈なく、こきおろしている痛快な本である。

〈〝藩閥〟なる語は今日いささか陳腐《ちんぷ》にして〝人閥〟政治というを至当とすべし……〉

〈……東郷平八郎、上村彦之丞は日露海戦の猛将……彼等或は小ボスたるを得べし。然れども未だ人閥を作って一勢力たるを得ざるなり。

唯、山本権兵衛なる一怪物あり。恰《あた》かも虎の嵎《ぐう》を負うが如き勢いをもって海軍を背負うて立つあり。彼に頼らんとする者は争うてその麾下に馳せ参じ彼を懼《おそ》れる者は実に寂として声を潜《ひそ》め彼に慊焉《けんえん》たる者は空しく腕を扼《やく》して歯の立たざるを憾《うら》み、未だ海軍部内一人として彼の傍若無人《ぼうじゃくぶじん》の振舞を抑制するものなく、一に彼の為すがままに任《まか》すのみ。斯の如くにして彼は一の山本閥を作り、大ボスとして虎視《こし》鷹揚《おうよう》す。故に広き意味に於け

る薩の海軍は狭き意味に於て、権兵衛の海軍なり……〉

こんな調子の本である。当時、山本は現役の海軍大将であった。

鷺城学人は、陸軍における〝薩摩人の不甲斐なさ〟を論じてこう評する。

〈薩長互角のとき、大山巌は陸軍を代表して山縣に対せしも、過去の一大骨董品《こつとうひん》にして、現実に活動する人物に非ず。軍事的才幹は川上の万分の一もなく、山縣の如き悪者にも非ず。好々爺《こうこうや》のみ。満州軍総司令官たるも実権は山縣と児玉に在り。彼の力を以ては薩の陸軍を提《ひっさ》げて、長に対抗する能はず。山縣は元師府にかくるるも依然、陸軍のローマ法皇なり。大山はお相伴《しょうばん》的にその列に加わり、黙々として長派の驕恣《きょうし》を傍観するのみ……〉

さらに〝長派の驕恣〟を、こう痛撃する。

〈山縣は陸軍のローマ法皇。今や政治圏外に立ち、表面楽隠居の形にあるも公爵、大勲位、陸軍大将として元帥府の筆頭、枢密院議長。陸軍及び政治力に有する潜勢力、依然として天下この老を制し得ず、伊藤の歿後独り天下なり……〉

〈桂太郎、寺内正毅の二人は最も山縣の寵幸《ちょうこう》を得たる者……桂は山縣の大番頭なり……寺内は山縣の陸軍の目代なり……山縣を家康とすれば桂は秀忠、寺内（陸軍大臣・朝鮮総督）、佐久間左馬太（大将・台湾総督）、長谷川好道（大将・このあと参謀総長）大島義昌（大将・関東都督）は井伊、本多、酒井、榊原なり……〉

この遠慮会釈のない鷺城学人の目にただ一人、かなった長州の陸軍大将がいる。乃木希典である。

〈人には何ほどかの瑕瑾《かきん》あるものなるに、彼はほとんど完全なり。軍人としても教育者としても理想に近く、遠くより望むも近くより見るもその人格の崇高なる……一大人物なり……〉

長閥の出だから今日あり、との批評はしているのだが、長人なで切りの中で最大級の賛辞を乃木大将に呈している。将軍の株は〝殉死〟で上がったのだという人もあり、乃木凡将論もあるが、それ以前に鷺城学人の目にさえ、こう映っていたことは記憶すべきことであろう。

世人は、陸軍は長州にとられてしまった、そして、長は陸軍を、薩は海軍を足場として、依然、喧嘩《けんか》を事としている、と見るのである。そして、鵜崎鷺城は、当時の時局をこう論ずる。

海主陸従の時なり

〈……今日に至るまで、歴代の政府は陸軍を主とし海軍を従として国防計画を立てたるが如きも、今や世界の大勢は、従来の位置を一転して海主陸従を要するに至らしめたり。

而して海軍拡張は、敢えてこれによって薩をあげて、長の専横を抑うることが如き政略問題に利用すべき性質のものに非ずして、日本の世界的位置より当然定むべき国是とす〉

そして長州、すなわち陸軍を非難する。

〈然るに山縣、桂、寺内などを中心とする政治家は、自派眼前の権勢保続に腐心して、毫も国家永遠の大計に想到せず、徒《いたず》らに過大の陸軍を擁し、年々巨額の財を費して苛斂《かれん》誅求《ちゅうきゅう》に苦しむを顧みざるなり。陸軍必ずしも無用といわず。然れども今日は、北方の軍備競争をなすの必要殆んどこれなく、所謂《いわゆる》北守南進を以て国是とせば、何ぞ現在の陸軍力を要せんや……〉

明治四十年の「国防方針」の決定がその後の日本の運命にとって決定的な影響をあたえたものであったことに疑いはない。「日本発展の方向を大陸に求める」か「北守、南進すべき」か、陸海軍それぞれに意見を異にするのであるから、世論もまたこれについて二分していたのである。

ロシアとの関係改善

そして、北の方の関係は事実、好転していた。

日米の関係は満州経営を中心として冷却していったが、その反面、ロシアとの関係は好転してきた。

露国と同盟関係にあったフランスは戦後、日本を利用してドイツの極東進出をおさえようとし、日本もフランスの金融市場を望んで、明治四十年（一九〇七年）の日仏協商となった。

露仏同盟がある関係から、これが日露接近の〝呼び水〟となって同年七月の第一回日露協約となった。これはロシアがバルカン、中近東方面に力をそそぐ必要がおきたことが原因で、まったく極東発展を断念したのではない。だがとにかくこれで両国は、満州での勢力分界線を決め、日本の韓国にたいする特殊関係、ロシアの外蒙古にかんする特殊権利をみとめあうこととした。

さらに韓国併合直後の明治四十三年には、第二回の日露協約が調印され、満州の現状維持と鉄道にかんする相互協力、秘密協定で特殊利益地域の分界協定、などが決まった。

こうして、そと目にはロシアとの関係は好転し、「北の脅威は除かれたり」との雰囲気の中で、「北守南進」が論ぜられ、平時二五個師団の兵力増強をとなえる陸軍に、そしてそのためには内閣がたおれるのも辞せず、と押しとおそうとする陸軍に非難が集中したのである。

この鵜崎鷺城には別に『陸軍の五大閥』という本がある。これについてはさらに後章でふれるが、ここに鷺城学人の、この明治四十三年ころを論じた一文がある。

〈……忌憚《きたん》なく言えば、今日の国防は海軍は海軍の上より割り出し、陸軍は陸軍の立場より云々し、帝国の一定せる国是より生み出したるものに非ず。尚、商店が相競うて商品の数を多くし以て繁昌を誇らんとするに何の選ぶところあらんや。

薩は海軍、長は陸軍を各々根拠とし年百年中、権衡論に腐心する有様にては幾年を経過するも、国防方針の確立すべき期なし……然るに長派軍人は二五個師団をもって一に勅命に基く既定計画と為し、之を非難する者を乱臣賊子の如く言う。元帥、軍事参議官には前もってその相談あり、総長、大臣の帷幄《いあく》上奏によって定めたる国防計画を皇謨《こうぼ》に藉辞して、絶対不動のものとなし議会を蔑如《べつじょ》し、輿論を無視するは……寧《むし》ろ一派の不忠を責むべきに非《あらざ》る乎《か》〉

〝陸海軍対立〟を痛撃してあます所はない。「国防方針」などが天皇の裁可をえていることは既述のとおりであるが、これは極秘で、世人に発表されるわけはない。「何のための陸軍の増強か」と世論は湧くのである。議会政治という建前からすれば、明治憲法の規定を楯にとる軍部の特権は我慢がならぬのである。

海軍に、海軍軍備の充実を認めるからと約束して、ようやく海軍大臣をだしてもらった桂内閣は、二カ月でつぶれてしまった。この陸軍史の領分でないからその詳細は省くが、史上有名な護憲民権運動の結果であり、世に「大正政変」とよばれるものである。陸軍は、桂内閣には朝鮮二個師団増設案をださなかった。

長閥のあとに薩閥

陸軍の桂内閣がたおれたのだから、あとは海軍の内閣である。大命は、伯爵・海軍大将・山本権兵衛に下った。〝陸軍憎し〟と原敬の政友会がとなえる、「閥族打破」の民衆扇動スローガンとはうらはらに〝薩閥〟の巨頭をひっぱりだしたのである。

政友会を与党とするこの内閣で海軍拡張費は計上された。陸軍の二個師団増設費は、世情を考慮して、もう一年のばす、ということになった。陸軍大臣は木越安綱。姫路人であるが、もちろん準長閥である。上原陸相の騒動で陸軍もいささか、シュンとしている。

この山本内閣のときに、軍部大臣任用資格問題という陸海軍にとっては重大な問題がおこった。

元来、陸海軍大臣は、明治三十三年の陸海軍省官制いらい、大・中将と資格が明示され、「大臣次官は現役将官を以てす」と現役にかぎることとされていた。

「現役にかぎる」とされた明治三十三年にさきだつ明治三十一年に、一つの事件があった。

当時、自由党の板垣退助、進歩党の大隈重信が伊藤内閣に反対し、合同して憲政会となって、この新政党の首領(大隈)に組閣の大命が下った。このとき大隈は「陸軍大臣がえられません」と奏上した。軍部大臣は憲政党員では作れないからである。このとき天皇から「自分が命ずるから」とお言葉があって、結局、陸軍大臣・桂太郎、海軍大臣・西郷従道が留任している。このとき陸海軍は軍備拡張の条件をつけた。これまで軍備縮小をとなえていた大隈、板垣も、この条件をのまざるを得なかったのである。

このあと「陸海軍大臣、次官は現役」という改正が行われた。政党が擡頭してきたからには、予後備の大・中将をもってくることは法制上可能だし土佐にはその危険が充分にあったからである。

そして、この「現役将官」という〝伝家の宝刀〟は、上原陸相退任で西園寺内閣のときに陸軍がつかい、桂内閣で海軍が抜き、ともにこれが倒閣の原因になった。これが政党の側から問題にならぬわけはない。

憲政の運用に支障あり

山本海軍大将の内閣でも勿論、この問題がとりあげられた。野党側の軍人内閣攻撃の絶好のテーマである。

これにたいし、山本首相はみずから答弁して「現行制度は憲政の運用上支障なきを保し難い」と宣言した。

これで山本内閣は文官大臣制にまでは前進しなかったが、陸海軍省官制付表備考にある「現役将官」という項を削ることになった。

この改正は時の内相・原敬の努力によるといわれる。みずからひきいる政友会の西園寺内閣が、軍部大臣現役制度によってつぶされた恨みを晴らしたのである。軍部の特権をおさえようとする原の努力は、このあとまだつづくのである。

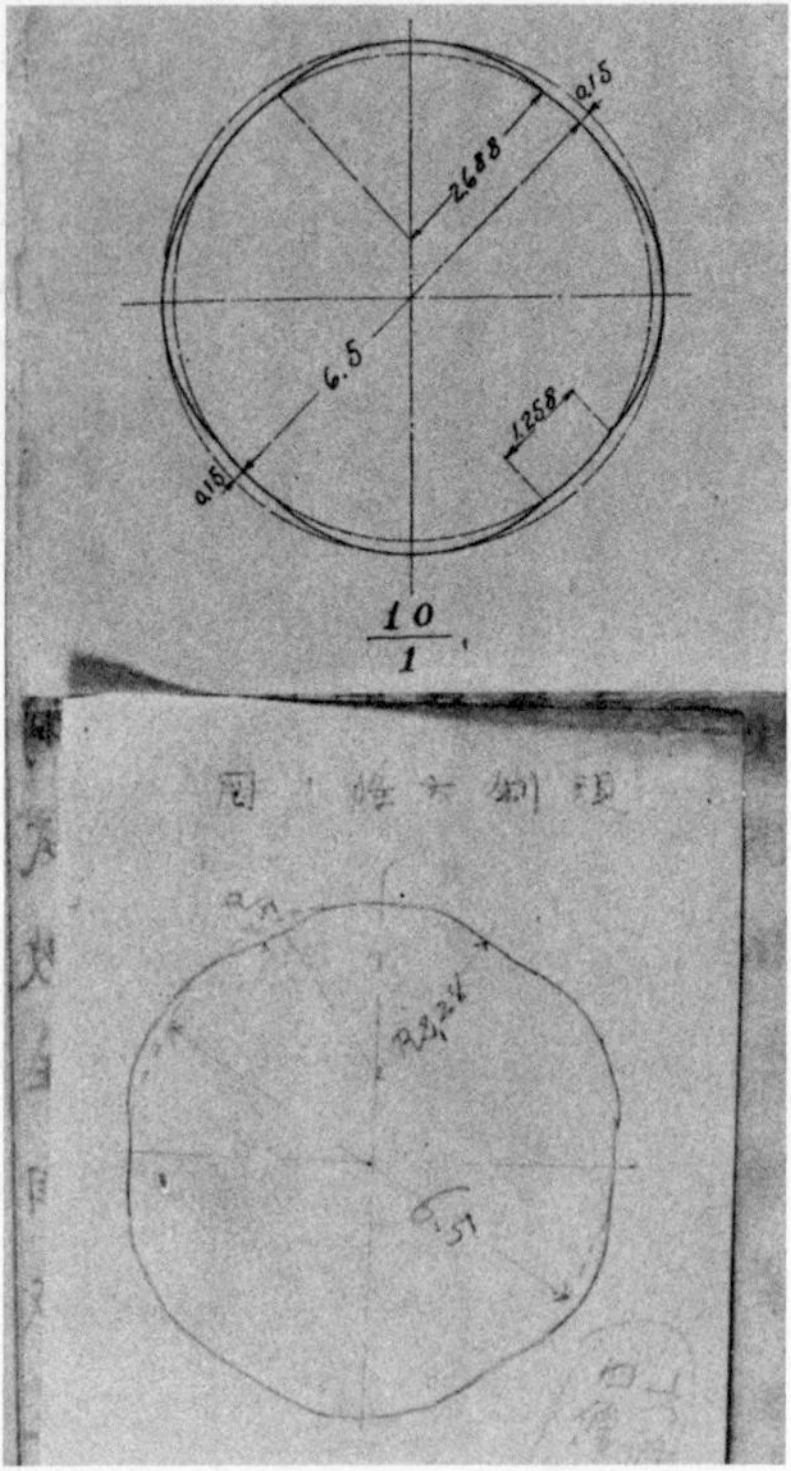

小銃の腔綫
大正７年４月４日付で小銃の腔綫（ライフル）は、従来の６条から４条にかわり、以後４条が標準となった。このとき三八式歩兵銃、騎銃、機関銃、四四式騎銃、三年式機関銃につき改訂された。錆の予防などが目的であった

総理大臣・山本海軍大将の「憲政の運用上支障あり」という発言に、陸軍大臣・中将・木越安綱は閣僚としてこれに同意した。

この決定に陸海軍部内に、喧々囂々《けんけんごうごう》たる議論がまきおこったのは当然である。海軍の場合、大御所である山本権兵衛の決定であり、海軍大臣はその片腕である斎藤実であり、軍令部長がまた、山本の恩顧を蒙った伊集院五郎と役者がそろっていたから、ピシャリとおさえていたが、陸軍の場合、木越安綱は、桂太郎の系統に属し、ひろい意味で長州閥だが、長州主流派の山縣・寺内からすると継子《ままこ》である。断然、長州閥をもってかためた陸軍省、参謀本部が、にわかに騒然としたのは当然ともいえる。

この総理大臣や陸軍大臣の決定を実行に移すためには、二つの法的処置が必要であった。一つは陸軍省官制の変更という勅令の発布であり、一つは陸軍省編制表の改正（平時編制中改正）という軍令の公布である。いずれも陸軍省内の通常業務として、決裁書が必要である。この原本が今も残っている。筆者も昭和十五年から陸軍省に勤務して、こうした稟《りん》議書《ぎしょ》にはなじみだが、こんな奇妙な書類は見たことがない。「陸軍省官制中改正のため閣議を乞う案」という。起案者は軍事課長・宇垣一成大佐である。課長の欄に印判をおしたのだが、腹がたったのであろう、これをすり消して、その上に墨で×をつけ、符箋をつけてこう書いている。

〈帝国建軍の基礎を危くし国家に害毒を流す嫌《きらい》ある本案を実施せんとするは上に非理を

強ゆるが如き恐れあるをもって、斯《かく》の如き提案は中止するを至当と認む。大正二年四月二十六日、軍事課長〉

そして宇垣という印をここに押してある。これを受けた上官の軍務局長・柴勝三郎少将は印をおして、こういう大きな符箋をつけた。

〈本案は不同意なれども特に大臣の命により提出す〉

そしてもう一つの大きな符箋にこう書いた。

〈本案は、別紙平時編制改正案に対する参謀総長（長谷川好道大将）の回答を得たる後に非れば、内閣に提出すべからざるものとす〉

関係各課も、同意の印は押していない。符箋だけがついている。

〈本案には不同意なり。歩兵課長、菅野（尚一）〉〈本案には絶対不同意、砲兵課長、田村（沖之甫）〉〈本案には不同意なり。工兵課長、井上（幾太郎）〉、〈本案には不同意なり。騎兵課長、植野（徳太郎）〉

こうした軍務局の局、課長全員反対の稟議書をうけた木越大臣は墨書してこう書いている。

〈参謀本部の回答を待つことなしに直ちに決行のこと〉

これで実施が決定し、このあと大正二年六月十三日、勅令第一六四号をもって陸軍省官制改正となった。また大正二年七月三日、軍令陸乙第十二号をもって陸軍省編制表から、

「陸軍大臣、次官は現役将官とす」という規定が削除された。

陸軍大臣にずぶの素人《しろうと》がなることはないにしても、政党に属する予備役の将官が大臣になる可能性がでてきたわけである。

陸軍はこの対策として陸軍大臣、参謀総長、教育総監との間の業務の処理要領を改めたのである。起案や発議権を政党の手のとどかぬ参謀総長や教育総監などに移し、実質的にその容喙《ようかい》を封じ陸軍の利益を確保しようとしたものであろう。

陸軍大臣・木越安綱は、この問題で主流派の山縣、寺内らの逆鱗《げきりん》にふれおいだされてしまった。大正二年六月、楠瀬幸彦中将がこれにかわった。

この時削除された「大臣・次官現役将官」という規定は、昭和十一年になって復活されている。しかし予後備の将官が大臣、次官になった例はない。

海軍またも〝宝刀〟を抜く

軍部大臣補任資格を拡張するという官制上の変更だけで、軍部のもつ実際的威力がかわるものではない。

この山本権兵衛内閣は、シーメンス事件という、海軍の高級将校らが軍艦の注文についてリベートをとったという事実が暴露した事件でたおれた。これも本書の範囲外であるから詳しくは述べないが、陸軍の朝鮮二個師団増設案をおさえて、八八艦隊建設の海軍拡張案が議会に提出された時であったから、天下をびっくりさせたもので、海軍当局の狼狽は大変なものであった。

結局、この責任を問われ、貴族院、衆議院の大攻勢をうけ海軍予算は削減され、内閣弾《だん》駭《がい》上奏案が衆議院で審議されることになって、山本権兵衛は政権をなげだしてしまった。かげで山縣一派のうごいたのは当然である。

このあと組閣の大命は子爵・清浦奎吾にくだった。陸軍も駄目、海軍も失敗となってお鉢が官僚に回ってきたわけである。この組閣にあたって俄然、海軍がいなおった。海軍大臣として就任を求められた加藤友三郎が、斎藤実前海軍大臣や、財部彪前次官と相談して、「八八艦隊建設の予算を認めるかどうか」と、条件をつけたのである。「いやならば就任しない」と加藤友三郎が頑張る。「この条件はのめない」とした清浦は、ついに大命を拝辞した。世人はこれを〝鰻香（うなぎの香《にお》いだけで食いそこねたの意）内閣〟といって笑ったが、笑いごとではない。陸軍も海軍も、いなおったり、ごてたりして、軍備が拡張されて行くのであった。

軍人の株、大暴落

海軍がいなおったり、ごてたりしている間に、シーメンス事件の査問会議や軍法会議はすすみ、内閣倒壊後に判決がでた。

清廉潔白《せいれんけっぱく》を看板にしていた軍人のスキャンダルだけに、天下を震駭《しんがい》させたものである。シーメンス社やヴィッカース社からのリベートどころではなく建築の請負、器材の購入などをめぐる収賄事件などが、つぎつぎと暴露していった。

呉鎮守府司令長官・前艦政本部長・正四位勲二等功三級海軍中将・松本和（日露戦争の殊勲者）、懲役三年。海軍艦政本部部長・正五位勲三等功五級・海軍機関少将・藤井光五郎は懲役四年八カ月。両名の追徴金合計七七万円。今の金にするとどれほどになろうか。ずいぶん懐《ふところ》にいれたものである。その他の被告をふくめて、本官を免じ、位記返上、勲等功級および従軍記章はとりあげられた。軍人としては最大の不名誉である。

山本内閣につづく大隈内閣の海軍大臣・八代六郎中将は組閣就任の翌日、山本権兵衛と斎藤実を「待命」とし、ついでこの二大将を予備役に編入してしまった。海軍部内からの「追放」ともいうべく、部内粛正のために必要な処置であったのであろう。

この事件は、軍人、とくに将校の株を下げたことは疑いない。軍部は外からは、その特権にたいして猛烈な攻撃をうけ、内にはこうした腐敗の要素をかかえている。まさに〝内憂外患〟である。〝外患〟は陸軍もおなじだが、さて陸軍に〝内憂〟はなかったであろうか。

大正二年四月一日付で、参謀次長・大島健一から陸軍次官・岡市之助にあてて、通牒がきた。

「軍隊状況視察報告の件」と題し、「この報告の如き現状なるに於ては、国防用兵上、早速矯正を要する儀と存ぜられ候」と注文がついている。岡次官は勿論、大臣・木越安綱、軍務局長・柴勝三郎以下軍務局、人事局の各課長などの読んだという印がおされているが、これについての意見は何も記されていない。既述の〝俗謡〟問題から半年ほどたった時のことである。しかも、おりから議会開会中で、軍部大臣の資格問題でごたついているときでもあったから、さぞかし、しぶい顔をして読んだことであろう。まさに〝内憂外患〟である。

この文書は、「要するに、わが陸軍は現時堕落の途上に在り」とむすんでいる。動員業務を視察する任務で、各方面の軍隊を視察した参謀本部部員の報告である。

〈わが陸軍部隊は日露戦役前に比し、内務の整頓は数等進歩せる外観を呈するも、戦闘的教練に至ってはさらに向上の実を認むるを得ず。又、無形的要素、特に幹部たる将校、下士の智能著しく低下せることを否定する能わず。最近戦役前に比し少しも進歩の跡なきのみならず反って退歩せる観あり〉

かなり長文のものであるが、要約するとつぎのような内容である。

〈日本陸軍は、日露戦争前にくらべてすこしも進歩していないばかりか、かえってだめになっている。

•将校、とくに中、少尉級がまったくなっていない。常識はおろか、軍事学の素養もひくく、部下を指導する能力をもったものは、きわめて少ない。

•軍隊の士気の低下は、じつにおどろくべきものである。将校は上官に迎合するばかりで、ことごとく責任を回避している。これでは軍隊にとって大切な〝独断専行〟ができるわけはない。

•教育はただ検閲でよい成績をあげることを目的とし、日露戦争で莫大な人命を犠牲にして得た戦訓は、まったく生かされていない。こんなことでは、初年兵の技量は実戦で役にたつものにはならない〉

どうして、こんなことになってしまったのか。軍中央部としては、どうすべきか。陸軍中央機関、高等司令部の指導よろしきをえないのがその最も大きい理由なのだ、とこの報告はいう。そして、こう結んでいる。

〈よろしく将校進級令を改正して、老朽無能者を淘汰《とうた》し、かねて軍紀、軍秩の維持を図り、又将校下士教育機関の改良刷新を図り、軍隊幹部の智能の向上を策するをもって焦《しよう》眉《び》の急務とす……〉

日露戦争という、国力を挙げての大戦争をしたあとだ。そして一挙に一九個師団に拡張した陸軍は、この報告のようであれば、大なたをふるわねばならぬほどの〝老朽無能者〟がどっさりいたわけである。

陸軍の〝アキレス腱〟

実は、陸軍はこの報告に指摘されているような、大きな〝アキレス腱〟をかかえていた。大きな〝内憂〟であった。

話は日露戦争直後にさかのぼる。

日露戦争を戦った将兵たちはめでたく凱旋帰郷し、陸軍としては意気揚々と、部隊の新設増強、典範令の発布など、態勢の整備につとめてきたが、このとき陸軍は、大きな悩みをかかえていた。

それは、将校の数の問題であった。

この現役将校の補充という問題は、日本陸軍にかぎらず海軍でも、あるいは外国の軍隊でも〝アキレス腱〟みたいなものであるが、日本陸軍では、戦争直後の明治三十九年、はやくもこの〝アキレス腱〟が痛みはじめたのである。

明治三十九年四月、勅令をもって陸軍士官学校条例が改正されて、士官候補生の士官学校修学期間が一年から一年半に延長された。教育期間を延長するのだから結構な話なのだが、その根本理由は、初級士官があまっているから、いそいで士官学校を卒業させる必要はないので、この機を利用して、教育を充分にしようというのである。

日露戦争ほどの大戦争をやったのだから、この前後、士官候補生の募集数も思いきって増しているし、速成教育でおくりだしている。戦時中に特別補充で任用した将校もある。とくにこのとき、陸軍士官学校第十九期、第二十期生というのが、合計して一五〇〇名ちかくもいる。このうち第二十期は幼年学校出身者だけで、期はちがうが、同年次なのである。だから士官学校はこの一五〇〇名を同時に教育する機構にひろげねばならぬことになった。教官の増員など、戦争が終わったのに大仕事であったが、はやくもこのときに、初級士官が多くなりすぎるとして将校を減らす方針を決めているのである。

幼年学校出の第二十期の二八〇名ほどは別として、いかに挙国一致の戦争ムードの中とはいえ、当時の中学校卒業者の中から一挙に一二〇〇名も採用した第十九期生は玉石混淆《こんこう》であったのだろうか。この一五〇〇名の各階級への進級にともなって、陸軍の〝アキレス腱〟が痛みつづけるという結果になるのであった。

軍備充実計画と補充

すでに述べたように、陸軍は、明治三十九年に平時兵力二五個師団に拡張するという計画を決めた。一挙に作れるわけではないが、事実、明治四十年には一九個師団態勢となっている。

朝鮮に二個師団という希望もでてきており、これが明治四十五年には大騒動の種になったのだが、軍政当局としては二五個師団拡張をめざして準備をしなければ、将校の補充は一朝にしてできるものではない。

陸軍省軍事課は、明治四十年に「軍備充実に関する士官候補生採用人員決定計画表」という、明治三十九年から向こう一五年にわたる計画をたて、減耗を見込み、年度毎の所要人員を算定し、明治四十年から先の六年間、毎年の士官候補生の採用を七八三名と算定している。

実際に大正二年度の士官候補生の採用命令数は、次頁の上表のようであった。

ところが軍備充実は、明治の末から大正となっても予定のようには進まない。見こんではいたのだが、第十九期生年次の者が進級してくる。どうしても、将校候補者の採用人員を減らさないことには将校が過剰になってしまう。

話はあとのことになるのだが、大正二年九月、「士官候補生召募人員減少の件」という通牒がでる始末となった。

大正三年は、歩兵三五三名、騎兵三九名、野山砲兵八四名、重砲兵三一名、工兵三九名、輜重兵二八名、合計五七四名に減員するというのである。前年比、二七パーセントにちかい減員である。こう減らしたのでは将来の影響もあるので、このとき、歩、砲兵中隊の中少尉の平時定員五名を四名に減じている。

	歩兵	騎兵	野山砲兵	重砲兵	工兵	輜重兵	合計
各隊入隊の士官候補生	295	35	90	19	29	48	516
大正三年五月中央幼年学校本科卒業見込み	168	20	52	10	17	0	267
合　計	463	55	142	29	46	48	783

	歩兵	騎兵	野山砲兵	重砲兵	工兵	輜重兵	計
少将級	1						1
大佐級	3			1		1	5
中佐級	2	1	7	1	1		12
少佐級	2	5	1	2	3		13
大尉級	36	−5	−5	−3	−2	−1	20
中少尉級	−32	−1					−33

大正六年、陸軍省は、ようやくおしよせてきた軍事費縮減の波の中で、四苦八苦しながら、少佐、中佐、大佐の定員の増加をはかった。全軍的にいうと微々たるものだが、前頁の下表のような状況である。

これはこういう意味である。中尉から大尉への進級の面で歩兵がとくにネックになって進級できぬから、上のポストを増加する。その見返りに中少尉の定員を減らす。その他の兵種はそれほど中少尉が過剰ではないから、上のポストだけを増す、というのである。この「平時編制の改正」にこういう理由がついている。「現下歩兵科将校の進級は日露戦役直後採用の第十八期、第十九期生の過多なるため(第二十期生は幼年学校出の精鋭であるから触れていない)、その進級状態も不良なり。このまま放置せんか、第十九期生以後の歩兵科将校の一部は、中尉をもって既に停年満限に達せんとする状況にあり……」

士官学校出を減らせ

中少尉の数の多いのがネックなのであるから、これの採用者を減じ、各兵種中隊の中少尉の定員を減らすほか、士官学校出の将校の密度を減らさねばならぬ。このため「准尉」という、士官学校出の将校を補足する制度を定めたが、この制度も、うまくいかぬ点があって二年でやめてしまった。とにかく〝アキレス腱〟が痛むためにあれこれ治療法を講ずるが、いずれもうまくいかなかった。この時、陸軍士官学校出の将校による各

	歩兵連隊	歩兵独立守備隊	騎兵連隊	野砲兵連隊	山砲兵連隊	工兵大隊 鉄道連隊 航空大隊	電信隊	輜重兵大隊
士候出身中少尉中隊定員数	2.2	2.0	2.4	3.3	3.3	3.1	3.1	4.2
准尉中隊定員数	1.8	1.0	1.6	1.7	0.7	0.9	2.9	2.8
計	4.0	3.0	4.0	5.0	4.0	4.0	6.0	7.0

中隊定員の補充率はさらに下げられた。ということは若い将校での補充を減らさないと、人事、進級のネックが解消しないのである。

上の表は人員を示すだけでなく、当時の各兵科の評価をあらわしている点興味ぶかい。輜重兵の中隊付将校がおおいのは、輸卒の教育など他にくらべて、忙しいからであろう。電信隊は内容がむずかしいからか。航空大隊では士官学校出の率は工兵なみだが、中隊の定数が歩兵なみなのも当時の評価の現われだろうか。それよりも、〝軍の主兵〟であり、これこそ〝国軍の戦力〟とする陸軍の主役を占めるべき歩兵で、士官学校出身の中少尉が、もっとも低率なのである。

ともあれ、一つの組織の中で人事、進級の停滞というような現象がおこれば、当然、整理にもつながってくる。そうなっては、軍隊内の士気があがるはずはない。沈滞ムードがみなぎってゆくのは当然であった。たとえ、忠君愛国を看板にし、国民の儀表たることを誇っている組織においても無理からぬことである。そんなムードの軍隊が「堕落の途上に在り」と見られたのは当然であろう。
そしてさらに悪いことには、この陸軍はもう一つ大きな悩みをかかえていた。それは長閥横暴がながくつづいたためにおこった、部内の派閥抗争である。このころすでに火種がくすぶりかけていた。

陸軍の派閥抗争

陸軍が内に停頓の状を呈し、外からは政党の攻撃をうけて、まさに〝内憂外患〟の状態にあったとき、さらに悪いことにその内部に派閥の弊が甚しくこれが陸軍部内によどんで、将校の士気団結に悪い影響をおよぼしたばかりでなく、ひろく世人の話題にもなり、批判の的にもなった。これが全軍に影響しないわけはない。

前出の鵜崎鷺城は大正四年に『陸軍の五大閥』という書を公けにした。さきの『薩の海軍、長の陸軍』の続編ともいうべきもので、陸軍部内の派閥対立抗争の状況を摘発、痛撃している本である。大正三、四年ころまでの陸軍の内情を指摘して、きわめて具体的である。

太平洋戦争後、陸軍の非を痛罵し、昭和期に入っての派閥抗争が、ついに二・二六事件にいたった、とする書物は数えきれぬほどでた。昭和期に入って、筆者もその嵐の中に生きていたわけであるが、これらの書がひとしく、陸軍部内の派閥抗争の起源のように引用している一つの話がある。

「バーデンバーデンの密約」といわれる大正十年の話である。いかにもドラマ的であって防衛庁戦史室の公刊戦史もこれをとりあげている。高宮太平著の『軍国太平記』(昭和二十六年発行)がこの原本ではないかと思われる。

窒息しそうな陸軍

〈時は大正十年の春、ドイツのバーデンバーデンの温泉地に三人の日本人が集まった。それはスイス駐在武官の永田鉄山少佐、ソ連駐在を命ぜられて、しばらくベルリンに足をとめている小畑敏四郎少佐、もう一人は中国から帰って欧米に派遣された岡村寧次少佐であった。

いずれも士官学校第十六期生。永田と小畑は陸軍大学校でも同期で、そろって軍刀組(優等卒業)である。岡村は陸大は二年おくれているが、この三人は無類の仲良しで、序列も永田を先頭に雁行してきた……。

大正十年といえば、陸軍の首脳部には、田中義一の分身として山梨半造が陸軍大臣、次官・尾野実信、軍務局長・菅野尚一。参謀総長・上原勇作、次長・菊池慎之助、教育総監・秋山好古、本部長・児島惣次郎という顔ぶれで、薩長の藩閥によってかためられ、閥外の者は前途に大きな望みを托することのできない時代である。いかに頭脳がよく、手腕があっても〝厚い壁〟が行手をふさいでいたのである。

永田ら三人は、いずれも閥外であった（永田、信州の出身。小畑、土佐。岡村、東京）。そこで、この〝厚い壁〟を打破するには、少壮将校の団結をもって上の方に突進するほかない。中国から帰って岡村はしみじみそれを感じた。そこで欧米出張を機会にまずベルリンに草鞋《わらじ》をぬいで、小畑と相談した。謀叛《むほん》となれば人一倍血の気のおおい小畑は即座に賛成した。それなら一つスイスにいる永田を呼ぼうということになって、このバーデンバーデンの会合となったのである。……この話は、自分たちだけの栄進を目標とする運動ではなく、密閉された空気の中で窒息しそうになっている陸軍に大きな窓を開けようとするのだ、ということになってこの三人の若い叛逆者はそれぞれの縁故をたどって優秀な人材の獲得に努めることにした……〉

大正十年ころの話である。これが少壮将校の横断的団結である「一夕会」となり、またこうした気運が「桜会」の結成につながり、派閥抗争の系譜の原点となった、と描かれている。

こうつなげて正しいのかどうか。筆者にはまだわからないのだが、当時、「人事公正を欠き、殊に長閥の専横」が目にあまるもののあったことは確かであり、このころから陸軍部内での長州攻撃が一斉に開始されたことは事実で、大正十四年には、長州出身者は一人も陸軍大学校に入校できないという事態になっている。

この〝反長州〟の気分が、陸軍の〝下剋上《げこくじょう》〟を生み、あの昭和のいくたの変事の原因につながったとするならば、朋党派閥の害たるや、まことに恐るべきものである。そして、その原因となった大正三、四年ころの陸軍の状況を、鵜崎鷺城は、次のように暴《あば》いたのであった。

陸軍の五大閥

彼のいう五大閥とは、長州閥、学閥、兵科閥、門閥、閨閥である。

長州閥については、彼はその数年前に書いた前著『薩の海軍、長の陸軍』の長州閥攻撃をうけて、さらにこまかに長州閥専横の状況を衝《つ》いている。

例えば、つぎの記述である。

〈中央部の配置を見よ。陸相岡市之助、次官大島健一、軍務局長山田隆一、人事局長菊池慎之助、皆長系の錚々《そうそう》たり。軍務局の五課長、軍事課井上幾太郎、歩兵課長坂研介、騎兵課植野徳太郎、砲兵課鈴木重雄、工兵科谷田繁太郎、何れも純長人たるか長系に近き者。参謀本部は総長、次長より部課長まで殆んど長派にして、教育総監部も大体同様なり。学校長は士官学校の与倉喜平少将を除くほか、陸軍大学校河合操、歩兵学校宇垣一成、戸山学校林二輔等、何れも山口又は准山口人なり。砲兵工廠、馬政局、軍馬補充

部にも多数の長人潜入しあり……〉

こういう状態である。そして長州は一致団結し、しかも後輩の養成につとめていた。

〈長防（長州）二州の軍人の組織に「一品会」「同裳会」あり。後者の如きは士官学校、幼年学校の入学予習会を行い、士校、幼校の教官これに当る……〉

〈長閥に三寵児あり。中将大井成元（昨年まで菊太郎という）、中将大庭二郎、少将田中義一これなり。材幹他に比し一頭地を抜く。

田中義一は参謀本部部員として部長を凌駕《りようが》し、軍事課長として次官を圧し、軍務局長として大臣を操縦す。派手にして稚氣に富み、功名心にかられて脱線の怖あるも政治家の風格をもち、志小ならず。長派の後継者なり〉

大正七年から陸軍大臣、昭和二年からの総理大臣、田中義一は、大正三年すでに鷺城学人にこう見られていた。

大井成元についてはこう述べる。

〈大井は明治四十五年、井口省吾に代りて陸軍大学校長となる。長州閥と学閥とを結びたるは彼なり……〉

陸軍の学閥

陸軍の学閥とはなにを指すか。まず第一に陸軍大学校出身者を指す。そのほか、「戸山戦術の名ある歩兵学校閥、騎兵実施学校の馬術閥、砲工学校の高等科閥、幼年学校閥の小学閥これなり」と指摘する。

〈陸軍において各兵科を通じての最高学府は陸軍大学とし、陸軍に於いて学閥といえば専ら陸軍大学を指すこと、猶《なお》文官と帝国大学の関係の如し。軍人にして陸軍大学を出でざれば、たとい用うるに足るべき人物にても平武士と称して一段劣るかに見られ、したがって学閥の羽振りのよきこと長閥に次ぐ。

陸軍大学はその設立の目的、固より軍人教育の機関として有用の士を軍部に供給するにあれば、長閥というが如き私的勢力の上に超越すべきもの……教育の普及せる今日、人材の長州に限らるる理なきに、その入学試験の如き山口県人の概して成績よきは何故なりや。教官が手加減を行えばなり。昨年十二月大学に入るを得たる者は三分の二まで山口人なりと言うに非ずや……陸軍大学は一面において恰も長閥維持の機関の如くなれり〉

〈大学出身者の重んぜられ、然らざるの軽んぜらるる結果、青年将校は相競いて学閥の人たらんとす。軍人が知識を摂取するは可なり、されど単に天保銭（陸軍大学校卒業徽章の俗称）の有無という形式によって偏重、偏軽の別を立つるが如きは根本に於て誤れり……〉

陸軍の小学閥「幼年学校閥」については、こう述べる。

〈陸軍将校に幼年学校出身の一派あり。中学校出身者は数は多けれども常に敗者の位置に立てり……前者には同じ釜の飯の団結あり。士官学校の区隊長、中隊長には幼年学校出身者多く、常に幼年側の肩をもつが故なり。士官学校の区隊長は青年将校の熱望する地位、これ等が閥族的精神をもって後進を引立てるなり……多大の経費を投じて六個の幼年学校を置くの必要ありや、将校の品性上必要というべくんば海軍にも必要に非ずや……〉

鷺城の筆は、この二派の相剋を論じて余すところないのだが、それは略して、「兵科閥」をみよう。

陸軍の兵科閥

〈陸軍の最大なるものを歩兵となす、これ又長閥と連繋しあるものなり。

今日、砲兵といい、騎兵といい、大陸作戦上最も須要なる兵種の微力なるは、ひっきょう、歩兵閥の観念が用兵上の均衡にたたりをなしたるなり。もし陸軍拡張の必要ありとせば、広意義の拡張より狭義の拡張、即ち騎兵、砲兵、技術兵の増加を先にせざるべからず。この点に想到せずして、みだりに師団を増加せんとするは、どこまでも明治維新当時の旧思想を逸脱せざる山縣有朋式頭脳より割り出したる編制のみ……〉

〈明治初年、陸軍の創設に際し、凡《およ》そ一芸一能あるの士は特科将校若くは会計官となりしものにして、歩兵科に行きしものは概して無芸無能の士なり。歩兵は何人にても勤まればなり。しかるに歩兵は各兵科中最も歴史古く、戦術の如きも不完全ながら他兵種に比し進歩著し。ここに於て歩兵に非れば用兵術を解せざるかに誤解し、師団編制に改めたる以後も師団長は歩兵出身に非れば任用せざりき……歩兵は無芸無能の軍人が安楽に出世出来る場所なり。長州は馬鹿にも勤まる歩兵に多人数を送りこみてその勢力を盛んにせるなり……〉

筆者は歩兵科出身である。なんともひどいことをいうものだ、と〝無芸無能〟のわが身を考えているのであるが鷺城の評するところ、思いあたることが少なくない。ながながと引用するのは、筆者のいわんとするところと一致する点がおおいからである。

〈明治十一、十二年頃の陸軍士官学校生徒中、砲兵、工兵は最も重んぜられ、成績優等なるもの砲工に赴き、次に歩兵、騎兵の順序にて最初の十年間は殆ど人材を砲工特に砲兵に吸収したり。独り軍隊のみならず、従属機関たる官衙《かんが》もフランス式により、今の砲兵工廠、兵器廠、築城部の前身たる造兵局、砲兵方面、工兵方面等の早く設けられたれば、位置もおのずから多く、殊に人物輩出したれば位置を得ること今日の如く困難ならず、技術以外に軍政及び用兵上の知識も具うるため、参謀官の如きは多く砲兵より採用せり。されど砲兵は他兵種に比し、褒めていえば思想博大けなして言えばヌーボーなり。消極的にしていつとはなく技術の不進歩を来たせり。砲兵の待遇はフランス式のドイツ式に変るに至って一変、他兵科より不公平なりとの不平も出でて俸給を減ぜられ、勢力を失えり。その上陸大設置せられ、陸大熱にうかされるるや、砲兵の第二流は参謀官を志し、軍人一般に利己的となり技術の研究自ら疎となるを免れず……今日、特に成績の見るべきなく、従来日本の陸軍は新規を考案して名を世界に博したるものなきは、ひっきょう、これらの弊の今日に尚存するによるか……〉

陸軍が技術を軽くみる風潮を難じて、彼はこういう。

〈総じて旧時代の将軍たちは、おのれにその知識こそなけれ、機械力を知るが故に、技術に関することはよかれあしかれうのみ的に採用したるも、士官学校なり陸軍大学校の設けられて以来、なまじ低級なる技術上の学問を修めたる者は、多少取捨するの念を生じ、それだけ、迷信的に効力を認めたる者よりも技術の進歩を害するの嫌いなしとせず。かかるは独り砲兵のみならず、一般の陸軍将官は旧時代の将軍よりも機械力を軽視し彼等の低能なる常識より日進月歩の科学を、或いは突飛《とっぴ》とか学問倒れとか言いて排斥する傾きあり。これ陸軍一般に著しき進歩を見ざる所以《ゆえん》とす……日露戦争以後、特に今回の欧州戦に鑑みるに、砲兵の威力就中《なかんずく》、巨砲の使用は機械力の発達と共に益々重用せらるるの趨勢となれり。然るに日本人は、科学的思想の乏しき上に、殊に陸軍が参謀官に厚くして、技術官に薄くする結果、兵器の不進歩は益々国軍実力を削弱せざるかを憂えざるを得ず……〉

大正四年、軍部外の評論家鵜崎熊吉は「……今次の欧州戦が……国軍の実力を弱くするのではないか」と心配していた。残念ながら、そのとおりになるのであるが、そのヨーロッパの大戦の嵐は、大正三年いらい吹き荒れていたのであった。

空前の大動員
戦線にむかうドイツ軍（上）とフランス軍（下）

第九章　世界大戦

両当事国の国策が衝突して戦争となり、勝敗が決まったとなると、かならず他の国との勢力の均衡が変化し、あるいは新たな利害の衝突となって、ここにまた国策の衝突がおこる。

日清戦争のあとの三国干渉がそれであり、日露戦争後、はじめて大陸に利権をもった日本にたいする米国の態度もそうだった。

日露戦争にようやく勝って、はやくも日本海軍が米国を仮想敵国と想定して海軍大拡張をはかるようになったころから、世界の大勢はにわかに複雑になってきた。

日本にとって第一の問題は、明治四十四年（一九一一年）、となりの清国の革命であった。西暦一六一六年の後金国いらいの清帝国が一朝にしてくずれ宣統帝退位という事態となった。この大国がくずれては、諸外国の野望がうずまくことになる。そして日本の運命も大きくかわることになった。

ヨーロッパに戦雲動く

ヨーロッパもゆらいでいた。

日露戦争前、英国はインド、ビルマ、マレーなど東洋の地盤にたいするロシア南進の危険をみて〝東洋の番犬〟として日本と同盟をむすんだ。しかし、ヨーロッパ大陸では、一八七〇年（明治三年）の普仏戦争の勝利でドイツの統一以後、同国の擡頭めざましく、ことに一八八八年（明治二十一年）ヴィルヘルム二世親政となったあと、その東漸膨張政策は各国の脅威となって、ロシアはフランスと軍事協約をむすび（一八九二年）、英国も、インドに直接脅威を感ずるとともに、世界市場にたいする争覇戦の相手としてこれをおさえる必要を感じ、一九〇七年（明治四十年）、多年の仇敵であるロシアと中央アジア方面での勢力圏協定をむすび英、仏、露のいわゆる三国協商が成立した。

ドイツはこれよりさき一八八二年（明治十五年）にフランスの復仇にそなえて、オーストリア・ハンガリーおよびイタリアと三国同盟をむすんでいたが、このころになると、イタリアとオーストリアとの利害はアドリア海の制覇をめぐって一致せず、ドイツ孤立の形勢となり、ドイツの同盟国トルコも一九一二〜一三年のバルカン戦争でヨーロッパから駆逐された。

事態がこうなると、ドイツは、国力発展の途を失えば国家の存立にかんする、として軍備の大拡張に着手し、ロシア、フランスもまた、これにそなえて軍備充実につとめ、欧州の天地は不安の暗雲にとざされるにいたった。

日本では、日露戦争後、手さぐりの国是《こくぜ》の上に、陸海軍が併立的拡張をとなえ、藩閥対政党の抗争をくりかえしている状態であった。まことに国際間の利害は複雑であって、その関係を理解するために当時の各国の政略目的を個条書きにすると次のようである。

各国の政略目標

協商側

イギリス　自国の最も優越している国際的地位を確保するために、強敵であるドイツの勢力がさかんにならない今のうちに叩きつぶす。

ロシア　対外野心の牙をアジアから転じて伝統的南下政策を遂行し、バルカン地区のスラヴ民族を援助して、自国の勢力をバルカンにのばし、ドイツおよびオーストリア・ハンガリーの南下を防ぎ、地中海に出口をもとめる。

フランス　露仏同盟を活用し、この機を利用してロシア、イギリスと協力して積怨のドイツを叩きつけ、旧領土、アルザス、ロレーヌ二州をとりかえし、普仏戦争の屈辱をそそぐ。

セルビア　オーストリア・ハンガリーのボスニア、ヘルツェゴヴィナ二州併合いらい屈伏を余儀なくされて、恨み骨髄に徹している。その宿志である大セルビア政策を一にロシアの援助に依頼し、遂行する。

同盟側

ドイツ　その企図する世界政策の遂行、つまり世界の各地に商権を拡張し、国外に植民地をもとめて国力を扶植し、政治的経済的優位を獲得する。とくにバルカン方面ではオーストリア・ハンガリーの利益を擁護し、みずから東南小アジアおよびペルシア方面に勢力をのばす。そのために利害の衝突するイギリス、ロシアに一大打撃をあたえる。

オーストリア・ハンガリー　自国の領土を保全するために、ドイツの援助をえて、バルカンに発現した大セルビア主義を根底から打破してロシアの南下政策をさまたげ、イタリアにたいし

同盟側	
独	墺
6500万	5100万
50D 1KDと 50KB 軽砲2650 重砲800 兵力79万	49D 10KDと 3KB 軽砲2030 重砲840 兵力42万
野戦51D 予備32D 後備5D と18D分 補充2D と6D分 兵力225万	野戦33D 国防15D 国民5D 兵力130万
300	50
19	4

	協商側				
	仏	露	英	伊（一九一五年五月以後）	米（一九一七年四月以後）
人口	3960万	17000万	4500万	3470万	10400万
平時兵力	48D 外に2D分 軽砲2730 重砲530 兵力75万	70Dと18B 24KDと9KB 軽砲4200 重砲540 兵力142万	本国正規6D 海外正規6D 本国地方軍14D 本国正規軍4KD 正規軍兵力26万	25D 2KDと2KB 軽砲1335 重砲390 兵力25万	平時師団の編成なし 兵力10万
開戦時兵力	野戦48D 予備23D 後備20D分 兵力180万	野戦80D 第一予備40D分 24KDと8KB 兵力310万 内野戦軍250万	野戦6D 1KDと2KB 兵力15万	野戦38D 4KD 兵力76万	約10万 動員開始後2カ月で13万（実績）
飛行機	600機	200〜300	130	100	70
飛行船	18機	12			

（注）Dは師団、Bは旅団、KDは騎兵師団、KBは騎兵旅団

アドリア海に勢力をのばす。ロシアとイタリアとの利害の衝突は腕づくでも片づける。

欧州の諸強国の帝国主義的発展の衝突である。それが合従連衡《がっしょうれんこう》して、腕づくででもと力んでおり、仲裁にたつ強国がのこっていないのだから、一触即発の状態であった。

はたして一九一四年（大正三年）六月二十八日、オーストリア・ハンガリーの皇太子、フェルディナンド大公夫妻がボスニアの首都サラエボで、セルビアの青年のため暗殺された事件で火がついた。当事国はオーストリア・ハンガリーとセルビアである。だがその背後にはそれぞれドイツとロシアがあり、これに連合する諸国がある。開戦の大義名分と戦争準備のかけひきに時をすごして、八月二日、ロシアの対独宣戦、独仏国交断絶、八月五日、イギリスの対独宣戦布告となった。

いよいよ世界大戦である。五年間もつづく大戦になろうとは、どちらも考えなかった。同盟側であったイタリアは中立を宣言した。

ヨーロッパ型戦争は、その兵力規模からいって日露戦争型とは段ちがいである。前頁の表は開戦当初の協商、同盟両側の兵力規模だが、これほどの兵力で戦争をはじめて、これを増加培養していくだけの軍需生産をはじめ、国家総動員をやるのだから、わずか十数個師団の野戦軍の軍需補給さえあぶなかった日本からみると、驚くべきことというほかはない。

世界大戦と日本

すでにみてきたように日本では、政府、政党間、政党相互間の内戦の最中である。おとなり中国では孫文の革命後の、きわめて政情不安定な時期である。ヨーロッパのかなたの紛争は、前年、前々年のバルカン戦争のような局地戦ではない。さて日本はどうすべきか。

八月四日、日本外務省は、「帝国政府は中立の態度を確守し得べきことを期待するが、英国が戦争の渦中に投ずるか、または日英協約の目的危殆《きたい》に瀕する時は必要なる処置を講ずるに至るべし」という要旨の声明を発表した。

英国との間には日英同盟がある。その義務による参戦という大義名分がある。だが、英国は日本の参戦は希望しなかったらしい。日本が火事場泥棒のように、アジア地域を荒しまわって現状破壊をされることがいやだったらしいのである。さすがは英国、自分の経験からよくわかっていたのだ。

日本はこの機会を利用して、ドイツの勢力をアジアから駆逐し、これにとってかわろうという方策をとった。

八月十五日、ドイツに最後通牒をつきつけた。日本および支那海からドイツの艦艇が退去すること、膠州湾を中国に還付する目的をもって、無償、無条件で日本帝国にわたすこと、などというものであった。ドイツが〝イエス〟と回答するわけはない。八月二十三日、日独国交断絶、日本はドイツに宣戦を布告した。

極東のドイツ勢力

英仏などの帝国主義的活動よりはるかにおくれたドイツは、太平洋方面では明治十七年(一八八四年)ビスマルク諸島と東部ニューギニアを、翌十八年マーシャル諸島を占領した。日清戦争では三国干渉の片棒をかついで、清国に恩をうり、宣教師殺害事件を口実として明治三十一年、膠州湾を租借して、ロシアの旅順、大連のむこうをはって青島を東洋の根拠地として山東省利権経営にのりだし、いっぽう太平洋地域では、明治三十一年、三十二年とマリアナ、カロリンの諸島を占領した(米国もまけずに明治三十一年、グァム島を占領した)。

ドイツの膠州湾における兵備は、平時、青島に海軍歩兵一個大隊、海軍砲兵一個大隊をおき、北支那に駐屯隊、青島に東洋艦隊をおき、装甲巡洋艦一隻、各級巡洋艦四隻、砲艦、駆逐艦などをもっていた。

この大戦の初期、世界の海を荒しまわったドイツ軍艦「エムデン」の名は今日にいたるまで有名だが、この「エムデン」(軽巡、三六〇〇トン)は八月六日、青島を出航し、太平洋からインド洋と貿易破壊戦を行い、撃沈船一七隻の大戦果をあげ、十一月九日インド洋のココス島で英艦に撃沈された。

また補助巡洋艦、「プリンツ・アイテル・フリードリヒ」も青島にあったが、ここを出航した。この艦は太平洋を横断し、南米を回り大西洋に入り、航程三万浬《かいり》、途中一日寄港しただけという、まるで原子力船みたいな動きをして撃沈一〇隻の戦果をあげたが、一九一五年三月になって力つき、米国東海岸ニューポートに抑留されている。

オーストリア・ハンガリーも北支那にわずかの海兵隊を駐屯させているほか巡洋艦一隻がいた。大戦勃発となって、北支那の両国軍隊は青島に集められた。守備兵員約五〇〇〇である。

陸上における防備は海泊河左岸の高地線を陸正面の本防禦線とし、五つの永久堡塁を配置し、その後方イルチス山からモルトケ山にわたる高地線に永久砲台をそなえ、海正面にも砲台を築いて、湾口および市街を防備していた。

三八式歩兵銃の初陣

日本は青島を攻略し、ドイツの根拠地を覆滅することに決した。日露戦争がおわって一〇年、ここに日本の将兵は戦いに参ずることになった。三八式歩兵銃の初陣でもあった。三八式歩兵銃が、全軍に支給されたのは、大正三年以後のことである。

大正三年の三月になって「小銃交換要領」が示された。三〇年式実包の残存数の関係上、

——本年十二月において一一個師団分の小銃を交換し、残余の部隊は大正四年十二月に交換することとされた。

「第一次師団は作戦計画上の要求によって定む」として、近衛第1、第3、第4、第5、第8、9、12、13、16、18師団とされ、これらの歩兵連隊、工兵大隊、輜重兵大隊の三〇年式を返納させ三八式を交付することになった。数がそろわなかったからでなく、古い弾丸がのこっていたからで、この交換予定は、この年の大戦勃発で、青島攻略のために第18師団が出征するというふうに事態がかわってきたから、十月十日になって、全軍同時に実施するということに変更されている。いずれにせよ兵器の制式の制定後、全軍に配布するには一〇年ちかくかかるのである。

青島攻撃戦

陸軍の作戦部隊は、第18師団、それに野戦重砲兵二個連隊、攻城砲兵大隊などを増加した独立一個師団をもって海軍と協同して青島要塞を攻略する。このため野戦部隊の主力を山東省北岸の龍口に揚陸し即墨付近に進出した。のちに重砲その他の諸資材を労山湾付近に上陸させ、まず孤山、浮山の敵の前進陣地をうばい、ついで本防禦線を攻略する。要塞攻撃ではあるが、旅順攻撃のような坑道作業は行わないで、砲兵力にものをいわせて強襲による、と定められた。したがってこの方面に使用された砲兵部隊は左の表のようであ

	砲種	編制	門数
第18師団の砲兵 野砲兵第24連隊	三八式野砲	二個大隊（各三個中隊） 中隊は六門 連隊段列	三六門
独立山砲兵中隊	四一式山砲	中隊六門	六門
野戦重砲兵第2連隊	三八式一二榴	二個大隊（各三個中隊） 中隊は四門 連隊段列	二四門
野戦重砲兵第3連隊	三八式一五榴	同右	二四門
独立攻城重砲兵第1大隊	三八式一五榴	大隊は三個中隊 中隊は四門	一二門
独立攻城重砲兵第2大隊	四五式二〇榴 四五式二四榴	大隊は二個中隊 両中隊それぞれ上記の砲四門	四門 四門
独立攻城重砲兵第3大隊	三八式一〇加	大隊は三個中隊 中隊は四門	一二門
独立攻城重砲兵第4大隊	二八榴	大隊は三個中隊 中隊は二門	六門
独立攻城重砲兵中隊	四五式一五加	中隊は二門	二門

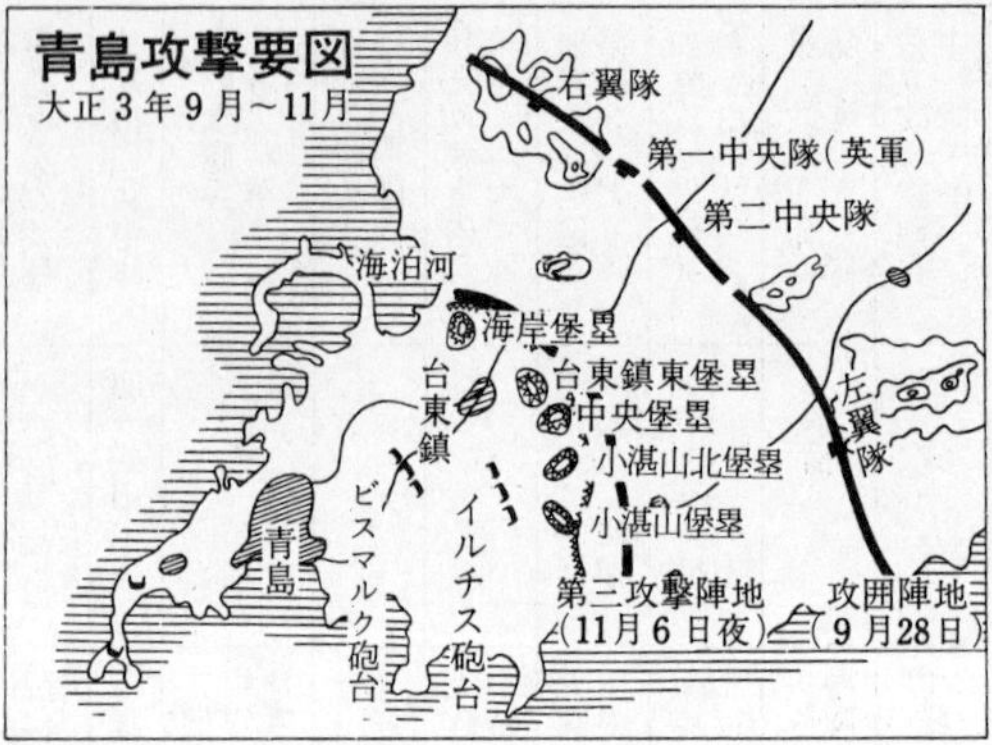

った。

二八センチ榴弾砲は旅順いらいなじみの攻城砲であり、四五式一五榴や、四五式二〇榴、二四榴なども緒戦であった。

日本の重砲の総展開で、諸隊を指揮するため攻城砲兵司令部が編成された。

日本海軍は、八月二十七日には艦艇をもって膠州湾を封鎖し、陸軍の輸送を安全にし、独立第18師団の第一次輸送部隊は九月二日、龍口に到着したがたまたま大暴風雨にぶつかって時日がかかり、九月十五日になってようやく上陸を完了した。

道路もこわれ、補給も困難という状況であったが、ともかく師団主力は二十五日、即墨付近に開進をおわった。すぐ行動をおこして敵の前進陣地の攻略のための運動にうつることになったのだが、要塞本防禦線の状況がさっぱりわからない。一〇年前の旅順要塞攻撃のときのようであった。この時期までほとんど関心もなかったし、捜索し調査する方法もなかったドイツ軍の

青島戦に参加した攻城重砲兵
独立攻城重砲兵第2大隊の24センチ榴弾砲陣地

要塞であったから、日本軍としては情報をなにも得ていないのであった。

だが、この時、日本軍は（ドイツ軍もそうだが）飛行機をもっていた。

日本陸軍飛行隊の初陣である。

この戦役に参加した飛行機は五機、操縦将校七名、偵察将校三名。隊長は工兵大佐・有川鷹一（のち中将）であった。

飛行機はモーリス・ファルマン（七〇馬力）四機、ニューポール（二〇〇馬力）一機であった。操縦将校には、のちの中将、工兵大尉・徳川好敏などという人も加わって、歩兵中・少尉四名、工兵中尉二名、輜重兵少尉一名という顔ぶれ。偵察将校は工兵少佐一名、歩兵大尉二名であった。

この飛行隊の活動で、市街および海面の状態、主要堡塁、砲台の配置、各堡塁が外壕をもたない三角断面であることと、障害物の位置および深さの概況、第二、第三の抵抗線らしいものを知ることができたのであった。

ドイツ軍を圧倒

飛行機の偵察のおかげで敵の配備がわかった。これで本防御線上の五つの堡塁を、北から海岸堡塁、台東鎮東堡塁、中央堡塁、小湛山北堡塁、小湛山堡塁と名づけ、具体的な攻撃計画がたてられることになった。

師団は九月二十八日には、敵の前進陣地帯を占領した。これからさきの戦闘には、英国の北支那駐屯軍部隊の二個大隊も参加することになった。連合作戦である。

東防禦線にたいする攻撃の部署は、三二四ページの付図のとおりである。

この攻撃準備中、敵は陸上砲台や港内の軍艦からの砲撃で行動を妨害するほか、小規模な出撃をするくらいで、わが軍の攻撃準備のさまたげになったのは、むしろ大雨などであった。

十月末に攻撃陣地の推進を開始したわが軍は、猛烈な砲撃の掩護下に、第一、第二、第三と攻撃陣地を推進していった。十一月六日の日没後には敵線はしずかになり、その狂気のような砲撃もやんだ。ここで第一線部隊は、機逸すべからず、として突撃にうつり、中央堡塁、小湛山北堡塁、台東鎮東堡塁とあいついでわが手におち、イルチス、ビスマルク砲台も夜明け方には突破した。

軽便鉄道を利用して人力で攻城重砲を運ぶ

ここでドイツ軍は白旗を揚げた。

十一月十四日正午、青島占領が内外に発表され、十六日、諸隊の青島入城式が行われた。

こうして龍口上陸いらい六十余日で出兵の目的をたっした。この戦役に参加したわが軍は総員約五万、直接攻城に参加した兵力は約二万九〇〇〇、砲約一三〇門であった。わが軍の死傷約一二〇〇。ドイツ軍は約八〇〇。敵の兵力は約五〇〇〇、砲約一三〇門であった。この作戦中に、わが軍は済南にいたる山東鉄道を管理経営することとしたので、この警備のための部隊も派遣された。

これが、世界大戦での日本陸軍ただ一回の本格的な戦闘であったが、規模は小さく、要塞攻撃という特殊な戦闘であったので、これは幸せなことであったのだが、反面、陸軍は、全軍的には世界大戦を知らぬままにすごすことになった。

そして、それよりも、青島を主としていたドイツの利権を継承することに関連しての、中国との折衝の方が大きな政治問題として現れてきたのであった。

青島攻略が行われている間、日本海軍は太平洋地域のドイツ植民地を、海軍独力をもって占領した。平和回復後に、国際連盟による日本委任統治領となって、太平洋戦争には重要な役割を演ずる諸島である。

このほかのドイツの太平洋地域における植民地、ビスマルク諸島（ラバウルのある島など）とドイツ領ニューギニア（東部パプア）は一九一四年九月、オーストラリア艦隊が占領し、戦後オーストラリアの委任統治領となっている。これもまた、太平洋戦争中期の戦争の焦点となった地域である。

青島のその後

青島は日本軍の手に帰したが、真の結末は大戦の終局をまたねば確定できぬ問題であり、したがってわが国はその間、守備軍をおいて占領地の守備と山東鉄道の経営管理をすることにした。ここで青島守備軍司令部を設け、その下に歩兵八個大隊、騎兵一個中隊、野砲兵一個中隊、重砲兵一個大隊、工兵一個中隊などをおいて、その任にあたらせた。

いっぽう日本政府は、大正四年五月二十五日に、支那共和国政府と、いわゆる二十一カ条条約を締結したが、その中で、ドイツが支那側との条約でもっていた一切の利権などの処分について、日本政府がドイツ政府と協定する一切の事項を承認させることのほか、山東省において日本に特殊の立場をみとめることや、山東省の不割譲など日本の特殊権益を承認させて、大戦の動きを待った。

ところが講和条約の時になって、この山東問題が論議され、一応日本の主張のように解決されたかのようであったが、大正十年十一月、米国の提唱によって、世界大戦後の軍備制限にかんするワシントン会議が開かれると、東亜問題も主要項目としてとりあげられ、日本の頭をおさえようとする米国、英国の動きのために結局、青島および山東省における一切の権益は捨てさせられることになった。こうして大正十一年三月、青島を中国に還付した。

これが日独戦争のけりであった。

さて、日本はこのように、国家の存亡には関係のない戦争をやっていたのだが、ヨーロッパでは、国の運命をかけた大戦争が展開されていた。年を追って、これをくわしく見ていこう。

一九一四年（大正三年）

戦いはまず、ドイツ陸軍主力部隊（約五三個師団）が、ベルギーの中立をおかして、フランス軍主力を一挙に撃滅しようとする侵攻、国境会戦ではじまった。

ドイツは八月四日、フォン・エンミヒ兵団（平時編制の六個旅団基幹）をもってベルギーに侵入し、リエージュ要塞を強襲した。おおくの損害をだしたが八月二十日、ついにこれを陥落させた。これで門を開いたドイツ軍は、第5軍をルクセンブルクから、第1から第4軍を北に併列して、国境をこえて西進、仏、英軍をその左翼から包囲殲滅《せんめつ》しようとする攻撃にうつったのである。

ドイツ軍の西進によってベルギー軍は、仏、英軍と分離してアントワープ要塞に後退した。

フランスはヴェルダン付近からその西北方にわたり、第3～第5軍を併列し、イギリス軍はフランスに上陸するとすぐフランス軍の最左翼に連繋展開し、両軍は八月二十一日に国境をこえて前進した。

その作戦方針は、フランス第3、第4軍をもってドイツ軍の中央兵団を突破して分断し、ドイツ軍右翼兵団の左側に殺到して大打撃をあたえようとするものであった。

こうして仏英連合軍対ドイツ軍の開戦劈頭《へきとう》の大会戦は、八月二十二日から二十四日にわたって、ベルギー、フランス、ルクセンブルク三国の国境付近から西はベルギーのモンス

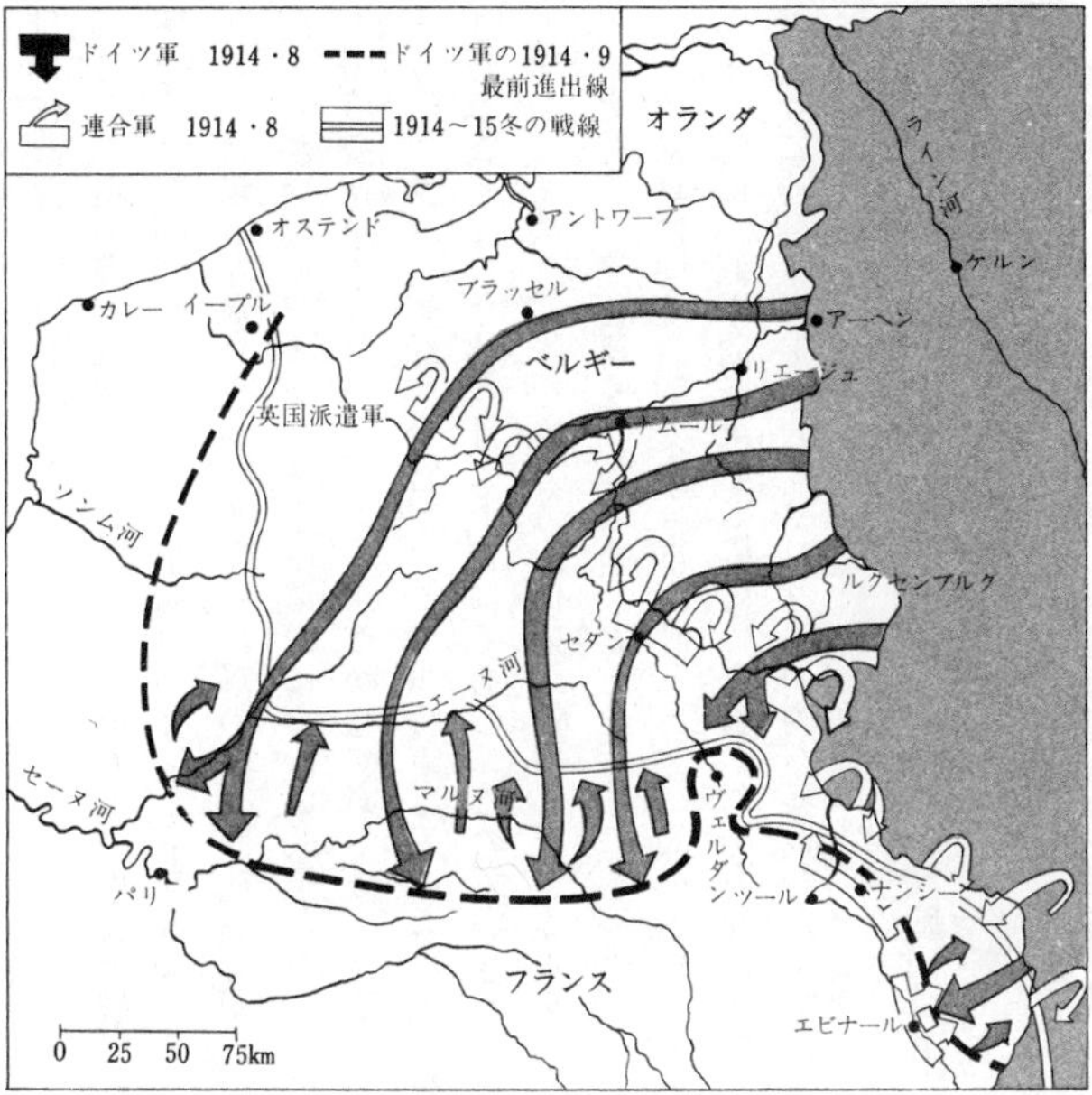
ドイツ軍 1914・8
ドイツ軍の1914・9
最前進出線
連合軍 1914・8
1914〜15冬の戦線
オランダ
ライン河
ケルン
オステンド
アントワープ
ブラッセル
カレー
イープル
アーヘン
ベルギー
リエージュ
英国派遣軍
ナムール
ソンム河
ルクセンブルク
セダン
エーヌ河
セーヌ河
マルヌ河
ヴェルダン
パリ
ツール
ナンシー
フランス
エピナール
0 25 50 75km

付近にわたってはじまった。

この国境会戦では、フランス第3、第4軍の中央突破は成功せぬばかりかドイツ軍の反撃をうけて国境内に後退し、左翼のフランス第5軍は、ドイツ第2、第3軍に挟撃され、そのうえ最も左翼にあったイギリス軍の協同作戦がまずかったために、ドイツ軍の強圧にたえられないで、イギリス軍は潰走にちかい敗退となったのである。

国境会戦がこうなっては、うかうかしていては、フランス軍は左翼をまきあげられてしまう。フランス軍総司令官ジョッフル将軍は思いきって、第3軍から北にある諸軍を退却させることにした。八月二十五日である。この思いきった退却の間に、フランス軍は右翼方面から多数の部隊を主力方面に抽出転用し、ヴェルダンとパリの両要塞を軸として態勢をととのえ、新企図を実施しようとした。

ドイツ軍は国境会戦で連合軍を敗ると、一部をベルギー領内にのこしてベルギー軍にそなえ、他に二個軍団を東方戦場に転送してこの方面にそなえ、残余の全力をあげて、怒濤のように連合軍を追撃し、フランス領内を驀進したのであった。

開戦一カ月とたたぬうちの大異変であった。交戦国はもとより、全世界が固唾《かたず》をのんで戦局の推移を見守った。

速戦即決ならず

フランス軍はその戦略的退却中、たくみに兵力の移動を行い、九月四日、マルヌ南岸地区に後退をおわって各軍の態勢がととのうと、チャンスとみてただちに反転、猛進するドイツ軍にかみついた。ドイツ軍は、ヴェルダン～パリ間で敵戦線を突破しようと前進しここに史上有名な「マルヌ会戦」となった。

この会戦でドイツ軍は、フランスの新編成の第6軍のパリ東北方からの包囲と、兵員の疲労と損耗のため、ついに、守勢にたたされた。そして九月九日、エーヌ河畔にむかって退却を開始した。

これがドイツ軍にとって、第二次大戦にいたるまで痛恨にたえなかった国境会戦であり、マルヌの敗戦であった。そして、このドイツ軍の開戦初頭の作戦の失敗とともに、この大戦が短期でおわるという希望も、夢のように消え去ったのである。

ドイツ軍の退却の後、双方の軍がたがいに敵の側面を包囲しようとする、いわゆる延翼競争となって、戦線はイギリス海峡にまでのび、その年をおわった。

いっぽう東方戦場では、ロシア軍の動きが案外はやく、ドイツ軍としてはフランス軍撃滅後にロシア軍を料理できるという予想に反し、東プロシアを守るため早期に手をうたねばならぬことになった。史上有名な「タンネンベルヒの殲滅《せんめつ》戦」という局部的成功もあったが結局は、蒸気ローラーのようにゆっくりしているが、なんとも力強いロシア軍の進撃の前に、オーストリア・ハンガリー軍主力が大敗し、西にむかって退却する始末となった。ドイツ軍はこれを救援せねばならない。

東方に兵力を転用したドイツ軍は、十月から十二月にわたりロシア軍にたいし攻勢をとって押しかえしたが、それだけで、この年はおわった。こうして、この大戦争を早期におわらせるに足るほどの武力戦の成果は、双方ともあげることはできず、戦争が長期化するという見こみは、戦争第一年において明らかになってきた。

この年十一月、トルコがドイツ側にたって参戦し、戦域は中央アジア、コーカサス方面に拡大した。

ドイツはトルコを操縦して、英国のメソポタミアにおける勢力を制圧し、あくまで、ベルリン－バグダッド政策を遂行しようとし、いっぽう、トルコは事大主義を遺憾なく発揮し、同盟軍の尻馬に乗って、旧領土の回復をはかろうとした。

他方、英国はメソポタミア地方に自国の勢力をのばし、ドイツのベルリン－バグダッド政策をおさえていたが、年末ちかくになってドイツ軍の反撃をうけ、いたるところで敗戦という始末になった。

ドイツ海軍は、開戦いらい英国艦隊によって封止されており、活動するのは潜水艦と、海外の基地にあった軍艦だけで、通商破壊戦でドイツの軍艦は全世界をあばれまわった。しかしそれも一九一四年中にはおとろえた。ということは全海洋の制海権が連合側の手に帰したからである。日本海軍も、その一翼をになっていた。

一九一五年（大正四年）

大戦は第二年目に入った。しかしこの年も結局、勝負はつかなかった。これを概観すると次のようである。

一、西方戦場（ドイツ対英仏）

運動戦は「マルヌ会戦」でおわり、陣地戦となった。ドイツ軍は西は持久戦とし、東方戦場に重点をうつし、バルカン方面を席巻して自給自足の途を講ずることとした。英仏軍もまた、もっぱら兵器弾薬の充実をはかり、九月から十月にかけて攻勢にでたが、未経験の数帯陣地の攻撃となって失敗におわった。

この会戦が「シャンパーニュ秋季戦」「アルトワの会戦」とよばれるもので、日露戦争いらいの兵学界の通念を破り、このあと四年もつづく陣地戦の、攻防の戦略、戦術の原点となるほどの意味を持ったものであった。これについては、あとで述べる。

なおこの年四月、イープルの戦場でドイツ軍は、はじめて毒ガスを使用した。

二、東方戦場（ロシア対独墺）

ロシア軍は昨秋の敗戦後の戦力回復につとめ、主力はドイツ軍にそなえてポーランド方面に配置していた。ドイツ軍は五月～七月、攻勢にでてロシア軍は大敗してまったく守勢にたつことになった。こうした形勢でブルガリアは独墺側にたって参戦し、バルカンの情勢は同盟側に有利に進展してきた。いっぽうイタリアはこの年五月、連合側にたって参戦した。オーストリア・ハンガリーとの勢力争いに結着をつける好機とみたのであったが、北イタリアでとった総攻勢は、まったく進展を見ずにおわった。だが、これらの動きで、大戦の戦域はさらにひろがった。

この年四月、英仏およびギリシヤの連合軍は、トルコを目標としてダーダネルス海峡の西、ガリポリ半島に上陸作戦を行った。有名な「ガリポリ上陸作戦」である。しかし上陸後の戦果拡張に成功せず、十月以後攻撃を中止、翌年一月には撤退してしまった。上陸作戦の失敗した例としてめずらしい戦例に属する。

この一九一五年に、海上で目だってきたのは、ドイツ海軍の潜水艦の攻撃である。開戦いらい主として在外艦船をもって世界の全海面をおびやかしたドイツの貿易破壊戦は前年末で一段落をつげ、この年に入ってからは本国から出撃する潜水艦攻撃がようやく激しくなってきた。英客船「ルシタニア号」の撃沈（米人一三九人死亡）で、米国との間に紛議がおこったのも、この年であった。

日露戦争とは桁ちがいの欧州戦争

連合軍が「シャンパーニュ秋季戦」とよぶ会戦で経験した陣地戦は、おおくの点で日露戦争の規模を超越したものであった。

まず守る側のドイツ軍の陣地は、従来のような一帯でなく数帯陣地になったことであった。これにたいしてフランス軍は、古今未曾有《みぞう》の大砲兵をあつめて準備砲撃七五時間という連続砲撃をやった。三日間で一五万五〇〇〇発の砲弾をドイツ軍陣地に浴びせたという。ドイツ軍陣地はすべて破壊され、フランス軍歩兵はその破壊した陣地内をゆうゆうと前進し、突破できるだろうと考えられた。そして、歩兵は〝遮二無二《しゃにむに》の攻撃法〟をとった。旅順のような強襲であった。たえず新鋭の部隊をつぎこんで、攻撃を中絶しないという方式である。

鉄条網などは歩、工兵で通路を開設するのではない。砲撃で壊してしまうのである。だが、結局、数帯陣地は突破できなかった。

フランス軍は戦争前、攻撃精神主義に偏していた。大戦開始後、火器の威力をさとって、砲兵を重視するようになり、こんな大砲兵、長時間砲撃をもするようになった。だが、歩兵は、支援砲撃に無関心で、怒濤のような集団をもってすれば、敵を圧倒できるという態度で突進に突進をかさねた。このため、砲撃を生きのびた微弱な防者のために大損害をうけて攻撃はゆきづまったのである。

日露戦争いらい歩兵が〝肉弾〟と〝士気〟をもってするならば、敵の火力はいかに激しくとも、これを圧倒できる、という誤った考えが陸軍を支配していたのは、日本軍だけではなかった。

大正四年（一九一五年）

アジアでは、大正四年の一月、日本の対支二一カ条提出で紛糾がつづき、米国は中国の領土保全、門戸解放をとなえて文句をつけるなど、対支政策に関連してもめごとの多い年であった。

だが、この年は日本が空前の大好況時代に入った年でもあった。ヨーロッパで大戦のはじまったころ、日本は不景気のどん底にあった。陸軍部内での士気がふるわないのも、単に軍部内の空気がよどんでいたからではない。世間の景気の反映であったのだ。

そこへ大戦の勃発《ぼっぱつ》である。戦争がはじまるとなると、海運は杜絶《とぜつ》したし、輸出貿易はとまる。ますますひどい不景気となったのだが、戦争そのものが落ちついた形になると、日本は逆にもうける立場になった。

交戦国から商品が買えなくなった東南アジアやアフリカは、日本から買いはじめる。連合国から軍需品や日用品の注文はくる。にわかに日本の輸出はのびはじめた。それまでふるわなかった日本の工業、産業界は大いに力づいて、会社の拡張、新設があいついだ。いわゆる〝成金時代〟のスタートであり、大資本の発展ともなっていったのである。

こうした情勢の中で陸軍は、かねて内閣の命とりになるほどの問題であった朝鮮への二個師団増設に成功した。

大正四年十月十四日公布の軍令陸乙第一五号による新設要領によると、「大正五年四月既設各師団から人馬を出して第十九師団(歩兵一旅団をのぞく)と歩兵第三十九旅団を臨時朝鮮派遣隊をもって歩兵第四十旅団を編成す。爾余の部隊は大正八年四月から十年四月に亘る間に逐次新設。第十九、第二十師団の輜重兵大隊はこれを設置せず、輜重兵第一、第十二、第十五、第十七大隊に各一中隊を増設する」とある。朝鮮、龍山での第20師団開庁式は大正八年六月に行われた。

一九一六年(大正五年)

戦争は第三年目に入った。おそるべき大消耗戦の連続である。

同盟軍は、その経済力では、連合軍におよばないので、作戦的に機先を制して、敵の戦力の消耗をはかった。陸上では、ヴェルダン要塞の攻撃がこれであり、海上では潜水艦攻撃の強化による英国封鎖の努力がそうであった。

一、西方戦場

ドイツ軍は二月、攻勢を開始、ヴェルダン要塞とその西の戦線に攻勢の重点を向けた。有名なヴェルダンの攻防であった。この血みどろの攻防は、ドイツ軍累計六五個師団、フランス軍六〇個師団という大兵力をつぎこみ、ドイツ軍に五〇万、フランス軍に三五万という損害をだした激突であったが、決勝的成果を得ることができず、六月下旬にはドイツ軍も攻勢を中止せざるを得なかった。

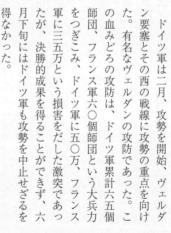

要塞といっても、旅順や、青島のように孤立したものでなかったから、フランス軍は守りきれたのである。

第一次大戦の塹壕戦
ソンム会戦の英軍歩兵陣地

この戦闘で、救国の英雄として名をあげたのがペタン将軍である。

このヴェルダン戦は、これまた戦略戦術的にみて教訓はおおいが、その中の一つだけにふれよう。それは、フランス軍が多数のトラックを集結活用して増援部隊と軍需品を輸送して成功したことである。この輸送には、三車線に拡張した一専用道路をあて、最も危急の時に三四〇〇輛の自動車を集中、一〇日間に約一〇個師団、弾薬、材料六〇万トンを戦場に送りこんだのであった。自動車がなければ、ヴェルダンは敗れたであろう、といわれた。ヨーロッパでは、もうこんな時代がはじまっていたのである。

ヴェルダンでドイツ軍の強圧のつづく間に、必死にこれをもちこたえながらも、英仏軍は攻勢を目ざして営々と準備をしていた。

七月一日、英仏軍は、ソンムの正面四〇キロにわたり、第一線に二二個師団をならべて攻勢にうつった。これを「ソンムの会戦」という。

英仏軍は、多数の火砲と、数カ月にわたって蓄積した弾薬量に物をいわせ六月二十五日から一週間にもわたる連続的砲撃の後に攻勢に転じたため、ドイツ軍はヴェルダンどころではなくなって、防備におわれ作戦の主導権は連合軍の手にうつった。

ドイツ側でヴェルダン戦の主唱者、参謀総長・ファルケンハインが罷免されて、有名なヒンデンブルクとルーデンドルフのコンビが登場したのが、この「ソンム会戦」の混乱がつづく八月下旬であった。

ソンム会戦は十月下旬までつづいた。まことに言語に絶する激戦であった。英軍使用兵力累計一〇〇個師団、フランス軍五〇個師団、合計一五〇個師団を使用したといわれ、ドイツ軍は約九六個師団、損害は英軍約五五万、フランス軍約三五万、これにたいしドイツ軍は約六〇万にたっした。双方で一五〇万という想像を絶する死傷者数である。

このソンムの会戦で、九月十五日に英軍は、はじめて戦車を使用した。あのグロテスクな形のタンクの初登場である。

この「ソンムの会戦」も、軍事界にあたえた影響はたいへんなものであった。ともあれ、西方戦場では、この年も、双方とも決勝的成果は得られなかった。

二、東方戦場

独墺軍対ロシア軍の戦線は、北はリガ湾から、南はルーマニアの北境まで約一〇〇〇キロにわたってのび、両方の軍が対峙の態勢で一九一六年をむかえた。そして西の方ではヴェルダンの防禦戦がはじまった。作戦準備の充分でないロシア軍ではあるが、西方友軍の危急とあっては敵側に圧迫を加えるため、攻勢にでざるを得ない。

三月十八日から、総兵力六六個師団、騎兵九個師団余をもって、戦線北部の約二〇〇キロの正面で攻撃にうつった。しかしこの攻勢は、ドイツ軍の約三五個師団、騎兵八個師団の反撃をうけて、いたるところで失敗、結局、ロシア軍は、多大の損害と弾薬の消耗という結果をまねいただけで、攻撃中止ということになった。

ロシア軍は、この年の後半にも、二度にわたって攻勢をとった。これはやはり準備は充分ではなかったのだが、イタリア戦場での墺軍の攻勢があったので、無理をして攻勢にでたが、結局、大きな成功は得られなかった。ただこのとき、ガリシア方面で進出したために、ルーマニアは、開戦いらい二年間の日和見の態度をすてて八月、対独宣戦にふみきった。また戦域が拡大したが、これは過早な決断であった。

いっぽうロシアでは、たびかさなる軍事的失敗のために、国内がようやくおだやかでない形勢となっていった。

伊墺戦線——北部イタリアでの伊墺戦もオーストリア・ハンガリー軍の攻勢、イタリア軍の攻勢と、たがいに進退があったが、全局面に影響はなかった。八月、イタリアはドイツに宣戦を布告した。

海上では、五月、史上有名な「ジュトランド」海戦がおこった。

ドイツとイギリスの艦隊主力の海上決戦である。日本海海戦以後、唯一の大海戦であり、第二次大戦では、こんな大規模な海上遭遇戦は行われていないから、史上最後の海戦であったわけだが、両軍死力をつくして戦い、航空機も参加し、最後は英軍の勝利に帰した。日本海海戦のように全戦局に影響するものではなかったが、連合軍の地位を安泰するものであったことは間違いない。

これでドイツ海軍は、ますます根拠地にちぢこまって、潜水艦戦や機雷戦で連合側の商船破壊に努力したのであった。そしてまた、この潜水艦の行動が、まだ中立の立場をたもっている米国の世論を刺激し、これに参戦の口実をあたえる種になっていくのだが、経済封鎖をうけている英国の苦痛も一とおりではなかった。

「ソンム会戦」で大いに目につくのは航空機の発達したことであった。飛行機は各国とも開戦時から使っており一九一六年にはますます進歩していた。都市爆撃のほかに、この陣地戦では、制空権の獲得に使用されたのである。目的は、空中観測の自由を確保しようとするものである。会戦第一日にドイツ軍の繋留気球を破壊して、〝空中の眼〟をうばってしまった。それからその優勢を利し、さかんな空中戦を演じて、劣勢なドイツ軍の飛行機を撃破しこれを戦場から駆逐し、フランス軍はゆうゆうと空中観測をして敵砲兵に破壊射撃の大鉄槌を下すという戦法をとった。

つぎに、軽機関銃が大量に使用されたのも、この会戦であった。そして、戦闘群戦法という、従来歩兵中隊長の号令によって機械的に戦闘するものと考えられていた中隊以下の戦闘法に、変化がもたらされたのであった。

戦車もこの会戦にはじめて登場、歩兵直協兵器として動いたが、その声価が論じられるのは、のちのことである。

大正五年（一九一六年）

日本の、空前の好景気はつづいた。

大正四年の輸出総額は、史上最高の七億円、この大正五年は一一億二〇〇〇万円という好調さである。ロシアから、連合国として軍需品供給を求める使節団もきた。

大正五年一月十七日付「露国政府の注文に依る軍需品の供給に関し帝国政府のとるべき処置」という陸軍省兵器局銃砲課起案の「閣議提出案」の書類が、いまも残っている。本気になってロシア向けの兵器生産に乗りだしたのである。

これら軍需品供給などを通じて、日露協約がむすばれた年でもある。ロシアへの軍需品供給はもちろん日本だけではない。アメリカなどが主役だが、大正七年、シベリア出兵でウラジヴォストークに上陸した日本兵は、ここにたまっている軍需品、民需品の山にびっくりしている。

一九一七年（大正六年）

ヨーロッパの戦争は第四年目を迎えた。ドイツでは、政治家たちは、すでに前途に望みを失いかけていた。だが軍部は、海上に無制限潜水艦戦を挑む一方で、西方戦場で一大決戦を企図すると頑張っていた。

連合軍は、一九一六年いらい、西方戦場の主導権をにぎっていた。英国の軍需生産も大いにのびてフランスに追いつくようになり、一九一六年十一月十六日、連合軍の総司令官会議で、一九一七年こそは、各方面で一斉に決戦をいどむ、と決めていた。

一九一七年二月一日、ドイツは「無制限潜水艦戦」を宣言した。英国全沿岸水域と地中海の大部分では、すべての船舶を無条件で攻撃する、ただし米国の客船の英国航行は特定条件の下に許可する、という宣言であった。

待っていましたとばかりに、米国は二月三日、ドイツと国交を断絶し、四月八日には対独宣戦を布告した。英国としては、世界の覇を争う立場に米国がのしあがってくることを心底からは喜べないのだが、今はそんなことはいってはいられない。フランスは心底から喜んだ。米国は大陸に兵を送ることになったが、平時大兵を持っているのではないから、年末までに、パーシング少将を長とする五個師団を送れるだけ、という見込みであった。

第二の風雲は、ロシアにおこった。

三月七日、露都におけるストライキに端を発し、三月十二日には軍隊反乱、三月十五日皇帝退位という、あっという間の情勢の大転換であった。三月革命である。時局を収拾するケレンスキー内閣が成立した。依然、連合側にたって戦争をつづけるという立場である。

連合側は、これで皇帝をとりまく親独派がなくなったと見たが、ドイツ側はこの革命を利用して、極力内部を擾乱《じょうらん》し、野戦軍を崩壊させようと努力したのである。

一、西方戦場

この年の初頭、仏英軍は、満を持して攻勢を準備していたが、ドイツ軍は先手をうって二月、かねて準備をしていた、ヒンデンブルグ線とよぶ後方陣地に後退して連合軍にかたすかしをくわし、約五〇キロの戦線を短縮した。

いっぱいくった形の英仏軍であったが、総攻撃、決戦の時でもあるので、四月、総司令官ニヴェールみずからの指導の下に、ソアッソン〜ランス間約四〇キロの正面に、約五〇個師団を集中し、数日間にわたり、優勢な砲兵と多数の弾薬をもって、正面のドイツ軍の三陣地帯を同時に砲撃し、一日でこの三陣地帯を突破する、という新構想の攻勢を開始した。ところがドイツ軍は充分の準備をととのえていたので、第一陣地帯と第二陣地帯の一部は占領できたが、それだけにとどまり、この新攻撃方法もついに成功しなかった。

連合軍の立場も、つらいものになってきた。何度攻勢をとっても、ドイツ軍の陣地を突破することはできない。国民とくにフランスでは悲観の論もあがる。ロシアは革命の結果として、その戦闘力がおとろえるのは必至だからドイツは東方戦場で余力がでてくる。その兵力が西方戦場に増加されるとなれば、彼我主導の地位が逆転する心配もあった。

そして、この不安は現実となって現れた。西方戦場ではなかったが、伊墺戦線でのイタリアの大敗である。

参戦いらいイタリアは北伊戦線でオーストリア・ハンガリー軍と、一進一退の作戦をつづけていたのだが、ドイツは、東方戦場で手があいたのと、これまた戦争にようやく倦《あ》いてきたオーストリア・ハンガリーの尻押しをする必要から、独墺軍の兵力を東方から転用して北伊戦線での攻勢を準備した。

攻勢正面六五キロ、守るイタリア軍約二三個師団にたいし、ドイツ軍八個師団を中堅に、墺軍二〇個師団の合計二八個師団を集結し、十月二十四日から攻勢にうつった。

イタリア軍はこの攻勢を予知しないではなかったのだが、対策がおくれ、あっという間に突破されて総くずれになり、退却に退却をつづけ、十一月中旬にヴェニス以東の全地域を失い、英仏軍の増援をうけて、ようやく停止するという大敗となってしまった。

開戦いらい二年有半、約一〇〇万の損害をだしながら、なんとか持ちこたえてきたイソンゾ河畔のわずかな墺国領土を、一朝にして失ったばかりでなく、その北イタリアの領土を同盟軍に蹂躙《じゅうりん》されることになって、この会戦での捕虜は二五万にたっした。しかも各種火砲二三〇〇門をうしない、会戦前六二個師団あった総兵力中二八個師団が支離滅裂となってしまった。同盟軍の士気が大いにあがったことはいうまでもない。

さて、話はもどって西方戦場では、英仏軍は、どうしても攻勢の手をゆるめるわけにはいかない情勢であった。ドイツ軍が東方から兵力をもってくるかもしれないとなってはなおさらである。

ここで人望の高いペタンを総司令官にした。ペタンは、将来の作戦の準備をととのえることにつとめ、年内にはドイツ軍に痛撃をあたえる作戦をねらった。

一九一七年になって、ロンドンにたいするドイツ軍航空機の襲撃は激しさをくわえ、英国沿岸での独潜水艦の活動は、日とともに激しさをくわえてきたので、七月、英軍はその根拠地帯に対する攻勢を実施した。七月いらい十月まで何回かつづいたが、この目的の攻勢も実を結ばなかった。しかしこの数次の攻勢で、ドイツ軍の兵力がこの方面に引きつけられたのに乗じて、一九一七年十一月に英軍が行った攻勢が「カンブレーの戦闘」であった。

十一月二十日、英軍は歩兵六個師団、騎兵六個師団に多数の戦車《タンク》をつけ、約一二キロの正面でまったくドイツ軍の意表をつき、まずタンクをもってドイツ軍陣地を蹂躙し、歩兵はただちにこれに続行して攻撃を行った。そして予想どおりの成功をえて、翌二十一日には、深さ約一〇キロの地区を占領し、今にもカンブレーの市街にたっせんとしたが、英軍は二十二日を疲労の回復や隊伍の整頓にあて、この間、四個師団を増派して戦果の拡張をはかろうとした。しかしドイツ軍も、この方面の急を見て他方面から兵力を増派して逆襲を行い、結局、英軍は占領地域の大部分を放棄する始末となってしまった。

この会戦では、戦車も決定的な成果をあげられなかった。しかし、この陣地戦で、砲兵のできないことをその装甲と機動力でおぎなえるという事実を示し、陣地戦の攻撃法に一新機軸を開いた。これで戦車が、本質的に従来のやり方の砲兵にまさることを示し、戦術に根本的変化を示す兆《きざし》を見せたのであった。

戦車は前年のソンム会戦では、突破作戦の問題を解決することができなかった。ドイツ軍はこれで戦車をまったく軽視し、フランス軍もまた重きをおかず砲兵主義に傾倒したが、創始した英国は望みを絶たなかった。ことにフラー大佐が熱心に戦車を推進した。そして、このカンブレー会戦では大きな進歩ぶりを示した。将来の戦車発展の基礎が、この陣地戦の錯雑困難な地形と状況のもとで築かれていったのである。

一九一七年の最後の大きな嵐は、ロシアの十月革命であった。すなわち、十一月七日(ロシア暦で十月二十五日)、首都ペトログラードで、レーニンの指導するボルシェヴィキの武装蜂起がおこって、ケレンスキー政府が転覆、軍事革命委員会がソヴィエト政権の樹立を宣言したことである。

レーニンの政府は、独墺側と休戦交渉を開始し、十二月十五日には休戦協定に調印してしまった。ひきつづいて講和交渉を開始したが、ソヴィエトの全権ヨッフェが無併合、無賠償、民族自決の講和条件を提案して、この年はおわったのだった。

大正六年（一九一七年）

日本の好景気はなおつづいていた。輸出はますますのびる。輸出超過であるし、海運収入は激増するし、国際収支は受け取り超過である。こうしたことを背景に、中国に大規模な紡績工場がぞくぞくと作られた。日本国内での設備の増加は勿論である。工業生産額は農業生産額を上回るようになってきた。軽工業が主ではあったが、日本は工業国になりはじめたのである。

だが一方、大正五年の末から物価の騰貴が国民をなやましはじめていた。この年、大正六年には労働争議が飛躍的に増大した。労働団体もつぎつぎに新設された。一般物価高の影響は農産物にもおよんで、米価はしだいに上がりはじめた。繭《まゆ》も同様であった。農村も都市におとらず好景気で浮き浮きしだしてきた。だが、米を買って食う人たちには、だんだんと重荷になっていくのである。

機関銃隊の誕生

ヨーロッパの戦場では、大正三年（一九一四年）いらい、各種の兵器が猛威を発揮してきたが、陣地戦だからなによりも戦勢を支配していたのは機関銃である。

日本陸軍では、後章で述べるように航空部隊など新兵種のスタートは切っているのだが、歩兵の装備は日露戦争がおわって一〇年以上たっているのになんの進歩も増強もなかった。歩兵銃と銃剣だけであった。そして軍旗を奉ずる歩兵は、数だけは増して二一個師団と台湾守備隊、計八六個連隊をかぞえている。

大正六年になって、はじめて歩兵に機関銃隊が常設部隊として設けられることになった。歩兵連隊に機関銃隊一個を増設されることになった。当時の平時の歩兵連隊は三個大隊、一二個中隊編成で、これに一機関銃隊が加えられたのである。

機関銃隊の人員は、次のとおりだった。

隊長	大尉	一
	中少尉、准尉	四
	特務曹長	一
	曹長	一
	軍曹、伍長	九
	上等兵	一七
	一等卒	三四
	二等卒	六八
	上等看護兵	一
	合計	一三六

この一隊六銃装備の機関銃隊をつくり、新装備を持たせるとなっても、八六個連隊もあるのだから、貧弱な生産力に加え、かぎられた予算の中では、装備改善はむずかしい。とにかく図体が大きいのだから、驚くべき時日を要した。

日露戦争型の陸軍が、ヨーロッパのかなたで近代戦の進むうちに、第二流、第三流の装備の軍に転落し、それからたちなおろうとするあせりが昭和の敗戦まで日本陸軍の悩みとなるのであるが、筆者は、この機関銃隊の新設の実情が象徴的なものだと思っている。

軍事関係の年表や記録をみると、たいてい「大正六年、歩兵連隊に機関銃隊を置く」とある。それは間違いではないが、おどろくべきスローモー、一年間につくれる隊数は九個隊、大正十五年までの一〇年間の計画なのである。しかも、この終結しないうちに、大正十一年以後軍縮の嵐に見まわれるのである。国力の限度以上とも思われるほどに図体の大きくなった陸軍、いわば肥満体質となった陸軍の鈍重さを示す好例だと筆者は思う。

新設機関銃隊の装備兵器は、当初三八式機関銃であった。大正八年になって三年式機関銃が使えるようになって既設部隊のものはこれと交換、あとの新設部隊には三年式機関銃が充当された。機関銃制式制定から五年目である。

騎兵旅団の機関銃は大正七年の軍備充実で、旅団に一隊が設けられることが決まった。騎兵旅団は二個連隊編制なので、奇数番号の連隊に常設することとされた。大正十二年になって四個旅団分四隊が充足される計画であった。

一九一八年（大正七年）

ドイツ軍は、いまや、どうでも一大決戦を強行せねばならぬ立場においこまれた。東方ではロシアとの休戦で兵力の抽出が可能となり、ドイツの軍部と国民に戦勝の自信を持たせることになった。そしていよいよ、西方戦場で決勝を求めようとしたのである。

ドイツ軍はロシアにたいし、約四〇個師団をのこし、精鋭の約四〇個師団を、さらに大勝をえた伊墺戦場からも八個師団を呼びよせて必勝を期した。

これにたいし連合軍は、兵力では同盟軍におよばぬが、戦闘器材の優秀さと豊富さとに物をいわせて、極力持久戦を行い、ちかく来着する米軍の戦場到着を待ち、その増加をえて、断然攻勢にでて、あくまで武力により、この戦争を解決しようとした。

東方戦場の状況については後章で触れるが、要するにこちらはドイツの思うとおりになった。問題は西方戦場である。

一九一七年秋いらい準備をととのえてきたドイツ軍は、一九一八年三月下旬から第一次攻勢をとり、それから七月中旬にわたって四回の大攻勢を行った。ドイツ軍の総力をあげての連続的攻勢であったが、結局、連合軍の戦線を突破することができなかった。

これらの失敗で、ドイツ国内はようやく騒然となってきた。ドイツ軍はいよいよ最後の攻勢にうつらねばならなくなった。名も〝平和攻勢〟と称して軍隊および国民の志気の振興につとめた。これが第五次の攻勢で七月に実施された。しかし、これもかねて準備したフランス軍の攻勢移転にあって、もろくも根底からくずれ、全面的失敗に帰し、軍隊と国民に、いよいよ武力による戦争解決の不可能であることを思い知らせることになった。

1918年（大正7年）11月11日、休戦協定締結
杖をもつのがフランスのフォッシュ将軍。この食堂車は、1940年6月22日、第二次大戦でヒトラーが対仏休戦協定調印に使用した（パリ北方コンピエーヌの森で）

英国の画家が描いた大戦終結を祝うロンドン市民

ドイツ軍の五回にわたる最終的攻勢をこらえきって、いよいよ連合側の番になってきた。そして九月いらいの連続的攻勢によって、ドイツ軍はついに総くずれとなって、さじを投げ、十一月十一日、休戦となった。実に五年にわたった大戦争も、ここに終りを告げたのである。

世界大戦には、まだあとが続いた。この年七月から開始された「シベリア出兵」など、ロシア革命後の列国のいわゆる干渉戦であったが、シベリア出兵については後章で述べる。

五年にわたる大戦がおわって、世界に平和がもどってきたが、この戦争中、大いに好景気という恩恵に浴してきた日本は、たちまち大きな社会不安にまきこまれることになった。

ことの発端は、米価の暴騰であった。米の値上りの原因は、生産が消費に追いつかなかったことによる。気候の不順や、労働力の不足がすぐ作柄にひびき、これが投機商人や地主の買い占め売り惜しみとなり、ついに大正七年七月、富山県にはじまった米騒動に発展、これが全国的な大騒動へと展開したのであった。

世界の平和の再来は、日本にとって苦難のスタートでもあった。

世界大戦の決算

この驚くべき世界大戦が生んだものは何であったか。連合側のヴェルサイユ体制の生んだものがどう動くかは、すでに後の歴史がこれを証明した。しめくくりとしては、どれ位の兵力が動き、どれ位の損害を出したかを示すことで充分であろう。『エンサイクロペディア・ブリタニカ』掲載の数字である。総動員兵力、六五〇〇万、損害合計三七五〇〇万という、気の遠くなるような数にのぼった。日本は幸いに死傷一二〇〇名ですんだ。

第十章　二流に墜ちた陸軍

驚くべき世界戦争はおわった。その間の兵器、軍事技術の発達や、戦術戦法の変遷などは前章で見てきた。飛行機の発達、毒ガス、戦車の出現をはじめ、いずれも驚くべきものであった。

日露戦争がおわって一三年、日本陸軍は営々として日露戦争後型の軍備の拡充発展をはかってきたが、大戦がおわってみると、二流以下の装備しかもたない軍隊になってしまっていたのである。

この大戦中に歩兵部隊の新装備としてあたえられたものは、前に述べたように三年式機関銃だけであった。それも全軍に行きわたるのには、大正十五年までかかるという状況である。

この大戦の五年間日本陸軍は、一体何をしていたのか。勿論、前章でのべたような内輪もめだけで日を送っていたわけではない。海のかなたヨーロッパでの戦場の戦訓は入ってくる。手さぐりのようなもどかしさはあるが、世界軍事の趨勢《すうせい》に遅れないように、と精いっぱいの努力はつづけられていた。

まず、航空部隊である。

航空大隊の創設

大正四年（一九一五年）十二月、航空大隊が創設され、従来の気球隊は気球中隊となって編合され、気球隊は廃止された。航空大隊は飛行二個中隊と気球一個中隊、それに材料廠という編制であった。所在地はこれまで気球隊のいた所沢であった。しかし編合としては、依然、交通兵団（旅団を改む）のもとにあった。

ともあれ日本陸軍に、はじめて飛行部隊が生まれたのである。

そもそも、陸軍の航空部隊のはしりは、日露戦争にすでに姿を見せた気球隊であった。日露戦争後に新兵種として登場した部隊は、気球隊のほか鉄道隊、電信隊があった。こうした新しいものが現れるとき、これの育成にあたったのは工兵である。理工科の知識があったからであろう。〝縄張り拡張が上手だったのだ〟との陰口もないではないが、ともかく、この鉄道、電信、気球という異質ではあるが工兵主体の諸部隊を統合して、交通兵旅団というのが作られたのが、明治四十年十月の軍備充実の時であった。

明治四十二年七月、陸軍省に「軍用気球研究会」という名の組織が設けられた。軍用気球や、飛行機というものを研究しようとするもので、これが軍用、民間の飛行機の研究の母体になったものである。

主要なメンバーをあげると、委員長は髭《ひげ》で有名な長岡外史中将、委員に田中舘、井口、中村の三博士、陸軍から井上工兵大佐、徳永、有川工兵少佐、郡山工兵大尉、日野歩兵大尉、海軍から山屋大佐（のち大将）、相原大尉、奈良原大尉などが委員であった。研究会の事務所は陸軍省内におき、飛行場は所沢であった。飛行機の買い入れと操縦修学のために日野熊蔵工兵大尉と徳川好敏工兵大尉がヨーロッパに出張、一方、航空船の購入および修習のためにも人を派して活動をはじめた。

飛行機は飛ぶものか？

我国で最初の飛行機の公開飛翔が明治四十三年に行われたことは、よく人の知るところである。この年の十二月十五日から十九日にわたって、代々木練兵場（これは現在の神宮外苑の西南側、ラグビー場や野球場のある地域である）で公開実験が行われた。

一体、飛行機というものは飛べるものか、飛べないものか、を一般に知らせるのが目的であったという。

現場にあつまる観衆五〇万、毎日弁当もちでおしかけて、わずかな時間の飛翔に大喝采であったという。

このとき、徳川大尉はアンリー・ファルマン式一九一〇年型に乗って滞空四分、日野熊蔵大尉はグラーデ式単葉機で滞空一分二〇秒であった。

日野、徳川の両大尉は、フランスの飛行学校で習ったのだが、のちに徳川好敏中将の語るところでは、「当時教官が二名、飛行機が二台、学生はフランス、ロシア、イタリアなどからの者と共に十数名。練習は同乗飛行だけ。飛行機を壊されてはたまらぬ、というわけである。飛行高度一〇〇メートル、飛行時間は五分。学科も教えてくれなければ、工場を見せてくれるでなし、飛行時間一時間にたっして卒業。卒業試験は高度五〇メートル、一〇〇〇メートル以内の行程を三回離陸飛行しただけ」であったという。

ともかく、これで日本陸軍にも、飛行機も、教官もできた。明治四十五年には所沢で偵察機の操縦教育が開始された。教官は徳川大尉であった。

その第一期学生の中に、のちに大正二年三月、所沢飛行場付近で搭乗機ブレリオ機が空中分解して日本での最初の航空殉難者となった、徳田金一歩兵中尉と木村鈴四郎砲兵中尉がいた。今日でもこの二人の殉難記念碑は、西武の狭山公園（埼玉県）にある。

大正三年、ヨーロッパ大戦がはじまり、陸軍航空隊も青島戦に初参加したが、その後は、のんびりしたものであった。

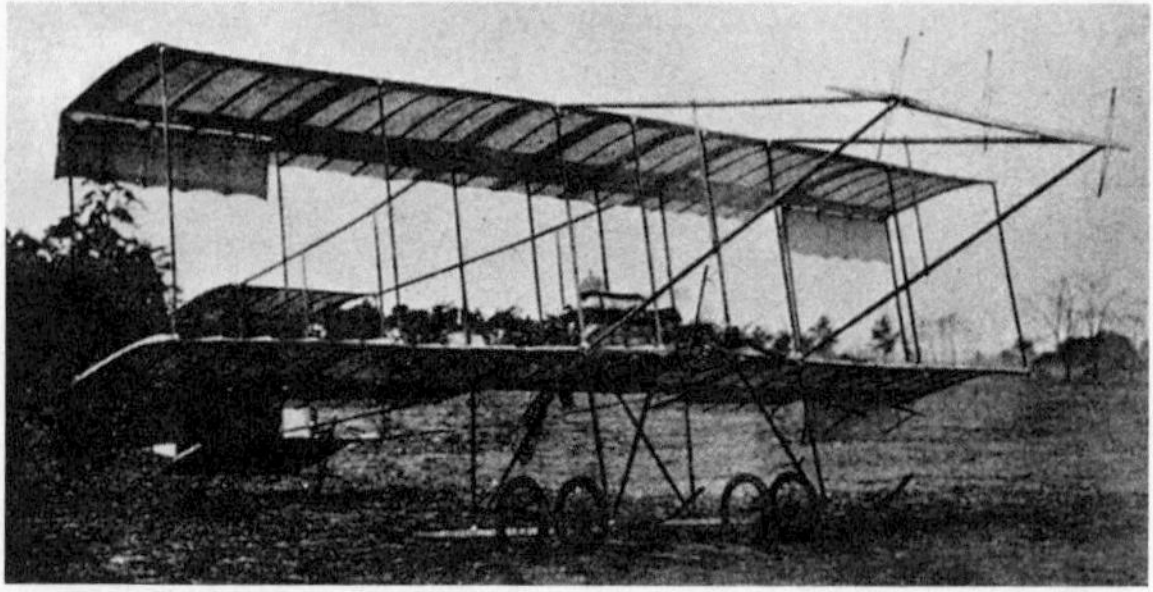

日本最初の飛行で徳川大尉が使用したモーリス・ファルマン機

日野大尉の使用したグラーデ機

航空大隊の増加

大正六年（一九一七年）の軍備充実で、航空第2大隊（大隊長・中佐・杉山元）新設。「航空機の価値及び用途著しく増大し、之が拡張の必要を認めたるに因る」と平時編制改正理由に述べられている。飛行二個中隊の編制であった。大正七年から各務《かがみ》ヶ原（岐阜県）に位置した。

つづいて大正七年の軍備充実で、航空第3大隊が八日市に、航空第4大隊が太刀洗《たちあらい》（福岡県）に増設されることになった。ともに二個中隊の編成で、第4大隊は大正七年から大正十年、第3大隊は大正九年から大正十二年にわたって充足されることになった。

これで航空は四個大隊となり、いよいよ本格的充実の期を迎えたのであった。しかし、機材はまだ幼稚であり、この航空先覚者たちの労苦はなみ大抵のものでなかった。

このころ（大正五年）、すでに冬の満州で飛行機のテストを行っている。航空隊にとっても、予想される戦場は、やはり満州であったのだ。

また、こんな事例もあった。大正六年（一九一七年）十二月になって、軍用気球研究会に「飛行機故障調査特別委員会」というのが発足した。委員長は当時の交通兵団長・武内徹中将、運用技術の各界の代表者や、権威者二十数名をそろえた委員会であった。対象とする事件はこうであった。

この年の秋の特別大演習で、参加往復飛行や演習に合計一四機の飛行機が参加した。ところが不時着の事故が二一回おこったというのである。一機が平均一・五回不時着したことになる。幸いに人員の事故はなかったが、こんなことではものの用にたたない。さっそく、調査、対策の委員会となったわけである。

一三日間にわたって、故障原因などの解明がつづけられた。結果は、発火装置の不良によるもの九件、燃料不足によるもの七件、その他の原因によるもの五件ということであった。なお武内交通兵団長は、「航空隊長の統御や、両飛行隊長の指揮には欠陥はなかった」と報告している。

歩兵兵器の開発

近接戦闘用兵器が必要なことも明瞭である。技術審査部は大正三年九月、「手榴弾、照明弾を小銃をもって発射する件に就て、かねて審査研究致しおり候処……有効と認むるに付採用相成度」と上申してきた。これは大戦の影響というより、むしろ日露戦争の戦訓から必要と認めたというべきであろう。

「説明書」によると、こういう兵器である。〈十八年式村田銃を修正せる一種の小銃。目的は手榴弾より稍大きい榴弾を約三〇〇メートルに、大なる落角を利用して投射し、掩護物の背後に在る敵を殺傷するに在る〉

口径一二ミリ、滑腔銃の村田銃の銃身を四五センチに、銃床を直角に切断、銃把がのぞいてある。銃用榴弾は重さ約一キロ、鋳鉄製、上部に雷管がつく。弾薬ベルトで五発携行する。弾尾は鋼製、これに八〇〜三〇〇メートルの目盛があり、この長さで射程を調整する。現用の小銃を使いたいのだが口径小さく所望の射程がえられず、大口径の村田銃を使用、と註釈がついている。擲弾筒の前身である。

擲弾銃

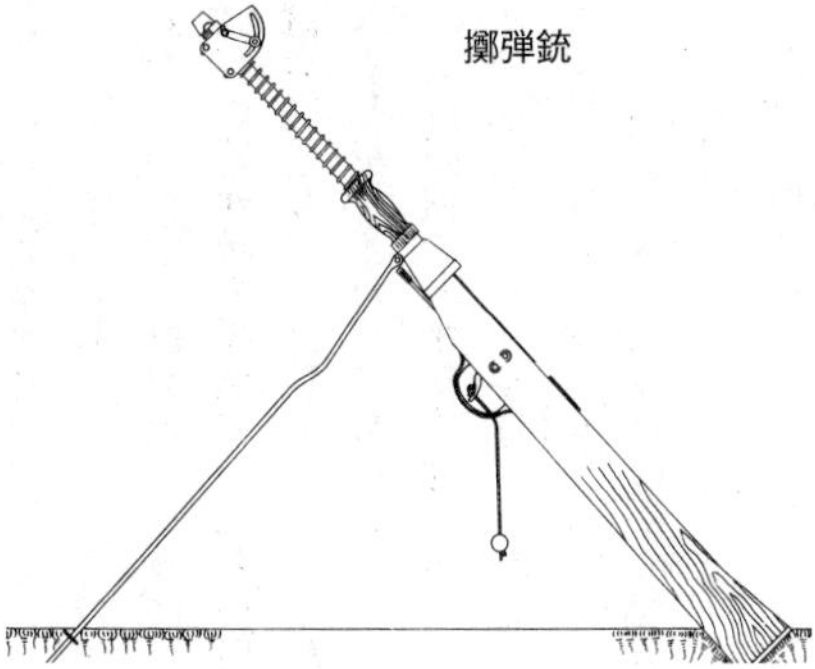

ヨーロッパ戦場での戦闘の状況や、各種兵器の出現、火器の威力、近接用戦闘資材の登場の報告が日本陸軍をゆりうごかした。いずれも日露戦争では経験しなかった、驚くほどの変化であった。

まず、機関銃である。防禦における機関銃の威力は日露戦争で経験したがヨーロッパの陣地戦ではどうやってこれを撲滅するか、ということが戦闘の運命を左右した。したがって、歩兵は自らこれを撃滅するための火砲を持たなければならない。後方の砲兵を頼んだのでは、目の前で猛威をたくましくする小さな目標の機関銃をしらみつぶしにすることはできない。歩兵砲が必要である。

大正六年（一九一七年）に試製の歩兵砲の設計が完了して大阪砲兵工廠に製作が命ぜられた。名称は「試製機関銃破壊砲」という。これは大正七年になって「狙撃砲」と改められているが敵の機関銃をねらい射つ火砲としての性格を明らかに表す名である。大正七年試製完了して、試験部隊に渡されたこの狙撃砲の諸元を、当時の「取扱法草案」によってみると左のとおりである。

〈駐退機を有する砲身後座式火砲。

口径三七ミリ。全長一・〇四メートル（二八口径）。閉鎖機は半自動垂直鎖栓式、復座と共に開いて空薬莢《やっきょう》を放出し、装塡と共に閉鎖す。車輪中径〇・七メートル、轍間距離〇・七六メートル。砲車の姿勢を高、中、低の三姿勢とし、夫々高低照準の限度と発射高が違う。

防楯、厚さ三粍《ミリ》。

弾丸は破甲榴弾一種、着発信管。

初速五三〇メートル。

最大射程約五〇〇〇メートルなるも確実に射弾を観測しうるは通常一五〇〇メートル以内。

砲車全重量約一七五キロ。

運搬はそのまま輜重車に載せ、又は砲車と部品を駄馬二頭に分載、近距離運搬には二人

で曳くか、分解して七人で担送〉

のちに十一年式平射歩兵砲として制式とされたものの原型である。

新しい兵器およびその使用などを研究するために、大正七年夏には「特種兵器試験委員」（委員長・山梨半造）というのが設けられ、各種の兵器や資材を学校や軍隊に使わせて、どう持たせたらよいか（編制、装備）、教育するのにどれ位の人員を要するか、などを研究し、報告している。

研究を命ぜられた兵器資材は左の如くである

狙撃砲　擲弾銃、榴弾、信号弾　軽迫撃砲　防毒覆面　鉄兜　手榴弾　臨時高射砲　毒ガス発射機　火焔発射器

終末も間近いヨーロッパ大戦をかなたに見ながら、この大戦を体験しない日本陸軍は、新兵器をあれこれ模索する努力をつづけた。だがこれらはまだ〝特種〟兵器としか考えられていなかった。

日本の砲兵は……

世界大戦では、驚くべき大規模な砲撃戦が展開された。砲の数、弾量が勝敗を決する重大要素となったのである。そして、この大正前期において、日本陸軍の砲兵はどんな道を歩んでいたのか。

四五式火砲群諸元		口径	砲身長	初速	最大射程	砲床	運搬・重量
	四五式二十榴	20 cm	3.186 m（16口径）	480 m	10300 m	鉄製の扇形板と支柱を地中に埋設基礎とし、多数の木杭を砲床下に植立、水平とする	五部に分解 約22トン
	四五式二十四榴	24 cm	3.892 m（16.2口径）	390 m	10400 m		五部に分解 約35トン
	四五式十五加	14.91 cm	7.515 m（50口径）	800 m	15000 m		四部に分解 約32トン

まず火砲についてみると、日露戦争のおわった時点にさかのぼらなくてはならない。すでに記したように日露戦争後、ドイツのクルップ社から輸入した火砲を、制式に定め「三八式……砲」と命名した。そして、そのあとにつづいたものは、四五式と銘うった、攻（守）城砲の制式制定であった。

大正元年十一月二十七日、技術審査部長・楠瀬幸彦から上原勇作陸軍大臣にたいし、制式制定三点の上申がでている。いずれも攻（守）城砲である。

　四五式二十四糎《サンチ》榴弾砲
　四五式十五糎加農《カノン》
　四五式二十糎榴弾砲

四五式二十四榴は大正元年十二月十八日、軍令陸乙第五号をもって、四五式十五加は同日、同第五号をもって制式と定められている。

四五式十五加についての上奏の際の理由書にはこうある。

〈最近戦役（日露戦争）の実験と築城の進歩及び我国要塞

兵備の現況とに鑑み、攻守城砲、堅固なる野戦築城陣地の攻撃及び防禦、海岸防備用として堅固なる垂直目標の撃破、又は遠距離より人馬の殺傷、材料の破壊を為し得べき、優大なる威力を有し車輛又は人馬を以て運搬し、且容易に兵備し得べき平射砲を必要とす〉

二十四榴についても「……堡塁又は砲塔の如き抵抗力大なる目標を撃破し得べき優大なる威力を有する曲射砲を必要とす」と上奏されている。二十榴は不備な点があったのか、制式化されていないが、若干数は整備されたのか、この三種の火砲が大正三年、青島要塞攻略に使用されたことは前述した。

これら三種の火砲の諸元を右表に示す。

四年式十五糎榴弾砲

大正四年三月十五日、軍令陸乙第三号をもって「四年式十五糎《サンチ》榴弾砲」の制式が制定された。この砲は大正四年式ではあるが、世界大戦の経験の所産ではない。日露戦争のあとから、陸軍技術陣が鋭意開発をすすめたものである。

制式決定のための上奏理由書にこうある。

〈軍事の進歩と戦術の変遷とは、野戦に於て使用する重砲に益々遠大なる射程及び高射界射撃と、十分なる運動性とを要求するに至れり。現用三八式十五糎榴弾砲はこの点に於て稍十分ならざる感あり。本文火砲は研究審議を遂げ、以上の要求に対し、優良なるを確認す。依って将来重砲兵制式火砲として採用せらるるを適当とす〉

重砲兵とは、野戦重砲兵という意味である。

明治四十一年、野戦砲の威力および運動性増加の目的で試製砲制作の認可をうけ、技術審査部で甲号、乙号の二種を試製して実験した結果、さらに丙号を設計、明治四十三年、大臣の認可をえて丙号砲の試製に着手した。

四十四年、一門が制作され、四十五年にわたってテストし、これを「試製十五榴」と称した。技術審査部の会議で「重砲兵材料（火砲）として採用を可とし、更に四門より成る中隊の材料を新調して研究すべき」決定をして、大臣の認可をえて、四門を製作し、大正二年十一月から大正三年八月までテストをかさね、大正三年十一月、会議にかけて制式採用に決した。

何とも悠々たる開発のテンポである。慎重にやったのかもしれないし、急ぐ必要もなかったのであろう。創製発意から九年かかって制式と決められたのである。

この〝虎の子〟のような四年式十五糎榴弾砲の諸元は次のとおりである。

口径　一四・九一センチ

砲身長　一・八メートル

砲架様式　単一箭材・組み合わせ式

四年式十五糎榴弾砲

口　　径	14.91 センチ
弾　　量	36 キロ
初　　速	398.9 メートル（秒）
最大射程	8800 メートル
放列重量	2800 キロ

四年式 15 センチ榴弾砲の移動姿勢
砲身車（中央）と砲架車（右）に分解して運ぶ。左は弾薬車

放列砲車重量　二・八トン

運搬様式　二車分解、六馬輓曳

方向射界　六度

高低射界　俯五度―仰六五度

初速　三九九メートル

最大射程　八八〇〇メートル

この砲は太平洋戦争にいたるまで使用された良い砲であった。

日本の砲兵部隊

第一次大戦は、軍事のあらゆる面に大きな変革をもたらした。砲兵についていえば、砲兵が〝射的〟であった時代は、とうに過ぎ去っていた。

「弾幕」という言葉がでている。ある地域に砲弾を射ちこんで、敵の歩兵のとおれない弾丸の網のような地帯を作るのである。防ぐ場合には、これを固定させておいて敵の侵入を防ぐ。攻撃するときは、この弾幕を歩兵の前進する前方に時間と距離をはかって移動させる。固定弾幕射撃、移動弾幕射撃というのがこれだ。これだけの弾丸をぶちこめば、これだけの成果があるはずだ、と遮二無二、射つのである。

戦果は、砲兵数×発射速度×時間による。砲兵数と弾薬数は莫大な数が必要となってくる。

攻撃準備射撃（攻撃前に敵砲兵をやっつけ、敵陣地を破壊してしまうという射撃）が数日間もつづく。砲撃開始前に試射などをやっていたら、企図は暴露するしめんどうだ。戦場全域を測量しておいて射撃諸元をだし、気象条件なども加味して、最初から効力射ではじめる。途中で観測・修正などはしない。計算した弾量をとにかくぶちこむのである。「無試射、無観測射撃」とよばれる。目標をねらって、弾着が遠い、近い、などとのんびりやっている時代ではなくなっている。鉄量をぶちこむ戦争になったのである。

歩兵の数にたいする砲兵の数の比率は、非常に増大している。大砲そのものも大口径なものが増してくるし、種類も平射砲だけでなく、榴弾砲のような擲射砲も要求される。従来野砲主義であったフランス軍も、一五センチ榴弾砲を師団に持たせるようになったし、ドイツ軍も一〇センチ榴弾砲を装備した。

このような砲兵の戦闘が、ヨーロッパでは行われていたのである。

それでは、日本の砲兵部隊はどうなっていたであろうか。明治末期の「平時編制」部隊については表示しておいたし、明治末期の重砲兵隊乙の漸増の趨勢、青島戦役の砲兵部隊についてもすでに述べたが、ここで大正四年現在（全軍二一個師団）の日本の砲兵部隊を見よう。

●野砲兵（明治四十年、野戦砲兵を野砲兵と改称）と山砲兵
師団砲兵－野砲兵二一個連隊（各二個大隊六個中隊）
野砲兵三個旅団－野砲兵六個連隊（同右）
山砲兵三個大隊（各三個中隊）と台湾に一個中隊
騎砲兵一個大隊（二個中隊－野砲兵第18連隊内）
●重砲兵（明治四十年、要塞砲兵を重砲兵と改称）
重砲兵二個旅団－重砲兵四個連隊（編制各種）
重砲兵二個連隊（同右）
重砲兵一〇個大隊（同右）

これが陸軍砲兵部隊の全容である。

この大正四年から、これまでの一個中隊六門の編制が改められて四門となった。砲身後座式の性能のよい速射砲となったから、四門でも射撃効果があげられることや、射撃指揮の関係からであろう。

大正六年、独立した大隊であった山砲兵部隊を山砲兵連隊に増強、一個大隊（各二個中隊）の編制、三個連隊となった。

大正七年、師団砲兵連隊（野砲兵第21を除く）を各三個大隊、合計九個中隊（中隊は四

門）とした。野砲兵第1、第2、第3、第20（第14師団）、第22（第16師団）、第24（第18師団）の六個連隊を野砲二個大隊と十五榴一個大隊の編制、野砲兵第21連隊を野砲二個大隊と騎砲一個大隊（二個中隊）とした。そのほかの師団砲兵一四個連隊は野砲であった。

野砲兵旅団の連隊は、これまでどおり二個大隊、計六個中隊、ただし野砲兵第18連隊には二個中隊の騎砲兵大隊がついて三個大隊、計八個中隊（騎砲兵は合計二個大隊）であった。

師団砲兵に十五榴を加えた編制構想は、フランス軍にならったものと思われるが、この案は軍縮のため、ついに実現しなかった。いずれにせよ、日本の砲兵は、フランスの影響を多分にうけたのである。

大正七年の軍備充実は、砲兵にとって大きな刷新であった。「野戦重砲兵」が誕生した年だからである。その基礎はこれまでの重砲兵部隊中の乙隊である。

二個旅団に編成し、六個連隊、各二個大隊、各三個中隊の十五榴部隊が生まれた。

従来の重砲兵甲隊、すなわち海岸要塞の砲兵部隊は、二個連隊と九個大隊に縮小された。

これが、大戦を海のかなたに見ながらの日本陸軍砲兵の精いっぱいの拡張であった。

何とも、さびしい限りである。

大正八年（一九一九年）

大正八年（一九一九年）という年は、日本陸軍にとって特筆に値する年であった。それは、陸軍が世界大戦の戦訓をふまえて本格的に軍の体質を改めようと再発足した年だからである。しかし、同時に客観情勢もなかなか厳しくなりはじめた年でもあった。まず、この大正八年前後の日本の状況をみよう。

大正七年（一九一八年）

四月　日英陸戦隊、ウラジヴォストークに上陸開始、「シベリア出兵」である。

八・二政府、出兵宣言

七・二三　米騒動、富山県にはじまり、全国に波及

九・二八　原敬内閣成立。陸海軍の大臣以外の全閣僚は政友会党員、日本の政党内閣のはじめ。首相原敬、爵位をもたぬ総理大臣のはじめ。平民宰相として人気があった

一一・一一　第一次世界大戦おわる

大正八年（一九一九年）

一・一八　パリ講和会議開く

三・一　朝鮮全土に独立運動（三・一運動、万歳事件）おこる

五・四　北京の学生、山東問題に抗議し示威運動（五・四運動）。北京、上海にひろがり、青島還付を要求
六・二八　ヴェルサイユ講和条約調印（米国上院は十一月、批准案否決）
前年、大戦がおわって、連合国からの軍需品の注文と交戦諸国がアジアから手をひいていたあとに進出するという二つの理由から、空前の繁栄を誇っていた日本の製鉄、造船をはじめ諸産業は打撃をうけはじめた。だが、戦後復興の諸資材の注文があってたちなおり、この年は戦時にまさる好景気であった。内閣も積極政策であおった。
三月　戦時中、輸入途絶で騰貴した商品の、休戦による価格暴落は三、四月でやむ。以後、上昇に転ず
五月　米価騰勢つづく
六月　企業ブーム、新規事業増加に転ず
大正九年（一九二〇年）
三月　株式市場、株価暴落で混乱。商品相場も混乱。戦後恐慌のはじまりである。六月にはアメリカでもはじまり、さらに影響をうける。農村への打撃もすくなくなく、農産物価、軒なみに暴落
大正七年九月、政友会を基礎とする原敬内閣が成立した。純政党内閣だから組閣はすら

すらと行きそうだったのだが、危く、鰻香《まんこう》内閣の二の舞いを演じそうになった。またか、と思うだろうが、軍部大臣の人選難が原因であった。

何しろ原敬は、軍部大臣の資格を予後備役の大中将にまで拡張した張本人である。軍部がこれを忘れているわけはない。彼に好意は持たないから、大臣になり手がない。剛腹な原も、兜《かぶと》をぬいで、一面、軍備充実を標榜し、他面ひたすら山縣に援助を求め、かろうじて陸軍大臣に田中義一（長州の直系）、海軍大臣に加藤友三郎（留任）を得て、やっと内閣を作ることができたという始末であった。

純政党内閣とよばれ、翌大正九年の総選挙では一躍、絶対多数をとり、政友会の黄金時代を現出した原敬であったが、軍部の〝壁〟は予想外にかたく多くの譲歩をせざるをえなかったのである。

初の政党内閣の原内閣は、教育の振興、産業の振興、交通機関の整備とともに、国防の充実をもって四大政綱とし、大正八年の予算案にはこの積極政策がもりこまれた。国防の充実には海軍の、アメリカとの建艦競争である八八艦隊建設計画を実行に移すとともに陸軍の要求する軍備充実をも含み、陸海軍省は、合計三億四五〇〇万円、前年度にくらべ四六パーセント増の大予算をえた。これが大正十年度になると予算総額の四九パーセントにもなるという厖大《ぼうだい》な計画であった。

陸軍の軍備改変

こうした政策のもとで、陸軍軍制にもいくつか画期的な改編が行われた。その最も注目すべき点は、陸軍航空部隊の一本立であり、さらに陸軍技術本部、科学研究所の誕生であった。そのほか航空学校、工兵学校の新設、各兵種実施学校の拡充など、世界大戦の経験をふまえて、軍近代化のための総合的施策に着手した年であった。

なお、原内閣が成立していらい、政府、政党の、軍部の特権的な立場にたいする攻撃は依然きびしく、それまで武官をもって任ずることになっていた朝鮮総督、台湾総督、関東都督などを文官とする制度をとった。このため、関東軍司令部、台湾軍司令部が生まれることになった。前者は大正八年四月、後者は同年八月のことである。昭和の日本の歴史に大きくクローズ・アップされる「関東軍」という名は、このときに生まれたのである。

航空部隊が、大正八年になって一本立することになった。一本立という意味は、これまでの交通兵団の中の寄り合い世帯から分離して、航空大隊だけになったという意味で、航空兵として独立的立場を占めたというのではない。航空兵科の独立には、まだ六年かかるのである。

この年、交通兵団司令部を廃して、陸軍航空部が生まれた。これは〝軍隊〟ではない。陸軍大臣に属する陸軍省外局の官衙《かんが》であって、いわば航空部隊育成の面倒をみる役所である。平時編制上、各航空大隊は所在地のある師団に隷属することになった。そしてこれらを管理するために陸軍省軍務局に「航空課」が新設され、軍政的事務処理の態勢もとられた。

いっぽう陸軍航空学校が、この大正八年、所沢に新設された。本部、教育部、研究部、教導中隊、材料廠よりなる。

これで陸軍航空部隊は、指揮系統的には各師団に属する形であるが、平時ではあるし、創設時代に必要なのは教育や器材補給であるので、陸軍省の直接支援のもとに、教育と器材とを一元的に扱って、その進歩をはかろうとする態勢が整えられたわけである。

大正八年の平時編制改正で、陸軍技術本部、陸軍科学研究所という名の官衙が生まれた。日本陸軍の技術方面の新態勢である。これについても明治の建軍いらいの経緯の説明をする必要がある。「軍」というものを建設すれば、当然、兵器、器材の研究、審査などの機関を必要とする。

明治の陸軍は、明治九年(一八七六年)に「砲兵会議」、明治十六年(一八八三年)に「工兵会議」を設けた。それぞれの兵器、器材の研究、審査の機関である。明治三十六年(一九〇三年)、つまり日露戦争の直前に、この砲兵会議と工兵会議を一体として「陸軍技術審査部」を設けた。これが本書の各所にでてきた「技術審査部」である。

大正期に入って、世界大戦の経験から、研究すべき兵器、器材の数は厖大なものとなっていた。そして、ますます拡充研究せねばならないので、新体制がとられたわけである。この時の編制で、総務部、第一部（火砲、銃器、弾薬、車輛、観測器材）、第二部（無線関係を除く工兵器材）、第三部（兵器図ほか図書作成）からなっていた。のちに戦車、自動車などの発達にともなって、満州事変の末期にこれの担当の部を第三部とし、通信関係は第四部に含まれることになる。

陸軍通信部隊の沿革

ここで、無線器材が当初の技術本部から外されていたことを説明しておかなくてはなるまい。これも歴史的現象である。

日本で、軍用有線電信がはじめて戦争に使われたのは、西南戦争である。明治十二年に軍用電信隊が設けられたが、明治二十年にこれを廃止し、全国の工兵隊で教育が行われることになった。日清戦争には、野戦電信隊や兵站電信隊として従軍した。みな工兵である。

明治二十九年に鉄道大隊が創設されたが、その一個中隊は電信中隊で、これは鉄道通信員の養成を目的とするものであった。

明治三十三年の北清事変で第5師団が出動した時にも野戦電信隊が出動して、大沽〜天津〜北京間に電線をひいている。

明治三十五年に鉄道大隊の電信中隊を廃して「電信教導大隊」を創設した。これは実質的には学校である。大隊長も部隊付も工兵の将校で、ここで全国の工兵大隊、重砲兵隊の将校、下士、兵卒や、騎兵隊の将校を学生として集め、通信の教育をはじめている。歩兵科がこれに加わっていないことは注目すべきである。

日露戦争には勿論、多くの野戦電信中隊や兵站電信中隊、それに臨時の電話隊が従軍した。野戦に有線電話が実用されるようになったのである。戦後の明治四十年に電信教導大隊が廃止され、電信大隊（有線中隊のみ）が創設され、軍隊的内容となったが、依然、電信部隊を生みだす母体であった。

日露戦争中に無線電信が実用されるようになった。日本海海戦のときの「敵艦見ゆ」の通信も「敵艦見ゆとの警報に接し、連合艦隊は……」という報告も有名である。

明治四十二年、陸軍技術審査部は、はじめて東京〜直江津間で無線通信試験を行った。翌四十三年、東京中野の電信隊に「陸軍無線調査委員会」が設置された。これは臨時の機関であるが大正十四年に通信学校が設立されて業務の一切をこれに引き継ぐまで、無線関係の研究審査機関でもあり、整備にかんする教育機関でもあった。

初期の無線電信機は、大型で重く移動に不適であったので、陸軍では採用がおくれたが、ドイツからテレフンケン移動式無線機を買って、はじめて陸軍の無線器材の具体的な研究審査がはじまり、電信隊将校以下に教育が開始された。大正時代に入ると電信隊の根幹は有線電信、電話であるが、しだいに無線が実用化されるようになった。長波の全盛時代である。大正三年の青島戦役には無線電信隊がはじめて参加し、大正四年には電信隊の編制が改められて、無線一個中隊が増設された。無線の常設部隊の初めてである。

大正七年のシベリア出兵にも出動し各所に固定無線通信所がつくられた。そしてこの年、電信隊は有線二個大隊（計六個中隊）、無線一個中隊、材料廠と編制を改められて電信連隊と改称し、別に有線三個中隊の独立電信大隊が広島県の忠海につくられた。

大正九年になって電信連隊で、はじめて、各兵科の将校下士官に無線通信教育が開始されることになるのだが、とにかくこうした事情から無線器材の研究、審査は、技術本部の担任外で陸軍無線調査委員会（のちに通信学校）が行った。当時すでに制式車輛もあった自動車の分野についても同様であった。軍用自動車調査委員会というのが担任し、のちに自動車学校の担任へと移るのであった。

ともあれ技術本部の拡大は、そのほかの技術部門での改正とともに「陸軍技術制度の改善を目指すもの」と平時編制の改正理由に述べられている。この目的のために、従来の陸軍火薬研究所を陸軍科学研究所と改め、砲兵工廠、陸軍砲兵工科学校などの編制も改正された。

陸軍技術本部の兵器研究方針

大正八年、軍近代化の第一歩として名も技術本部と改めて新発足をしたからには、当然、当面の研究方針を定めなくてはならない。

大正八年六月、研究方針をこう定めたい、という申請が陸軍大臣に提出された。陸軍大臣は、これを陸軍技術会議（これはこれより先に作られていた兵器器材の制式決定などの審議機関で陸軍次官を議長とし、参謀本部、陸軍省、教育総監部の関係課長、技術本部の関係部長、造兵廠や兵器本廠など関係官衙の職員などを委員とするもので、審査の上、大臣に意見を述べる組織であった）に審査の上報告せよ、と下命、技術会議（議長・山梨半造陸軍次官）は約一年にわたって審議した結果、大正九年五月に大臣に報告した。

これをさらに参謀本部、教育総監部に「意見はないか」と照会し、「異存なし」という回答をえたのち、正式に命令として技術本部長にもどされた。手続きを詳しく書いたが、こうした過程を経て決められるということを記したのである。

さて、この大正九年七月二十日付で示達された技術本部兵器研究方針は、第一号のものであり、この時点において国軍の兵器、器材の面で何が必要であるかを明示するものであった。日露戦争以後、とくに世界大戦の教訓が明らかになるに従って増大してきた装備関係の懸案事項を集大成したもので、その後の日本陸軍の足跡をたどる基礎となるものであるから、その全容を記載することにする。
まず「綱領」がついている。兵器研究の根本方針である。
研究方針の綱領
一、兵器の選択には運動戦、陣地戦に必要なるすべてを含むも、運動戦用兵器に重点をおく（ヨーロッパ戦場のような陣地戦を東洋で行うという情勢はまったくない。大戦の教訓を取捨する必要があるというわけである）。
又、努めて東洋の地形に適合せしめることに着意す（予想戦場であるアジアの地形は、道路網の不備な錯雑不毛の地が多く、ヨーロッパの戦場とは条件がまったくちがう。この考慮が久しく、とくに軍の機械化を論ずる場合に制約としてついてまわる）。
二、兵器の研究は戦略、戦術上の要求を基礎とし、之に応ずる為技術の最善を尽すを根本義とし、且、兵器製造の原料、国内工業の状態に鑑み戦時の補給を容易にすること、及び使用に便にして、戦時短期教育を容易ならしむることを顧慮するを要す（当然の原則であるが、このとおりできるか、どうかが問題なのである）。
三、軍用技術の進歩の趨勢に鑑み、兵器の操縦運搬の原動力は人力及び獣力によるの外、広く器械的原動力を採用することに着手す。（日露戦争の運搬原動力が人力、馬力であったことは、すでにみてきた。おそまきながら「軍機械化の宣言」である。しかし世界大戦五カ年を戦いぬいた欧米各国とは、機械化の面ですでに非常な差がでている。非常などころか、日本はまだゼロである。戦時中のような死物狂いの努力をしなければ追いつくことはできないであろう。ましてやアジアの地形はこれに不利である。日本陸軍は、当時、そしてこの後、軍機械化宣言を、どれほど真剣に考えたろうか)

四、本方針は新に着手すべきもの及び大なる修正を加うべき重要なる兵器の研究方針を示すものにして、重要ならざる新研究及び現制兵器の小修正は別に之を詮議《せんぎ》す。新兵器研究の結果旧式となるべき兵器と雖《いえど》も部分的修正を加え、之を利用するを主義とす(旧式となった兵器を捨ててしまうのは不経済だから利用するのに異論はなかろうが、これらが旧式と正しく評価されないとしたら、こんなものをあてがわれた部隊の将兵は、たまったものではない)。

五、敵の意表に出ずるが如き兵器の創製はわが国軍には最も緊要なりと認む。然れどもこの創製は一の発明或は案出に属し、秩序的業務として規定し難きをもって本方針には之を示さず(無理もない考えだが、これで果して国軍に最も緊要とする意想外兵器が、どれだけ創製されるのであろうか)。

備考一、航空機に装備すべき機関銃、小口径火砲、及びこれ等の弾丸竝びに投下爆弾等の研究は、陸軍航空部の要求に応じ陸軍技術本部これを担任す。

二、自動車、無線電信、及び毒ガス等に関しては、他の兵器と関連し研究すべきものにありては、各々当該調査委員と協定し研究するものとす。

以上が綱領の全文である。このあと当時の技術本部の担任する兵器、器材の全部にかんする方針が詳記されているが、ここでは主として銃砲にかんするものを概観することとしよう。

第一　歩兵兵器

甲　速かに研究、整備すべき兵器

歩兵銃　　口径七・七粍《ミリ》のもの

機関銃　　当分、三年式機関銃につき、口径変更、三脚架改正など

軽機関銃　既製二種の軽機関銃の実用試験ほか、口径は歩兵銃改正に伴い七・七粍

歩兵砲　　三七粍砲は既製品の二種に就て、左の要件の曲射歩兵砲を研究

手榴弾　　曳火手榴弾を研究

銃榴弾　　歩兵銃で発射しうるもの

特種　　　防楯、装甲鈑を射貫しうるもの

備考　目下歩兵兵器と見做されある軽迫撃砲はこれを本然の迫撃砲兵器の部に於て研究す。状況上歩兵に配属することは戦術上の使用区分に委す。

乙　余力をもって研究しおかんとする兵器

自動小銃　新に一、二の様式を研究す
塹壕《ざんごう》兵器　擲弾筒《てきだんとう》外、今次戦争で用いられたあらゆる兵器

要するに、歩兵用兵器は全部、急いで検討、研究をやりなおす必要があったのだ。三八式歩兵銃は、それは一つの立派な完成品であるのだが、口径が六・五ミリであることは、世界的水準からみて、すでに改定が論議される時期になってきた。また同時に、重機関銃と歩兵銃との間をうめる歩兵兵器として、多量の弾丸を連発する軽量の機関銃や自動小銃がクローズ・アップされてきた。大戦の経験から考えれば、当然の帰結である。

また、ここで軽迫撃砲がでてきているが、これは日露戦争の旅順攻撃の経験から、歩兵兵器と考えられていたものである。歩兵砲としての曲射歩兵砲もその一種だが、このとき、迫撃砲は歩兵兵器からはずされている。これは、砲兵がほしがったからか、というとそうではない。野（山）砲、榴弾砲などとちがって、命中精度というものからみるとあてにならぬ兵器だから砲兵はこんなものに熱心にはならない。のちに瓦斯《ガス》弾発射には便利だから化学戦部隊がこれに熱意を示したが、要するに日本軍ではあまり迫撃砲は重視されなかったのである。

太平洋戦争末期、防禦用接近戦兵器が絶対必要という時期となってクローズ・アップされてくるのだが、それまで、この軽量、操作しやすい兵器は、〝歩兵兵器から外して〟し

まったことで宙に浮き軽視されたのではないかと思われる。

第二　騎兵兵器

騎銃　四四式の口径増加を研究

機関銃・軽機関銃　歩兵兵器で研究

槍　伸縮式、折たたみ式とし（やむなくば螺旋式）軍刀を廃し拳銃を携行せしむ。

槍の長さ約三米《メートル》、重量二〜二・四キロ

弾薬盒、乗馬具など

槍の研究が依然、のこっている。すでに述べた騎銃に銃剣をつける論議いらいの、騎兵の武装についての根本研究の流れである。これが実現すると、槍ぶすまを作った騎兵集団の乗馬襲撃という、フリードリヒ大王やナポレオン時代の情景が再現されるわけである。しかし、もう大正九年である。こういうものがでてくること自体、おかしい。筆者が『帝国陸軍機甲部隊』で紹介した〝騎兵無用論論争〟は、ちょうどこのころ起こったのである。

砲兵兵器については、次のように書かれている。要するに、現制兵器では、時代おくれになっていたのである。

第四　砲兵兵器

甲　速かに研究、整備すべき兵器

野砲兵　七・五糎《サンチ》野砲　射程約一万米《メートル》のもの

一〇・五糎榴弾砲　射程約一万米のもの

騎砲兵　七・五糎騎砲　野砲同様

山砲兵　七・五糎山砲　現制は駐退機を改造、新たに一様式を

航空機射撃用砲兵

七・五糎移動高射砲

一〇・五糎移動高射砲

七・五糎自動車高射砲

七・五糎固定式高射砲

一〇・五糎固定式高射砲

野戦重砲兵

一五糎榴弾砲　現制四年式に代るもの射程約一万米

一〇・五糎加農　三八式に代るもの射程約一万二千米

陣地重砲兵

十五糎加農　現制四五式十五加のほかに射程約一万六千米のもの

二〇糎榴弾砲　装輪式のもの　射程一万米
二四糎榴弾砲　四五式以外
特殊重砲兵
三〇糎榴弾砲　七年式三〇糎榴弾砲（短）を陸戦使用の目的で
二七糎列車砲　現制二七加を射程約二万米の列車砲に広軌用に（満州の鉄道）
海岸砲兵
四一糎榴弾砲　概ね七年式三〇榴の様式で
迫撃砲兵
軽迫撃砲　射程三〇〇〜一七〇〇米　炸薬量五キロ
軽迫撃砲　射程三〇〇〜八〇〇米　炸薬量一〇キロ
重迫撃砲　射程五〇〇〜三〇〇〇米　炸薬量四〇キロ
以上
乙　余力をもって研究せんとする兵器
今次、シベリアに於ける戦闘の如きを顧慮し、小口径列車砲、ドイツ軍の長距離射撃砲の如きものを研究す

これらの銃砲兵器のほか、この「研究の方針」には第一部管掌の、弾丸、火具、火薬、

戦闘器材(鉄兜、防楯、火焰放射器、突撃用器材－主として鉄条網爆破用器材)、架橋器材、通信器材、鉄道器材、照明器材、築城及び迷彩用資材などにわたるものまでが規定されている。このほかに無線器材や、化学戦兵器などがある。

観測照準具、標定具がある。第二部管掌のものは、土工器具、坑道器具、爆破器材、近接

軍の機械化

この時に、陸軍はおそまきながら〝軍機械化の宣言〟をしたのであるがこれについてはどうなっていたか。

陸軍としてのこの問題研究の着想がすでに明治四十年に明らかにされていたことはすでに述べたが、あれからもう一〇年以上たっているのだが、この「研究方針」には載っていない。前に述べたように管轄外だからである。技術会議としては勿論この件について審議して、その報告に次のように述べている。

自動車に関する研究方針を左の如く定む。

一、制式貨物自動車

シベリアにおける実験及び製作上の見地より、改正を要する点少なからざるを以て之を研究、改正す

二、石油使用の自動車発動機を研究す
三、蒸気発動機の自動車を研究す
最近米国スタンレー会社に於て成功せる発動機は最も有望にして次に述ぶる牽引自動車、タンク、装甲自動車等に使用し、頗る有望なるを認むるを以てなり
四、牽引自動車
軍用自動車調査委員にて購買中の各種牽引自動車の到着をまって、実験の上、我国軍及び東洋の地形に適当なるものを研究、決定せんとす
牽引自動車の研究と共に、被牽引車たる現制火砲には弾性車輪（ゴムタイヤなどのこと）の研究準備を必要とす
五、高射砲搭載自動車
砲兵兵器、航空機射撃兵器の部に記述する如く、野砲口径の自動車高射砲を研究す
六、装甲自動車
主として騎兵と協同すべき軽快なる偵察用自動車を研究す
七、タンク
先ず仏国ルノー型の小型タンクを研究せんとす
一見して、銃砲や器材類の具体的であるのにくらべ、これは内容空疎である。ヨーロッ

パの戦場では、すでに数百、数千の戦車が動き、重砲は機械化され、万で数える自動車輜重が動いた。

日本は自動車は制式自動貨車（トラック）一種をもつだけで、牽引自動車（トラクター）やタンクも買い込んできて、調べてみないことには、どんなものか判らなかったのである。機械化の〝立ちおくれ〟どころか、まだ〝這って〟もいなかった。この面でも、第二流、第三流の軍隊となってしまっていたことは、是非もない次第であった。

自動車にせよ牽引車にせよ戦車にせよ、内燃機関兵器である点ではおなじだが、日本軍では明治末年から目が輜重用自動車に行ってしまった。これ以外に戦法上からの要求など全くでていない。ここに全軍的機械化のスタートの遅れがあったのである。

（大正十四年には日本陸軍も本格的に戦車開発に着手するのであるが、この問題については『帝国陸軍機甲部隊』（白金書房刊）に詳述したので、本書では陸軍全体にかんすることをとりあげることにする）

さて、見てきたように日本陸軍は、大正八年になっておそまきながら、世界大戦型の兵備を目ざして第一歩をふみだした。外見的には前進しているのだが、内面的にはどうであったのか。

これまでの章で随分と陸海軍の悪い点ばかりほじくりだしたようだが、その陸軍の弱点はなかなか消えぬどころか、別の悩みも起きていたのである。

魅力のなくなった陸軍

世界大戦で日本は好景気に湧いたのであるが、大正初期のいわゆる大正政変や「藩閥軍閥を倒せ」という声が天下をうずめて以来、軍の人気は、きわめて悪くなっていたのである。日露戦争当時の挙国一致の状態は、いまや忘れ去られた昔話のようになっていた。

陸軍の内情、その内紛をあばく、前出の『陸軍五大閥』のような本が遠慮なく発行されて、大将、将軍もくそみそである。事実、陸軍では大正になってから将校の進級は停滞し、その始末に悩み、士気もあがらなかった。

こうした情勢のなかで、陸軍というものが、この時代の少年たちにとって魅力を失うのは当然ともいえる。

これを立証する記録がある。

大正十年五月、教育総監部がまとめた「将校生徒志願者召募状況」という文書である。

将校生徒というのは、陸軍幼年学校生徒、士官候補生、陸軍士官学校予科生徒をいう。幼年学校生徒は高等小学校卒業生や中学校二年程度から、士官候補生や予科生徒は中学校四、五年程度から志願するものである。

この志願者の数が大正六年をピークとして、大戦のおわった大正七年いらい急激に減っているのである。陸軍にとって大問題であった。

士官候補生・陸軍士官学校予科生徒

	大正6年 士官候補生	大正7年 〃	大正8年 〃	大正9年 〃	大正10年 士官候補生	大正10年 予科生徒
採用者数	220	220	130	130	123	110
志願者数	3926	2971	1934	1482	1115	1675
身体検査不合格者数	741	561	333	221	195	119
身体検査不参者	979	777	384	357	255	589
学科試験中止者	169	103	64	73	38	95
試験終了	2037	1530	1153	831	627	902
採用一人当たり終了者	9.3	6.9	8.9	6.4	5.1	8.2

幼年学校生徒志願者

	大正6年	大正7年	大正8年	大正9年	大正10年
採用者数	300	300	300	300	200
志願者数	5732	4971	3699	2712	3645
身体検査不合格者	1538	1282	947	719	871
身体検査不参者	633	629	273	146	174
学科試験中止者	21	28	16	9	49
試験終了者	3533	3032	2463	1839	2551
採用一人当たり終了者	11.8	10.1	8.2	6.1	12.8

	大正6年		大正7年		大正8年		大正9年		大正10年	
	幼	士	幼	士	幼	士	幼	士	幼	士·予
石川県	9	3	12	1	15	3	10	0	8	6
愛知県	16	3	22	3	22	5	18	10	13	11
岡山県	12	6	10	5	18	3	12	2	9	4
山口県	33	14	40	15	23	9	38	11	10	14
福岡県	12	14	9	19	13	4	9	7	6	15
佐賀県	4	14	3	8	9	3	9	6	5	8
熊本県	15	16	6	8	11	7	14	8	12	14
鹿児島県	16	20	16	10	20	7	21	6	15	10
東京府	27	10	18	11	19	6	22	5	11	8

大正八年から士官候補生の採用者が一三〇名と減っているが、これは定数を減らしたのではない。採れなかったのである。採用予定者は二二一名として合格通知をだしたのだが、入校までに一〇四名が辞退してしまった。不合格者の中からそんなに多く補欠採用するわけにもいかないから、一三名補充して、一三〇名採用となったわけである。自然、素質のよい者は陸軍に集まらなくなった。

大正九年には、もうあきらめて初めから一三〇名と予定したところ、六〇名がほかの学校に行ってしまった。そこでやむをえず六〇名を補欠採用したというのが実情であった。

これら将校生徒志願者と採用者の出身地は全国にわたっているが、上の表によると地方によ る偏りがある。明治いらいの伝統のある地方は依然強い。日本陸軍将校の体質を示すものといえる。

東京府の数の多いのは、人口が多いからでも伝統からでもない。軍人の子弟が多く居住しているからである。人口の多い大阪府、京都府は志願者、採用者ともに少ない。列挙した県は、伝統のある八県を筆者が抽出したものであるが、さすがに多い。

大正六年の幼年学校生徒採用者三〇〇名中、この八県で一一六名、三九パーセントを占め、士官候補生二二〇名中九〇名、四一パーセントを占める。

第十一章　騒乱のアジア大陸

辛亥革命以後の支那大陸での歴史は、本書で詳述する範囲のものではないので、「三八式歩兵銃」に関係あることにかぎって簡単に述べ、あとの騒乱の進展を理解する程度にとどめて筆を進めることにする。

北方軍閥

日清戦争のころの清国は、統一されているように見えたが、実はそうではなかった。当時の清国は直隷、江南、両湖、閩浙、両広、雲貴、陝甘の各総督が実権をにぎり、満州では奉天将軍が実力者であった。だから清国では、日清戦争は直隷総督であった〝李鴻章の戦さ〟とうけとっており、たとえば両広（南支）総督・張之洞は、このとき中立をたもっている。まことに妙なもので、挙国の戦いではなかったのである。

李鴻章が死ぬと、袁世凱が直隷総督となり兵制改革にのりだしたが、このとき日本陸軍が援助したので、その後のつながりもできることになった。幼帝、宣統帝が即位したころ、袁世凱は追放されて郷里にあったが、この間、明治四十四年（一九一一年）十月に、黎元洪が武昌に起《た》って兵をおこし、ついで陳其美が浙江に起って南京を占領し、外遊していた孫文が帰国して南京に政府をつくった。これが辛亥革命である。

清国政府は非常にこまって、袁世凱を起用して、国務総理とし、彼が日本式に訓練していた北洋新軍をもって、これを鎮圧しようとした。当時、袁の部将には馮国璋と段祺瑞という二人がいた。袁はまず馮国璋を第1軍司令官として二個師団をもって京漢線を南下させ、武漢革命軍に痛撃をあたえた。さらに段祺瑞は第2軍司令官として、威風堂々清浦線を南下して馬廠まで行ったが、そこで前進をやめ、清朝に上書して清朝の政治改革を迫った。袁世凱の仕組んだ芝居といわれるが、とにかくこれで宣統帝が退位して清朝は亡びた。明治四十五年二月二十五日（宣統三年十二月二十五日）である。

この年一月一日、南京臨時政府が成立し、孫文が臨時大総統となり、中華民国元年と称した。革命は一応成功したわけである。だが、このあとがなかなか大変であった。

袁世凱は、はやくも民国元年（大正元年、数字は大正におなじ）に、孫文にかわって臨時大総統となり、民国二年十月には正式に大総統となった。この間、孫文は第二革命（民国二年七月）を志して失敗（同九月）、さらに雲南におこった革命を総合し、西南六省連合をはかり（第三次革命、民国四年十二月）、しだいに地歩をかためて、北方派に対した。

袁世凱は南方派の擡頭を鎮圧しながら、その勢力をのばし、民国四年十二月には皇帝となった。

これより先、民国四年、すなわち大正四年に、日本の対支二一カ条要求問題がおこり、袁世凱大総統は報復的に排日を指導し、日本は付属条件を撤回して妥結が成るという大きな事件があった。

こうした大陸での北方派、南方派の対立にたいして、日本陸軍としては、南方派に反日空気が強かったためにこれを敬遠し、自然に袁世凱の方に肩入れしたのであったが、彼は民国五年六月、病没した。時の内閣は段祺瑞を首班とするものであったが、日本はこれを支援した。段祺瑞は北京に陸軍大学校を、保定に軍官学校を設立し、軍事教官を日本から招くなど、日本陸軍との関係はさらに密接になった。

だが中国の政界は、袁世凱の死によって、内輪もめとなった。

安直戦争

民国五年（一九一六年、大正五年）、袁世凱が死ぬと、たちまち北洋軍閥は分裂した。その配下の二雄、直隷派とよばれる馮国璋と、安徽派といわれる段祺瑞とが対立した。当時、北京には大総統代理になった黎元洪はじめ、南方系の異分子がいたので、対抗上その内訌《ないこう》はすぐにはあらわれなかった。しかし民国六年、安徽督軍・張勲が北京で清朝復辟《ふくへき》をとなえ、黎元洪は、日本公使館に避難するというような事件がおこって失脚、その結果、馮国璋が大総統に、段祺瑞が総理大臣になった。実権は段がにぎり、馮と段との争いが激しくなってきた。

このころ、孫文は南方で、この馮・段政府を否認して、北伐を命令し、中国の政局は袁世凱時代以上の南北の抗争の姿をとってきたが、日本政府（寺内内閣）は段内閣を支援する方針をとっていた。西原借款として論議の的となった資金援助の行われたのはこの時である。南方派は援助しない、という方針だった。

民国七年には馮の任期が満了して徐世昌が大総統になった。安徽派のバックアップによるものである。ところが南方派にたいする方針にかんして、徐と段の意見がくいちがってきた。徐は南北和平統一主義をとなえ、段は南方派武力討伐主義を主張していた。ここで徐は、直隷派と気脈を通ずるようになった。中国の世論は和平統一に傾いてきた。そこで段はみずから内閣首班をしりぞいたが、これから北京の政情は俄然、暗雲うずまくことになってしまった。大正七年十月であった。

政界波乱のつづく中で、民国八年十二月になって馮国璋が死んだ。英米側が後援していた男である。そのあとをうけて直隷派の首領には曹錕が就任した。

民国九年となり、情勢はにわかにめまぐるしくなってきた。呉佩阜という将軍が頭をもち上げてきた。これが曹錕の意をうけて、おりから湖南に出征して南方派と戦っていたにもかかわらず、南方派と通謀して、北京政府の命をまたず、北京に引き揚げてきた。段一派はこれを討伐するという。こまった徐世昌が調停しようとするが、武力を持つ曹錕も、そのほかの有力者も腰をあげない。ただ、満州に在って勢力を占めてきた東三省巡閲使、張作霖が北京にきた。日本が後援している男である。

張は元来、段一派に好意的に動いてきたのだが、このころ段派の有力者の力が蒙古方面にのびて、張作霖年来の大満蒙主義と対立している状況だったので、このころは曹錕の直隷派と手を結んでいた。まるで三国志時代みたいで、注意しないと、誰がどうなのかさっぱりわからない行動である。

徐世昌、曹錕、張作霖、段祺瑞四者の舞台の表裏での暗躍がつづいたのだが、徐世昌に飜弄《ほんろう》されていると腹をたてた段祺瑞は、子分どもの将軍たちと相談して、大総統に曹錕や呉佩孚の罷免を要求し、この要求がいれられなければ罪を天下に宣布し討伐する、と絶縁状をつきつけた。民国九年七月のことであった。

これが「安直戦争」といわれるものである。張作霖は満州から軍隊をよびよせて、直隷側に加わっている。

この内戦について、当時の支那駐屯軍司令官・南次郎からの顚末《てんまつ》報告にはこう書かれている。

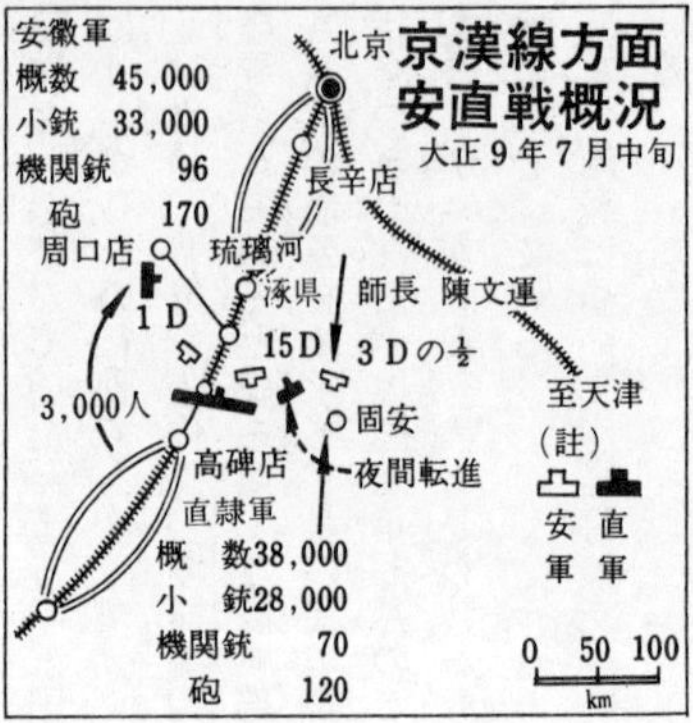

〈一般の形勢、武力衝突避け得ずとみて段氏はかねて出動準備を急ぎありし隷下の辺防第一師及び第十五師を七、八日来逐次南下輸送を実施し、十二、三日頃その大部をもって琉璃河附近に集中を終り、ついで段芝貴を総司令として前線に派遣、もっぱら攻撃の諸準備に努めたり。

これに対する直軍はその第一線を高碑店に設け防禦工事を施し、その後方の定興附近に主力を集結せしめたり。固安方面に於ては雄県方面より前進せる直隷軍の混成二個旅は北京方面より南下せし段軍の辺防第三師（一旅欠）と十一日来相対峙し、両方面とも戦禍正に至らんとす〉

さて、戦闘は七月十四日からはじまった。直隷軍の前進支隊は進んで、涿州付近にある段軍の一部を攻撃し、段軍は防戦約二時間の後、主力をもって攻勢に転じ、十五日、斜坡店付近の直隷軍前進陣地をうばい、逃げるを追って翌十六日、松林店の線に進出し、つづいて高碑店付近の敵陣地攻撃の準備に着手した。

〈十六日に至り、固安方面に在りし呉佩皐軍の直隷軍二旅は当面の敵の活動の非なきを看破し〈辺防第三師の師長・陳文運は元来直派の首領たりし馮国璋によって抜擢されたる者にして、この度の変に際し、老母より信書を陳に送り、直隷派を攻撃することなかれと説き、陳も意大いに動きつつありしなり〉その夜暗を利用し馬頭沈を経て第十五師の左側背に進出し十七日払暁に於てはすでに包囲の態勢を成形せり〉

直隷軍将帥の機眼は立派だが、おふくろに口説かれて迷う二股《ふたまた》将軍をもった段祺瑞軍も三国志的である。十七日、いよいよ開戦となった。第15師は第1師にくらべてひどく前方に進出していた関係で、朝からたびたび第1師に使者を送って、何をしてるんだ、はやく出てこいと督促をする。何をいうか、と第1師もやり返し、協調ははじめからうまくいかなかったらしい。

〈暫時にして第十五師方面は、白旗を揚げ、その将校はほとんど全員呉佩孚軍の戦線に赴きたるをもって、下士以下はいよいよ休戦になりと信じ、上衣を脱し、全然休息の姿勢に移れり〉

あにはからんや、これは師長が敵に内応し、将校全員が集団投降したためである。

〈この時俄然直軍は前進を起し、小銃、機関銃をもって休息無警戒の第十五師に向って猛射を加えたるを以て、休息中の下士以下は大いに狼狽して大混乱を生じ、急に崩壊をはじめ琉璃河に在りし列車を強奪し、南苑に向い退却を開始せり〉

〈この時第一師は稍《やや》後退せる位置に在って友軍師団の敗退の原因を確むることなく交戦

中なりしに、敵は第十五師方面空虚となりしため、逐次その右翼を伸し、正面及び東側より第一師を包囲する情況となれり。この時に当り正面に在る直軍は、白旗を掲げたるを以て、第一師は戦闘を中止すべきを命じここに安直両軍の談判は開始せらる。第一師長曲同豊は幕僚と共に彼我戦線の中間に出て自ら交渉にあたれり。然るに直軍は、ことさらに時間を遷延しあるものの如く、この時間を利用して直軍の一部を遠く安軍第一師の西側に迂回せしめ、急に射撃を開始したり。ここにおいて直軍は不意に正面及び両側より全く安軍を包囲し、猛烈なる射撃を開始し、師長曲同豊以下幕僚直軍の捕虜となれり……〉

呉佩孚軍のみごとな奇策である。では段軍総司令・段芝貴はどうしたか。これより先に逃げてしまっていて、十七日には総司令は消えていた。

〈十六日夜、直軍の約三〇名は支那便服（軍服でない服）を着し、暗夜に乗じ段芝貴の安軍総司令部に近接し、突然機関銃及び小銃を乱射したるをもって段芝貴大いに驚き、逃れて北京に帰来せり〉

何ともあきれた戦闘である。総司令は身をもって逃れ、師長は内通し、あるいは捕虜となる。潰走する段軍は先を争って北京付近に逃れ、直軍は長駆追撃して一挙に長辛店に迫った。このあと段祺瑞は天津租界に、段芝貴ら段派の要人は日本公使館に逃げこむのであるがこんな連中では、とても安定政権として、肩を入れるには足りない。張作霖がこれからクローズアップされてくるのである。

三八式歩兵銃、大陸に戦う

辛亥革命は武力革命であった。

清朝滅亡後は、北方軍閥の南方の革命派との戦いはもとより、各省に割拠する軍閥相互の争いが一ぺんにふきだして、いたるところで地盤拡張の争いがつづいていた。

北京の中央政府は一応、内閣の機能をそなえてはいるが、前述、安直戦争でみたように、政府首脳者のもつ派閥的武力がうらづけとなっている。

張作霖にしても満州の馬賊の首領あがりだが、やがては中原に出て天下に号令しようと思いはじめている。

戦闘、戦闘であけくれしている中国では、どんな兵器で戦ったか。

実は、わが三八式歩兵銃（もちろん外国に売られるものには菊の御紋章は除いてある）も大いに働いていたのである。ここで支那軍の装備や、日本の兵器輸出の状況を概観してみる。

外国にでている部隊や武官からは、その国の軍事情報を送ってくるのは当然で、支那軍についても多くの情報が東京に送られ、その一部は今ものこっている。その中に、大正九年十二月二十四日付、支那駐屯軍司令部作製の情報報告がある。前述の安直戦争のころの情報で、戦った軍の装備の細部は不明だが、全般的な実情はこれで充分にわかる。この情報にでてくる数字は、北京政府の陸軍部からえた、いわば公的な数字である。

支那軍の装備兵器

民国四年ころまでは、支那軍の兵器の主力はドイツ製であった。陸軍部の調査で小銃についていうと、ドイツ製六五・五パーセント、日本製二五・五パーセント、英、墺、露製八・五パーセントとなっており、機関銃も、火砲も、およそこの比率であった。

ドイツ製がおおいのには理由がある。ドイツは日清戦争前から清国に一八八八年（明治二十一年）式のモーゼル銃やクルップ式の火砲を売りこんでいた。日本に敗れた清国は、兵制改革の範をドイツにとったから、ドイツからの武器の輸入は絶えることはなかった。支那革命の前後、大いに東洋進出をねらったドイツは、支那の各省がそれぞれ陸軍を拡張する機運に乗じて、大規模に売りこみ、自国の兵器で支那軍兵器の統一をしようという意気ごみであったからである。宣統三年（明治四十五年）から民国三年にかけての輸入数はつぎのとおりである。

歩兵銃（主力一八八八年式 一部一八九二年式）ともに口径七・九ミリ	一五八、五〇〇
騎銃（一八八八年式）	七八、〇〇〇
機関銃（ホチキス式）	二〇七
クルップ式野砲	二五九

クルップ式山砲	三三七

ところが世界大戦の勃発となって、ドイツからの輸入はとまった。武器を売ってくれる国は、日本しかなくなった。英国にしても米国にしても兵器の売りこみを再開したのは、民国八年以後である。そこで民国元年以後のものを通算すると、つぎのような数字になる。

	小銃	機関銃	大砲
日本	二七四、八二二（四八・三％）	三九二（六一％）	七四九（五五・六％）
ドイツ	二三六、五〇〇（四一・五％）	二〇七（三二・一％）	五九六（四四・四％）
オーストリア	二五、〇〇〇（四・五％）	一五（二・三％）	
アメリカ		三〇（四・六％）	
イタリア	一〇、〇〇〇（一・九％）		
フランス	八、〇〇〇（一・五％）		
ロシア	二、五〇〇（〇・四％）		
計	五五六、八七一	六四三	一三四三

支那政府は各所に官立の兵工廠をもって兵器の自製につとめていた。それでどれほど作ったか。陸軍部は、このときまでに自製し、軍隊に配布している兵器をこうあげている。

各種小銃　二五万
機関銃　一五〇
各種大砲　五〇〇

廃品に近い程度のものが五分の一ないし一〇分の一あったという。

さてこの兵器の程度だが、小銃について、この報告はこう述べている。

〈現在、支那軍の総兵力一三〇万とも一五〇万ともいう。まず一四〇万とすると、小銃を持つべき者八〇パーセントとみて、所要小銃約一一二万。日本ほか各国供給量五五・七万、自国製のもの二一・四万（二五万だが七分の一廃銃とする）、合計七七・二万。ゆえに三四・八万挺の小銃が不足である。この不足こそ、日本の村田銃やドイツの旧式モーゼル単発銃、漢陽兵工廠製の単発銃など前時代の製品でほとんど廃銃に近いものを充当しているのである。だから、全執銃者の約三割以上は廃品銃所持者と認むべきであろう〉

安直戦争の部隊も、銃数、砲数はおおいようでも、実際はこんな程度であったのであろう。

〈機関銃についてみれば、革命前後の各国供給数六四三、自国製一三五（一五〇のうち廃品五分の一とみて）、合計七七八が各省軍隊に分配されている。小銃も機関銃も手入れの悪いことは論外である。

大砲はドイツのものはすべてクルップ製、日本のものは三一式野（山）砲、三八式野砲、六式山砲〈輸出用の旧式砲改造のものだろう〉。自国製のものは一部は旧式で廃品程度のものがあるが、大部分は七・五センチ砲身後座式野（山）砲である〉

ところで、ドイツやフランスなど外国には民間の兵器会社があって、兵器輸出はお手のもので、日本でも幕末からこのときまで、いやこの後もお世話になるのだが、このころ日本には民間の兵器会社などはない。銃砲とも陸軍の砲兵工廠製である。では、政府が兵器を中国に売り込んだのであろうか。勿論、そうではない。軍から払い下げをうけて、これを売り込む輸出商がいたのである。

商人が競争で砲兵工廠や陸軍省に押しかけられては、うるさいから、組合をつくれ、と陸軍の指導でつくった兵器輸出組合があった。今でいうと〝死の商人〟組合だが、泰平組合（中国では泰平公司《タイピンコンス》）といった。三井や大倉組がメンバーだったので、普通の歴史には「三井や大倉組が……」と書いてある。名前の〝泰平〟が〝天下泰平〟の〝泰平〟なら、お笑いぐさである。

泰平組合の兵器輸出

明治四十一年七月、三井物産の三井八郎次郎、大倉組の大倉喜八郎、高田商会の高田慎蔵の三代表者の連名で「泰平商会」という組合をつくって軍の工廠の製品の払い下げをうけて外国に売る、という願いにたいして、陸軍から免許がおりた。

これは日本政府の外国への兵器売りこみのための中間組合であった。

その後一〇年の期限満了で大正七年さらに更新され、五年後の大正十二年になってまた五年延期された。

この泰平組合がどれほどの兵器を売り込んだか。泰平組合は支那駐屯軍の調べにたいして、次のような数字を報告している。

これは大正六年十一月以降に契約の成立したものだが、組合の活動はそれ以前からであるから、これまでの間に左の火器が輸出されている。

歩兵銃	三九、一八〇
（村田銃などの旧式銃である）	
三〇年式歩兵銃	三六、八六七
三八式歩兵銃	一〇、〇〇〇
三一式野砲（戦利砲二門共）	三三二

歩兵銃が約八万六〇〇〇挺輸出されれば、これに見あった銃剣も、当然、輸出された。

大正六年十一月以後の契約成立数と引き渡しずみの数は次のとおりである。

品目	契約数	引渡数
三〇年式歩兵銃	二四、一〇〇	二四、一〇〇

三八式歩兵銃	二一、〇〇一	一六一、〇〇一
三八式騎銃	二、〇三三	一、七三三
同　実包	一億二〇一一万	八〇七九万
三八式機関銃	四六四	三九二
同　実包	二一四〇万	一六八一万
三八式野砲	二五八	二三〇
同　弾薬	一三万五〇〇〇	一一万六〇〇〇
六式山砲	三六八	一八六
同　弾薬	二三万	一八・四万
三八式十二榴	一二	一二
同　弾薬	二、四〇〇	二、四〇〇
三八式十五榴	八	八
同　弾薬	九八〇	九八〇
三一式野山砲	一四	一四

これが泰平組合の報告による数字であるが、陸軍省「密」大日記の記録によると、泰平組合への払い下げ兵器として、小銃に応ずる銃剣や、機関銃に応ずる駄馬具、弾薬箱など

かなりの数のものがあげられている。

大正八年には、日本政府は中国の内乱に不干渉という態度表明の一環として、兵器輸出を一時中止している。

要するに、三八式歩兵銃は中国でかなり使われたのであるが、どうもこれが、中国政情の安定に役だったとは思われない。中国を統一したのは、南からくる蔣介石の北伐軍であったからである。安直戦争にも使われたであろうが、これでは世界第一級の三八式歩兵銃が泣く。敵に鹵獲《ろかく》されるだけであったろうし、そうでないものも粗末に扱われて錆びてしまったことであろう。

蔣介石の登場

前述のように、段祺瑞は一敗地にまみれた。日本側は、そのあとにたった英米側後援の直隷派の曹錕、呉佩孚系とは縁がうすい。いっぽう、安直戦争いらいキャスティング・ボートをにぎる立場にたった張作霖は、中央政界への進出を意図しはじめた。

ここに、直隷派と奉天派が北京付近で衝突することになった。大正十一年四月のことで、これを「第一次奉直戦争」という。

その後、両派の確執はますます激化し、ついには全面的衝突となった。大正十三年九月の「第二次奉直戦争」がこれである。

これもまた三国志的で、呉佩孚の部将の馮玉祥が敵方の張作霖に通謀してクーデターをおこし北京を占領して、あっという間に呉佩孚は敗走して戦争はおわる、という結末であった。そして、この馮玉祥や張作霖に押されて、また段祺瑞が臨時執政となって登場という、めまぐるしさであった。大正十四年十一月である。これは、呉佩孚の「満州討伐」にたいする日本陸軍の対応策であった。

呉佩孚は漢口に逃れたが、黙っているわけはない。北京に進出した張作霖にたいして、策謀を試みはじめた。馮玉祥が今度は反張作霖の立場をとり、張作霖の部将の郭松齢がこれに通謀して張に反旗をひるがえした。そして奉天に攻めよせる郭軍を、関東軍が阻止して、郭松齢一敗地にまみれる（大正十四年十一月）という騒動の連続である。統一した勢力などはとうてい生まれない。これで馮玉祥は張家口に、その派の閻錫山は山西にたてこもった。

こうした北方派にたいし、南方派があった。

蔣介石は、その親分の陳其美が袁世凱に暗殺され、その圧迫が急なので日本に亡命するなど、苦難の日を送っていた。

大正十二年の広東の革命で失敗して日本に亡命していた孫文は、東京でロシアの特使ヨッフェに会って、革命にロシアの力を借りることを決心した。

この年十一月に孫文は、〝連ソ、容共、扶助工農〟の三大政策を決定し、中国国民党の改組宣言を発した。国民党に共産党が加わった。

蔣介石は孫文と会って、真の革命は党の軍隊を作って実力で遂行すべきである、と説き、軍官学校の設立をすすめ、孫文の同意をえて、黄埔軍官学校の設立をかってでた。大正十三年六月にはこれが開設され、校長は蔣介石、政治部主任周恩来、顧問ロシア人ガレン（ブリッヘル将軍）であった。蔣介石は、軍事は何応欽に、政治は周恩来に任せたのである。

大正十四年三月、孫文は段祺瑞と南北合一をはかる会談のため北京に行きここで病死した。五十九歳であった。七月には広東国民政府が成立し、汪兆銘、胡漢民、蔣介石ら政治委員一六名の合議制体制をとったが、大正十五年一月には蔣介石、汪兆銘らが実権をにぎり、七月には蔣介石が国民革命軍総司令に就任、北伐を開始した。

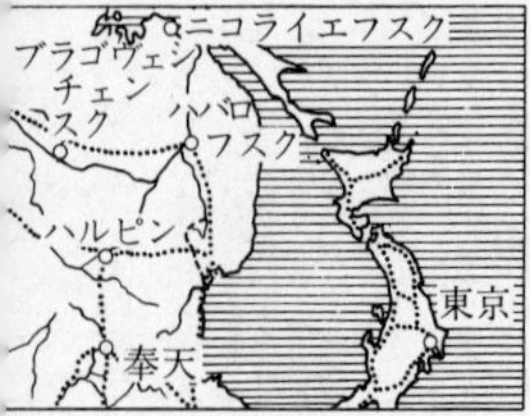

日本陸軍には、この南方の蔣介石側と直接連絡のとれる者はほとんどいなかった。
こうして支那大陸の情勢は、めまぐるしくかわったのであったが、変転するのはここばかりではなかった。大正の後期、極東シベリア地域が大ゆれにゆれたのである。

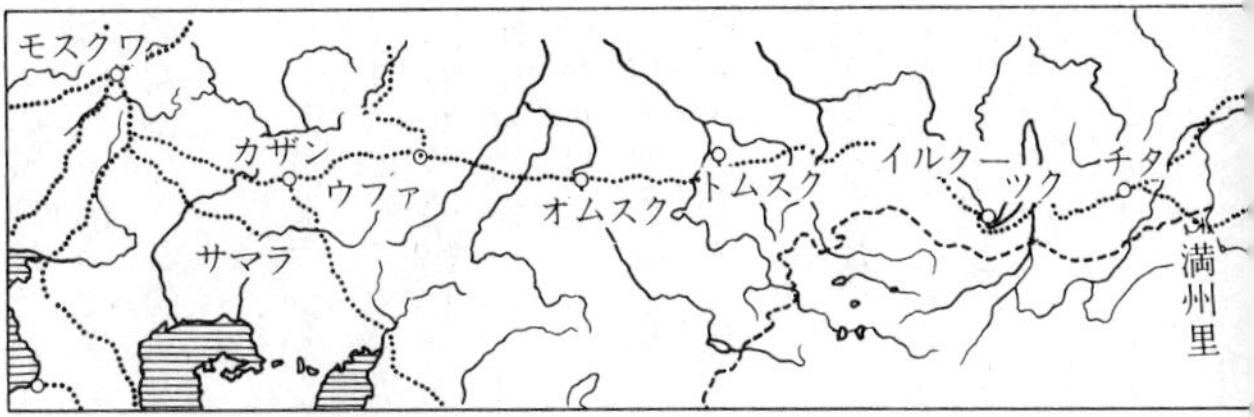

シベリア地名図

三八式歩兵銃、シベリアに戦う

「シベリア出兵」は、長期にわたって陸軍の将兵が、つぎからつぎとあのシベリアの広野で苦労した戦闘行動であるが、その経緯はあまり知られていない。いわゆる政略出兵だから、軍事行動だけを追ったのでは、部隊の進退の原因がわからない。

当時でもこの出兵は政争の具とされて、何のために流している血か、と論議され、今日の歴史でも「政略出兵」の見本のように酷評され、ロシア革命後の「ソ連邦」の建国進展にたいする武力干渉として扱われている。

陸軍としても、政略出兵の苦汁を満喫させられた戦闘行動であったことに間違いない。そしてこの出兵は、日本陸軍が世界大戦の教訓をふまえて、軍の近代化をはかろうと努力しはじめた矢先に開始されて、これが結局はなんの成果ももたらさない消耗におわり、わが軍の将兵が、北辺厳寒の地にあること五年という、ながい期間にわたったのである。シベリアの野に陣没した将兵は二〇〇〇名にたっした。

その戦費は陸海軍あわせて九億円といわれる。貨幣価値がかわってはいるが、日露戦争は一五億円余であった。これほどの国費が、改善、蓄積にまわらないで、ただ消耗されたのだから、このあとの陸軍の成長に大きく影響したことは、いうまでもない。

三八式歩兵銃がシベリアの野に転戦したのは、あとにも先にもこれだけである。陸軍史としては、この概要にふれて、従軍将兵の労苦を偲ぶよすがとせねばならぬのであるが、これが政略出兵であっただけに、その背景となる国際的事情や、ロシア側の政情の動きとかみ合わさないでは、まったく理解できない。ロシア革命、シベリア騒動史とでもいうものからはじめざるをえない。

事のおこりは勿論、一九一七年（大正六年）三月のロシア革命であった。これが、世界大戦中のどんな段階でおこったかは、すでに述べた。

シベリアの政情

革命のおこったあとケレンスキーは社会革命党（エス・エルと略称される）とともに天下をとった。これにたいして十月革命でこれをたおしたレーニン一派の社会民主党多数派（ボルシェヴィキ）はプロレタリア独裁をとなえ、主義としては共産主義、数は多数派、手段は過激派というので、当時はボルシェヴィキを過激派と呼んだ。本書もこれにならう。

ケレンスキーの政権が成立すると、シベリアの沿海州、黒龍州、ザバイカル州の三省はたちまち、その威風になびいた。元来、シベリアの地は流刑者の地であり、〝不逞分子〟とよぶべき人たちのおおいところであったが、ケレンスキーの大赦令で、海外亡命者も帰ってくるし、ウラジヴォストークを中心として、騒動のつづく中で、エス・エル党は地盤がために懸命であった。そこへ、十月革命が勃発した。

すなわち、一九一七年十月二十五日、ペトログラードは過激派の手に落ち、十一月七日にはモスクワも陥落してケレンスキーの臨時政府は転覆した。ロシアの心臓部がレーニン一派の手ににぎられるとなっては、たちまち各地に過激派が起ち反乱がおこった。シベリアではオムスク、イルクーツク、チタ、ブラゴヴェシチェンスク、ハバロフスクの各都市が労農化し、極東の首都ウラジヴォストークもたちまちそうなった、十二月になると全沿海州はソヴィエト政権によって統一され、全シベリアが共産党の手におちてしまった。

共産党はその施政方針に従って、各地で陸軍を解散し、海軍兵も復員させ、要塞は撤廃し、武器は競売、市会はもちろん廃止し、その議会や国立銀行などを占領し、資産階級や官吏、軍人などを捕縛した。

いっぽう共産党を防衛する労農赤衛軍が各地で組織され、荷揚人足から無職者、脱走兵までが動員された。ソヴィエト政府は、独墺側にも革命的勢力をひろげようと努力するし、独墺政府側は、これを機会に連合国側の力を弱めようと、ヨーロッパでの政策とはうらはらにそのロシア軍に捕虜となっていて、解放された敵一三万の将兵を過激派赤衛軍と提携させて、ここに独ソ一体の反連合軍戦線がつくられかねまじき情勢となった。

レーニンの政府は成立後ただちにドイツ、オーストリア・ハンガリー、ブルガリア、トルコと休戦交渉に入った。連合作戦国であるその一国が単独講和をするというのだから、連合国にとっては一大事であった。交渉は一九一八年三月三日になって、ロシアがドイツのだした条件を無条件に承認して、ドイツの武力の強圧下に単独講和の調印をおわった。

しかしこれはロシアがドイツに一ぱいくわされたのであった。はじめドイツはロシアのいう無併合、無賠償、民族自決、経済的圧迫政策の排斥など、まことに結構とおだてていたので、ロシアの外相トロツキーは、終戦を促進するためということで、調印もおわらぬ二月に全軍に復員命令をだしてしまった。このチャンスをつかんで、ドイツは、被占領地の処分は民族自決によるべきだと提案し、過激主義から欧州を救うという名目で、露都に向かう大進軍を開始した。すでに部隊を解いているロシアとしてはどうすることもできない。戦線はたちまち、ロシアの奥ふかく進められて、何の対応策もなくブレスト・リトウスクでドイツの要求どおりの講和条約に調印するほかはなかったのである。

ロシアの単独講和や、その政府のそれまでの国際関係完全無視の方針に怒った連合軍は、北ロシアのムルマンスクやアルハンゲリスクに兵を送った。兵力は少なく何の効果もあげられなかったのだが、ここにソ連邦側の赤衛軍の革命擁護戦が開始されたのである。

極東全域の統一なるか

一九一八年（大正七年）一月五日、ハバロフスク市で「労兵農代表者及び自治体代表者会議極東委員会」というながい名前の組織がつくられた。委員長クラスノシチョーコフ。共産主義の原則にしたがい、社会制度を改造して私有財産を没収し、個人商業を廃止するという。いずれは極東全体をソヴィエトに統一するのを目的とした。

これで最大の恐怖を感じたのは、勿論、資産家や特権階級だが、在留の外国商人もそうだった。ウラジオ付近には、日本人だけでも一万人ちかくいた。秩序の破壊、解放された独墺軍捕虜の東進、不逞無頼漢の横行など、心配の種はつきなかった。在留外国人が、それぞれその政府に、生命、財産の保護を願いでたのは当然であろう。

英艦「ケント」は、はやくも一月二日、ウラジオに入港した。日本海軍の第5戦隊司令官・加藤寛治少将の座乗する「石見」も一月十六日入港、十八日「朝日」がこれにつづき、二月中旬には米艦「ブルックリン」も到着した。連合軍出兵の序幕である。ロシア側の反響は当然、二とおりあった。反共産党は歓迎するし、他は、これが主権侵害であり、在留外国人の保護はロシア官憲の義務である、無秩序状態などとはデマである、とわめいた。

四月四日になって、ウラジオの邦人貿易商の石戸商会というのが襲われて、店主以下が死傷するという事態がおこり、加藤司令官は「石見」「朝日」から陸戦隊を上陸させねばならぬことになった。共産党はますます排外気勢をあおる。四月下旬には、共産党首領クラスノシチョーコフらがウラジオにあらわれて、州自治庁などを占領し、市役所も奪い、お得意の腕ずくでエス・エル党の自治派を追い払ってしまった。こうして極東全域はソヴィエトの手におちた。

反過激派の諸党派

長年にわたって帝政ロシアの治下にあったシベリアである。過激派にたいして反対の立場をとる勢力が起たぬわけはない。極東三州が過激派の手に帰しても、その手のおよばぬ地域もあった。それは北部満州を走る東清鉄道の沿線地域である。この地域に反過激派分子が牙《きば》をといでいた。その有力な一人にハルピンのホールワット将軍がいた。彼は十月革命まで東清鉄道長官であり、同時にケレンスキー政府の東清沿線地区代表で、極東のロシア人からも外国人からも信望あつい人であった。彼は過激派をあくまで討滅し、祖国をその手から救おうと、過激派討伐軍の編成に着手し、「祖国及び憲法議会擁護極東委員会」をつくって自らその委員長となっていた。

ホールワットのほかに満州里にコサックの頭領セミヨノフが反過激派の闘士として頑張っていた。彼はザバイカル・コサックの大尉で、ザバイカルでの過激派の擡頭とともに東清沿線にのがれ、国境の満州里駅を根拠に反共活動を開始、パルチザン活動でしばしば赤衛軍に大打撃をあたえて勢力を拡大し、ハルピンその他からの援助もあって、一大反共勢力としてのし上がってきた。

このほか歴史上に名のでている人に、ハルピンのオルロフ大佐、ポグラニチナヤ駅に黒龍州コサックの頭領ガモフ、ウスリー・コサックの頭領カルムイコフ大尉などがある。いずれも、過激派討伐軍の編成に努めていた。

過激派軍の気勢があがって直接迷惑するのは、ロシアと共同して独墺国と戦争をはじめた連合各国である。ソヴィエト・ロシアが戦争から手をひいたから、それで兵力の余裕をえたドイツ軍の重圧は英仏軍にむけられている。そして英仏両国は、ロシア領内にあるチェコ・スロヴァキア軍をシベリアを経て、ヨーロッパへ輸送して、戦力としようとする計画をもっていた。

大正七年八月一日の日本政府のシベリア出兵の宣言は、「目的はチェコ・スロヴァキア軍の救護にある」としている。当時でも世間一般には、あまりよく判らなかった理由だと思うが、今日ではなおさら、たとえ表面的理由であるにせよ、あの大兵を動かした出兵理由としては判りかねる。英仏の尻馬に乗ったとしか考えようがない。

このチェコ軍東方輸送の計画を知って、ドイツが黙っているはずはない。レーニン政府に圧力をかけて、これの武装を解除せよと迫った。チェコ軍の運命危しとなっては、英仏も拱手傍観しているわけにはいかない。

英仏軍は元来、日本をシベリア方面の戦争にひっぱりこんで、いわゆるウラル戦線を構成させようと口説いていたのだが、米国だけは、日本は何をするのかわからぬ、と出兵反対の態度をとっていた。ところが、このチェコ軍問題がおこると、にわかに態度をかえて、日本にシベリア出兵を勧めるようになった。

ところで、これほどの問題になったチェコ軍とは一体、何であるか。

チェコ・スロヴァキア軍

問題の焦点となっているチェコ軍とは、大戦中にロシア軍が捕虜にしたオーストリア軍に属するチェック民族の部隊のことである。チェック族はスラヴ民族である。五世紀の中葉以後独立国だったが独、墺にたえずいじめられ、ついにオーストリア・ハンガリーに併合された（第一次大戦で独立したのだが、第二次大戦前、ドイツに併合された）。

この独墺二国に敵愾心《てきがいしん》をもやして、機あらば独立を、とねらっているうちに大戦となり、チェック族は、同民族のロシアと戦わねばならぬことになってしまった。いっぽうロシアに帰化していたおおくのチェック族は、ロシア軍に加わって独墺軍と戦っていた。当初、チェコ国民軍と称し、よく戦ってロシア軍中に存在を認められていた。他方、墺軍側のチ

ウラジヴォストーク市内を行進するチェコ・スロヴァキア軍

エック族はぞくぞくと投降してこれに加わり、たちまちチェコ国民軍は勢力を増してきた。

やがて、革命がおきた。チェコ国民軍は完全に自由になった。ブレスト・リトウスク条約の結果、チェコ軍はキエフ付近に引き揚げた。

ここでフランスは、このチェコ軍をウラジオ経由でヨーロッパ戦線によびよせるという計画をたてた。フランスなどの口説きには、戦後チェコ・スロヴァキアの独立というえさがあった。チェコ軍の東進がはじまり、フランスはロシア国内の反過激派分子を扇動して、その東行を急がせた。

五月下旬には、六万のチェコ軍が、ペンザ（モスクワ東南約五〇〇キロ）からウラジオにむかう鉄道沿線に帯のようにひろがっていた。トロツキーがチェコ軍武装解除を命じたのは、このときであった。ペンザ領でチェコ軍と赤衛軍との衝突がおこり、赤衛軍は大敗し、サマラ（今のクイビシェフ）に敗走した。チェコ軍はたちまち足場を広げてしまった。

こうなるとチェコ軍には、反過激派の義勇軍が加わる。その勢力はたちまちウファ、サマラ、カザンを占領した。そして勢力はシベリアにおよんで、オムスク、イルクーツク、チタとのび、ついに六月末にはウラジオにおよんだ。ウラジオの過激派軍は半日の戦闘で追い払われてしまった。そして沿海州の赤軍は駆逐され、わずかにハバロフスクに拠るだけとなってしまった。

こうして、一度は過激派の力のもとで極東が統一されるかに見えたのだが、赤軍はもろくもチェコ軍に撃破され、ウラジオには再びエス・エル党の政府ができるなど、一挙に反過激派勢力が擡頭してしまった。

こうしてシベリアの政治図は、大きくかわった。サマラ政府、オムスク政府、チタのセミヨノフ政府、そしてウラジオにはエス・エル党のデルベルの指揮する青白政府（赤旗のかわりに密林の青と雪の白を染めわけた国旗をもつ）が樹立され、いずれも主権者を名乗って割拠する状態となった。だが、ウラジオでは、青白政府は生まれたが、治安、警察はチェコ軍の手中にあった。

かねて派兵の処置をとっていた連合軍がウラジオに到着したのは、こうした時期であった。もともと、このチェコ軍を送りだすためにきたのである。だが連合軍は、このチェコ軍からウラジオや付近の守備を引きうける宣言からはじめねばならないことになった。「内政に干渉せず」と声明して出兵してみても、一度武力で干渉にのりだせば、内政にふれないわけにはいかない。

連合国軍の出兵

最初、連合各国はシベリアへ兵力三万の派遣を計画していた。英仏はこれを日本だけにまかせようと考えていたのだが、日本の行動が心配だから、と米国が出兵をいいだすにいたって、日米が主力になり、英仏伊支（支那は大正六年八月に対独宣戦をしている）は、ほんの申しわけ程度の兵を送った。

八月三日、カナダの歩騎兵約六〇〇〇、八月九日、仏の一〇〇〇名（安南兵）、つづいて日本から大井成元中将の第12師団の主力、米国の約七〇〇〇（フィリピン兵）、イタリアは天津駐屯隊から歩兵二個中隊が到着した。これらにチェコ軍などを加えて、一九一八年の末の全シベリアの外国軍隊は一〇万といわれた。

これらの列国軍を指揮するため、連合国の承認をえて、浦塩《ウラジオ》派遣軍司令部が編成され、八月十八日には大谷喜久蔵大将が司令官としてウラジオに到着した。

ウラジオに着いた大谷軍司令官は、大井中将や連合軍の司令官から状況を聞いて、なんの躊躇《ちゅうちょ》もなく赤軍討伐を決心した。

相当優勢な敵がウスリー鉄道沿線方面でチェコ軍と英仏軍を圧迫しており、状況は危急をつげている。英仏軍はその任務上ウラル方面に駆けつけるべき部隊である。八月二十四

浦塩港に上陸した日本軍。自動車が揚陸されている点に注意されたい

浦塩市内の分列行進。軍旗と三八式歩兵銃

日、大井師団長は師団全部の集結をまたずに、連合軍を急援して敵を撃退し、これを追撃する騎兵第12連隊は長駆ハバロフスク市に向かい、九月五日これを占領、ついで師団および米、支軍の一部もここに入った。第12師団の残部は九月上旬までにウラジオに上陸した。

いっぽう満州里、ザバイカル州方面にたいしては居留民保護や治安維持のために、関東都督に命じて満州に駐剳していた第7師団（長、藤井幸槌中将）から混成の一旅団を満州里に派遣させた。筆者の生まれた連隊、歩兵第25連隊には当然このチタ方面出動や警備討伐の歴史がある。当時鉄嶺にいた連隊は、大正七年八月九日、応急出動を命ぜられた。このとき第7師団のうけた作戦任務は次のようであった。

〈第7師団は……満州里附近に前進し、該地方居留帝国民を保護し、併せて将来派遣せらるるとあるべき後続兵団の満州里附近進出を掩護し、尚、后貝加爾《ザバイカル》に進入する為所要の準備を為すべし。この任務遂行の為支障なき範囲に於て「セミヨノフ」支隊及び該方面に出動すべき「チェコ・スロヴァキア」軍を支持赴援すべし〉

日本政府の方針は、この命令で明瞭であろう。

第7師団の部隊は九月八日、チタに進入した。ここを占領した第12師団は、いよいよ黒龍州の掃討に着手することになった。ハバロフスクを追われた過激派はブラゴヴェシチェンスク方面に退《さが》っている。

第12師団長は、山田四郎少将の鉄道支隊（歩兵四個大隊、騎兵一個連隊、砲兵、工兵各一個中隊、鉄道一個大隊、米軍の歩兵一個大隊、装甲列車一、飛行機三機など）をもって黒龍鉄道による進撃を、また、歩兵一個大隊の一支隊を汽船および鹵獲《ろかく》砲艦で黒龍江上を進め、海軍は黒龍江派遣隊をつくっていずれもブラゴヴェシチェンスクに向かわせた。いっぽう満州方面からはチチハルから歩兵二個大隊が北進、満州里方面の第7師団からも歩兵二個大隊が東進した。

ブラゴヴェシチェンスクの日本軍司令部

過激派に破壊されたトンネル

三方面から進撃したこれらの諸隊は、たちまち黒龍州を制圧、第12師団と第7師団との連絡もなり、これより先、ザバイカル州治安維持のため派遣されることになった第3師団も九月下旬には到着、チタに入っていた第7師団と交替した。こうして第12師団のウラジオ上陸からわずか一カ月半ほどで、バイカル湖以東の極東三州を全部制圧してしまった。

シベリア事変ではじめて実戦に参加した日本軍自動車隊

筆者はこれまで、いろいろと〝陸軍の健康診断〟をやってきた。ガンの徴候みたいなものも内蔵しているし、老衰の兆もある。だが、第一線の将兵は生気にあふれていた。一たび動いたとなれば電光石火、雑軍などの抗し得るものではない。

これでウラル戦線にあるチェコ軍とウラジオ方面との連絡はつき、英仏軍も陸路、ウラル方面に動くこととなった。日本軍はその背後を確保するため、米、支軍とともに極東三州の治安、交通の維持にあたることになったのである。

このあとの過激派討伐は、〝不可能〟ともいえる厄介な任務であった。戦うとしても、過激派と一般住民の区別がつかない。戦闘にあたっては国際的関係から破壊や徴発などはできない。ロシア人からすぐ抗議がくる。これを無視しようものなら、反日感情がもり上がってくる。住民は過激派と連合国軍との戦闘となれば、どうしても過激派に応援する。

読者の中には、支那事変や大東亜戦争中、中国戦線で、共産軍のパルチザン戦法に苦労された方も少なくはないであろう。その原型がこのシベリアの過激派であり、赤軍であり、そのパルチザン活動であった。日清、日露と戦ってきた日本軍であったが、こんな戦闘の経験はまったくなかった。

もっと悪いことがあった。連合作戦ではあるが、北清事変にせよ、青島戦にせよ、そして今度のシベリア出兵でも、連合軍は日本軍についてくるだけで、責任ある戦闘単位にはなっていない。自分が進んで難局にあたろうなどとはしないのである。元来、彼らは、日本軍を番犬か闘犬のように扱おうとするくせがある。この世界大戦時がそうだった。一部のロシア人は、過激派を日本軍の手で一掃してもらおうとしている。その一面、恐日でもあり排日でもある。シベリアに出兵した連合軍の中でも、日本軍を難局にたたせ、日本軍に大きな犠牲を強い、日本軍の士気をみだすとともに、他面、ロシア国民の対日感情を悪化させようとあおっているものがあった。

日本軍はつまらぬ役割を買ってでたものである。将兵の労苦は大変なものであった。

こうしているうちに世界大戦がおわった。一九一八年十一月十一日である。五年にわたった全世界的な戦火はやんだ。しかし、シベリアでの日本将兵の苦労は、はじまったばかりである。

大戦は終わったが

世界に休戦をよろこぶ鐘がなりひびいていたころ、誕生したばかりのレーニン政権は、その四周に彼らのいわゆる〝反動派〟の攻撃をうけて力戦奮闘の最中であった。東の方では全シベリアにわたって外国軍隊一〇万が駐屯している。

彼らから見て、東方戦線の反過激派勢力の拠点は、エス・エル党のサマラ政府であった。だがこうした戦国乱世のような情勢のもとで、サマラ政府の連中は対過激派闘争よりは、オムスク政府との政争に血眼になっていた。どちらが全露政府の名をとるかを争っていたのである。そのうちに双方が妥協して〝月たらずの全露政府〟とよばれたものが生まれた。彼らはこれを「臨時全露政府」と称した。リードするのはシベリア派のヴォロコードスキーという男であった。

ところがこのころ、東方戦線の戦勢が逆転したのである。レーニン政府からはトロツキーみずから出馬して、カザン奪還に躍起になっていた。いっぽうカザンを占領したチェコ軍はヴォルガ戦線をつくって、総司令官のチェーチェック将軍らはしきりに過激派討滅を急ぐのであるが、元来、チェコ軍には、過激派軍とあくまで戦わなければならぬ義理はない。だんだんと戦意がふるわなくなる。ついにサマラを赤軍に奪還され、全露政府もオムスクに逃亡移転せねばならぬ事態となってしまった。

このころには対露政策の指導者の地位は、チェコ軍を支援していたフランスからイギリスにうつっていた。それは英国が、英国の教育をうけたコルチャック提督を、オムスクの全露政府の陸軍大臣に就任させ、これに軍事上の全権を委任するならば、積極的に援助すると約束し、本気になって乗り出してきたからである。

コルチャックの登場

コルチャック提督は、日露戦争では旅順で戦ったこともある海軍軍人で、一九一六年には黒海艦隊司令長官をつとめた。革命となってのがれ、アメリカに招かれて米海軍の教官をつとめ、一九一八年には英国艦隊にも勤務した。

このコルチャックが英国政府の後援で、オムスク政府に乗り込んだのである。当時、戦線の状況はオムスク政府側に不利であった。たちまちコルチャックは軍事独裁官となった。そして戦線を西に向かって押し返しはじめた。

全シベリアの情勢、とくに過激派勢力の消長は、一にこの国内戦、東方戦線方面の戦況にかかり、シベリアに出動している日本軍の苦労もこれに比例し、その消長は直接的にヨーロッパにおけるソ連の国内戦の結果にかかるのであった。
これがヨーロッパ・ロシアにおける大正七年末の状況であった。

大正八年のシベリア

大正八年になって、全シベリアはコルチャックのオムスク政府を筆頭に白衛軍の政権で統一され、将来に希望も見える状況であった。

日本軍は、軍事行動はおおむね現在の区域にとどめ、占領地の守備に専念することとし、駐留守備に必要でない部隊や砲兵部隊の大部分を帰し、予後備役の者の召集を解除するなどの処置を開始した。

こうした日本軍減員の状況を知った過激派は、積極的に動きだしてきた。大正八年一月十日、ブラゴヴェシチェンスク北方のマザーノワを守備する日本軍を攻撃することにはじまって、俄然、過激派の行動が活発になってきた。当然、第12師団の討伐戦がはじまった。前に述べたように、難かしい対パルチザン戦である。この間にユフタにおける歩兵第72連隊の田中大隊の全滅という悲惨な事件がおこった。

同連隊は、ユフタに過激派を追いつめた。過激派はこれからどこへ逃げようかと思案しているころ、これを察知した日本軍は、三方から攻撃することになり三縦隊同時にユフタに到着するように進発させた。時は二月、厳寒の候である。

右縦隊と左縦隊の到着がおくれていたが、中央縦隊は予定どおりにあらわれた。そして他の縦隊の進出を待つことなく単独で攻撃を開始した。びっくりした過激派も、日本軍が少数なのを見て、その兵力二〇〇〇を恃《たの》んで、反撃にでた。日本軍全滅。まもなく日本軍の左縦隊が近づいてきた。谷間の道路を前進する日本軍を、高地で待ちうけた過激派は、これを殲滅《せんめつ》してしまった。右縦隊がおくれてユフタ付近に到達したときには、敵は退散して姿はなかった。

沿海州方面でも過激派の対日行動は活発となり、黒龍州でもおなじ状況であったが、駐屯兵力は充分でなく、進撃すれば敵は逃げるが、撤兵すれば、鉄道沿線で鉄道、橋梁、通信線などの破壊あいつぎ、鉄道部隊はその補修に大童《おおわらわ》となる始末だった。要するに大正八年は、一月いらい七、八月ころまで黒龍州と沿海州では過激派と日本軍の〝いたちごっこ〟がつづいていたのであった。

ウラル戦線の白衛軍崩壊

いっぽうヨーロッパでは、大正八年春ころまでには反過激派軍、つまり白衛軍が優勢であったため、レーニンもトロツキーも死物狂いで奮闘し、ついに赤軍がもりかえして、ウラルをこえオムスクに迫る形勢となった。

コルチャック軍としては後方を安全にせねばならぬ。沿海州方面では沿海、黒龍軍管区司令官兼民政長官のロザーノフ将軍が労働者のストライキを武力鎮圧して、相応ずる姿勢をとっていたが、ザバイカルにいるセミヨノフだけはコルチャックに応じない。

セミヨノフには日本の将校が参謀長格でついており、顧問にも日本人がなっていた。これらがセミヨノフをまつりあげて、コルチャックはいずれ失脚する、英国の政策の失敗は必至であり、つぎは日本の出番だ、当然セミヨノフ自身が反過激派の中心であり、全シベリアを支配するようになると確信させていた。だからコルチャックがウラル出兵を説いても出てはいかないで、チタに頑張っていた。

ウラル方面の形勢は日に日にコルチャックに不利となった。赤軍はオムスクにおしよせてきた。コルチャックはついに十一月十五日、オムスクを逃げ出し、赤軍はたちまちここを占領し、大混乱となった。

コルチャックは新首都をイルクーツクにうつした。しかしこれで実際上、彼の失脚は決まった。オムスク付近はウラルから東、オビ、エニセイ両河の上流地帯で、ヴォルガ流域とならび称される大穀倉地域であり、〝シベリアの母〟である。ここを失っては反過激派は、〝孤児〟になる。ここを捨てなければならぬとなると、極東三州などは到底、大人口を養えるところではない。オムスクを失うのはシベリアを失うことであり、過激派への妥協、屈伏は必至のこととなってしまった。

必然的に、極東では、コルチャックの勢力にかわって、過激派が再び跳梁《ちょうりょう》を始めた。

四月十五日に第14師団がウラジオに上陸した。第12師団と交替するためである。第13師団も九月にウラジオに到着した。第14師団の後方をかため、ウスリーの守備にあたるためであった。

このころ、オムスク軍の敗走、過激派の跳梁に伴って、対日反抗は激しさをくわえ、日本軍は第二次大討伐戦を行わなければならなかった。八月から十一月にかけて破壊された橋梁は四九〇にたっしたという。これの修復や治安維持に狂奔せざるを得なかった日本軍の労苦は大変なものであったろう。

ザバイカル州では大正七年、第3師団が第7師団と交替し、さらに第5師団が第3師団と交替した八年八月ころになると、過激派の勢力が増してきたので、これを討伐、オムスク政府が後退してくるに伴い、部隊をイルクーツクに進めて、支援の態勢をとった。しかし、間もなくイルクーツク政変(後述)がおこったので、同地の居留民を伴って引き揚げざるを得ないことになってしまった。

コルチャックの横死

イルクーツクに退却してきたコルチャック政権にたいして、大正九年一月、エス・エル党が反乱をおこし、コルチャック提督と二、三の大臣が殺されてしまった。「イルクーツクの政変」といわれる。

コルチャックは真っ裸にされ、橇《そり》にしばられて零下三〇度の酷寒の市街を曳きまわされ、惨殺された。エス・エル党が政権をにぎると、つぎに来るものは過激派の政権である。

こんな事態で迎えた大正九年であった。シベリア出兵三年目であった。

イルクーツクの政変をきっかけに、大正九年一月二十六日にはニコリスクに、同三十一日にはウラジヴォストークに、つづいてブラゴヴェシチェンスク、ハバロフスクにとぞくぞく過激派の政権が擡頭して、シベリア一帯を風靡《ふうび》した。

コルチャック政権の没落とともに、米国は、日本に何の交渉もなく、まったく一方的に兵をひき、大正九年四月には撤兵を完了した。現地に在る日本軍が少なからず困惑したことは想像に難くない。

もともとわが軍の出兵は、チェコ軍救出のためであり、その帰還輸送も逐次進捗していた。その輸送をさらに容易にするために、第14師団の一部をザバイカル州にうつし、やがてその主力を沿海州に撤退させ、第5師団はチタ付近に集結し、やがて、チェコ軍の輸送完了となって、わがシベリア出兵の目的は達成されることとなった。

コルチャック軍の没落後となっては、積極的に過激派を討伐する名目は失われた。軍の行動はきわめて難かしくなった。

ロシアの十月革命、ドイツの革命、まことに世界的動乱であった。極東の天地にも、赤衛軍と白衛軍をめぐる、すでに見てきたような騒乱がつづいていた。これが君主国日本帝国にとって大きな衝撃であり、問題であることは当然だが、その影響はただちに満州、朝鮮におよぶ。それでなくても治安の定まらぬ朝鮮への影響は看過できぬものであった。

果して、事件がおこった。

大正八年三月一日、朝鮮の京城や平壌などで独立宣言が発表され、示威運動などが全土にひろがった。世にいう三・一運動、「万歳事件」である。李承晩を国務総理とする大韓民国臨時政府と称するものが、上海につくられたのがこの年四月であった。この朝鮮の動乱は今日ではひろく知られているから、ここに述べる要はあるまい。勿論、朝鮮軍は、全力をあげて鎮圧してしまった。

革命思想が輸入されてはたまらぬ、何とかこの革命思想を阻止せねばならぬ、これが日本政府の態度であった。シベリアから撤兵しない理由でもある。

尼港の惨劇

尼港とはニコライエフスク、北樺太北端と肩をならべる大陸側の黒龍江河口の町である。ニコライエフスクには大正七年九月いらい、第12師団の歩兵一中隊が分遣されて守備にあたっていた。ところが大正八年十二月下旬から過激派軍がここに向かってきて、兵力も増し、九年二月には海軍の無線電信所が砲撃され、守兵は撤収して守備隊と合流せねばならぬことになり、ニコライエフスクはパルチザンに囲まれた状況となってしまった。

三月十二日、敵の襲撃企図を偵知した守備隊長・石川少佐は、石川領事とはかり、守備隊は居留民とともに先制攻撃を行ったが、敵は我に数倍する兵力で、ついに守備隊は全滅し、居留民の大部分もここに仆《たお》れた。過激派は居留民の妻子らを捕えて投獄してしまった。

もともと尼港の兵力不足は痛感されていたのだが、冬期で海上が氷結して増援のできぬままにすぎていた。その後、尼港の惨状が伝えられたので、第7師団から、多門二郎大佐の指揮する増援隊が四月十九日、小樽を発して樺太のアレクサンドロフスクに向かい、さらに増援部隊として歩兵四個大隊を津野一輔少将の指揮下に入れて派遣した。

多門支隊はデカストリーに上陸し、ハバロフスクから派遣された第14師団の歩兵二個中隊と合して、臨時海軍派遣隊の護衛の下に黒龍江を下って尼港に迫った。

日本軍迫るとなって、パルチザンは五月二十五日頃、牢獄につないでいた邦人の婦女老幼約一五〇名を虐殺して逃亡してしまった。六月に入って尼港に到着した津野少将からの報告には「…日本軍人の全部及び居留民の大部はパルチザンのため陣没し、その妻子は五月二十五日頃極めて悲惨なる斬殺をこうむりたるものの如し。これを救援する途のなかりしは、真に遺憾に耐えず」とある。死者約六〇〇名、まことに遺憾千万な出来事であった。

この「暴虐な尼港事件を敢えてした代償」として、日本軍はサガレンを占領することと決め、七月末、歩兵一個旅団を基幹とするサガレン派遣軍を編成し、大正九年末いらい主力を北樺太の西岸に、一部をその東岸に、歩兵一個大隊を南樺太に配置して占領地の守備および軍政に任じた。さらに大正十年のはじめから、デカストリー、ニコライエフスク付近にも部隊を進めた。

ザバイカルの栓

大正九年（一九二〇年）二月ころ、シベリアには四つの政府があった。その一つはウラジオ政府である。自ら正統をとなえて他を認めない。また一つにチタのセミヨノフ政府があった。勿論これも他の三つを認めず、妥協の余地はない。その占拠する位置からして〝ザバイカルの栓〟と呼ばれ、一種の栓をなして極東の統一の妨害となっていた。この背後には日本軍がある。

実際、日本がセミヨノフ政府を支援しているのは、この年三月に声明したように「極東シベリアの政情は、ただちに鮮満地方の情況に波及するのみならず、シベリア地方における多数のわが居留民は、その生命財産の安全を期する能わざる実情にある」からであった。だから「わが接壌地方（国境を接する地方）の政情安定して、鮮満地方に対する危険除去せられ、わが居留民の生命財産を安全にできる」までは撤兵しないという態度をとり、過激派と戦っているセミヨノフ軍を支援していたのである。

セミヨノフ軍の即製列車砲。チタ駅にて。

ここでイルクーツクの過激派政府は、日本政府が安心できるような緩衝国をつくったならば、日本軍はその声明にもとづいて撤兵するであろう。セミヨノフが没落して〝ザバイカルの栓〟が除去され、完全に極東が統一されれば、それからあとソヴィエト・ロシアと一緒になっても決しておそくはあるまい。こうした策略のもとに、モスクワの了解をえた上で、緩衝国、すなわち極東共和国設置の交渉が日本との間に開始された。

衝にあたるのは緩衝国構想の産婆役、浦塩《ウラジオ》派遣軍政務部長・松平恒雄であった。これで舞台は外交交渉にうつった。年表をもってその経過を追おう。日本のお人好しぶりが判る。

大正九・四　チタに極東共和国樹立宣言
大正九・七　浦塩派遣軍、極東共和国と停戦議定書に調印
大正九・八　日本軍、ザバイカル州より撤退完

了。ハルピン以西より全部撤退（セミヨノフ政権見捨てらる）
大正九・十二　日本軍ハバロフスクより撤退完了
大正十・五　閣議で、極東共和国と交渉のため、有産民主制の実施、外国人の居住営業、土地所有の承認などの条件でシベリアより撤兵との方針を決定
大正十・八　極東共和国との会議を大連で開催
大正十一・四　交渉打ち切り（なめられただけで何の効果もなし）
大正十一・六　政府十月末までにシベリアから撤兵と声明。十月二十五日、北樺太を除き、撤兵完了
大正十一・十一　極東共和国、ソヴィエト・ロシアに合併（全く相手の思惑どおり）

日本軍が逐次ウラジオに集結するとなって、この方面の過激派は息をひそめた。必然的に白衛軍の組織が、力を増してきたのであったが、なめられた大連会議が、半年以上もかかって何の成果もなく、六月の撤兵声明となって、白衛軍組織は総くずれになった。日本軍は、九月上旬、第9師団の先頭をもってウラジオ出発、居留民も引き揚げ、十月二十五日、最後の日本軍は、軍艦「日進」、「春日」の掩護のもとに御用船十数隻で、ウラジオを出港したのであった。

撤兵をおわったあとの日露の国交は大正十二年、東京で特使ヨッフェとの間に交渉が開

始されたが成立せず、北京での会議となり、会議をかさねること七七回におよんだ。大正十四年一月になってようやくまとまって国交が回復したのである。北樺太からの撤兵もこれを機として行われた。

シベリア事変に派遣された陸軍部隊は、その初動の時期の第12師団、第7師団を筆頭に、第3、第16、第14、第5、第13、第11、第9、第8師団、この間、朝鮮の第19師団の一部が南ウスリーに出動するなど、一一個師団に及んでいる。これらの部隊が、この困難な政略出兵を経験したのであり、共産主義の洗脳をうけて帰ったものも少なくはない。そして、何の得るところもなくおわり、陸軍の近代化をはからねばならぬ大切な時期に、無益の消耗をかさねただけであった。

第十二章　停頓する陸軍

大正後期の日本の政治史、社会史もまた本書の領分ではない。要するに、この時期は世界大戦で成金になった日本にが、たがきたのである。不景気がおとずれた。米騒動がゆりさました社会運動は、ロシア革命の思想的影響と相まって急速に発達した。デモクラシーの声の中で「普通選挙」をのぞむ運動も、政治の面での大きな動きであった。

大正九年になって株価、商品相場の下落など戦後恐慌がはじまった。銀行の取り付け騒ぎもおこる。労働争議は頻発し、恐慌は農村にもおよんで、小作争議は激増し、農民組合の組織も大いにひろがりはじめたという時期であった。

民衆に向けられた三八式歩兵銃

大正十年七月十九日、陸軍大臣による上奏文にこうある。

〈神戸における川崎造船所その他の労働争議不穏の傾向あるをもって、地方の静謐《せいひつ》を維持するため、兵庫県知事の請求により左記の如く軍隊を出動せしめ候。
出動地。神戸市（第十師団管区）
出動部隊。歩兵第三十九連隊（姫路所在）中佐の指揮する歩兵二個大隊（各大隊、三個中隊編成）及び機関銃二挺。将校以下六〇〇名。
理由、労働者、工場の占領管理に決し、国法に違反し、工場側拒絶、工場を閉鎖し、騒擾《そうじょう》に至りたるに因る〉

史上有名な川崎、三菱両造船所を中心とした大争議である。争議団には在郷軍人もおおかった。軍隊の出動に抗議する意味で、軍服を着てデモ行進に参加する者も少なくなかったという。「資本家を守り、神聖なる労働者をしいたげる不合理な軍隊であるならば、子も孫も兵隊にはやらぬことにしよう」というようなビラもまかれたという。

軍備縮小へ

あれほどの大戦を戦った世界の各国が平和となって民力の回復、経済のたてなおしなどから、軍備の縮小を望むのは当然であった。財政的に苦しいのは日本だけではなかった。

そしてそのころ、英米と日本海軍の間では、猛烈な建艦競争が行われていた。呉海軍工

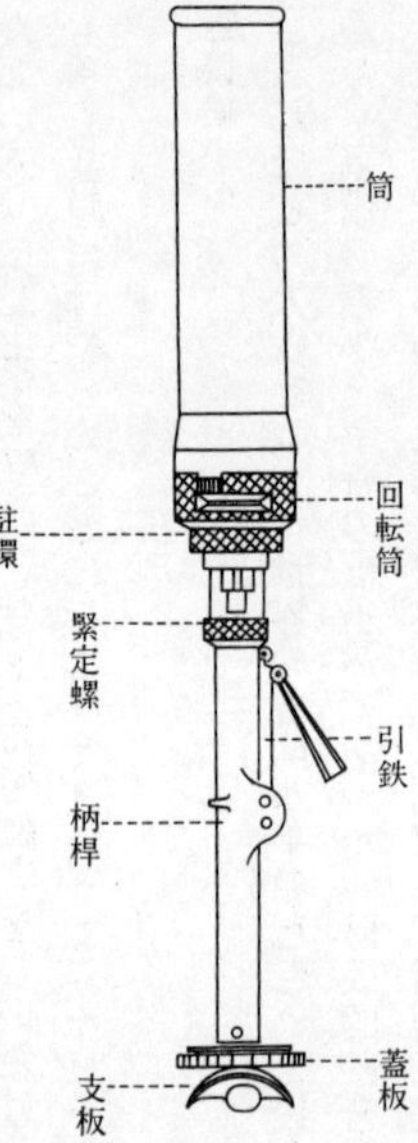

十年式擲弾筒
筒の全長　約53センチ
全備重量　約2.5キロ
口　　径　約5センチ
射　　程　60～220メートル
発煙弾、照明弾、信号弾も使用

廠で、超弩級《ちようどきゆう》戦艦、一六インチ砲を搭載した戦艦「長門」が竣工したのが、大正九年十一月である。ぞくぞくと巨砲大艦が計画されていた。

この建艦競争に苦労する英国は、米国を促し、両国合意のもとで海軍軍縮会議を提案し、大正十年のワシントン会議となり、これが成立して、米、英、日の主力艦の保有量を五・五・三の比率とすることが定められた。

この会議を中心として、一挙に軍備縮小のムードがおこった。このムードは当然、陸軍にもおよんだ。陸軍の場合、なによりも長年の仮想敵国であった帝政ロシア軍が消滅したため当面、大きな陸軍を保有する理由がなくなっていたのである。

ワシントン条約は海軍の軍縮条約であるが、このあとロンドン軍縮条約に尾を引くし、日本の運命に大きくひびいた軍備制限であったから、その概要をみておこう。

一、主力艦

合計基準排水量　日本、三一万五〇〇〇トン（三）、英、米、五二万五〇〇〇トン（五）

一艦の基準排水量　三万五〇〇〇トン以下

備砲　一六インチ（四〇センチ）以下

二、航空母艦

合計基準排水量　日本八万一〇〇〇トン（三）、英、米は一三万五〇〇〇トン（五）

一艦の基準排水量　一万トンないし二万七〇〇〇トン。ただし二隻以内三万三〇〇〇トンまで

三、補助艦（巡洋艦以下）無制限

一艦の基準排水量　一万トン以下

備砲、八インチ（二〇センチ）以下

このほか、日本でいうと千島、小笠原や、南洋諸島などの防備制限があり、一九三六年（昭和十一年）十二月三十一日まで効力を持つものであった。

	就役中		建造中		予算成立 未起工	
戦艦	11隻	長門、陸奥、伊勢、日向、扶桑、山城（摂津）（安芸）（薩摩）（香取）（鹿島）	2隻	（加賀）（土佐）	4隻	（紀伊）（尾張）（十一号艦）（十七号艦）
巡洋戦艦	7隻	金剛、比叡、榛名、霧島（伊吹）（鞍馬）（生駒）	4隻	（天城）（赤城）（高雄）（愛宕）	4隻	（八号艦）（九号艦）（十号艦）（十一号艦）
航空母艦	1隻	若宮（水上機母艦）	1隻	鳳翔		（翔鶴）（1隻）

これには条約調印時の保有量と隻数規定があり、英国二二隻（代艦建造で二〇隻に）、米国一八隻、日本は一〇隻であった。

「八八艦隊」という言葉は、本書では何度もでてきた。日本海軍は、大正初期のおどしたり、すかしたりから、原内閣当時の拡張案にいたるまで、拡張をつづけていた。大正十年ころになると、海軍予算は陸軍の二倍、総予算の三二パーセントという高額となっている。

こうした建艦競争で、どれくらいの軍艦をつくっていたか。主なものについてみてみよう。カッコ内はこの条約による廃棄艦である。

結局、このあと大東亜戦争開始まで国民になじみの名の戦艦六隻、巡洋戦艦四隻がのこったのであった。

陸軍の軍備縮小

この軍縮ムードと国家財政の関係から、陸軍の軍備縮小は大正十一年から開始された。山梨半造大将が陸軍大臣のときの軍縮なので、世に〝山梨軍縮〟とよばれた。陸軍の外容はほとんどそのままにして、人馬数を減少することをねらったのを特徴とする。

それは、歩兵連隊（三個大隊、計一二個中隊）のうち、各大隊の一個中隊を欠数とする。見返りに連隊に機関銃隊を整備したが、これは既述のように、長年計画で実施中のものを、くりあげ実施したものにすぎない。

騎兵連隊は、師団騎兵、旅団騎兵ともに一個中隊減。これで全軍で二九個中隊の兵力減。砲兵連隊は、師団砲兵各大隊から一個中隊、計三個中隊減。野砲兵旅団六個連隊と山砲兵連隊一個廃止。

工兵大隊、輜重兵大隊も一個中隊減となった。

大正十四年三月二十七日、陸軍省は次の意味の発表をした。

〈陸軍は、師団司令部四個、歩兵旅団司令部八個、歩兵連隊一六個、騎兵、砲兵連隊各四個、工兵、輜重兵大隊各四個の廃止を決定した。廃止部隊は三〇有余の駐屯地に在るが、部隊をやりくり移動させて、衛戍地の廃止は工兵第13大隊の小千谷（新潟県）のみとし、なるべく民間側にあたえる打撃を少くした。

実施は五月一日付。これで常備兵力の減少は人員三万六九〇〇名、馬五六〇〇頭、新設される部隊に配当される将校以下、六三三四名。さしひき、三万五六六名の減少である。この廃止完了後の常備軍は、一七個師団約二〇万五四〇〇名となる。廃止される歩兵一六個連隊、騎兵四個連隊の軍旗は奉還し、振天府に収められる〉

軍部外にたいする発表数字ではあるが、この数字は大体正確なようである。ただし常備兵数については、大正十五年に陸軍省が明らかにした数字に「兵力は一七個師団、将校一万五五四〇名、准士官以下一八万三二六〇名、合計一九万八八〇〇名」というものもある。

〝山梨軍縮〟のあと、大正十二年には関東大震災が日本を襲った。復興事業のためには、どうしても経費を生みださねばならぬ。全般的軍縮ムードの中で、これが大きな圧力となってのしかかってきた。だが、これに対応する陸軍のやり方は前回とはちがっていた。第13、第15、第17、第18師団という日露戦争以後につくられた比較的歴史の新しい四個師団を一挙になくしてしまうという大鉈《おおなた》ではあったが、これらで浮いた経費をもって、兵備の改善に充当しようとする方法をとったのであった。

宇垣軍縮

大正十四年の軍縮は宇垣一成陸軍大臣のもとで行われたので、世に〝宇垣軍縮〟とよばれる。

この軍縮で、宇垣大将は軍部内から恨みを買うことになるのだが、軍近代化にふみきった大臣以下の英断は讃えらるべきであろう。

このときの軍縮は、常設四個師団の削減という大規模なものであったが、大正十一、十二年度の軍縮とはまったくちがった目でみる必要がある。

実際のところ、革命によってロシアの軍隊が崩壊し、日本陸軍最大の仮想敵国はなくなっている。そして一方では、二流、三流に転落した陸軍の近代化をいそがねばならぬ。しかし国力の現状や、軍備の縮小をもとめる世論の中で、増強のかたちで達成することの不可能なことは目に見えている。この間にあって、数を減らして質を改善しようと決意をしたことは立派なことであって、日本軍近代化のスタートというべきであろう。

終戦時の陸軍大臣・下村定大将は当時、大尉で大正十一年にフランス駐在から帰っていたが、「陸軍としては、大正六年のロシア革命いらい、対外的圧力が減じた約一〇年余の間隙を利用して、思いきって平時兵力を減じても、軍事産業を育成し、最新装備を採用すべきであった」と回想している。（防衛庁戦史室編『大本営陸軍部』）

しかし、軍備を縮小するということは、日本だけでなく、どの国でもきわめて困難なことである。『大本営陸軍部』は終戦時の参謀次長・河辺虎四郎中将の回想としてこう引用している。

〈朝鮮二個師団増設のために、政変を起すことも辞さなかった上原元帥以下、多数の軍人は、宇垣陸相が政界および一般輿《よ》論に迎合する政策をとったものとして、これを遺憾とした。しかも、軍容の刷新は思うに任せぬ上、国内全般の気風はますます反軍的となり、言論機関の大部が軍の存在を露骨にのろうようになったので、軍内には反動として、上層部は信頼するに足らぬという下剋上《げこくじょう》の気風が根ざす原因となった。多数の連隊が光輝ある軍旗を奉還し、伝統と団結とを誇る兵団、部隊の解散を余儀なくされたことの、各級将校に与えた精神的感作《かんさ》は無視出来ないものがあった〉

軍部内の反対がきびしかったのである。またこの戦史は、つぎのような事情も明らかにしている。

〈平時編制の根本的改訂について大正十三年七月に結論を得た陸軍は八月、元帥、軍事参議官の会同を催し審議した。

上原勇作元帥、福田雅太郎、尾野実信、町田経宇の各大将は強硬に反対した。宇垣陸相は議長・奥保鞏元帥に迫り、多数決で決めることとし、五対四で辛うじてこの原案を押し切った〉

派閥意識のつよい陸軍のことである。こうしたタカ派の親分の意向をうけて子分どもがどう考えていたかは想像に難くない。自力変身も容易なことではなかった。「軍容刷新も思うようにゆかず」と河辺中将の述べるように、この軍縮、すなわち自力近代化もこの年スタートはきったものの、世をあげての軍備不要、世界平和の世論の中で、まったく前進せぬままに昭和期に入り、満州事変後につながるのである。

ところで筆者がいまだに不思議に思うことは、この大正十一年から十四年の軍縮で、砲兵が実に思い切って減らされていることである。砲兵界から異論がでたにはちがいないのだが、このように全兵科を同率に縮小してしまったことは残念なことであった。

騎兵が、減らされっぱなしで何の戦力増加もなかったと嘆いたことは、その原因などとともに詳しく『帝国陸軍機甲部隊』に書いた。騎兵は近代化の枠外であった。

八九式重擲弾筒

筒の全長　約62センチ
口　　径　5センチ
射　　程　八九式榴弾 120～670メートル
　　　　　曳火手榴弾　40～190メートル
発煙弾、照明弾、信号弾も使用

陸海軍の軍備は、どれだけ減ったか

このころアメリカ側から、日本は軍縮で一体どれ位の部隊、兵力を減らしたか、と外務省にたずねてきている。回答せぬわけにはいかなかったのだろう、「できるだけ、具体的にいうなよ」と注文をつけて、陸軍次官から外務次官に返事をした書類が残っている。

〈最近数年間の軍備縮小による部隊の廃止、及び人馬の減少。

大正十一年　野砲兵旅団司令部三、野砲兵連隊六、山砲兵連隊一、その他一般軍隊にわたり中隊数を減少す

大正十二年　独立守備歩兵隊二、鉄道材料廠一、軍楽隊二、陸軍幼年学校一

大正十四年　四個師団、守備隊司令部一、独立山砲兵中隊二、自動車隊一、衛戍病院五、憲兵隊四、連隊区司令部一六、衛戍拘禁所三、陸軍幼年学校二、軍馬補充部支部二

減少した人馬数は、将校、同相当官二五〇〇、准士官以下九万、馬二万〉

人員数は概数としては正確である。

このとき海軍側でもおなじような照会をうけ、次のように回答したことが記録されている。陸軍側よりもっとそっけない回答ともいえるが、数字は詳細だ。

〈華府《ワシントン》会議による日本海軍の縮小

一、廃棄軍艦

既成艦一〇隻　一六万三三一二トン

未成艦　六隻　二五万四一〇〇トン

計　一六隻　四一万七四一二トン

備考

1このほか計画中の戦艦および巡洋戦艦八隻（約三〇万トン）も廃棄せり

2攝津、朝日、敷島は武装撤去の上、特務艦として保存

3赤城、加賀は航空母艦に改造

4既成艦一〇隻中、三笠は戦闘用に供し得ざるよう処理し、国民的記念物として保有す

二、人員の減少

士官九一六名。特務士官、准士官四一四名。下士官兵一万七九一名

計一万二一二一名

宇垣軍縮で生まれたもの

常設四個師団削減という思いきった方策で経費を捻出し、これで自力改善をはかろうとしたこの軍縮で企図したものは、何であったか。

第一は航空部隊の拡張、強化である。日本陸軍の航空隊は、このときはじめて独立した兵科となった。航空本部が創設され、また航空大隊は従来の六個大隊に二個大隊が増設され、合計八個大隊となった。部隊の格も大隊から連隊と改称、格上げされた。

第二は陸軍の機械化、近代化の発足である。戦車隊一隊（歩兵学校教導隊にも戦車隊）誕生、高射砲一個連隊創設、陸軍通信学校、陸軍自動車学校の創設、砲兵に砲兵情報班という近代化組織の芽がでたのも、この時である。

第三は火力装備の強化。これは主として歩兵にたいしてであるが、かねて研究されていた軽機関銃が交付され、平射、曲射歩兵砲が装備されることになった。

とにかく、大正十一年の軍備縮小からまことに不充分ではあるが、変身的軍備改編をしたことで、この年は陸軍近代化のスタートを切ったものといえる。

減らされた四個師団は、第13師団（司令部所在地、高田）第15師団（豊橋）、第17師団（岡山）、第18師団（久留米）だった。このほか、砲兵など多数の部隊が廃止された。これらの廃止部隊の兵営を空っぽにしておくわけにもいかないし、兵営所在地には、この部隊を相手に生業を営んでいる市民もある。これが陸軍省側のつらいところで、いろいろやりくってせめて一大隊でも、と部隊配置を変更した。陸軍としてはこのあと昭和十五年になって、満州、朝鮮への常設部隊の移駐にともなって部隊の平時配備の大修正をしているがその時には、支那事変中であったので、世間には発表されなかった。

航空兵科の新設

このとき独立した航空兵科は、それまでは各兵科の寄り合い世帯であった。

そして陸軍航空本部が誕生した。従来の陸軍航空部の拡張である。陸軍省の外局機関で、航空部隊の軍政的事項を管掌し、航空軍政の大綱と基本的事項は陸軍大臣から指示され、航空本部長が実施にあたるようになった。

航空部隊は、大正八年までに第1から第4大隊までが新設され、航空隊は師団長の指揮下に入ったことはすでに述べた。

その後、大正九年の軍備充実で、航空第5大隊、第6大隊の新設が決定され、それぞれ大正十年、九年に編成に着手した。学校は大正八年に所沢に新設された陸軍航空学校の分校が、大正十年に、下志津原（千葉県）に偵察教育のために、また明野原（三重県）に空中戦闘教育のために設けられ、大正十三年には、これらがいずれも独立して所沢、下志津、明野飛行学校となっている。「航空」という名が「飛行」にかわったのは大正十一年である。

また陸軍飛行部隊に、飛行二個連隊、すなわち飛行第7、第8連隊が加わることになった。そして、このとき、陸軍航空部隊はその形をととのえることになった。航空部隊兵備

飛行部隊の内容

部隊号	偵察	戦闘	軽爆	重爆	合計	所在地
飛行第一連隊		4個中隊			4	岐阜（各務ヶ原）
飛　二	2個中隊				2	同上
飛　三		3個中隊			3	八日市
飛　四	2個中隊	2個中隊			4	太刀洗
飛　五	4個中隊				4	立川
飛　六	2個中隊	1個中隊			3	平壌（朝鮮）
飛　七			2個中隊	2個中隊	4	浜松
飛　八	1個中隊	1個中隊			2	屏東（台湾）
合　計	11	11	2	2	26	

の全容が決定され、また爆撃飛行隊が誕生したのである。

爆撃飛行隊の誕生は、飛行部隊の戦力に大変革をもたらしたものである。いくら〝空軍万能論〟などと胸をおどらせていても、偵察機、戦闘機だけの航空部隊では、何ともならない。このとき飛行第7連隊が、軽爆、重爆の部隊として誕生した。これで航空部隊は、戦爆連合という空中武力として育っていくことになった。

飛行連隊の編制は二～四個の中隊からなるとされていたが、この八個連隊によって、陸軍航空部隊は上表のように、平時兵力二六個中隊という編制になった。

遅かった航空の独立

日本陸軍ではじめて航空兵科が独立し、陸軍士官学校の生徒に「航空兵」が登場した。しかし、時はすでに大正十三年（一九二四年）であった。

これまで航空隊は、各兵科の将校以下が集まってつくられていたのだが、陸軍航空部にせよ、陸軍航空部隊にせよ、未来ある新兵種に集まった人たちは意気軒昂《けんこう》として、大きな夢をいだいていた。

第一次大戦でドイツが、ツェッペリン飛行船やゴータ爆撃機をもって、有名なロンドン空襲を敢行したのは大正四年（一九一五年）のことである。イギリスは、さっそく空軍（RAF）を設け、大正七年には在フランス英国航空部隊が生まれ、戦争終結前にはドイツの工業中心地に大爆撃をくわえた。こうして空軍部隊は、未来に大きな可能性を示唆しつつ、この世界大戦を終わったのであった。

これが戦後、さらに発展するのは当然である。

まず有名なのが、一九二一年（大正十年）に著された、イタリアの将軍ギュリオ・ドゥエの『空の征服』（Command of Air）という本であった。大戦でイタリアの航空部隊の指揮官をつとめた彼は、この本で「敵の戦争努力は戦略爆撃によって完全に破摧《はさい》することができる」と述べた。その理論は独立空軍の創設を説き他の兵種を逐次縮小すべきことを内容としていた。この理論は、世界の軍事界に大きな論議をまきおこしたものである。

日本の航空の先覚者たちがこれを知らなかったわけはない。そして、米国にもこの理論の有力な信奉者がいた。のちに軍部当局を批判、反抗したと軍法会議にかけられて有名になった、ウィリアム・ミッチェル准将である。大戦で、在フランス航空隊司令官を勤めた彼は、戦後、米空軍の独立を説き、空軍力の威力を実証するために、ドイツからの鹵獲軍艦にたいし、彼の指揮する米陸軍航空隊の爆撃隊によって爆撃を加え、みごとに爆沈するという実験にも成功した。世界中の新聞は大見出しで報道したという。一九二一年（大正十年）のことであった。

戦略爆撃機として、Ｂ17、Ｂ24、そしてＢ29をつくり、空軍を独立させ、ミッチェルがとなえた路線を実行したのは、米国であり、米国だけともいえるのだが、ミッチェルがこれを唱道した時、これに反対したものは、大戦の戦歴を誇る将軍や提督であり、彼らは陸海軍から独立した航空作戦という考え方や、航空機が、いつかは陸海軍の指導的立場につなどという理念にも強く反対したのだった。第一次世界大戦の米国派遣軍総司令官であり、戦後、参謀総長を勤めたパーシング元帥が、こうした航空威力重視論に反対であったことも有名である。

未来を見とおすことの難しさ、人間の洞察力などたかの知れたものであることは、日本だけのことではないが、とにかく日本陸軍の航空界にようやく夜明けがきたのであった。待望の爆撃隊も誕生した。しかし、時はすでに大正十四年であった。欧米列強にくらべてはなはだしい立遅れだった。しかもこの時代の寵児ともいえる航空部隊にしてからが、歩む道は決して平坦ではなかった。

大削減の砲兵

筆者が、いまだに残念に思うほど、この大正十一、十四年の軍備縮小による砲兵の兵力減少は大規模であった。大正十一年の軍縮での減少。

一、野戦砲兵

野砲兵三個旅団、すなわち野砲兵第13から第18連隊の六個連隊は全部廃止。

独立山砲兵三個連隊のうち第2連隊を廃止。従って二個連隊となる。

野砲兵第9、第11連隊、すなわち第9師団と第11師団の砲兵連隊を山砲兵連隊に改編。

二個あった騎砲兵大隊を一個とし、独立大隊（二個中隊）とする。

野山砲連隊はいずれも三個大隊、計六個中隊とし、各大隊の一個中隊を欠数とした。

二、野戦重砲兵

旅団司令部二個（第3、第4）を新設（廃止する野砲兵旅団司令部改編）を増設し、近衛、第1師団内の砲兵（重砲を除く）をこれに編合した。一五榴連隊の数は依然六個で増減なし。野戦重砲兵第7、第8連隊を独立部隊として常設。廃止した野砲兵連隊の一部を改編したもので、いずれも二個大隊、四個中隊の自動車牽引一〇センチ加農の部隊。一〇加部隊の常設はこれが初めてである。

重砲兵連隊にも改編があり、減少された。

この改編の結果、各種の砲兵中隊は一一五個中隊を減じ、自動車一〇加が八個中隊増しただけであった。

さらに大正十四年の軍縮において、四個師団が廃止されたのにともない、砲兵四個連隊、二四個中隊が減らされた。もっともこの時はじめて高射砲第1連隊、野砲兵第26連隊（第20師団）高射砲隊が設けられた。

戦争となって、歩兵部隊を急に編成することも決して容易なことではない。まして、地上戦力の骨幹となる砲兵を急造することはもっと難しい。かりに部隊の数をそろえてみても、それを訓練のゆきとどいた戦力とすることは容易でない。

砲兵の間口が小さければ、火砲の研究、装備や軍需工業方面の強化充実もはかれない。日露戦争型の兵備を各兵種同率に減少して、歩兵中隊の数も減らし、砲兵中隊の数も減らすのでは、依然として日露戦争型である。

師団の戦力を強化するための野砲兵旅団や、独立山砲兵連隊などを廃止した考え方の中に、依然として、明治四十二年の歩兵操典的な考え方があったのであろうか。

砲兵こそが戦力の骨幹である、という世界大戦の教訓を目の前にみながらこれは一体どうしたことか。

砲兵戦力を軽視した陸軍は、これから一七年後の昭和十四年、ノモンハンでみじめな敗戦を喫して、砲兵戦力の弱さを痛感することになる。

十一年式軽機関銃（左から二番目）

口径	6.5ミリ
全長	1.1メートル
重量	約10キロ
発射速度	毎分500発
最大射程	4000メートル

十一年式平射歩兵砲

口径	37ミリ
砲身長	1.034メートル
放列砲車重量	90キロ
弾量	0.65キロ
初速	毎秒450メートル
最大射程	5000メートル

運搬は二馬駄載

大正十四年軍備縮小後陸軍平時常設部隊の編合・部隊名・配置

師団		近衛師団（東京）	第1師団（東京）	第2師団（仙台）
歩兵	旅団	近衛1（東京） 近衛2（東京）	1（東京） 2（東京）	3（仙台） 15（高田）
	歩兵連隊	近衛1（東京） 近衛2（東京） 近衛3（東京） 近衛4（東京）	1（東京） 49（甲府） 3（東京） 57（佐倉）	4（仙台） 29（若松） 16（新発田） 3大（村上） 30（高田）
騎兵旅団	騎兵連隊	騎1旅（習志野） 近騎（東京） 13（習志野） 14（習志野）	騎2旅（習志野） 1（東京） 15（習志野） 16（習志野）	2（仙台）
砲兵旅団	砲兵連・大隊	野重4旅（東京） 近衛野砲（駒沢） 野重4（下志津） 野重8（東京）	野重3旅（市川） 1（駒沢） 騎砲大（国府台） 野重1（市川） 野重7（市川） 横須賀重砲連	2（仙台） 独山砲1連（高田）
工兵大隊	工兵関係	近衛（赤羽） 鉄1（千葉） 鉄2（津田沼） 電信1（中野）	1（赤羽）	2（仙台）
輜重兵大隊		近衛（東京）	1（駒場）	2（仙台）
飛行連隊ほか		飛5（立川） 気球隊（立川）		

第3師団（名古屋）	第4師団（大阪）	第5師団（広島）	第6師団（熊本）	第7師団（旭川）
5（名古屋） 29（静岡）	7（大阪） 32（和歌山）	9（広島） 21（山口）	11（熊本） 36（鹿児島）	13（旭川） 14（旭川）
6（名古屋） 68（岐阜） 18（豊橋） 34（静岡）	8（大阪） 70（篠山） 37（大阪） 61（和歌山）	11（広島） 41（福山） 42（山口） 21（浜田）	13（熊本） 47（大分） 23（都城） 45（鹿児島）	25（札幌） 26（旭川） 27（旭川） 28（旭川）
騎4旅（豊橋） 3（名古屋） 25（豊橋） 26（豊橋）	4（大阪）	5（広島）	6（熊本）	7（旭川）
野重1旅（三島） 3（名古屋） 野重2（豊橋） 野重3（豊橋） 高射砲1（豊橋）	4（信太山） 深山重砲連	5（広島）	6（熊本）	7（旭川） 函館重砲大
3（名古屋）	4（高槻）	5（広島） 電信2（広島）	6（熊本）	7（旭川）
3（名古屋）	4（大阪）	5（広島）	6（熊本）	7（旭川）
飛1（各務原） 飛2（各務原） 飛7（浜松）				

師団		第8師団（弘前）	第9師団（金沢）	第10師団（姫路）	第11師団（善通寺）
歩兵	旅団	4（弘前） 16（秋田）	6（金沢） 18（敦賀）	8（姫路） 33（岡山）	10（徳島） 22（徳島）
	歩兵連隊	5（青森） 31（弘前） 17（秋田） 32（山形）	7（金沢） 35（富山） 19（敦賀） 36（鯖江）	39（姫路） 40（鳥取） 10（姫路） 63（松江）	12（善通寺） 22（松山） 43（徳島） 44（高知）
騎兵旅団	騎兵連隊	騎3旅（盛岡） 8（弘前） 23（盛岡） 24（盛岡）	9（金沢）	10（姫路）	11（善通寺）
砲兵旅団	砲兵連・大隊	8（弘前）	9山砲（金沢）	10（姫路） 重砲台（舞鶴）	11山砲（善通寺）
工兵大隊	工兵関係	8（盛岡）	9（金沢）	10（岡山）	11（善通寺）
輜重兵大隊		8（弘前）	9（金沢）	10（姫路）	11（善通寺）
飛行連隊ほか					

第12師団（久留米）	第14師団（宇都宮）	第16師団（京都）	第19師団（羅南）	第20師団（龍山）
12（小倉） 24（久留米） 第1戦車隊（久留米）	27（水戸） 28（宇都宮）	19（京都） 30（津）	37（咸興） 38（羅南）	39（平壌） 40（龍山）
14（小倉） 24（福岡） 46（大村） 48（久留米） 3大（佐賀）	2（水戸） 59（宇都宮） 15（高崎） 50（松本）	9（京都） 3大（大津） 20（福知山） 33（津） 38（奈良）	73（羅南） 74（咸興） 75（会寧） 76（羅南）	77（平壌） 78（龍山） 79（龍山） 80（大邱）
12（久留米）	18（宇都宮）	20（京都）	27（羅南）	28（龍山）
野重2旅（小倉） 24（久留米） 独山砲3（久留米） 野重5（小倉） 野重6（下関） 下関重連 鶏知重砲大 佐世保重砲大	20（宇都宮）	22（京都） 舞鶴重砲大	25（羅南）	26（龍山） 馬山重砲大
18（久留米）	14（水戸）	16（京都）	19（会寧）	20（龍山）
18（久留米）	14（宇都宮）	16（京都）		
飛4（太刀洗） 飛8（当分太刀洗）（屏東へ）		飛3（八日市）		飛6（平壌）

大正十四年の軍縮の際にとられた新制度に「学校配属将校」という制度があった。中学校以上の学校に現役将校を配属して、学生に軍事教練を行うというものである。学生の手に歩兵銃がにぎられることになった。当時の世相から、当然これに反対する声も強かったが、軍縮による現役将校の身の振り方を考えての一策でもあった。

筆者は、この制度のはじまった大正十四年、北海道の旭川中学校の四年生であった。いわば軍事教練第一期生である。旭川の連隊から大熊中佐という人が配属将校となった。さっそく〝熊サン〟という綽名《あだな》を奉ったが、厳格なのはもとよりだが、われわれ子供たちにはやさしい先生でもあった。

当時、軍人の失業救済だ、などという悪口も耳に入っていたが、その後しらべてみると、当初の学校配属将校の人選は、陸軍もだいぶ慎重にやったらしい。立派な人たちを送りこんだようである。大学には、陸軍大学校出身将校をあてたという。

小銃は勿論、「三八式」ではなかった。「三十年式」であったと思う。旭川は、すでに述べたように、屯田兵師団発祥の地で、中学校には以前から兵式教練があり、教官に軍服姿の特務曹長殿がいたので、その上に中佐殿があらわれても、別に大した変化とは思われなかったが、何かの集まりには、位階勲等の関係か、校長さんの次に中佐殿がならんで、教頭さん以下が影がうすくなったように感じたのをおぼえている。それはともかく、中学四年生の肩には歩兵銃は重かった。

長老たちが障害か

この宇垣軍縮のころの軍内部の動きにかんする史実を前にして、筆者はしみじみと思うことがある。あの第一次世界大戦がおわった時点で、日本陸軍の軍備が、二流三流のものにしか過ぎなくなっていることは、ヨーロッパ仕込みの新知識の少壮将校ならずとも判りすぎるほど判っていたと思うが、元帥、大将のおえら方たちは一体、どう考えていたのであろうか。

大正十三年八月現在の陸軍の元帥は一番先任が奥保鞏（日露戦争の第2軍司令官）、つぎが川村景明（おなじく独立第10師団長、のちに鴨緑江軍司令官）、閑院宮載仁《ことひと》親王（当時、騎兵旅団長）、最後が、上原勇作の四名だった。

軍事参議官は九名で、大庭二郎、田中義一、山梨半造、福田雅太郎、尾野実信、町田経宇、菊池慎之助の七名に久邇宮邦彦王と梨本宮守正王の各大将九名。宮様はいずれも別格として、他の元帥、軍事参議官の一〇名はみな日露戦争の功労者であり、大正末期には軍の長老である。

この人たちは、陸軍の近代化をどう考えていたのであろうか。

すでに述べたように、大正のはじめに朝鮮二個師団増設案を提げて、西園寺内閣をつぶすことさえ辞さなかった上原老元帥にとって宇垣陸相の軍縮案は、政府に迎合した生ぬるいものに見えたであろう。だが、「軍事参議官の半数もが反対」とはどうなのであろうか。派閥的な反対ならば、何をかいわんやだが、極言すれば、もうこの長老たちには軍事的に新しい時代が判っていなかったのではなかろうか。

大将、元帥ほどの長老でなくても、日露戦争の戦歴を誇る大正末期の将軍連は、勝った戦争の経験を持つだけに新しいことにブレーキをかけたのではなかろうか。

単に軍事的情勢だけの問題ではない。世はいわゆる〝大正デモクラシー〟の時代であり、軍備そのものの背景となるべき社会情勢が大きく動き、転回しようとしている時代であった。

上原勇作元帥は、日本陸軍の、そして工兵科の長老であり、功労者であった。前出、『日本陸軍工兵史』（著者、吉原矩中将。大東亜戦争においてニューギニア戦線で苦戦力闘した第18軍の参謀長として終戦を迎えた。工兵出身）は、日本陸軍工兵の最大の功労者としての上原元帥を描き上げている。そして著者の吉原中将は「上原将軍が工兵の機械化の進展に寄与したところは何人と雖《いえど》も異口同音に承服するところであるが、工兵の機械化の進歩を阻害したのも将軍であるとその非を唱えるものもなくはない……」（傍点、筆者）と述べている。

日本の騎兵がいかに近代化機械化騎兵に脱皮変身するのに手間どったか。筆者はこれを、痛恨の思いをもって、『帝国陸軍機甲部隊』で述べたが、これとていわゆる長老たちの頭の硬直から来たものである。

日露戦争の勝ち戦さの経験をその権威の裏付として、第一次大戦後の世論、軍事の趨勢《すうせい》に抵抗したとしかいいようがないのである。卒直にいって、老人どもの頭の硬さが災いしたといっても誤りではあるまい。

八九式中戦車甲型

これで思うのは、フランスのペタン元帥のことである。第一次世界大戦でヴェルダンを守りきってフランスの英雄となり、フランス軍総司令官に就任、一九一八年のドイツ軍の最後の攻勢をついに乗りきった人である。〝ヴェルダンの救世主〟であり、また元帥として、彼は最高の権威者と目された。その彼がまず提唱したのが、マジノ線といわれる国境陣地の構築であった。だがセダン付近でおわっていた築城を、さらに西に伸ばそうとする国防大臣の提案を最高戦争会議議長として、「防禦陣地が問題ではない、機動力にとむ部隊を持つことだ」と拒否したのも彼であった。しかも、彼はこれまでも、装甲兵団や空軍の運用にかんする懐疑主義者として有名で、第二次大戦のはじまる年の一九三九年になっても、彼は大戦車集団や空軍の集結使用に反対していた。

「大量の戦車を集結、使用するのは、不経済であるばかりでなく、運用がはなはだ困難だ。また空軍は敵の後方施設を爆撃することはできても、会戦場裡において、地上軍に直接の支援を与えることは出来ない」と述べている。

第一次大戦から〝進歩〟するどころか〝退歩〟である。

第二次大戦では、ドイツ装甲大集団のアルデンヌの森林地帯の突破により、しかもそれに直接協同するドイツ空軍の攻撃をうけてフランス軍は、あっという間に敗れてしまった。

このアルデンヌ森林について、ペタンは一九三四年に国防大臣として議会で、「アルデンヌ森林地帯は通過不能となしうるから、予はこの地区に危険のおそれを認めない……」と演説している。こんな、軍の長老をもったフランスは不幸であった。

日本軍の長老を、みな、ペタンにたとえるほど筆者も不遜《ふそん》ではない。しかし、要するに大正の中期、末期の陸軍の〝のんびり〟ムードが何とも不審でならないのである。

昭和に入ってもそうである。

かの第一次大戦での敗戦での結果、飛行機も戦車も重砲ももつことは許さぬ、兵力は一〇万である、と制限されたドイツ陸軍で、これをあずかったフォン・ゼークトは「軍備」にたいする四面楚歌《しめんそか》の中で立派に陸軍をにぎり、守り育てて、これを「ドイツ国防軍」につないだし、またグーデリアンは機械化部隊をゼロから発足させて、わずか六年間で、当時一流の装甲軍に作り上げる素地を準備し、研究していた。

ソヴィエトにしても軍機械化の大功労者がいた。それは、トハチェフスキーである。

だが、大正期以後の日本陸軍に、その創成期の川上操六、児玉源太郎のように、この人あればこそ、といえる人が一体あったであろうか。下剋上《げこくじょう》と非難はされるものの、当時の若手の将校連中が「上層幹部たのむに足らず」と愛想《あいそ》をつかしたのは、単に派閥の関係とか、あるいは、政府にたいして弱腰であるから、とかいう以外に、頼むに足らない何かがあった、と思われるふしがある。

全く停頓した陸軍

自力近代化を目ざした宇垣軍縮であったが、この大正十四年で軍縮の声がおさまったのではない。陸軍史を通観してみて、この大正末期から、昭和六年の満州事変勃発まで、陸軍はまったく停頓《ていとん》していたといわざるを得ない。

昭和五年には海軍の軍縮会議がロンドンで開かれ、これがまた、国内に大きな紛議の種となるのであるが、この海軍軍縮のあとは、陸軍の軍縮であるというのが、社会一般の声であった。

陸軍の近代化施策のうちの航空部隊にせよ、世界の趨勢からすると比較にならぬほどおくれていた軍の機械化にせよ、まったく前進しなかった。

機械化の面では、おのおのわずか一個中隊の第1戦車隊と、歩兵学校の戦車隊が大正十四年に生まれて以後、昭和八年にいたるまで、何の発展もみられなかった。かけ声だけはかけたものの、この八年間、全く停頓していたのである。

そして日本でどんなに平和が論ぜられようが、そんなことには関係なしにソヴィエト連邦は一九二七年（昭和二年）には、第一次五カ年計画を開始し国家の工業化と、革命の前衛としての赤軍の機械化にのりだしている。日本軍の機械化は、ついにソ連の足もとにもよれなかったのは当然ともいえる。

この停頓期の昭和初期において、軍備の縮小をとなえ論じた論稿や書物などは、今日、国会図書館に行ってみると、びっくりするほど多い。大正の初期、『軍閥を仆《たお》せ』の時代のものと同様である。

筆者は、大正十五年陸軍士官学校に入校、昭和五年に陸軍歩兵少尉に任官したが、東京の市ヶ谷台（士官学校）で学んでいるころ、世間にはこんな風が吹き荒れていたことを、いまさらに思い知らされて、感慨に耐えないものがあった。それは個人の感懐にすぎないが、この当時の風潮の記述を除いては、この陸軍史は大きな空白をもったことになる。

陸軍自体が、ほとんど何もせずに過した大正十四年の軍縮時代から、昭和五年の軍縮ムード期を理解ねがうために、筆者は、当時の一つの論稿を紹介することにしたい。

それは、法学博士・松下芳男氏が昭和三年に刊行した『軍政改革論』という本である。筆者は松下博士をよく存じあげており、尊敬している方である。軍制にかんする研究のほかに、豊富な蘊蓄《うんちく》を傾けて、戦後にも多くの陸軍史を書いておられるが、先生は陸軍士官学校第二十五期卒業の歩兵中尉で、大正九年七月、陸軍をやめさせられている。

理由は先生自らの書かれたものによると、「社会主義思想の立場から国際戦争反対の意見を抱いたこと、又、大杉栄、堺利彦らの社会主義者と友人関係にある」という〝納得できない理由〟と書いておられるが、「将校として非戦思想のために追放されたのは、これをもって最初とするのであって、世間はこれを〝軍国主義倒潰の前兆〟と見た。しかし、事実は、一時の衰退をみせただけで、日本の軍国主義はそれ以後、猛烈な勢いで発展した」と回想しておられる。

昭和三年ころ、先生は、社会民衆党に属して国防軍備の政策を担当していた。『軍政改革論』はそのころの著作である。

軍政改革論

松下氏のこの著作は、昭和三年における意見である。以下要約する。

〈今日、軍備撤廃を説く者がある。だが今日その可能性がどこにあるか。唯一の可能性は列国協調の上の一斉、全部の撤廃のみ。単独撤廃は空想である。国防は軍備だけではないが、国防は正当防衛であって、国家存立上の絶対的要件である。だが軍備は国防の手段であって、国内的に警察用にするなどとんでもない軍隊の誤用である。軍備は防衛的軍備であって侵略的軍備であってはならぬ。

国防方針の基礎はまず国是である。我国は外に如何なる方針をとるべきか。戦争にはあくまで反対せねばならぬ。国家の外交方針は非戦主義の上に、平和主義の上に建てねばならぬ。国防の方針は守勢であって攻勢であってはならぬ。今日、我国に戦争を挑む国があるであろうか。

海軍が主か、陸軍が主か。我々からすれば海軍を主とすべきは勿論である。四面海の我国で、大陸に接するはただ朝鮮のみ。陸軍の用途は朝鮮の北境と内地海岸の要地を警備すれば足る。大陸軍を必要とするというが、一体それを何処に使わんとするのであるか。

仮想敵国は何国なのであるか。今や仮想敵国はかわっており、陸軍は二回の軍備縮小を断行した。しかし果してそれ以上に縮小し得ぬであろうか。卒直にいって陸軍はまだ縮小する可能性がある〉

当時の軍備不要論から軍縮論のおおくを調べてみて、左翼流派の軍備撤廃論などを別とすれば、この松下氏の論は個人の意見ではあるが、当時の論調の代表的なものといえる。

その立場や論拠は明瞭である。ロシア革命によって、日本陸軍が日露戦争いらいの主敵としてきた帝政ロシア軍が崩壊してしまったことから、大陸軍無用論が主流になっている。

松下氏の論稿はこうした立場を基礎として、まず、陸海軍権力の中枢を衝いている。

〈国防を計画するものは、我国現在の制度では参謀本部、海軍で海軍軍令部である。何れも条令の明示するところ。この両部によって立案された国防計画を決定するものは、憲法第十二条の「天皇は陸海軍の編制及び常備兵額を定む」の規定に基づき、天皇の大権に属しているが、天皇は軍事諮詢機関たる軍事参議院に諮詢せられて決定されるのであるから、これが重大である。軍事参議院とは何であるか。同条例によると、「元帥、陸海軍大臣、参謀総長、海軍軍令部長、それに軍事参議官より成るのである。かくて国防計画は、軍人によって立案され、軍人によって又決定されるのが現在の制度である。

これ甚だ誤れる制度である。

三八式歩兵銃を叉銃して小休止

今日まで果して国民はこの国防当局者の誤りを指摘してきたであろうか。果して国民は国家防衛の任務を担当し、時代の進軍と内外の形勢とに順応して計量籌画《ちゅうかく》その宜しきを得ることが政治家の責任たることを要求したであろうか。即ち国民は我れ関せず、政治家はその当然の責務を放棄してこれを軍部に委せ、国防を軍部の専門事項たらしめたのである。

国防問題は政治問題である。軍備はその一部にしか過ぎない。軍人が「餅屋」たるは軍事専門事項だけのことである。国防の「餅屋」は軍人ではない。

総理大臣の統制の下にあるべき、軍人も加えた、国防会議を設くべきことを主張する。これあって始めて今日の誤れる国防方針を是正することが出来る〈現制の国防方針の計画並に決定が誤れる制度であるのみならず、それが遂行、実現される制度が又甚だ誤れる制度である。帷幄《いあく》上奏の弊である。

天皇の軍事大権は軍令権と軍政権に分れ、軍令権は憲法第十一条の「天皇は陸海軍を統帥す」とあるにあたり、国務大臣の輔弼《ほひつ》（天皇を補佐して国法上の責任を負うこと）の外にある。これは参謀総長、海軍軍令部長の帷幄上奏によって行われる。この軍令権は憲法の認むるところであり、又その理由も十分に是認出来ることで問題はない。問題は前述の憲法第十二条の軍政権である。これは国務大臣の輔弼の範囲に属し（ここに議論のわかれるところがあった）帷幄上奏によって行うべきものではない。国防問題は一般国務と共に内閣に統一して遂行せらるべきものである。

勅令で定められた参謀総長、海軍軍令部長の権限の帷幄上奏（勅令による条例で規定されている権限で、憲法によるものでないの意）によって立案計画される。これ憲法違反といわれる理由であり、不都合な制度である。即ち軍令権にのみ許さるべき帷幄上奏が軍政権にまで拡張されているのである。

更に軍令なる一種の勅令がある（明治四十年に制定された）。一般勅令は内閣総理大臣の副署を必要とし法制局の審査と枢密院の討議を要するのであるが、軍令はその手続をふむ必要はなく、単に軍部大臣の副署によって勅裁を経ればいいのである。かような形式をもって決定された事項を遂行するに、「憲法上の大権に基く既定の歳出」なる名目の下に、内閣をして必要なる費目をいやおうなしに出さしめ、しかも議会は政府の同意なくしてこれを排除し又は削減するを得ないのである。二重政治といわれる故あるかなである。

これら軍の権限は必要限度に制限しなければならぬ〉

軍政大権の問題など、当時憲法学者にも異論のあった問題であるが、さすがに当時から軍制評論家の立場にたつ松下氏の意見は核心をついている。

これは、陸海軍一括の問題である。論旨は、この法制論議から軍政改革の具体論に進む。

陸海軍省を併合せよ

〈軍政の根本改革の第一は陸海軍省を併合して軍部省とすべきである。理由は大略三あり。

第一の理由は軍備の統一。明治初年の如く再び軍部省とせよ。国防方針一なるべき以上軍備も一単位たるべし。陸軍といい海軍という便宜的分割が軍備不統一の結果を生むに至った。軍備本然の姿に還らしむべきである。

第二の理由は経費の節約である。

第三の理由は綜合の便宜である。内閣各省も又分化、併立の弊甚だし。これ又綜合すべし。陸海軍省を併合して、厖大《ぼうだい》となるとも各省も綜合するならば関係は同じ。

今日航空兵を陸海軍別個に有しているが、その性質はしかく別個のものではない。統一されれば多大の利益をもたらすは確実である〉

これが昭和三年の論議である。太平洋戦争の敗戦にいたるまで、陸海軍の併合・統一はついに実現できなかった。軍制専門家として、明治いらいの陸海軍の歴史を知るが故に、松下氏は、陸海軍省の併立こそが諸悪の根元、併合こそが軍政改革の根本第一とみているのである。そして、敗戦によって、陸海軍が消滅し、明治憲法がなくなって、はじめて軍の総合ができた。

松下氏の筆は、海軍軍縮条約を非難し、結果に不満を述べる者たちに反撃を加える。〈海軍は先年のワシントン会議の海軍協定に於て、主力艦の制限をみたが、もしその協定制限の満了後、再び造艦競争が始まり、我国が又も八八艦隊の企てでもしたら、どうなるであろうか。

仮にワシントン会議がなくて大正十一年に八八艦隊が完備し、以後それを維持したものとすれば維持費は年々累積してやまず、左の如き海軍予算となった筈である。

大正十一年	五億五千万円
大正十二年	六億五百万円
大正十三年	六億六千万円
大正十四年	七億一千万円
大正十五年	七億五千万円

かくして累増して、昭和四年には実に八億九千万円になった筈である。これでは正に亡国的予算である。だから我々はワシントン会議は日本（各国と共に）を救ったという所以《ゆえん》である。

そこで私は日本海軍の採るべき方針は、大艦巨砲主義を捨てて、小艦及び潜水艦主義をとるべきだと考える。八八艦隊の精鋭を以て堂々と大洋上で敵と雌雄《しゆう》を決するという戦闘法を放棄すべきである……〉

松下氏の論稿はさらに陸海軍の細部にはいる。主眼点は軍事費の縮小である。当時の陸海軍当局からすれば、それがいかに核心を衝こうが、一顧もあたえられなかった一個人の意見であるから、これを詳しく紹介することはこの陸軍史としては不要であるから省くが、「日露戦争時代の兵器を有する百万の大軍は、現代の兵器を有する一万の軍に対して果して有利なりや。軍備の新式化を急ぐべし」と具体的に論じていることなどをつけ加えておこう。

　このような風潮の中で満州では張作霖が殺されて（後述）、情勢は険悪になり、世界的な大不景気の中で、国内では国際協調を建て前とする外交が反発をよび、満蒙方面の情勢の行詰り的状態は必然的に対支強硬論を要求する軍民の疾呼《しっこ》痛憤《つうふん》となった。

小銃の手入

いっぽう、おりからぞくぞくと暴《あば》かれる政党の疑獄問題などにより政治不信感はたかまっていった。政治の改革、国内改造の気勢や、実際運動にもつながってくる。そして海軍の補助艦艇の保有量を制限しようとするロンドン軍縮条約とその結果、期せずして生じた「統帥権干犯問題」など、この時代はまことに騒然たるものであった。

統帥権の干犯

この騒動がおこったのは海軍だった。しかし、統帥権の問題、ことにそれが軍備縮小にかんしておこったことなので、陸軍、とくに参謀本部は、当時の軍縮ムードの中から、明日はわが身と軍令部と同一歩調をとることになって、陸軍部内も大いに湧いたのであった。

事のおこりは、かいつまんでいうとこうである。

大正十年（一九二一年）のワシントン会議で海軍軍縮条約が成立したが、補助艦は無制限である。したがって、会議前の主力艦の建造競争が、そのまま補助艦の建造競争に姿をかえた状況となった。

昭和二年（一九二七年）米国大統領クーリッジが日英仏伊に補助艦制限問題を提案し、日英二国が賛成したのでジュネーブで三国会議をやったが決裂してしまった。その後は補助艦の建造競争がいよいよはげしくなり、とくにワシントン条約で巡洋艦の最大限度である八吋《インチ》砲搭載の一万トン艦が焦点になり、各国ともぞくぞくと建造する。

こうしていろいろの経緯があって、昭和五年一月にロンドンで軍縮条約がひらかれ、日英米の巡洋艦その他補助艦協定が成立した。これで大型巡洋艦で日本一〇万八四〇〇トン、米国一八万トンと対米六割ということが決まった。しかし、これが騒動のもとになったのである。

会議前、浜口内閣は日本の原則的要求、いわゆる「三大原則」を決定した。

(一) 補助艦兵力量は標準を昭和六年末保有量(大巡一二隻、一〇万八四〇〇トン、軽巡九万八四〇五トン、駆逐艦一三万二四九五トン、潜水艦七万八四九七トン)におき、比率は対米、少なくとも総括的に七割とする。

(二) 八吋《インチ》砲搭載大型巡洋艦は、とくに対米七割とする。

(三) 潜水艦は昭和六年末保有量を維持する。

これをもって前首相の若槻礼次郎、海相・財部彪らの全権が乗りこんだ。ところが会議は難航した。交渉は対米総括的比率で六割九分七厘五毛という線まで行ったのだが、米英側がもうゆずらない。八吋《インチ》砲巡洋艦は、対米六割余で現有量そのままとなり、他は次のように決まった。

総トン数で日本の三六万七〇五〇トンにたいし、アメリカは五二万六二〇〇トンであった。

全権団は、これをのむはらを決めたのだが、軍令部はあくまでも原案貫徹を主張して承服しない。軍令部長・加藤寛治大将、軍令部次長・末次信正中将らが猛反対であった。これによって全権である財部海軍大臣は、苦境にたたされてしまった。

だがここで、この会議を絶対に決裂させてはならない、という決意をもった浜口雄幸首相が頑張った。元老西園寺などもこれを支援するし、海軍の長老山本権兵衛、朝鮮総督の斎藤実なども同意見であった。岡田啓介大将の尽力などもあって、加藤軍令部長もようやく折れ、政府の全権団にたいする回答がつくられ、発信された。

	アメリカ	日　本
8吋砲巡洋艦	180,000トン（18隻）	108,400トン（12隻）
6吋砲巡洋艦	143,000トン	100,450トン
駆逐艦	150,000トン	105,500トン
潜水艦	52,700トン	52,700トン

これで会議は妥結したのだった。

この政府の決定にいたるまでの間、軍令部長もついには同意したかに見られたのだが、俄然《がぜん》、その態度がかわって、調印の前日になって、軍令部次長から「本条約に同意することを得ず」という公文書を海軍次官あてに送ったことから騒動がはじまった。調印は軍令部長の同意なしに行われたということになった。強硬派の末次信正次長の主張によるという説もある。

このロンドンでの会議の進行中および妥結をめぐって、三大原則の貫徹を強硬に主張する諸団体のある一方で、各新聞は大体この妥結を歓迎する空気であり、国防兵力量の不足を案ずる声は強くても、統帥権問題をとやかくいう声はなかった。

しかし同年四月に特別議会が開かれた時から、野党である政友会が、これを政府攻撃の手段に使いはじめたため、にわかに問題になり、加藤軍令部長も「統帥権干犯だ」と開きなおってしまったのである。

問題は、読者にはすでにおなじみの憲法第十二条である。

政府と憲法学者美濃部達吉らは「国防兵力量の決定は内閣の輔弼《ほひつ》事項であって、軍令部長は帷幄の中にあって陛下の大権に参画するもので、軍令部の意見を、政府は参考視すればよい」という見解であった。海軍省側も従来からの慣行として、憲法第十二条の編制事項は、どこまでも海軍大臣の責任においてとりあつかうものとしていた。だから今度の処置はなんら手落ちのないものだ、という見解である。

これにたいして軍令部側は、編制大権は内閣と統帥部の共同輔弼事項であり、政府の回訓には軍令部長の同意が必要であるにもかかわらず、政府が軍令部を無視して専断決定したのは、統帥権を干犯したものだ、と主張した。伊藤公の「憲法義解」を引用して「専ら責任大臣の輔弼に属すといふに非す……」（傍点筆者）といい、明治四十年の国防兵力量決定（第八章参照）のときも、内閣にはただ閲覧せられただけであったではないか、と反論する。

陸軍も軍令部に同調した。陸軍軍縮への影響を心配して「政府が国防計画を勝手に決められるとなっては由々しい問題だ」と考え、軍令部と参謀本部は共同戦線を張った。
こうした軍部対政府の議論をさらにあおりたてるものがあった。犬養毅政友会総裁、鳩山一郎らであった。政争の具に供して、政府いじめをやったのである。
「他日陸軍にかみつかれる口実をあたえつつある」と非難した新聞もあったが、政党の態度がこうであれば、世論も沸騰し、右翼団体や、在郷軍人の諸団体も動く。実情がどうであったかよりも「大権干犯」という〝錦の御旗〟に通ずる言葉のほうが表面にたってきたための騒ぎであった。

この問題は結局は、ロンドン条約による海軍兵力量では国防上不充分であるから、海軍軍備の充実をはからねばならぬ、ということになって、昭和六年度から昭和十一年度までの軍備補充計画が発足し、軍縮がはやくも昭和六年に、軍備拡張につながっておちとなった。

しかし多年、軍縮をとなえてきた政党が、政権争奪のために手段を選ばずたがいに疑獄事件を暴露摘発しあい、外交問題を政争の具に供した。ロンドン条約の統帥権干犯をつきつめていくと、明治末期のような政党政治の否定にもつながるのだが、自らこれをあおる政党を否定しようとする声のおこるのは当然でもあった。

こうした空気の中で、弊原協調外交のため行きづまっている満蒙問題とからんで、軍部の危機意識が激発しはじめた。

陸軍の中央部の急進的な少壮将校らが、国家改造を目的とする「桜会」というものを結成したのが、このロンドン条約の批准《ひじゅん》をめぐって枢密院で論戦のつづいている昭和五年の九月であったのもうなづけることである。

第十三章　再びロシアをにらんで

〝平和〟〝不戦〟〝軍備撤廃〟などの声のなかに、昭和をむかえた。だが、大陸には、依然として嵐が吹きつづいていた。

一つは満州での日本の立場の悪化であり、さらに中国での全面的排日、抗日の動き、それに国民軍の北伐開始であった。

満州の地は、日露戦争で日本が利権を獲得していらい、とくに陸軍が〝生命線〟とよぶ場所である。その後、清朝が滅亡して満蒙の独立挙兵などの策謀も行われたが、日本側に有利に政情を安定させることが不断の関心事であり、ここの既得権益を中心に満州を日本の独占的特殊地域としておきたいということが、日本の政策を支配する条件でもあり、また列国との摩擦を生ずる原因でもあった。

そして満州は、清朝勃興の地であり故郷ではあったが、清朝滅亡後となると中央政府の力はおよばない。

元来〃中華〃を誇った漢民族にとっては、満州はいわゆる〃北狄《ほくてき》の地〃であり〃関外《かんがい》(万里の長城の外)の地〃であって、この地にたいする関心が関内《かんない》とは全くちがうのである。

こういう話がある。孫文が革命を志してうまく行かず、日本に協力をもとめにきた時、総理大臣・桂公爵と会談したことがある。このとき孫文は「われわれは漢民族の革命をやるので、万里の長城から北はあずかり知らぬことである。日本は適当なときに宣統帝を満州にうつし、満州は日本で適当に援助せられたい」と発言したという。

孫文は、清朝打倒で頭がいっぱいの時だからでもあったろうが、とにかく万里の長城の外が異国のように考えられていた一つの証左といえよう。万里の長城の外と内と、漢民族の考え方はこうもちがっていたのである。

この満州で、大正の後期に実権をにぎっていたのが、張作霖という男であった。

張作霖をどうする

大正九年十二月(シベリア出兵中であり、中国では安直戦争で、張作霖が中央政界に頭をもたげてきたころである)、南満州鉄道株式会社の一理事から、田中義一陸軍大臣にあてた意見書が陸軍省の記録の中にのこっている。

「東三省巡閲使、張作霖に関する卑見」というかなり長文のもので、結論は、当時の「アジア・シベリアの情勢ともかみ合わせて、反過激派の旗をかかげて彼を援助せよ」という意見だが当時の情勢と張作霖の地位をうまく表現している。要約すると、つぎのようなものである。

〈日本は張作霖をどうしたらよいか。彼を援助すべきか否か。これについて三つの意見がある。

（一）日本が特定の人物を援助して、その野心をとげさせるのは、今日、中国全土で民族運動がさかんになっている状態のなかでは、いっそう排日気運をたかめるから、百害あって一利なき愚案である。

（二）張作霖は将来、揚子江以北をにぎる実力があると信じられるから、日本は彼を援助しなければ満蒙の利権をまもり、また対支政策をこれまでのように行うことはできない。

（三）張はそれほどの実力者ではないし、人物からみても、彼が日本をたよっているのは、彼の真意かどうかもわからない。彼を信頼するのは危険である〉

当時支那通といわれる人はおおかったが、その人たちの間でもこれだけ意見がちがっていた。張作霖そのものの評価も正反対である。この人たちが三つのそれぞれ違った意見をもって、大いに高言、策動していたのであろう。張作霖はもと満州出身の馬賊で、日露戦争の時〝露探〟（ロシアのスパイ）の容疑で日本軍に捕えられた。危く首を斬られそうになったところを、日本軍の井戸川少佐（のち中将）が〝肚《はら》の据《す》わった見所のある奴〟というので一命を助け、それから目をかけてやった結果が今日の地位をきずく基礎になったのであるから、その出身、経歴、人物論と評価がちがうわけである。

この論者は、（二）には同意で、支那では国民的運動が勃興しつつあって、何かといえばすぐ国際連盟の本舞台に持ちだされる今日この頃、特殊の縁故などを盾にとって日本が利益を独占しようなどということは、できることではない、愚案である、として安直戦争のときには、日本政府は厳正中立を守って、従来支援してきた段祺瑞などを後援しなかったことは、国の利害の打算の上からすると賢明だ、という。

そして「張作霖を援助せよ」というのだが、ここで彼は、張作霖を援助しなければ排日熱をいくぶんでも和《やわ》らげることができるなどと考えるのも考えが足りない、という。排日行動は、山東問題がなくても、二一カ条問題がなくてもおこるはずである。北京大学などを中心根拠地としている過激主義者が、うまい口実をとらえて排日熱をあおっているのが原因で、彼らの目ざすものは日本だけではなく、まず軍国主義、資本主義のよい見本である手近な日本に向かっているのである。だから排日運動にかんするかぎりでは、一事を譲ったらほかのことを口実に、止まるところを知らないものと覚悟しなければならない、と論ずる。

また、この論者は張作霖を援助せねばならぬ理由はこうだ、という。

張作霖に支那を統一させるために彼を後援するようなことは、列国環視のなかで公然と支那の内政に干渉することになるから、今日できることではない。彼を援助せねばならぬのは、満州を赤化から防止するためである。日本が一時たよりにしようとした緩衝地帯の極東共和国も桃色となり、すぐに赤色となって、モスクワに通ずるものになってしまい、セミヨノフ将軍も失脚してもう見込みはなくなっている。

満州国境の満州里前面には過激派軍が迫っているではないか。日本も支那も、何とかしてこの危険を防止せねばならぬ危機にさらされている。これが張作霖の当面の大きな悩みであるし、日本の悩みでもあるのだ。この過激派に対抗するために、張作霖と共同動作をとるべしと天下に公言しても、何を憚《はばか》るところがあろうか、というのである。

日本の援助によって張作霖が満州に侵入している過激派を掃討し、一方ではじっくり腰を落ちつけて、東支鉄道の改善進歩をはかり、東三省の開発につとめるならば、その発達は驚くべきものがあるだろう。東三省の富力は張作霖の実力となり、蒙古の統一などは座っていてもできるであろう、というのがこの論者の意見である。

張作霖信用ならず、という意見にたいしてはこの論者は、これまで日本側もあまりに身勝手に、無理なことを要求したことがあるから、一概にそうもいえない、それよりも、いま彼を必要とするのは、彼が、東三省巡閲使という、総監の立場にあることが重要なのである。彼のほかに誰がいるか。日本が援助しなければ彼が実力を保てぬことは明瞭である。彼が、実力を持つと見るかぎり、これをたすけるべきであろう、という。

こういう立場のこの論者は、張作霖に会って話をしてみると、中央政局での勢力の推移、つまり曹錕とか呉佩孚とかに注意をはらうことがおおく、北満に迫っている過激派のことなどよりも関心を払っている。日本が援助しえない方面にばかり頭をむけていて、援助のできる東三省の安定開発につながる方に目をむけていないのだ、という。彼は張作霖の目を北に、東三省内部にむけさせよ、と論ずるのである。

ところで、従来、日本の対外政策は腰がふらついている。もし、日本が、ホルワット将軍にたいしたように、あるいは支那の南北両派、段祺瑞ら、あるいはまたセミヨノフ将軍にたいしたような首尾一貫しない態度でもって、公然と日本党を表明している張作霖の信頼を顧みず、大切な時になって即《つ》かず離れずの方針で接するようなことになれば、彼が失脚するのは必定で、政治的には日本は双方の側から悪感情や恨みをまねき、ついには満蒙での既得の権利までも失うことになるかもしれないぞ、と戒めた意見書であった。

張作霖がこのあと、中央政局に欲をだして奉直戦争となったり、日本軍の援助で危いところを助かったりしたことは、すでに述べた。そして次第に日本のいうことをきかないようになってくる。当然、これにたいして日本側で腹をたてる者もでてくるのである。

国民軍の北伐

大正十五年（一九二六年）七月、国民革命軍総司令に就任して、北伐を開始した蔣介石は、九月には漢陽、漢口へ、十月には武昌、十一月には九江、南昌と兵を進めた。この間、武漢国民政府（汪兆銘）が設立されたが、蔣の革命軍は、翌昭和二年三月、南京を占領した。

列国領事館が襲撃され、列国軍艦が南京市内を砲撃するという、いわゆる南京事件もおこったが、とにかく、武漢政府に対抗する南京政府ができた。北伐軍はさらに北進をはじめた。

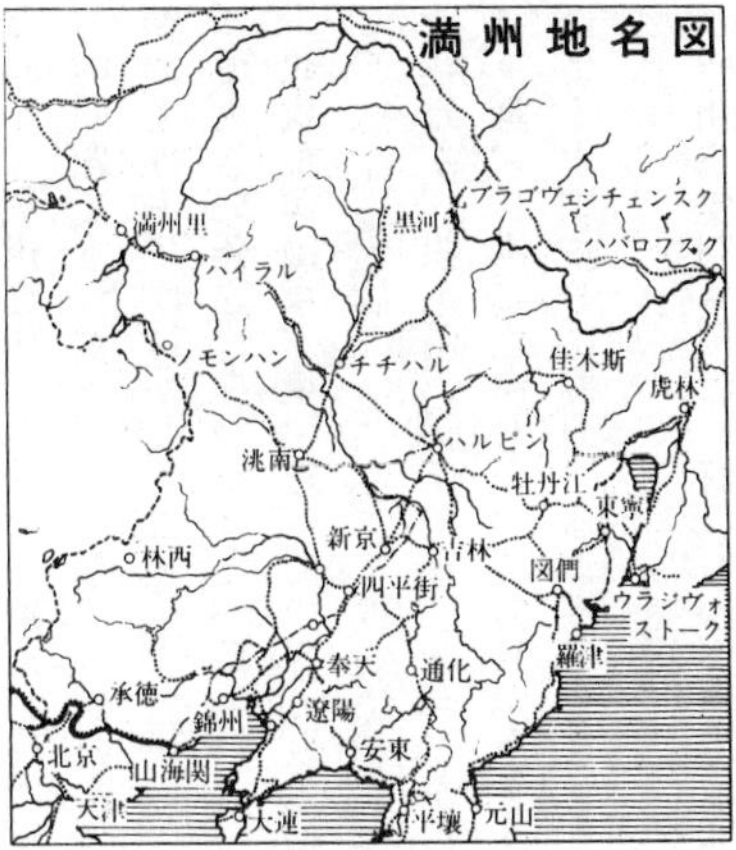

満州地名図

このころ、張作霖は、すでに述べたように大正十五年に馮玉祥軍を敗って呉佩孚との合作政権をつくって、日本側の希望とはうらはらに、北京に君臨しており、蔣介石の北伐開始とともに安国軍総司令と称し、昭和二年には国民革命軍討滅のために河南に出兵を宣言、南伐の態度を明らかにした。昭和二年の六月には、北京に軍政府を組織して大元帥に就任した。

蔣介石の北伐は明らかに張作霖との戦い

である。満州自体について、鉄道利権問題のほか、張作霖を説得してまとめあげたいろいろの問題をもつ日本であったが、当の張作霖は、いまや王座にのぼってしまって、満州問題の交渉もはかばかしくは進まない。そこへ蔣介石の北伐である。両者の扱いが日本にとって大きい難題になってきた。

北伐軍が山東省境に迫ったころ、日本は五月と七月の二回にわたって山東省に派兵した。「第一次山東出兵」といわれる。だがここで北伐はちょっと一息つくことになった。八月、北伐軍が、張宗昌、孫伝芳軍に敗れたからである。これで北進の意図が放棄され、蔣介石は下野、日本に亡命した。この日本滞在間に当時首相の田中義一大将にも会い、国民政府による中国統一に協力するよう要請したりしている。

昭和二年四月には、蔣介石が上海で反共クーデターを行い、共産党断圧を実施している。この弾圧に苦心していた蔣介石は、自分の手で処分するのが忍びないとしたのであろうか、八月には自ら下野を宣言した。いっぽう、彼の留守中には、武漢派と南京派とで内紛があったが、共産党は両派、とくに武漢派によって厳重に粛清されてしまった。この他人の手を借りた共産党粛清は蔣介石の計画的行為だ、という人もある。

ところで、この間に、本国では革命軍に、また蔣介石の出馬を請うという事態となって彼がふたたび兵権をにぎり、これよりさき武漢政府と南京政府との合流も成っていたので、昭和三年二月、北伐再開が決定され、革命軍総司令・蔣介石が中央政治主席となって軍政両権を把握して、四月には北伐軍に前進を命じた。

また も、戦火が山東省におよべば混乱必至として、居留民保護のための日本軍の出兵が問題になってきた。兵力派遣は一応決定されたが、財界からも野党からも反対の声があがった。出兵はかならず排日運動につながり、北が敗れれば〝あぶ蜂とらず〟になるぞ、という心配であった。

派遣軍を青島にとどめて、力の示威をするつもりであったといわれているが、青島に出動した第6師団は済南に前進し、ここで北伐軍と衝突交戦するという、第一次出兵とは比較にならぬ大事件になってしまった。これが「第二次山東出兵」である。済南城を攻撃して、これに拠る南軍を追い払い、占領するという本格的戦闘になってしまい、第3師団がさらに動員、増派された。

済南で日本側との衝突がおこったので、蔣介石は済南を迂回して北進、戦場は北にうつっていった。この事件があとあと国交調整上の大きな難問題となったことは当然であり、まっていましたとばかり排日の種にも使われたのである。

張作霖が負けて関外に逃げるとなれば、これを国民革命軍が追って満州に乗り込むかもしれないという事態になってきた。

関東軍はそのいずれの場合でも、これを武装解除すると頑張っていた。政府も南軍の関外進出の方は、絶対に阻止するという方針であった。

ともあれ、張作霖は至急に満州へ帰らねばならない。日本の武力援助で関内にいのこることを期待していた張は不満であったが、一時関外に撤去して再挙の機をねらうことに同意した。だが、奉天に帰る張作霖を待っていたのは、死の運命であった。

昭和三年六月四日、関東軍参謀・河本大作大佐が指導して張作霖の列車を爆破、殺害したのであった。「満州某重大事件」といわれ、天皇陛下に叱られて田中義一首相が辞職するということになった事件である。

今日、その詳細は明らかにされており、本書にこれを詳しく述べる要もない。要するに、張作霖が何だかんだと日本側の要求を承諾しないのに、強硬派が業《ごう》を煮《に》やしていた。おりもおり、息子の張学良ならいうことを聞くと、秦真次奉天特務機関長が考えて、この意見を河本大佐にいったことからはじまる、ともいわれている。親爺を殺して息子を口説こうというのであるから驚くべきものである。この考えが発展して、張作霖を抹殺すれば、東三省は軍閥闘争の場となり、治安が擾乱《じょうらん》されるのは必至だから、関東軍が出動してこれを料理するというだんどりが考えられたのだという。

これほどの事件で、下手人が誰であるかが判らぬはずがない。張学良は、父の爆死が関東軍の手によって行われたことを知った。父を殺された恨みをもつ張学良が、日本側と協調するわけはない。

父の殺された一カ月後の七月、張学良は国民政府から東三省保安総司令に任ぜられ、青天白日旗（国民政府の国旗）を掲げることを決定した。国民政府に忠誠を表明したのである。

張学良が、父張作霖が北京撤退前に日本に強要された鉄道借款などの日本側利権をみとめない、と反日的態度を表明したことは当然ともいえる。

そして張学良は、さらに反日的立場を明らかにしてきた。昭和三年十二月には、奉天城内外の官衙《かんが》は一斉に青天白日旗を掲げた。南京政府の支配権は満州までのびたのである。

満州の状況は、日露戦争の将兵の血によってえた〝日本の生命線〟であると考える人たちにとって、どうしてもこのまま放置しておけない事態となってきたのだった。

満州に戦火揚がる

昭和六年九月十八日、奉天の北大営付近、柳条溝の銃声をもって満州事変の火蓋《ひぶた》がきられた。

今日、この満州事変の原因、その計画された動機が、関東軍の主導によるものであり、その中心人物、関東軍参謀・板垣征四郎大佐、石原莞爾大佐が周到に計画したもので、軍

満州の広野を駆ける

中央部の大部分も賛成または承認して行われたものであったこと、また当時国内の民間だけでなく、政界にも大きく動いていた強硬論の空気の中で行われたことなど、すでに明白になっていて研究資料に不足はない。これを評する意見が、論者の史観や立場によって異なるのは当然ともいえるが、筆者は今日でも、当時の状況は日本軍が反発するか、そうでなければ旗をまいて満州から総退却するかの瀬戸際であった、と思っている。

こうした事態になったのには、それだけの理由があり、本書でも詳しく見てきたが、昨日の因を今日の果として受けとめねばならぬこの当時の状態では、避けられぬ衝突でもあった。

将兵は超一流

当時、支那側は奉天軍が主力であり正規軍約二五万をもっていた。しかしこの事変のはじまる前から、張学良は約一一万の兵力を北京、天津付近にうつし、学良みずから北京に在って指揮していたので、事変当時の満州の奉天軍の兵力は約一三、四万であった。これを奉天省方面に約四万五〇〇〇、吉林省方面に約五万五〇〇〇、黒龍江省方面に約二万五〇〇〇、熱河省方面に約一万五〇〇〇と、各省に配置していた。

これに対する日本軍の満州に駐屯する部隊は、関東軍司令部（司令官・本庄繁中将、所在地は旅順）指揮下の満州駐屯第2師団と独立守備隊六個大隊、旅順重砲兵大隊であった。第2師団は司令部を遼陽、歩兵第3旅団司令部と歩兵第4連隊が長春、歩兵第29連隊が奉天、また歩兵第15旅団司令部と歩兵第16連隊は遼陽に位置し、歩兵第30連隊を旅順に、騎兵第2連隊を公主嶺に、野砲兵第2連隊を海城に、工兵第2大隊を鉄嶺にとおのおの分駐させていた。独立守備隊はその第1大隊は公主嶺、第2は奉天、第3は大石橋、第4は連山関、第5は鉄嶺、第6大隊は鞍山と配置されており、兵数は約一万四〇〇〇だった。奉天軍の在満兵力にくらべれば、約一〇分の一であった。

日本陸軍が第一次大戦の結果、相対的に二流、三流の軍隊におちたといっても、それは装備を欧州列強とくらべての話である。日本の常設部隊の将兵は、超一流であった。当時の奉天軍にたいする兵力比などは、関東軍の参謀たちが計画するときも全然、問題にならない。敵は兵数がおおくても、各地に分散している。急襲してこれを各個に撃破することについては、何の疑いももたなかったのである。

九月十八日夜、ついに火蓋は切って落とされた。果して日本軍部隊の行動は、電光石火であった。

まず奉天。十九日午前三時、はやくも奉天城門をおとしいれ城内に進入、午後には奉天軍の兵営、東大営を占領した。軍司令部は旅順から奉天に前進し、遼陽の第2師団の部隊も奉天に進出した。

長春方面では十九日、完全に掃蕩、二十一日には第2師団長・多門二郎中将が混成の約一個旅団をひきいて吉林に前進し、吉林軍主力の武装を解除した。

これより先、朝鮮軍(軍司令官・林銑十郎中将)は関東軍の増援請求によって、独断、混成約一旅団を満州に派遣し、この部隊は二十一日夜には奉天に到着した。

こうして戦闘の初動で、たちまち奉天軍主力を撃破して、九月二十三日、わが軍事行動はまず一段落した。この関東軍の行動が、内外におこした波紋は非常に大きなものであった。

満州国建国

一度ついた戦火は、なかなか消えるものではない。ましてや、関東軍に消すつもりはなかったし、おどおどする日本政府や、軍中央部をはじめからなめてかかっていた。

彼らは、この機会に日本改造にまでもちこもうという意気込みであり、いっぽう国内でも、好機いたれりとばかりに、急進派が動いて十月事件(満州事変にたいする政府(若槻禮次郎内閣、陸軍大臣・南次郎）の態度が怪しからぬ。事変の解決より、まず政党内閣の打倒、軍部独裁の確立が急務と「桜会」の連中が、今こそ好機と軍事クーデターをやって荒木貞夫中将をかつごうとした事件で、不発ではあったが、テロの脅迫で政府の要人らを驚かせた）をおこすという事態であって、満州で動く関東軍の若手幕僚は、いわばタカ派のチャンピオンであった。

軍司令官・本庄繁中将や三宅光治軍参謀長にたいして、「胆少にして、断行の勇なく、責を一身に負うの気慨なし」と悪口をいいながら、思うとおりに強行して、中央部はずるずると引きずられるだけであった。

こうした経緯を知るよしもない第一線の将兵としては、関東軍司令官の命令があれば、命をかけて働く。関東軍の作戦の進展にともなう関東軍と中央部との折衝や、政府の立場、国際連盟の動き、リットン調査団など、本書が説きうる範囲ではない。「三八式歩兵銃」が全満州を席巻した動きを簡単に記するにとどめよう。

昭和九年十月から、黒龍江省政権主席代理・馬占山への圧力を強めた。十一月、嫩江河畔での衝突にはじまり、大興付近の戦闘を経て、第2師団の戦闘参加となってこれを撃破、十一月十九日にはチチハル入城となった。

このころ遼河の西、錦州方面の情勢が緊張してきた。張学良は一瞬にして奉天をはじめ根拠地を失ったので、錦州に仮政府をつくって抵抗を策したのである。日本軍によって一蹴された奉天軍の主力は、西にのがれて、錦州の仮政府に集まった。

関東軍は、これをくつがえさない以上、動乱の目的はたっせられない。十二月末、錦州にむかう作戦を開始した。第2師団、第20師団という精鋭の攻撃をうけてはとうてい張学良は抗しきれず、関内に逃げこんだ。これで万里の長城のもと山海関までの西境は片づいた。

昭和七年二月二十八日、満州の独立が宣言された。これまでに、張学良一派の東北軍政権に属する軍閥の大小の頭目たちの去就はおのずから明らかとなり、各省も逐次独立していたので、これを統一する段階に進んだのである。

このころ吉林軍の将軍、丁超らが反対の立場を表明し、新政府側の軍とハルピンで衝突した。そこで第2師団のハルピン攻撃が開始された。昭和七年二月初旬であった。戦いになると超軍はひとたまりもなかった。こうして要衝ハルピンも平定され、北満の紛争に終止符が打たれた。

戦火、上海にとぶ

上海を中心とする地方は、もともと反日運動のさかんだった地域である。満州事変になると、徹底的な対日経済断交、ボイコット運動が展開され、日本の貿易と居留民がうけた損害は莫大なものとなった。

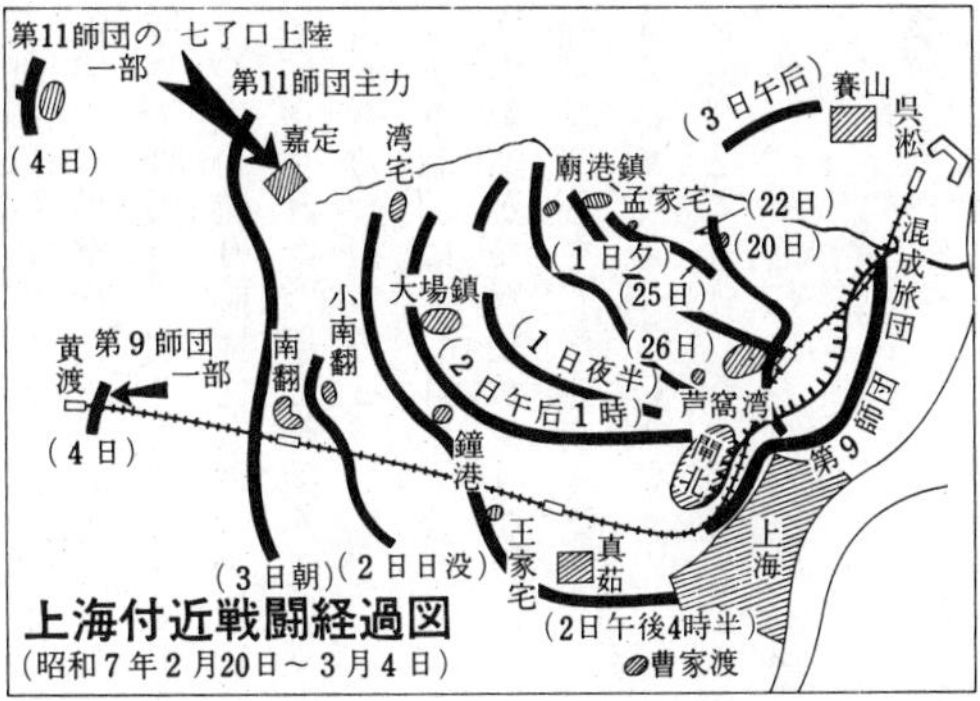

上海付近戦闘経過図
(昭和7年2月20日～3月4日)

市内各地で日支人の衝突がおこり、日蓮宗僧侶殺害事件などという大きな火種になる事件もおこった。この暗殺事件は、今日では陸軍の上海公使館付武官補佐官であった田中隆吉少佐が、満州建国工作に注がれる列国の目をそらす手段として打った謀略であることは明らかにされているが、こうした正気の沙汰でない火付役もいるとなっては、すでに発火点にあった国際都市上海に戦火のあがるのは当然であった。

海軍は揚子江方面の兵力を増強したが、陸上兵力としては、海軍特別陸戦隊の二〇〇〇名たらずしかいない。これにたいして上海周辺の中国軍は、軍長・蔡廷楷の指揮する第十九路軍、約三万四〇〇〇であった。中国軍だと一概にあなどることのできない精強軍といわれていた。

戦闘は、まず租界付近での陸戦隊の戦闘ではじまった。戦闘は閘北一帯にひろがり、海軍機の爆撃が行われ、海軍はますます増強されたが、陸戦隊の戦闘には当然限度がある。陸軍の増援を必要とするほどに事変は拡大した。

金沢の第9師団、久留米の第12師団からの混成旅団などの派遣が決定され二月上旬、上海に送られた。第12師団から独立戦車第2中隊も派遣された。日本の戦車部隊の正規の動員派遣の最初である。

第9師団は、二月二十日から江湾鎮方面で戦闘行動に入った。激戦が展開されたが、当面の敵陣がなかなか抜けないという苦戦ではじまった。地形はクリークがある上に、敵の陣地は堅固でしかもよく陰蔽されており、これを力押しで取るのであるから、満州の広野をかけめぐるようにはいかない。まことに、日露戦争いらい日本軍がはじめて経験する堅陣攻撃となった。第9師団と混成第24旅団は、一歩、一歩、肉薄攻撃を行った。

当時、有名になった「爆弾三勇士」の肉弾攻撃はこの時のことである。

爆弾三勇士

混成第24旅団は、二月二十二日の払暁、午前五時三十分を期して、廟巷および客家屯付近の敵陣地を奪取することになり、第一線歩兵部隊をもって敵前おおむね一〇〇メートルに突撃陣地を構成し、工兵第18大隊の工兵中隊は、第一線部隊のために、敵陣地鉄条網に突撃路の開設を命ぜられた。

工兵という兵種は、自らもサービス兵種であるという。平時は軽視され、戦時となると欲しがられるのが工兵ともいわれる。

日本陸軍の工兵は、このころすでに坑道建設とか架橋とか、工兵でなくてはならぬ分野を担当しており、このあと各種の特殊作業に担任をひろげていったのであるが、野戦工兵が主体であり、歩兵銃と銃剣だけで身を固めた工兵の華は、敵前近迫作業であった。

日露戦争での活躍は、旅順で充分に示された。いまそれが上海の戦場で再現されるのである。

工兵中隊長・松下大尉はこれより先、鉄条網破壊のため、急造破壊筒（鉄条網の深さ四メートルに応ずるもの）八個を製作させていた。これを工兵がもって前進し、鉄条網の下にさしこんで爆発させ、鉄条網に通路を開こうというのである。

右翼の歩兵大隊正面に五条、左翼の歩兵大隊正面に三条の突撃路を開設することになっていた。予行訓練もくりかえし行われた。破壊路ができなかったならば、歩兵の突撃はできない。どうしてもやりとげねばならぬ仕事である。だが、生還は期しがたい。前夜、中隊全員の訣別《けつべつ》の盃がくみかわされた。

急造破壊筒の製作はおわっていた。爆薬量二〇キロ、一メートル毎に雷管一個をつけ、長さ三〇センチ緩燃導火索正副二条をつけ、端にちかいところにマッチをつけ、これをゴム・テープで巻いて防湿している。三人一組となり、これをもって突進、鉄条網にぶちこんだ後に点火するのである。

敵の陣地は一カ月以上もかけてつくられたもので、有刺鉄線の深さ三、四メートルの鉄条網がめぐらされ、ことに主攻撃をむける廟巷方面の陣地は外壕も備えていた。

おりから陰暦十六日の月は、たちこめる暁霧におおわれてはいたが、数十メートルは透して見える状況であり、夜来の敵の守備は厳重で、銃砲火が絶えずとびかっていた。とうてい敵にさとられずに前進できる状況ではなかった。

突撃の時機はせまってきた。小隊長は歩兵と協力して煙幕をはって、敵前約三五メートルの破壊地点に待機していた第一班に前進を命じた。わずか三五メートルの距離だが、たちまち十字火の的になった。

第一組では二名がたおれ、のこる一名が単身、破壊筒をひきずって前進したが、障害物の前わずか三、四メートルのところで戦死をとげた。

第二組は発進した途端に敵火になぎたおされた。第三組も障害物前一四、五メートルで敵弾をうけて、敵線にたっすることはできず、第一班で三条の突撃路を開設するという企図は失敗してしまった。班長は生存者と共に死者の手榴弾をあつめ、敵に投擲《とうてき》して、鉄条鋏による突撃路の破壊をはじめた。

第一班の不成功を見た小隊長は、破壊拠点の後方五メートルに待機していた予備の第二班に「強行突撃、前へ」と号令した。班長は、この状況から判断して「点火出発」を命じた。敵の鉄条網に到達してから点火する余裕などはとうていないと見たからである。点火した爆薬をもって突進する。導火索の燃えきるまでに敵の障害物にぶちこまなくては自分たちも粉砕されるのである。二組が敢然と点火の後に発進した。

第一組は破壊拠点と鉄条網との中間付近まで突進した時、先頭の北川一等兵が敵弾を受けてたおれた。「しまった」と班長が見まもるなかで、北川一等兵が立ち上がった。導火索は燃えつづけている。破壊筒を抱いた三人一組の第一組は猛然として前進をつづけて鉄条網にぶちこんだ。

その瞬間、轟然たる爆発がおこり、鉄条網には幅約一〇メートルの破壊口ができた。しかし、この組の北川、江下、作江各一等兵の三名は鉄条網とともに粉砕されてしまったのである。第二組の突撃路破壊も成功した。第一班の班長が鉄条鋏でつくった突撃路とあわせて三条ができて、歩兵の突撃となり、ついに堅陣、廟巷の一角を占領することができたのであった。（吉原中将著『日本陸軍工兵史』による）

これが「爆弾三勇士」である。工兵精神の権化として、当時ひろく国民に知られ、その銅像も多く建立された。今日、どこにも銅像を見ることはできまい。筆者は昭和四十九年夏、京都の大谷本廟に詣った。そのあと裏の墓地の中の道をとおって清水寺に行く途中、左側に三勇士の墓を発見した。いまこの三人の名に「爆弾三勇士」を思い出す人はあるまいと感に耐えないものがあり、上海方面の将兵の苦戦健闘のことを思って合掌したのであった。

上海派遣軍の増派

第9師団が攻撃をはじめたころ、参謀本部は支那軍なにするものぞ、と戦局の見とおしを楽観していた。

ところが、そうはいかなかった。

中国軍はぞくぞくと増援してきて、数に物をいわせようとする。国際環視の上海であるから、ずるずると日支全面開戦となっては大変である。充分な兵力で一挙に叩いて、そして終わらせねば、大変なことになりそうだ、ということになった。

上海派遣軍が設けられ、司令官に白川義則大将が就任、善通寺の第11師団、宇都宮の第14師団を基幹とする部隊が増加された。この軍の作戦はまず先遣の第11師団を呉淞砲台の上流二〇浬《カイリ》の七了口に上陸させ、敵軍の背後に迫らせたが、これが奏効し、第14師団の上海到着で中国軍が総退却にうつり、これが停戦協定に結びついた。

こうした経過をたどる間に、上海におおくの権益をもつイギリスやアメリカ側との折衝があったのは勿論である。

政府はつらい立場にたたされた。満州の場合と同様であった。後始末の交渉は難航し、ジュネーヴの国際連盟の舞台にまでもちだされ、四月末になってようやく妥結した。

この間、四月二十九日の天長節祝賀の式場で、朝鮮独立党員の爆弾で白川大将が死亡し、第3艦隊司令長官・野村海軍中将、植田第9師団長、重光公使らが負傷するという事件もおこった。

上海についた火は、なんとか消すことはできたが、この間、満州の状況はなお動いていた。

万里の長城線へ

大正の末いらい熱河省をにぎっていた湯玉麟は、満州国に一度は忠誠を誓った。しかし昭和七年末には、張学良の正規軍が熱河省に入って、湯は張学良側にまわった。

関東軍としては、満州国最後の大掃除をする時期と判断した。昭和八年二月から実施された熱河作戦である。すでに満州国ができている昭和八年のことで、これは満州の平定や、治安の回復などという目的はあったが、万里の長城をこえて、華北への進出につながっていく第一歩となったのであった。

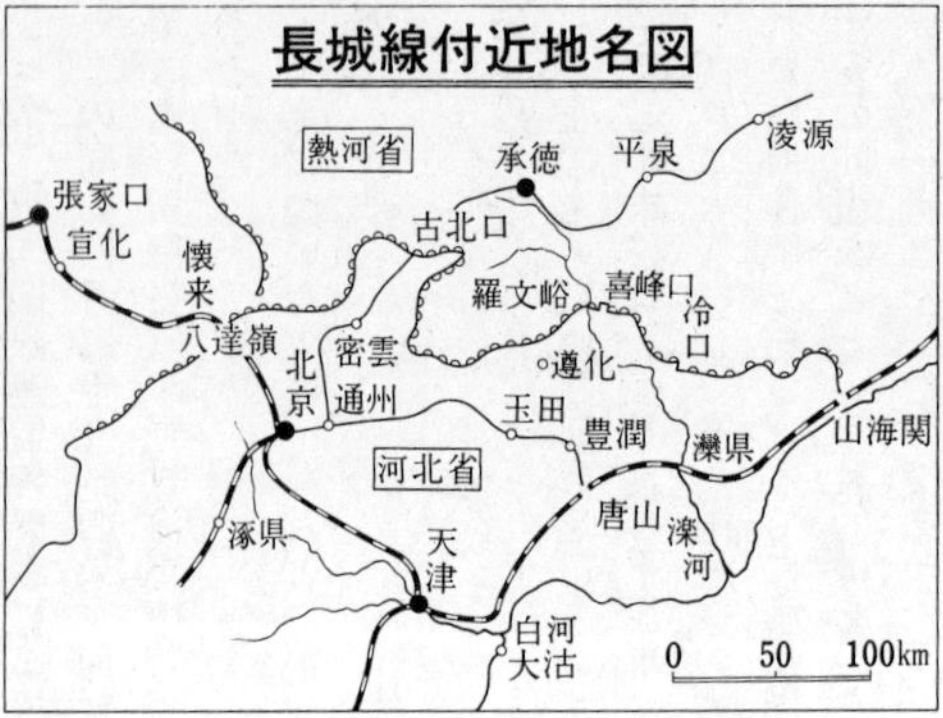

関東軍は、この作戦は満州国の国内問題であるとし、隷下部隊にも「別命あるまで（長城をこえて）河北省内において作戦行動を実施することなし」と命じた。

中央部が心配したのもこの点だった。しかし、承徳を経て古北口にむかう命をうけた第8師団は、その一部で界嶺口、冷口、喜峰口などの長城線の関門を占領確保することを命ぜられた。古北口は直路北京に通ずる北方の要衝であった。これらを占領、確保する任務であれば、戦域を長城内におよぼさずといっても、戦いがつづけばそうならぬはずはない。

作戦開始は昭和八年二月、作戦参加部隊は、第6師団、第8師団、混成第14旅団、騎兵第4旅団などであった。騎兵第4旅団が機動力を発揮して赤峰をぬき、第8師団の川原挺進隊が速成の自動車化部隊となって、戦車、装甲車部隊とともに、凍る熱河省の道を承徳に向かって急進するなど、作戦のすべりだしはすこぶる快調であった。

川原挺進隊の編成、行動、成果がきっかけとなって、翌昭和九年に日本陸軍ではじめての機械化部隊（自動車化部隊）が満州に誕生することになるのである。

熱河省の省城承徳は三月四日、日本軍の手におちた。各方面とも万里の長城の関内にたっし、古北口も苦戦の末であったが、三月十二日には日本軍の手におちた。だが、このころから、長城の各関内にある日本軍にたいする中国軍の反撃は激しさを加えてきた。

混成第14旅団は第7師団から編成派遣された部隊であったので、筆者の属した歩兵第25

熱河省承徳入城（昭和８年３月）

万里長城を攻める歩兵部隊

連隊からも一個大隊が出動していた。筆者はこのころ札幌でこの旅団や大隊の健闘に想いをはせ、従軍できぬことを残念に思っていた。

中国軍の反撃は、混成第14旅団の正面で激烈をきわめた。喜峰口方面はとくに苦戦で、歩兵第25連隊の将兵もおおくたおれた。

長城線での中国軍の反撃は、とにかく撃退することができた。しかし撃退したとなれば追撃というのが戦さの常道である。それが万里の長城を越えることになろうが、とにかく進出しなければ、長城関門の確保はできない。

こうして日本軍は長城をこえて、灤河の東側地区に進出することになった。

五月、第6師団と第8師団は長城をこえて関内作戦を開始した。戦火が天津、北京にも迫るという情勢になったところで停戦会談となった。

塘沽停戦協定とよばれ、五月末にまとまったが、これで日本軍は万里の長城をこえて、河北省の東北隅に有力な地歩を築いたことになった。

この時期、蔣介石は〝抗日〟か〝掃共〟かの二途にくるしんでいる時で、この時期での抗日は自殺行為にしか過ぎぬという困難な立場にあった。日本軍の強圧のもとに屈伏するより仕方なかったのである。

さて、驚くべきテンポで揺れ動く大陸に目を向けてきたが、ここで停滞のさなかに「昭和」の改元を迎えた陸軍の姿に帰ることとしよう。

「昭和」とは、『後書経』の「百姓昭明して万邦協和す」からとった平和を希求する年号ではあったのだが、すでに見てきたような情勢ではじまった。

昭和初期の歩兵兵器

世情がどうであれ、日本陸軍は世界大戦の結果、たちまち装備不良軍になってしまったのだから、できるだけ、その改善をはからねばならない。

昭和の代にはいると、歩兵部隊には大正後期の制式制定年次を冠した、つぎのような兵器が交付された。満州の広野や、上海の泥の中で戦っている歩兵部隊は、これらの新兵器で装備されていたのである。

十年式擲弾筒《てきだんとう》

十一年式軽機関銃

十一年式平射歩兵砲

十一年式曲射歩兵砲

十一年式軽機関銃については説明すべきことがある。軽機関銃は世界大戦で脚光をあびた兵器で、戦闘群戦法の基礎となったほどの重要な兵器である。

日本陸軍では、明治いらい何度か兵器にはなじみの名前の南部中将の設計によって、この軽機関銃を実用化した。銃床が右にまがっていて〝不恰好な銃〟だと批評した外国の書もあるが、とにかく歩兵中隊にとっては主兵器である。ところがこれが、大いにわが将兵を悩ませた兵器であった。

ほかの機関銃とかわった点は給弾装置にある。機関銃は通常、箱のような弾倉、三年式機関銃のような保弾鈑式あるいは弾帯とか特殊の給弾装置を持つのだが、この十一年式軽機関銃は、歩兵銃に装弾する挿弾子に入った五発ずつの弾薬がそのまま使えるので、この点はまことに便利であった。

これを六個、銃の左側についている貯弾倉に入れる。連発で右から射って五発射ちつくすと上の分にかかるというふうに送弾装置があり、薬莢と挿弾子は外にはじきだされる。まことに巧みに作られている。しかし理論上はうまくできているのだが、ゴミが入ったりするとこの送弾装置がスムーズに作動しなくなり、発射できなくなる。

筆者は陸軍士官学校で、日本軍独特の考案であると誇らしげにいわれて、はじめて十一年式軽機関銃にお目にかかったし、隊ではもちろんこれを教えた。だが、まず「故障排除」から教える。これを兵におぼえさせるのが大仕事なのだ。

およそ兵器の操法を教えるのに、故障排除の教育で苦労するなど、そんな兵器は実戦むきではない。日本軍独特だなどとうぬぼれても、兵隊泣かせの兵器では仕方ない。

まだ悪いことがあった。この銃は、撃ち殻薬莢が焼きついて切れぬよう、また薬莢の抽出がしやすいように、弾薬に油を塗る必要があった。油を塗った弾薬や挿弾子など、満州の広野の砂塵濛々《もうもう》たるところでなくても、砂ぼこりやゴミのたまり場みたいになるのは知れたことで、送弾装置が動かなくなるのはあたりまえである。

有名な南部中将の考案であったから、文句をいう者がなかったのだろうか。十一年式（一九二二年式）にかわる軽機関銃が生まれたのが、なんと、一四年後の九六式（一九三六年式）軽機関銃である。これは給弾装置が三〇発入りの箱型弾倉式になった。まだ油は使っていたが、兵たちは十一年式ほど故障排除に悩むことはなかったであろう。とにかく、十一年式軽機関銃は、筆者に国軍兵器への不信感をいだかせた第一号であった。

陸軍の主力砲兵をどうする

陸軍野戦砲の主力はすでに述べてきたように、日露戦後の三八式野砲である。だが、第一次世界大戦での兵器の飛躍的な発展のため、もうこの三八式野砲では、世界の進歩からとりのこされていた。もっと遠距離を射撃できる野砲が必要になっていたのだ。

大正九年の技術本部研究方針（第十章参照）でも、新野砲の研究が急を要する事項としてあげられている。だがすでに三八式野砲は全軍に整備されており、これを新式火砲に交換することは容易な業ではなかった。

改造三八式野砲（写真中央）

口　　径	7.5センチ
弾　　量	6.8キロ
初　　速	520メートル（秒）
最大射程	10700メートル
放列重量	1135キロ

軍艦ならば、一たび〝弩級《どきゅう》艦〟がでたとなると、旧式戦艦ではまったく役にたたぬし、艦齢がたつと、代艦を作って、ごっそり更新する。この老齢化がはっきりとわかる。予算の要求にも説明にも明瞭である。

後代になると、飛行機もそうだった。機種改変の必要を誰も疑わない。

ところが陸戦兵器となるとそうはいかない。相手によって、使いようによって、どうともなるとはいえないまでも、その〝老衰ぶり〟を立証することは難しい。まして、歩兵の突撃精神第一の陸軍である。陸軍の近代化のおくれた主因は、国家財政の限度があったとはいえ、こういうところにもあったといわざるを得ない。

主力火砲をどうする、ということになって、陸軍は、在来の三八式野砲を改造する案を採用した。改造で目的がたっせられるなら、経費の面でも助かるし、短時日の間に整備可能ということになる。これで落ちついたのであった。大正十五年一月に、審議が技術会議に命ぜられ、翌年二月に制式として制定された。「改造三八式野砲」である。改造された主な点は次のとおりだった。

砲架の箭材（支持脚）に孔をあけて、大射角をかけた時にこの中に砲身後尾がはいるようにする。したがって砲身の後座長を射角によってかえる装置をつけて、砲架に衝突することのないようにしたのである。この結果、砲車の重量は若干増加したが、射角は三八式の仰角一六・五度が四三度までかけられるようになり、最大射程も、従来の八三五〇メートル（榴弾）が一万七〇〇メートルに伸びた。

だが、理論の上ではよいのだが、砲架に無理が生じて、これを堅牢にするために重くなったし、故障もおおく、あまり感心できない火砲が生まれてしまった。陸軍技術界の人たちで、この三八式野砲の改造を今日でも悔み、難ずる人はおおい。

新時代に即応した新式火砲の創製に、陸軍技術界の総力をあげて、とりくむべき絶好の時期であったのである。ひるがえってみると、火砲技術界は、明治三十一年式の「有坂速射砲」、それも外国の範に倣《なら》ったのではあったが、それからすでに二〇年をこしている。この間、日本独自の設計考案に成る野戦砲といえば「四年式十五糎《サンチ》榴弾砲」があるに過ぎない。

兵数だけでは大陸軍を擁していても、兵器の考案、設計、ひいては新式兵器の製造施設などの軍需工業につながる重要な部門が、停頓したままの状態で、はたして軍事技術の進歩がはかられるのであろうか。

伊藤正徳氏はその著『軍閥興亡史』の中で、明治時代の「弥助砲」「村田銃」「有坂砲」の三者をあげて、それが軍事技術に貢献したことをたたえたあと、海軍と対比しつつ「陸軍には、そのあと何の創意、創案の認むべきものなし」とこきおろしている。

残念ながら筆者も、大正から昭和にかけて、そしてさらに大東亜戦争期前後の装甲対火砲競争の時代を回顧してこの大正後期のころが、重大な結果を招いた〝昼寝〟の時代であったのではないかと思う。

改造三八式野砲は大正の末から部隊に装備された。

フランス式火砲、直輸入

世界大戦後、平和、不戦の声のうずまく中でも、大戦を経験した各国での新兵器、新軍事技術の研究は目覚しいものがあった。そのうち火砲ではフランスが優れていた。

こうした情勢をみると、陸軍も、改造三八式野砲では不充分であると結論せざるを得なかった。

フランスのシュナイダー社の野戦砲が他国のものにくらべて優秀であった。その特徴は、砲身と砲架に画期的な考案がされたことであった。

まず砲身が単肉砲身であった。従来の二層または数層のかわりに、単肉砲身の内面ちかくの層に圧力をくわえて、永久変歪をおこさせ、数層砲身の焼き嵌め式とおなじ効果を得るようにしたオート・フレッタージュとよばれる方法でつくられる。したがって、製造は容易であるし、材料も節約できる。

九〇式野砲

口　　径	7.5センチ
弾　　量	6.37キロ
初　　速	680メートル（秒）
最大射程	14000メートル
放列重量	1400キロ
全備重量	2000キロ

機動九〇式野砲　　機械化牽引にしたもの。独立混成第1旅団の砲兵隊に装備、ノモンハン戦では独立野砲兵第1連隊が使用した

いる。

つぎは駐退復座式が改善されて砲架のうける反動力の吸収が容易で、安定がよくなっている。

外見からの特徴は開脚式であることで、両輪と両脚の四点支持が採用された。運搬するときは脚を閉じて一体とする。さらに砲口制退器をもっている。砲架にたいする反動力を減殺する装置である。

九一式
十糎榴弾砲

口径	10.5センチ
弾量	15.76キロ
初速	454メートル（秒）
最大射程	10800メートル
放列重量	1500キロ
全備重量	1980キロ

九四式山砲

口径	7.5センチ
弾量	6.34キロ
初速	392メートル（秒）
最大射程	8300メートル
放列重量	536キロ

こうしたことがシュナイダー火砲の特徴であった。

他国の優れているものを直輸入するのが早道である。創案する苦労がいらない。日本軍は、まだ持っていない砲種、一〇センチ榴弾砲を買い入れることにした。そして同時に同社の野砲の図面を入手して、修正の上、試製採用したのが「九〇式野砲」である。

前者は「九一式十糎《サンチ》榴弾砲」と制式化された。写真でみるとおり、両者は砲口制退器がないことと、口径のちがうことを除けば、まったく同一の様式である。

大戦の経験からみて、師団砲兵の火砲の威力は増大させねばならない。その重さが野砲と大差のない榴弾砲が得られるならば、口径は一〇・五センチであるから、弾丸重量は七・五センチ砲にくらべ約二・五倍で、威力のある望ましい兵器といえる。この用兵側の希望にぴたりとあったのが、シュナイダー社の十榴だったのである。

この火砲はその後わが国で製造されるようになり、師団砲兵連隊に、七・五センチ野砲とある種の比率で装備されている。

九〇式野砲と九五式野砲

さて、三八式野砲にかわるものとして制式とされた九〇式野砲は、いよいよ整備する段になって、参謀本部の作戦関係者の側から異論がでた。

主力野砲としては重量が過大である、という主張であった。

野砲の特徴は、軽量で運動軽快な点にある。射程が短いのは、軽快な運動性によって陣地を推進すればたりる。射程は改造三八式の程度あれば充分である。砲架は新様式が望ましいから、開脚式とした新野砲を設計し、整備せよ、という要求である。

技術本部がこの要求をうけて、いそいで設計試作したのが「九五式野砲」である。砲口制退器はないが、そのほかの型式は九〇式野砲におなじである。射程が短いだけ重量は軽い。

さて、制式として二種の火砲が顔をそろえたが、どちらを整備するか。

九五式野砲

口　　径	7.5 センチ
弾　　量	6.34 キロ
初　　速	520 メートル（秒）
最大射程	10700 メートル
放列重量	1108 キロ
全備重量	1933 キロ

結局、九五式野砲が主力とされたが作戦関係者が反対していたころの話がある。日本機甲界の功労者である原乙未生中将の回顧談である。

原氏は昭和八年ころ、「北満試験委員」として満州に滞在していた。「北満試験委員」というのは、当時関東軍に設けられた組織で、軍隊の編制装備、とくに兵器の機能、取扱、保存などにかんする試験研究機関であった。

予想作戦地は厳寒の満州であるから、兵器、器材、衣糧、衛生材料など、すべて作戦に必要な物は、満州の寒気に耐えられなくてはならない。とくに兵器は、制式決定前に、ここで各種の試験を繰り返した。

原氏は、この北満試験を回顧して、日本軍はシベリア出兵のながい経験があったにもかかわらず、その兵器器材などがまったく寒地向きに修正されていなかったという。それについてのシベリア出征作戦部隊からの報告は陸軍省に届いていたのに、何の手も打たれていなかった、と嘆いておられる。

第二次大戦でモスクワ前面で厳冬をむかえたドイツ軍が、油脂が凍って大砲がうてず苦労した話は他人事ではなかったのである。

ところで北満試験委員である原砲兵中佐は、参謀本部の作戦課長・鈴木率道大佐から、こういわれた。

「こんど九〇式野砲の試験をするのだが、あれは重すぎるから主力野砲として整備するには私は反対である。そのつもりで試験したまえ」

主力火砲整備論争の参謀本部側の意見である。しかし、この主張の論点は用兵的なことであって、技術的なことではない。北満試験を待つまでもないことである。

原中佐らは、九〇式野砲と改造三八式野砲の実用抗堪試験を大規模に行うことにした。

両砲とも五〇〇〇発の連続射撃を行ったのである。この結果判明したことは、九〇式では二〇〇〇発射つとゆれがでてきた。砲身内部が焼けて焼蝕をおこしはじめるのである。なにしろ射程を延ばそうとするから、多量の装薬を使っているので、砲身が過熱するのである。

シュナイダーの特徴は内管交換式といい、駄目になったら交換できる点にあるのだが、日本の造兵技術では、野外でこれが簡単に交換できるものにはなっていない。だから、寿命の点でこの砲は駄目だという烙印が押されてしまった。いっぽう改造三八式は従来どおりの装薬であるから、砲身に異状はでないのだが、三〇〇〇ないし四〇〇〇発発射すると、駐鋤という砲車の一番後方の射撃の衝力をうける部分にがたがきたという。無理な改造をしたための欠陥であった。

九〇式野砲はこうして主力火砲にはならなかった。シュナイダーの知恵を借りたものの、この〝仏に魂を入れる〟ほどの造兵技術が日本軍にはなかったわけである。

だが九〇式は、寿命が問題であればあまり射たぬ砲として使えばよいし、重ければ車で牽ければよしとなって、軍機甲化の問題が表面にでてきた昭和九年になって、これを機械化兵団砲兵として使用することとし、車輪をゴム・タイヤにかえ、砲架を一部改造し四トン牽引車で牽引する火砲とした。これが「機動九〇式野砲」である。また火砲そのものは戦車砲として使われた。大東亜戦争末期の三式砲戦車がこれである。

重量は重くても射程の大きい（三八式にくらべて）九〇式がよいか、相当の議論のあったことが文献にも、当事者の回想の記にものこっている。

参謀本部側の机の上の議論にたいして、実用部隊を代表する野戦砲兵学校などには、九〇式を主力砲兵とする支持派がおおかったようである。

この、軽快な野砲を参謀本部が主張していた時期が、ちょうど機甲関係で中戦車をどうするのかの論議にあたって「軽量一〇トン戦車が主力戦車として望ましい」といっていた時期に相当する。この件については詳しい経緯を『帝国陸軍機甲部隊』に書いたから、ここにくりかえさないが〝軽快な運用〟というものが〝個々の兵器の威力〟に優先されて考えられていたことは明らかである。もっとも、軽いのを主張する側からすれば、「重くて動けないのでは何にもなるまい」といういい分があった。

高射砲の誕生

いっぽう大正末期の制定年次を冠した高射砲も生まれていた。

十一年式七糎《サンチ》半野戦高射砲

十四年式十糎《サンチ》高射砲

右の二種である。

日本の高射砲の歴史をみると、大正七年（一九一八年）五月七日、技術審査部にたいし

十一年式七糎半野戦高射砲

口　　径　7.5センチ
弾　　量　6.5キロ
初　　速　525メートル（秒）
最大射高　6650メートル
放列重量　2060キロ
自動車牽引、基筒開脚式砲架

八八式七糎半野戦高射砲

口　　径　7.5センチ
弾　　量　6.54キロ
初　　速　720メートル（秒）
最大射高　9100メートル
放列重量　2450キロ
自動車牽引、基筒開脚式砲架

十四年式十糎半高射砲

口　　径　10.5センチ
弾　　量　16キロ
初　　速　700メートル（秒）
最大射高　10500メートル
固定、移動兼用。基筒開脚式砲架

て「移動式航空機射撃砲の制式を審査すべし」という命令が下っている。そしてその要領として「三八式野砲を応用し、丙号自動車に積載すべし」と示されている。

だが、こんな程度では青島攻撃のときに野砲を高角射撃に利用した前例と大差のない原始的なもので役にたつわけはない。この大正七年を契機として高射砲の研究が進められ、大正九年の技術本部研究方針に明示されるようになって本格的に研究が進み、大正十一年六月、技術本部から仮制式上申となった。これが「十一年式七糎《サンチ》半野戦高射砲」である。

野戦での使用のため、運行姿勢と射撃姿勢の転移の容易な砲架をもち、その基底から五本の脚を放射状にだして安定する。車輪はゴム・タイヤで自動車牽引、方向射界は三六〇度とし、射角は八五度である。

当時は飛行機の速度がおそかったから、初速も当時の野砲の程度で充分とされた。また射高は六六五〇メートルまでとした。飛行機の未来位置に応ずる修正は、火砲自体に計算用図表装置をつけ、信管測合機をもつという程度のものであった。

とにかくこれで一応、飛行機を射撃できる火砲の格好はついた。

「十四年式十糎《サンチ》高射砲」というのも、この七糎《サンチ》半高射砲とおなじころに研究開始されたもので、火砲様式はほぼ十一年式と同様で、形が大きいというだけの差である。この火砲は初速七〇〇メートル、射高一万五〇〇〇メートルにたっしたが、弾丸が重く、それを人力で装塡することになっていたから、発射速度はおそく、使用部隊にはあまりよろこばれなかった火砲であったという。大正十五年二月に制式に制定された。

こうして高射砲は、何年もかかって研究、試作の上制定とされたが、飛行機の方が日進月歩している時代であったから、砲ができたときにはもう時代おくれとなっているのが実情であった。

軍の機械化宣言も空し

世界大戦の経験に促がされて、戦車部隊も創設されたが、創設後はまったく進歩がみられなかった。

国産戦車第一号の八九式戦車（昭和四年制定）がつくられて、上海事変に参加し、ルノー戦車にくらべても能力の優秀なことは認められた。しかし、クリークなどのおおい堅陣攻撃の上海の戦場では、〝鉄牛〟と力強さは認められたものの、これが機甲部隊の中核となって、縦横に動きまわる戦力としての姿はみられず、装甲した五七粍《ミリ》砲の威力と、のっしのっしと鉄条網を圧倒する威力しか示せなかった。昭和八年当時、動員可能兵力はわずかに二個中隊だった。

世界列強が騎兵を機械化している趨勢《すうせい》のもとで、日本軍の騎兵は、泥濘《でいねい》に悩まされつつも満州の広野を疾駆していた。騎兵ならではの機動力であったが、その装備は何の進歩もなかった。主なものは軍刀と騎銃だけである。

歩兵の装備はどうか。「十一年式」の名を冠した兵器はすべて行きわたっている。中国軍相手や、匪賊討伐には別に不自由はないし、将兵が超一流とあっては、装備の不良をなげく必要はなかった。

参謀本部側からみて難といえば、何としても総兵力が少ないことだけである。数さえ増せば、その無敵であることは疑いない。「三八式歩兵銃」で事たりていたのだから、歩兵重点となり軍の機械化などの可能性は見出す術《すべ》もなかったのである。

それでは、もう一つの花形、陸軍航空部隊はどういう歩みを続けていたのであろうか。これもまた、常設飛行八個連隊の態勢となって以後、何の発展もないままにこの七、八年を送ってきていた。勿論、飛行機や器材の面ではそれ相当の進歩はあった。ふり返ってその状況を見ることにしよう。

国産軍用機

航空部隊がつくられたといっても、飛行機、発動機、器材などは、先進国から輸入していた。大戦のおわった大正八年から大正十二年ころにかけて、おおくの飛行機が輸入された。つぎのような記録がある。

〈大正十二年度仏国より購入器材表

名称	数量	取引先
ニューポール式二九型戦闘機	三〇機	三井物産
ゴリアットＦ６型爆撃機	二機	同
アンリオＨ・Ｄ一四型飛行機	五機	三菱商事
セーヌ一二〇馬力発動機	四〇台	三井物産
イスパノ三〇〇馬力発動機	四一台	三菱商事

単価未確定なるも以上概算見込一八〇万円〉

こういった調子である。ニューポール二九型飛行機が、のち中島飛行機で国産化され、量産して昭和初期にかけての陸軍戦闘機の主力となった「甲式四型戦闘機」である。おなじようにフランスのサルムソン偵察機は、川崎で量産化されて「乙式一型偵察機」になった。昭和初期の偵察機の主力であり、またファルマン爆撃機が「丁式二型爆撃機」となっている。

やがて日本陸軍も、独自の飛行機を開発しうる態勢になった。その一例を紹介しておこう。

昭和三年二月十六日、陸密第五三号をもって陸軍航空本部にたいして命令がでた。「超重爆撃機の設計並に試作に関する件」というものである。行動半径一〇〇〇キロ、爆弾搭載量約二トン、上昇限度五〇〇〇メートルなどという要求がしめされ、昭和三年度から着手し、おおむね三年以内に試作を完成せよ、試作機は二機、予算総額八〇万円、爾今「特殊試験機」として扱う、という指令であった。

　昭和八年七月二十四日、航空本部はこれを「九二式重爆撃機」として準制式に制定することを上申した。三菱で極秘のうちにつくった日本航空史上最大の国産機で、全備重量二

甲式四型戦闘機　大正 12 年フランスから買入れたニューポール機を国産化したもの

乙式一型偵察機　大正 8 年にフランスから買入れたサルムソン機を国産化したもの

丁式二型爆撃機　大正 10 年にフランスから買入れたファルマン機を国産化したもの

五・四トン、乗員一〇名、最高時速二〇〇キロ、二〇ミリ砲一門と機関銃八挺をそなえ、爆弾は二～五トンの搭載が可能であったといわれる。後年の米軍のB29より翼幅で一メートルながく、翼面積は二倍に近い巨人機であったが、実施部隊ではもて余し気味であったそうで、実戦には参加していない。

実用機としては、昭和二年に「八七式重爆撃機」が生まれている。

昭和九年、九三式軽爆撃機、九三式重爆撃機などと仮制式制定がつづいた。いずれも、特種試験機の下命された翌年の昭和四年四月、新軽・重爆撃機として要求諸元が指示され、試作を命ぜられたものである。九四式偵察機の仮制式制定もこの年に行われた。

どこまで続く、ぬかるみぞ

筆者は昭和五年、陸軍士官学校を卒業して陸軍歩兵少尉に任官した。平和、軍縮のムードの中で、陸軍〝総スカン〟の時代であった。

満州事変以後となっては、陸軍の歴史は筆者の歴史ともいえる。柳条溝の一発以後、同期生のおおくは銃火の洗礼をうけ、戦陣に仆《たお》れる者もおおかったし、金鵄勲章をもらう武功を樹てた者も少なくなかった。

陸軍が、将校がおおすぎてこまった大正の世とはちがって、たびかさなる軍縮の結果、正規将校の補充数は減りに減って、筆者の卒業期前後の士官学校卒業者数は次のようであった。

三十八期	大正十五年	三四〇名
三十九期	昭和　二年	二九二名
四十　期	三年	二二五名
四十一期	四年	二三九名
四十二期	五年	二一八名
四十三期	六年	二二七名
四十四期	七年	三一五名
四十五期	八年	三三七名

すなわち、筆者らの第四十二期は史上最低の数であった。当然〝金の卵〟であったはずなのだが、われわれの期とその前後は、満州事変で小隊長級、後の支那事変で中隊長級にあたり、大切にされるどころか忙しい一方の年月であった。

任官以前に、はやくも航空兵で墜落の殉職第一号がでて、満州事変、上海事変となっては戦死者あいつぐという状況であった。

筆者が銃火の洗礼をうけたのは、昭和九年、第7師団が第8師団にかわって熱河省に出動し、北満方面の討伐にも参加したときであったが、当時の将兵の苦労は、軍歌「討匪行」につきている。

〽どこまで続く泥濘《ぬかるみ》ぞ
三日二夜を食もなく
雨降りしぶく鉄兜《てつかぶと》
〽すでに煙草はなくなりぬ
恃むマッチも濡れ果てぬ
飢、せまる夜の寒さかな
〽嘶《いな》く声も絶え果てて
斃れし馬のたてがみを
遺品《かたみ》と今は別れ来《き》ぬ
〽蹄《ひづめ》の跡に乱れ咲く
秋草の花、雫《しずく》して
虫が音《ね》細き日暮れ空

匪賊討伐といわれた抗日勢力掃討のための作戦が、いつ果てるともなくつづけられたのである。これがまた、シベリア戦のときのパルチザンとの戦いと同様であった。将兵の苦労はまことに容易なものではなかった。

その〝ぬかるみ〟の悩みは将兵を苦しめただけのものではなかった。満州国ができたことによって、この国をめぐっての日本とソヴィエトの戦略関係が大転換をきたし、日本はこの「対ソ戦争準備」という大きな〝ぬかるみ〟にぶつかったのだった。

九二式重機関銃　口　径　7.7ミリ
全　長　1.155メートル
全備重量　55.5キロ
最大発射速度　450発（毎分）
最大射程　4300メートル

国防第一線、満州国境に

昭和七年（一九三二年）三月一日、満州国の建国が発表された。もとの宣統帝、溥儀がかつぎだされて「執政」を称した。そして九月には日本の満州国承認をふくむ日満議定書が調印された。

この議定書によって、満州国の国防は、日本が担任することになった。満州国の領土であると宣言した満州は、フランス本国の三倍もある広さである。この国防を担任することになって日本の国防第一線は、満州とソ連、あるいは外蒙古との国境線にまで進められたのである。わずか一年前には、日本陸軍の主戦場と予想されたところは、せいぜいハルピン付近までであった。これが一挙に全国境に拡大されたのである。

しかも相手と考えるべきソヴィエト連邦は、一九三二年（昭和七年）には、「日本陸軍の仮想敵国はなくなった」などといっていた大正後期の状態とはまったく一変していた。

革命干渉戦や国内戦、ポーランドの侵入戦（一九二〇年）などを切りぬけたソヴィエト連邦は、一九二七年（昭和二年）の末には、第一次五カ年計画を策定し、国家の工業化と、革命の前衛である赤軍の自動車化、機械化にのりだした。

満州事変の勃発した一九三一年は、この計画の実行中であり、参謀本部としては、満州事変の生起そのものが、すぐ日ソ間の緊迫した事態をひきおこすことはない、と考えていたのだが、事変の進展にともなって関東軍が北満に進出し、とくにソ連の権益である東支鉄道を横断して、その北方に進出する作戦のときなどは、かなりにソ連の動向に気を配ったものであった。しかし、昭和六年から七年にかけてのソ連は、きわめて低姿勢であった。

このころのソ連は、シベリア全部に狙撃六個師団ほどしかもっていないものと見られていた。しかし、昭和七年春以後、すなわち日本軍の手が満州の大部分に及ぼうとするころになって、その兵備は増してきた。とくに沿海州方面での兵備は強化され、戦車や飛行機も増してきた。事態はいよいよ対ソ作戦を準備せねばならぬ段階に入ってきた。

参謀本部は、国境地帯での会戦は、われに内線の利があるとみており、沿海州のソ連軍を、緒戦において各個に撃破する戦略態勢がとれるようにもなった。また沿海州のソ連軍航空基地は将来おそるべきものになるから、排除しなければならない、などと考えていたようであるが、とにかく世界大戦でロシアと友邦国となっていらい、使い道が計画されたことのない日本陸軍主力の具体的作戦計画がたてられるようにもなり、また立てねばならぬことになってきた。ソヴィエト陸軍が日本陸軍の仮想敵としてクローズ・アップされてきたのである。

陸軍軍備の充実へ

満州国建国となり、日満共同防衛という事態となって、陸軍は兵備増強に向かってあゆみだすことになった。

昭和七年には「時局兵備改善案」と銘うって増強計画が企画されたが、とりあえず五億数千万円もの経費を要する案なので、早急には着手できなかった。そこで大正十年度以降の既定の継続費の残、三億数千万円をくりあげて引き当てるなどのやり繰りをやって、在満兵備の充実や、飛行隊、戦車隊、高射砲隊の増加、化学戦学校（習志野学校）の新設その他応急の兵備充実を行った。

さらに、昭和十年から航空防空緊急充備計画の実行に着手し、また昭和十一年から作戦資材追加整備のため四億円を計上するとともに、五年計画をもってこれらを実現しようとした。

この時期、もっとも力をそそいだのは航空部隊の拡充であり、急速に拡張されていった。

（一）昭和八年の軍備改変

飛行中隊は八年前の大正十四年の二六個中隊から拡充をはじめ、三六個中隊に増強された。攻撃戦力としての航空部隊は、大正十四年に一部の芽をだしたのであったが、右表のように軽・重爆撃中隊の比率が増してきた。

	大正十四年改変		昭和八年改変	
	中隊数	%	中隊数	%
偵察	11	42%	12	33%
戦闘	11	42%	14	39%
軽爆	2	8%	6	17%
重爆	2	8%	4	11%
計	26	100%	36	100%

飛行連隊の数はこれまでの、内地、台湾八個連隊、一気球隊に、つぎのように在満州飛行部隊が増加されたのである。

関東軍飛行隊　新京
飛行第10連隊　チチハル
（偵察三個中隊）
飛行第11連隊　ハルピン
（戦闘四個中隊）
飛行第12連隊　新京
（軽、重爆撃各一個中隊）

（第9連隊は欠番である。四個中隊編制連隊は二個大隊からなる）

爆撃が重視されてきたのにともない浜松飛行学校が新設され、また、少年航空兵制度が創設されて、第一期生が昭和八年一月に募集され、この教育にあたる学校が所沢に新設された。

（二） 昭和十年の軍備改変

陸軍航空廠が新設された。航空部隊の拡張にともない、器材の補給修理、燃料弾薬の補給業務が増大するのは当然で、このため航空廠が新設され、本廠のほか、各地に支廠が設けられた。また陸軍航空技術研究所が新設され、この技術、補給官衙が航空本部に所属することとなって、航空本部の格も事実上あがってきた。

学校は熊谷陸軍飛行学校と陸軍航空技術学校が新設された。

軍隊では、飛行団司令部が新設された。この時はまだ教育練成上の指導機関にとどまったが、とにかく将来、各種飛行部隊の戦力を統合発揮するための編合単位が生まれたわけである。

飛行中隊数は五四個中隊になったがまだ、各師団長や軍司令官などに所属していた。

飛行団司令部は三カ所におかれ、飛行連隊はとおし番号で一六個連隊となった。これらを充足するのは、勿論なお数年を要した。

（三）昭和十一年の軍備改変

この年はじめて、航空部隊統一指揮の機構ができた。航空兵団司令部がこの年八月、東京に新設され、航空兵団長は天皇に直属し、内地の各飛行部隊を統一することになった。実質的に航空だけでやっていけるようになるのには、まだ年月がかかるのだが、とにかく統一指揮の体系はできた。

陸軍の実力は……

日露戦争後、陸軍は戦時所要兵力を五〇個師団と算定し、平時二五個師団の常設を要するとして軍備拡充をとなえたが、その後はこのように長期計画として軍備を論ずる機会はなかった。むしろ減らされた常設部隊や装備から、どれくらい戦時部隊が作れるかが焦点となり、その年度毎の実情に応じて動員可能部隊を算定し、戦時の動員や、出兵が必要の場合の応急動員が準備されることになった。

満州事変で日本軍が大陸に進出し、ようやくソ連軍との対決が表面にでてきたころ、日本陸軍はどれくらいの動員兵力を準備できる実力があったか。

このあと一〇年間の帝国陸軍の基盤の数字となるものであるから、これを記しておこう。敗戦に至るまで、いかにおおくの部隊が急速につくられたかを理解する資料ともなるであろう。

以下は、昭和九年度の動員計画令関係の書類による数字である。昭和八年の軍備改変で姿をあらわした部隊は、戦車部隊などのほかはまだ戦力化されていない。いわば、まだ大正十四年型の兵備であった。

全軍は野戦部隊（出征軍）、攻城部隊（攻城砲兵部隊）、守備部隊（台湾守備隊、要地防衛部隊、海岸要塞部隊、兵站守備部隊）、特種部隊（鉄道部隊など）、留守部隊（内地に在って動員、補充を担任する部隊）に大別される。

昭和九年度動員計画令による人馬の総数は、つぎのようであった。

	人　員	馬　匹
野戦部隊	948,827	328,494
攻城部隊	5,254	151
守備部隊	140,393	5,579
特種部隊	98,495	581
留守部隊	243,147	25,403
計	1,436,116	360,211

上が当時の日本陸軍の数的実力であった。

さて、これによってどれくらいの出征軍がつくれるかを見てみよう。野戦部隊の内訳である。

- 方面軍司令部　二
- 軍司令部　八
- 常設師団　一七（うち山砲師団二）

常設師団を主体に出征するものの内訳の合計数はこうなる。

歩兵旅団　三四
歩兵甲連隊　六八

騎兵連隊　一七
野砲兵甲連隊　一五
山砲兵甲連隊　二
工兵大隊　一七
通信隊　一七
輜重兵甲大隊　一七
衛生隊　一七
野戦病院　六八

- 特設乙師団一三個（うち山砲師団三）
  編合は甲師団と同様である。

すなわち、三〇個師団が全軍の基幹戦力である。そのほかの特科部隊はどうだったか。

- 騎兵集団司令部　一
  騎兵旅団　四
  旅団司令部　四
  騎兵連隊　八

騎兵旅団機関銃隊	四
騎兵旅団騎砲兵中隊	四
騎兵旅団装甲自動車隊	四
騎兵旅団輜重隊	四
•独立山砲兵連隊	三
•野戦重砲兵旅団	六
野戦重砲兵連隊	一二
野戦重砲兵旅団輜重隊	六
•独立野戦重砲兵連隊	三
•独立軽榴弾砲大隊	六
•砲兵情報班	二
•野戦高射砲隊（甲）	二五
同（乙）	四九
•野戦照空隊	七
•独立工兵大隊（甲）（野戦工兵）	六
同（乙）（坑道）	二
同（丙）（重架橋）	一

同　　　（丁）（上陸作業）　三

・野戦ガス隊

本部七、中隊五、小隊二三

さて、航空、機甲部隊はどうか

・航空部隊

飛行隊司令部		五
飛行大隊	甲（戦闘）	四
同	乙（偵察）	五
同	丙（軽爆）	一
同	丁（重爆）	二
独立飛行中隊	甲	四
同	乙	四
同	丙	三
同	丁	一
同	戊（超重爆）	一
独立気球中隊		三

・戦車大隊　　　　　　　　　　　　四
（独立軽装甲車中隊の現れるのは昭和十年動員計画令で、この年五個中隊）

通信部隊などをのぞいて、戦列部隊はこれですべてである。つまり、甲師団一七、乙師団一三、騎兵旅団四、野戦重砲一五個連隊という日露戦争型地上軍と、一二個大隊余の飛行隊がその実体なのであった。

この日本軍の実力表に説明をつけ加えねばならぬことが二つある。一つは馬の数で、一つは兵站輸送部隊のことである。〝軍の機械化〟というが、それは戦車、機械化部隊などの装甲化や自動車搭載、あるいは機械牽引による戦列部隊の快速化の問題と、後方、輜重や兵站を自動車化、牽引車化することによる軍隊の総合的な機動力向上の問題とがある。

この軍の移動力をまったく馬にたよっていたのである。全軍九五万の野戦軍が三三万頭の馬とともに動く。これでは馬がいない、馬が使えないとなった場合、機関銃も大砲も人間が曳くより仕方がない。日露戦争当時から一歩もすすんでいない、といわざるを得ない。これが日本陸軍の実体であった。

軍全般としての移動力はどうか。野戦部隊のうち、兵站輸送部隊をみてみよう。

軍司令部が八個つくられるから、兵站監部も八個になる。兵站監部とは、軍の兵站の元締である。兵站司令部は八〇個設置される。これは兵站線上の局地総括機関である。さて、鉄道、船舶の端末から前線に輸送にあたる部隊は、

兵站輜重兵中隊　九五
兵站自動車隊本部　八
兵站自動車中隊　七〇
輸送監視隊　二一〇

であるが、実戦にはこの正規部隊では勿論、たりない。現地徴発の人馬で輸送縦列がつくられる。これを兵隊が監視して動くのである。

これらの補給業務や、建設業務、集積主地や集積基地などの業務のためには、厖大な労力が必要である。このため輸卒隊の組織が必要となる。陸上輸卒隊、建築輸卒隊、火工輸卒隊など、合計して二三九隊が動員されなければならない。

総合してみると日本陸軍は〝馬の軍隊〟であり〝人力の軍隊〟であった。これでは、快速な作戦や、大規模な包囲撃滅戦などは、作戦当事者がどれほど強調してみても、実施できる態勢ではない。

まして、日本軍自体が飛行機の威力をみとめ、その増強に狂奔するほどに、また戦争での飛行機の比重が大きくなればなるほど、馬は飛行機の銃爆撃のもとでは価値を失ってく

る。

日本軍は〝動けない軍隊〟になってゆく運命にあった。

肥満体の師団

馬に依存しているために、もう一つこまった問題があった。

日本陸軍は日清戦争前から師団は歩兵四個連隊の編制をとり、これで戦略的任務を達成できるようにいろいろの兵種を編合して戦略単位としてきた。

ところが、第一次世界大戦後になると、たとえば歩兵でいうと、機関銃隊も必要、歩兵砲隊も必要、通信部隊も必要となり、当然弾薬も増すし、糧食携行量もふえた。戦列部隊がふくれれば、輜重も大きくなる。これを全部、馬に依存するのである。馬はしょせん一馬力である。人馬数は増すばかりであった。

師団がふくれ上がれば、行軍長径はのびる。一縦隊で行進する場合、先頭が朝あるきだしても、後尾は夜になってもまだ動けないということになる。これでは機動どころではない。

一馬力にこだわらないで、少なくとも行李や輜重は自動車を使ったらよいではないか、ということになるのだが第一に、ぬかるみの満州の道路という問題があり、日本の自動車の数や燃料という問題があった。

昭和六年当時、兵站輜重に自動車を使って、馬匹を減らそうとしたが、兵站関係者がつよく反対したという話がある。

昭和九年の動員計画令で兵站自動車七〇個中隊にもふえたのは、満州事変で満州の実情がわかってきた結果である。

のちに陸軍は、師団の三単位制（歩兵三個連隊基幹の師団）を採用した。作戦上の必要から来たものであったが、その動機の一つはこの人馬数の増大による行軍長径の過大にあった。しかし軍自動車化を怠った陸軍の三単位師団は、やはり馬の数がおおく、長径はなお過大であった。

日本的な兵器

さて、昭和初期のいろいろの兵器を見てきたし、これからもみるわけだが、ここで極めて日本的な兵器の製作について触れておこう。それは「軍刀」である。

陸軍の兵士の主兵器の三八式歩兵銃や三十年式銃剣は、もとより日露戦争型の兵器であった。騎兵は軍刀と四四式騎銃が主兵器、そのほか各兵とも曹長や本部付の下士官などは、軍刀を帯びていた。

騎兵用のは「三十二年式軍刀」（甲）といい、その他のは（乙）と呼んだ。甲の方が少しながい。

満州事変後に兵器の刷新をはかることになって、まず着手したのが、軽機関銃でも小銃でもなくて、軍刀であったことが、何とも象徴的なことに思われる。

昭和七年二月二十七日、「九一式乗馬刀、九一式徒歩刀」というものの仮制式制定が上

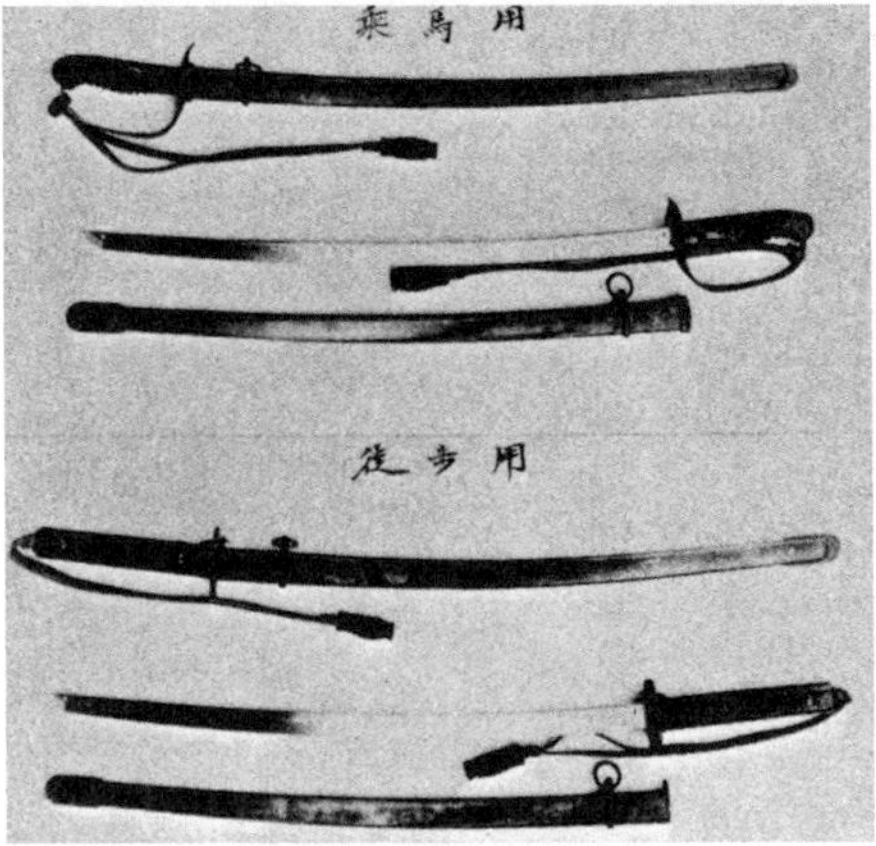

九一式軍刀（試製品）昭和七年制定

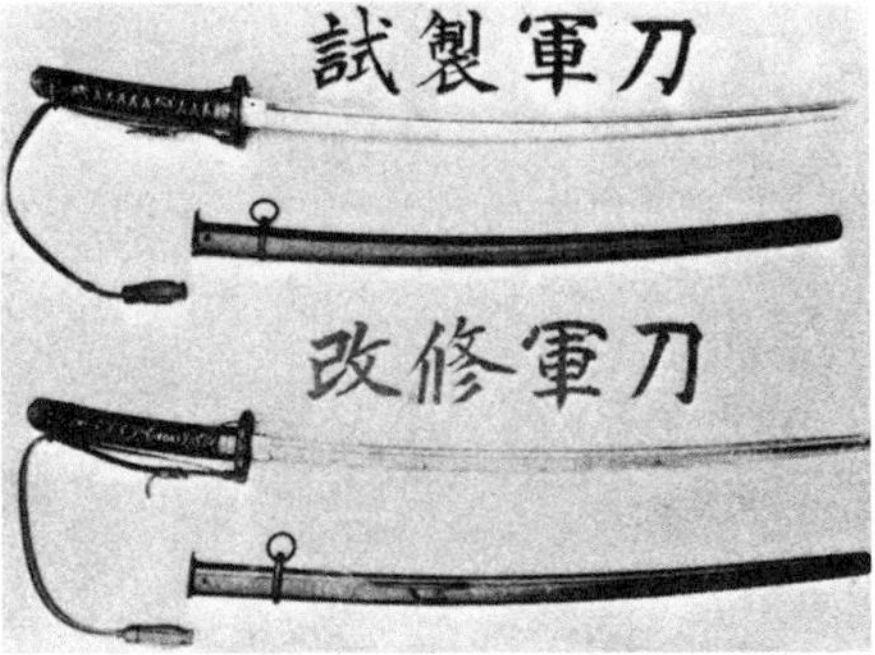

九五式軍刀　改修刀はサーベル型三十二年式軍刀を改造したもの

申され、同年四月、公布されている。現制の三十二年式軍刀（甲）（乙）にかわるものであった。

その後、陸軍部内には、日本精神作興の声がおこり、将校の軍刀（これは当時官給ではなかったが、様式は護拳のついたサーベル式のものに定められていた）も、日本刀様式の鍔《つば》をもったものに改められた。そうなると、九一式軍刀も当然、改めねばならない。

昭和十年四月二十日、「九五式軍刀」の仮制式制定が上申され、同年九月に公布されている。九一式軍刀がそんなにたくさん作られているわけはないから、結局これが現用の三十二年式にかわるものであったのだろうが、どれくらい更新されたかは、詳《つまびら》かにしない。

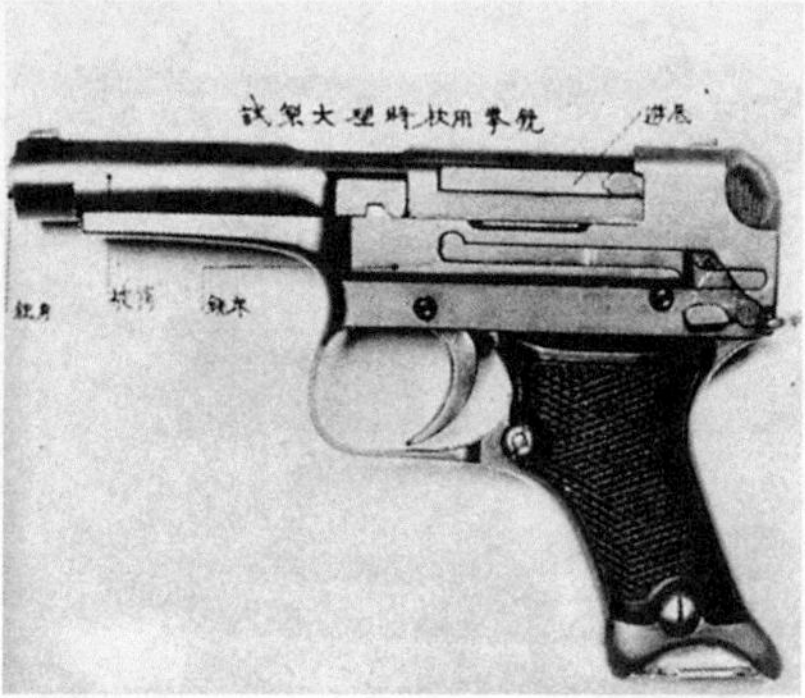

九四式拳銃（大型）

口　径　8ミリ
重　量　0.73キロ
銃身長　9.6センチ
初　速　約300メートル（秒）
貫徹力　50メートルで14センチの松板貫通
挿弾数　6発

なおついでに拳銃に触れておこう。陸軍の拳銃は久しい間「二十六年式」という回転弾倉、つまり、リボルヴァーであったが、大正末期に箱型弾倉の「十四年式拳銃（口径八粍《ミリ》）」というものが作られた。これにも「南部式」という南部中将の名がついていた。

昭和九年九月二十六日、「九四式拳銃」の準制式制度が上申されて、同年十二月に公布された。将校用拳銃として適当であるとされた。拳銃も当時は官給でなかったので、筆者は小さいコルト拳銃を持っていたが、戦場でこれを護身に使うような状況にはぶつからなかった。

第十四章　日中戦争

満州事変を計画し実行した、関東軍の参謀や参謀本部の作戦関係者、これを積極的に推進し、すくなくも武力発動やむをえまいと支持した当時の陸軍の首脳部たちも、満州の辺境に日本軍が進んで、ソヴィエトと直接国境を接した場合、どんなことになるかまでは思いいたっていなかったようだ。

事態は、急速に悪化した。昭和九年ころになると、参謀本部や関東軍の作戦当事者は、大陸における日ソの軍備は〝均衡破綻《はたん》〟であり、昭和十年に入ると〝最悪の危機〟である、と絶叫するようになった。

陸軍の実力がどれほどのものであるか、彼らはよく知っている。軍備のたちおくれが骨身にしみた危機感から、国家改造の糸口に、と一騒動を考えたくらいだから、自分の弱味は充分に知っている。だからこそ、新興赤軍の増勢ぶりが予想以上であったため、こんどは新しい危機感に身を焼かれるおもいにおちいったのである。

おりから、〝一九三六年（昭和十一年）の危機〟という声が国の内外に宣伝されていた。実際、世界は、大きく動乱の嵐にむかって動いていた。

すでに〝時局兵備〟に着手し、この〝危機〟にそなえはじめている陸軍であったが、世界大戦型の列国同様の兵器をいくらならべてみても、そんなものは、来らんとする危機にたいする〝決め手〟にはならない。

〝創造的な新兵器〟にむかって知恵をしぼらねばならない、とする空気もあった。

破天荒な兵器を考えろ

昭和十年六月十五日、陸密第四二〇号をもって「特殊技術研究要領」という指令が、橋本虎之助陸軍次官の名で技術本部、科学研究所、航空本部にだされた。陸軍だけでなく国家の知恵をしぼって特種秘密兵器を案出しよう、とその担任や手続きなどを規定したものである。

満州事変で、兵隊は「どこまで続くぬかるみぞ」と、三八式歩兵銃をかついで、満州の広野を歩きまわっているが、国境陣地のかなたにはソ連軍の精鋭がおり、また、世界の空軍の進歩が日をおって歴然となってきているときとあっては、新兵器開発の着想はおそいくらいである。

だが、兵器といえばつねに先進国の後塵を拝してきた日本陸軍が、この際奮発して独創的兵器をつくりだそう、と気合をかけはじめたことは、大いに評価すべきであろう。

しかし、陸軍全般としては、とにかくこうしたことにじっくり取り組んできた基盤もないし、また、その成果を待とうとするだけの熱意も忍耐心もなかったのか、実を結んだのはわずかであった。惜しいことであった。せめて基本的な地盤だけでも、もっとはやく固めるべきであった。大正八年ころが一つのチャンスであったろう。

それはともかく、どんな着想が示されたのかを見よう。いずれも「軍事上、特殊の要望に基づき陸軍大臣の特に研究を指定する作戦資材」である。正直なところ、その内容については、筆者にもわからぬ点もあるが、概要は次のとおりだった。

射程一六〇キロの火砲

「研究要領」が指定されたあと、技術本部などに具体的に命令された文書を調べてみると、秘密保持のための略号と、その指定する作戦資材はこうなっている。

技一号。最大射程一六〇キロを有する二十四糎《サンチ》級加農《カノン》。

技二号。迅速に地中を掘進する特殊地中戦器材。

技三号。地表面に擡頭することなく、迅速に掘進する装置。

科かこ号。野戦に於て高圧電気の殺傷威力を攻撃的に利用する装置。

科い号。爆薬を内燃機関に装し、有線操縦を行う装置。

科ふこ号。特殊放流爆弾により遠距離の目標を爆撃する装置。
科の号。暗視装置。
科は号。特殊のガスを放散し、敵の発動機を停止せしむる装置。
科ろ号。ロケット式（噴進式）爆弾装置。
科む号。無線操縦装置。
科A号。現在以外の新毒ガス。
科く号。怪力放射線を人体または電気装置等に作用せしむる装置。
科う号。電気雲により人体または電気装置に作用し、または爆薬を爆発せしむる装置。
科き号。怪力光線により敵を眩惑《げんわく》せしむる装置。
科と号。防空電気砲装置。
科かは号。高圧電気の利用により敵の通信網等を一挙に破壊する装置。
科せ号。空中爆弾を浮遊せしめ、敵飛行機を破壊する装置。
科やほ号。赤外線の放射により方向維持をなす装置。
科かて号。鉄条網弾を発射し、之に高圧電流を通ずる装置。
航一号。飛行機による敵飛行機の爆発装置。
航二号。成層圏飛行機。
航三号。無線操縦の飛行機。

今日からすれば、〝スーパーマン〟の武器みたいなものもあれば、すでに現実となっている兵器、資材もある。しかしこれは一九三五年、四〇年前のことである。着想としては、原子爆弾もあったのではなかろうか。陸軍だけでは、とても手がでなかったのであろうか。終戦前に風船爆弾をアメリカに飛ばして、今日、笑い話のように伝えられているが、この時からの着想だったのかも知れない。

また終戦前、ひそかに研究されたものに㋘熱線爆弾、すなわち熱線を利用する必中爆弾（ミサイル）がある。実験中、熱海温泉の旅館の煙突に飛びこんで大火事になったという話も聞いたことがあるが、完成にはいたらないで終戦になった。米軍はその後になってこの研究を完成したそうである。

大体において陸軍は、奇想天外のものは別としても、基本的に技術関係者の知能を大切にしていなかった。戦争の決は三八式歩兵銃で決まる、という観念が、骨の髄までしみこんでいたからであろう。

これから数年後、ノモンハンで血をもって教訓を学ぶことになるのだが、万事、時すでに遅かったというべきであろう。

そして、あれもこれも、当面の危機感や、引きつづく嵐で吹き流されてしまったかの感がある。

〝一九三六年の危機〟

一九三六年ころを危機とみる第一の理由は、日本が一九三四年にワシントン軍縮条約の廃棄を通告しており、ワシントンおよびロンドン条約は一九三六年末で効力を失うことになるので、「無制限軍備拡張競争」がはじまる時代に入っていたということである。第二は、ヨーロッパでのヒトラーやムソリーニらのヴェルサイユ体制破棄を目ざす行動によって、世界的変革がさけられぬ情勢になっていたことであった。

この危機を唱導したのが、海軍や陸軍であったことは間違いない。海軍は黙って無条約時代にそなえて、「大和」「武蔵」などの建造を考えていればよかったが、陸軍は、現実にソ連軍と顔をつき合わせて、わが身の弱さを嘆ずる事態となったのだから、そうはいかない。

ことに陸軍は大衆軍であり、軍の背後の国家総動員的態勢がなくては戦争力にはならぬことは、世界大戦が証明していた。

俄然、〝非常時〟〝準戦体制〟などという言葉が世に流布されることになった。

こうした空気の中で、陸軍では昭和十年八月、石原莞爾大佐が参謀本部の作戦課長に就任した。彼は満州事変の立役者である。防衛庁戦史室編集の『大本営陸軍部』は、「大佐がはじめて陸軍中央部の用兵作戦の枢機に入って非常に驚いたことは、日本の兵力の真に不十分なことであったと回想し…」「満州事変後二、三年にして驚くべき国防上の欠陥を作ってしまった…」と同氏の回想を引用している。

これでは事変開始前後から、参謀本部や関東軍の作戦関係者はみな、日本陸軍の兵力は、どんな事態の進展にも充分である、と考えていたかのようであるし、また〝驚くべき欠陥〟が、〝二、三年の間に〟、日本が国防第一線を満ソ国境まで推進したこと以外の何かの理由でおこったかのように聞こえる。

当然のことではなかったか。

ともあれ、歴史の歯車をもとに戻すことはできない。まして、満州国の建設には、独自の信念をもって推進してきた石原大佐である。退嬰《たいえい》的な考えを持つわけはない。彼は独特の実行力を発揮して、軍備の本格的充実を目ざして、全陸軍をひっぱっていった。前出『大本営陸軍部』の石原将軍の回想にみると、つぎのとおりである。

〈急速な軍備拡張の大体の着想は、ソ連の極東兵力に対し、少くも八割の在満兵力を持つこと……特に航空戦備に重点をおいて、これも成るべく早い時期に八割は保持し……出来うれば無敵空軍を建設したい。将来戦の勝敗は空軍力の優劣で決せられる。

なおこの兵力だけでは断じて戦争は出来ない。全国軍の作戦に必要な軍需工業が日満になければ、戦争は出来ない……〉

こうして石原大佐は、満州国の育成強化（具体的には、満州産業開発五カ年計画などとなって現れた）、大陸兵力の増強（日本から大陸への常設部隊の移駐である）、航空部隊の増強（彼は無敵空軍の創設を唱えた）などの目標にむかって邁進した。

青年将校

〝一九三六年の危機〟は、やがて世界を襲う嵐の前触れであったが、この嵐は、陸軍部内にもすでに吹き荒れていた。朋党相集まって国家の改革を唱え昭和維新を論じ、騒然たる事態であった。陸軍部内では、〝皇道派〟と〝統制派〟の派閥の争いもあった。

昭和六年の初め、筆者は初年兵教育をはじめて担任して、札幌の雪の上で汗をかいていた。未遂におわった事件だが、橋本欣五郎中佐らの「桜会」の陸軍将校や、大川周明らの民間人が宇垣内閣を作ろうとして、軍事クーデターを企てた「三月事件」がおこったのが、昭和六年三月であった。

さらに十月には「十月事件」（前述）というのが企てられた。今度は荒木貞夫中将を内閣総理大臣にしようというのである。首謀者は橋本欣五郎中佐と長勇少佐であった。これらの事件は、当時の連隊付少尉の筆者には知るべくもない。何となく穏やかでない空気が伝わってくるだけである。

このクーデターも未遂に終わった。何がどうなったのか、すぐには札幌までは伝わってこない。秋季の機動演習で北海道の広野をとびあるいていた時である。手塩にかけた初年兵の一人前になったのをつれて歩いているのだから、こんな面白いことはない。

この年十二月、犬養内閣になった。荒木貞夫中将が陸軍大臣に、真崎甚三郎中将が参謀次長（この時、参謀総長には閑院元帥宮が就任）というコンビが生まれた。

さあ、それからは札幌も平穏ではなくなった。東京付近の学校に行っていて帰ってくる若い先輩将校が、荒木が真崎が、と友だちのようにいいながら国家改造の要を説き、のんべんだらりと練兵などをやっている時期ではないと大いにあおった。明治維新のころの志士は、こんなふうであったのだろう。荒木大臣や真崎次長は神様みたいであり、「青年将校こそは維新の志士、上級将校には憂国の至情がない」と、さかんにおだてあげられて田舎の連隊に帰ってくるのだから、その鼻息の荒いこと、連隊長はともかくとして、連隊付中佐くらいから以下はダラ幹扱いされておどおどしている。こういう〝青年将校〟にかぎって、隊務などは枝葉末節であるとして勉強などはしない。そんなことは〝志士〟のすることではないというのである。

この前後に陸軍大学校に行っていた先輩が〝天保銭〟（陸軍大学校卒業徽章）をつけて帰ってきた。「桜会」のメンバーであった。こうなるとまた一騒動である。さすが〝天保銭〟だから〝青年将校〟みたいに非礼、粗暴ではない。優等の中隊長ぶりではあるが、〝荒木・真崎宗〟の信徒であることにかわりはない。わかい将校の洗脳につとめる。おりから「五・一五事件」（昭和七年五月）がおこった。

「中少尉は集まれ！」

天保銭の命令である。東京へ電報をうつという。本文の文句は忘れたが、最後の文句は「……われ等は牢固たる結束にあり。歩兵第二十五連隊青年将校一同」というのである。〝青年将校〟が陸軍大臣と参謀次長に激励電報をうったのである。

こうした日がつづいたが、そのうち〝天保銭〟はいなくなるし、部隊の満州派遣などもあって、それでなくても少ない中隊付将校が、応急動員部隊に引き抜かれ、筆者は平時ならば連隊旗手でおさまっていられるのが、特種教育の教官などとしてこき使われ、ついぞ洗脳される機会を逸してしまった。

〝度し難い日和見《ひよりみ》派〟であったのかもしれない。

二・二六事件

とにかく、陸軍内部に下剋上の風潮がすでに顕著に見えていた時であるのに、さらに陸軍の上級者が若い者をおだてて人気とりをしたことは、収拾のつかぬ事態をひきおこすことになってしまったのである。

そして、ついに昭和十一年の二月、二・二六事件が勃発した。三八式歩兵銃が帝都におどり、危く、十五糎《サンチ》榴弾砲が、日比谷公園から三宅坂（参謀本部、陸軍省）に向けてぶっぱなされそうになる一大事件となった。

軍備優先・先行

〝叛徒〟となった青年将校たちが要望したことは、その蹶起《けっき》趣意書をみても具体的に何をいおうとしているか判りかねる。しかし、敵と見る者の名をあげ、「ソヴィエト威圧のため荒木貞夫大将を関東軍司令官とせよ」といい、「真崎甚三郎内閣を作れ」とも要求する。シンパに山下奉文大佐の名もある。

事態収拾に狂奔する間に、こういうシンパの人たちがどう動いたかは、今日、周知のことである。これほどにエスカレートするまで〝青年将校〟をおだてあげて、一体この長老たちはどんな形の〝革新〟を考えていたのであろうか。

そしてこの騒動を鎮圧に導けたのは一に天皇陛下のお怒りであった。二・二六事件の後援者たちが、このあと陸軍や国家指導層にのこったことは、陛下の陸軍としては、奇怪至極である、と筆者は今日でも思っている。

ともかく、西南戦争いらいの軍隊の大反乱であった。

帝都も、日本も、この大テロ事件で震え上がってしまったのだった。

筆者はこのとき、陸軍大学校に入ったばかりで、東京にいた。高崎の歩兵第15連隊が新宿駅に下車して、軍旗を先頭に、雪を踏んで三宅坂方面にむかって前進する完全武装の姿を、暗然たる思いで見ていた夜の記憶が昨日のようである。

石原大佐らの馬力によって国防充実計画が検討され、昭和十一年二月には予算を閣議に提出する運びとなった。そこに勃発したのが、二・二六事件であった。陸軍省はこれを逆手にとって後継内閣である広田内閣が三月十日に組閣する際に、「内閣に対する国防上の要望に関する件」という注文をつけた。

国防充実など積極政策の遂行、これができるように国政を刷新することこそが、第二の二・二六事件の発生を防止する道でもある、という態度であった。

ともあれ、陸軍の軍備充実計画は推進された。陸軍省軍事課長には石原大佐の同期生の町尻量基大佐が就任し、同期生コンビで計画を推進することとなった。

だが、陸軍が軍備に狂奔した時期は、海軍もまた無条約時代にそなえて遮二無二前進している時でもあった。この両方を満足させるだけの力が日本にあっただろうか。

このとき、日露戦争後のときのように、陸海軍の軍備を、一つの国是のもとに、一つの国防方針のもとに計画すべきである、という意見が当然おこった。その経緯は、前出『大本営陸軍部』に詳しい。

「国防国策」と名づけた方針の討議が石原大佐と海軍の主任者との間で話し合われたが、「現下国策の重点は満州国を完成し、ソ国の極東攻勢を断念せしむるにある」という参謀本部の主張にたいし、「無条約時代に入るのであるから国防上の自信のもてる海軍軍備に着手せねばならぬ」と主張する海軍は、絶対反対の態度を示した。

おたがいに何とかまとめようとする交渉はつづけられたのであるが、まとまるはずはない。もともと陸軍が満州事変をはじめたことがいけない、と考える海軍である。そしてその結果、陸主海従になるような国策に海軍が応ずるわけはなかった。絶対に陸海均等でなくてはならず、日本の半分の力は海軍が使うべきものというのが、海軍の伝統的な考えである。これは明治いらい、そうだった。

この討議の間に、妙なものが生まれてきた。海軍伝統の「北守南進」―すなわち「海主陸従」――という主張にたいして、陸軍が譲歩したというのだが、結果的には「南北併進」――併進だから軍備充実は「陸海均等」である――ということになった。

〝南進〟してどこをどうする、と海軍が考えたのか、明文上何の記述もないが、日本陸軍には、これまで〝南進〟などという気運は全くなかったはずである。しかしこれで〝南進〟が陸海軍合意の方策となったのである。当然、これまでの仮想敵国米国だけでなく、英国をも、仮想敵国として認めることになった。

驕《おご》る、というにもほどがある。第一次世界大戦のドイツが、世界を敵にしてどうなったか。「英米を同時に想定敵国にしなければならないような国防方針は最初から成り立たなかったのだ」と当時、石原大佐とわたりあった軍令部の作戦課長・福留繁提督の戦後の回想を、『大本営陸軍部』は引用している。

「（この頃は）外交こそがむしろ国防の本体をなす時代になっていたといっても過言でないのである」といっている。

「過言」どころか、「時代になっていた」などとんでもない。自分の力を量《はか》って、進退よろしきを得ることこそが外交であり、政略であり、対外国策であるべきは古来の鉄則である。陸海軍首脳部がこんな考えで、「最初から成り立たぬ」国防方針を決められたのでは、たまったものではない。

こうして海軍は〝陸主海従〟となるおそれのある陸軍の国策案を防いで、海軍軍備充実拡張の基礎となる海軍の国策案を陸軍に認めさせた。陸海対等におちついたわけで、しかも昭和十一年八月、広田首相、外務、大蔵、陸海の五相会議での「国策の基準」として決定をみた。南北併進、陸海対等の軍備拡張を認めたものであり、「南方海洋に進出、発展する」ことが根本国策として定められたのであった。

明治四十年に「国防所要兵力量」が定められたときの経緯は第八章でくわしく述べた。大正十二年にも、帝政ロシアの崩壊、海軍軍備制限条約締結後の世界の情勢に応じて、国防方針などが改められている。このとき、仮想敵国はアメリカ、ロシア、支那とした。この時の国防所要兵力量は、海軍は六四艦隊で主力艦一〇隻、航空母艦四隻、大型巡洋艦一二隻基幹の戦力であり、陸軍は戦時兵力四〇個師団であった。その後の陸軍の軍縮で、戦時兵力が三〇個師団内外になったことはすでに見てきた。

昭和十一年の場合も「帝国国防方針」や「用兵綱領」などが、上奏、裁可された。こうした国防兵力量の決定方法などにどんな批判（第十二章）があるにせよ、その手続きはまったく前回、前々回とおなじであった。同一の帝国憲法のもとで、軍部の特権的立場がかわるわけはない。

「国防方針改定案を内閣総理大臣に下附、同時に国防に要する兵力改定案を内覧せしめる」という明治四十年、大正十二年の場合と同様の手続きであった。

とにかくこれで、陸海軍備対等の原則は御裁可があり、政府は「これだけいるんだぞ」と天皇から示された形になったのである。

この時の国防所要兵力量は次のとおりだったという。

陸軍兵力

五〇個師団及び航空一四二個中隊

海軍兵力

艦艇　主力艦一二隻

航空母艦一二隻

巡洋艦二八隻

水雷戦隊六隊（駆逐艦九六隻）

潜水戦隊若干（潜水艦七〇隻）

航空兵力　六五隊

要するにこれもまた、前の時のように、陸海軍それぞれに欲しいものを書きならべ、陸海均等主義で作文しただけのことだが、天皇の御裁可を得ているのであるから、政府はこれを遵奉、実行しなければならなかった。

本格的軍備充実

陸軍中央部は、昭和十一年の新軍備充実を〝本格的〟軍備充実と呼んだ。陸軍史をたどってきて、本章にいたるまで〝本格的〟の形容に値する軍備の計画は、日露戦争当時の軍備充実にさかのぼらざるを得ないであろう。

昭和十一年十二月三日、梅津美治郎陸軍次官から、全軍の軍、師団、航空兵団参謀長にあてて次のような通牒が出された。

「昭和十二年度以降実施すべき本格的軍備充実に関しては昨年末以来省部（陸軍省・参謀本部）間に於て鋭意研究の上……今般予算閣議に於てその全貌の確認を得たるをもって軍備充実計画の大綱、別紙の通り依命《めいにより》通牒す」

そして計画の大綱が説明されている。まことに異例のことであった。通牒にも、理由をこう述べている。「……本件は軍事機密に属するはもとより、従来、事前に内示を避け来りたるところなるも、画期的なる軍備充実にして、これが円満なる実現のためには軍民一致の協力の必要切なるものあるに鑑み、輿論指導上の参考の為に特に内示せられたるものにつき……」

陸軍の当事者の意気込みを見るに足るであろう。

四一個師団、一四二個中隊

さて、この本格的軍備充実の内容をみてみよう。

一、戦時兵力

昭和十七年度までに四一個師団及びこれに応ずる諸部隊、並に飛行一四二個中隊及びこれに応ずる諸部隊を整備す。

二、平時兵力

昭和十七年度までに在満一〇個師団、内地及び朝鮮一七個師団及び之に応ずる部隊、並に飛行一四二個中隊及び之に応ずる部隊を整備すると共に補充、動員、教育、補給、衛生等の諸施設を増備す。

三、作戦資材の整備……

四、戦略単位の改編

昭和十四年四月、現制師団より歩兵一個連隊及び野砲兵三個中隊を減少し、いわゆる三単位師団に改編する。

このころ平時兵力が一七個師団であり、これから戦時兵力、三二個師団を生み、飛行五四個中隊であったことはすでに述べた。飛行部隊は第一撃から作戦する部隊だから、平時兵力が、ただちに戦時兵力になれる臨戦態勢でなければならない。地上部隊は満州接壌作戦（国土を接するソ連との戦い）となったのであるから、ここにつめかけている師団は臨戦態勢の高定員でなければならない。相手のソ連軍がその態勢にある。

内地から師団を満州に移すのであって、一〇個師団と予定され、おなじ理由で朝鮮の二個師団も三個師団に増加する。この一三個師団はそのまま臨戦部隊で、戦時となれば人員資材の補充を受けるだけで戦時戦力となる。

内地に一四個師団あるから、二倍動員として二八個師団がえられる。つまり、戦時兵力は四一個師団になる。平時師団数二七個師団は現在の一七個師団からすると大きくなるようであるが、四単位を三単位とするのであるから、この改編だけで約二三個師団にふえるため、四個師団ほどの増であり、戦時特設する師団も一四個師団で、全軍が三〇個師団当時と大差はない。重点をおかれたのは飛行一四二個中隊を中心とする航空戦力であり、また師団の増加にともなう戦車、山砲、野戦重砲、高射砲、工兵、鉄道、電信、自動車などの軍直轄部隊の増強、それに各部隊の編制装備の改善などであった。

年度／分科	昭・十四	昭・十五	昭・十六	昭・十七
偵察	一八	一九	二三	二七
戦闘	二八	三五	四〇	四二
軽爆	二六	四〇	四六	四七
重爆	二一	二〇	二三	二四
遠爆	一	二	二	二
合計	九四	一一六	一三三	一四二

年度末累計
防衛庁戦史室
“軍需動員”による

〝本格的〞と呼称するだけに、将校以下の補充、教育施設、軍事技術、兵器の製造から補給機関の増設におよぶ広範なものであった。

まず、航空兵備をみてみよう。

航空優先

陸軍航空部隊にとって、外観、内容ともに面目をあらためた改変が実施された。

個々の部隊がその本質に合うように編制を改められたばかりでなく、航空部隊は空中武力として戦力を発揮しうるように有機的に組織された。

まず〝空地分離〞が行われた。〝飛行連隊という単位で〝飛ぶ部隊〞と〝飛ばせる地上勤務部隊〞とをもっていた組織を廃して、「飛行戦隊」という飛行専門の部隊と「飛行場大隊」という地上勤務部隊とに分離したのである。これで、飛行戦隊は、飛行場から飛行場へと飛び歩けるようになった。列車と停車場みたいな関係である。整備・補給は飛行場大隊にまかせる。満州のように準備した戦場で戦う場合、これが好都合である。

飛行団という組織が航空の戦術単位となった。これが偵察、戦闘、軽爆、重爆の飛行戦隊と、航空地区司令部（原則的に飛行戦隊と同数の飛行場大隊をもつ）、それに飛行教育隊という教育部隊をもつ基本的な単位となった。

飛行中隊は前頁の表のように拡張された。目標は一四二個中隊というそれまでからみると二倍以上の拡張であった。

戦闘、四二個中隊、軽爆、四七個中隊、重（遠）爆、二六個中隊。これが日本陸軍飛行部隊の昭和十七年末に達成されるはずの目標であった。

このとき指揮機構として、飛行集団という組織がつくられ、これが戦略単位として各種飛行団や、指揮および情報機関をもち、一方面の作戦を担任することとなった。内地に、第1飛行集団がつくられ、満州の関東飛行隊司令部が第2飛行集団司令部と改称されて、格上げされた。

陸軍航空総監部という、航空部隊の教育を統轄する役所が生まれたのもこの時であり、将校の補充学校としての陸軍士官学校の分校、航空士官学校の創設も本決まりになった。

三単位師団とは……

三八式歩兵銃に関係する部隊の編制について述べよう。

師団が四単位から三単位になった一因に、師団の〝肥満児化〟があって、もうこれ以上、たとえば砲兵部隊数をふやそうにも、ふくれ過ぎて余地がないなどの理由があったことは、すでに述べたが、さりとてそう簡単に三単位の方がよい、といえる問題ではなかった。

四単位か三単位かの問題は、歩兵と砲兵戦力の比率の見地から、世界大戦の教訓をふまえ、昭和の初期から研究討議されていた問題だった。

そのころの日本軍は、満州の広野で日露戦争型の戦争をすることを考えていた時代であったから、総兵力の少ない日本軍としては、重点方面は別として、その他の正面では、一個師団で敵の一個軍団に対さねばならないし、重点方面でも一対一で対決した場合、敵の三単位にわが四単位という優勢は必要であった。

また日本軍は兵力が少ないから、軍の予備として完全に一個師団を持つことはできないため、どこかの師団から抜かねばならぬが、それでは三単位師団はカタワになってしまう。こうした反対論があってこの問題はなかなか決まらなかった。

しかし満州国が建設されてからは、接壌国作戦になったし、師団の数も増加したい。歩兵にたいする砲兵の密度も上げたいということになり、ついに踏みきったのであった。

だが、この反対理由は、そのままに真実である。だから師団が一個師団だけで一つの方面の作戦を実施する任務をうけた場合には、どうしても兵力不足になり、軍団編制の下での三単位師団とはちがった悩みを体験することになった。

それはそれとして、新しい三単位師団として生まれた内地の師団の平時編制をこの軍備計画で見てみよう。

師団司令部
歩兵団司令部
　歩兵連隊　三個
　　歩兵大隊　三個
　　　歩兵中隊　三個
　　　機関銃中隊　一個
　歩兵砲隊（連隊砲、大隊砲速射砲）　一個
騎兵連隊（二個中隊と機関銃一個中隊）　一個
砲兵司令部
　野（山）砲兵連隊　一個
　連隊は三個大隊、大隊は野砲及び十榴混成の二個中隊または山砲二個中隊
工兵連隊（三個中隊または二個中隊）　一個
通信隊　一個
輜重兵連隊（輓（駄）馬二個中隊、またはさらに自動車一中隊）　一個
軽装甲車訓練所　一

満州や朝鮮にある師団は、接壌国臨戦態勢でなくてはならないから、高定員（人員充足

度のおおいこと）であり、砲兵連隊は三個大隊、九個中隊の編成となっていた。

対ソ作戦を目標に兵器、器材を整備

長夜の夢をさまされたように、日本陸軍は軍備に狂奔しはじめた。

だが、久しくおくれてきた装備である。主力火砲など一部着手されているものや、戦車に八九式戦車、九二式重装甲車、九五式軽戦車と、新しい制式制定年次を冠したものがでているほかは、依然、大正期のものだった。当然、新しいものの制定がなければならない。その一つ一つの経緯を述べる余裕はないので、列挙する。（九六式というのは日本の紀元二五九六年を意味し、西暦では一九三六年、すなわち昭和十一年にあたる）

歩兵兵器に九六式軽機関銃

大砲に　九六式十五糎《サンチ》榴弾砲
　　　　九六式十五糎加農《カノン》
　　　　九六式二十四糎榴弾砲
　　　　九六式重迫撃砲

ここに九六式という名を冠した装甲作業機という工兵兵器が現われている。これに筆を移すことにしよう。

日本が満州に進出して以後、ソ連軍は国境の陣地を強化し、その情報は、日に日に容易ならぬ強度のものであることを示していた。およそ、国境を接する国の兵備は、たがいに敵の侵攻を防ぎ、自軍の集中、開進を掩護するための国境陣地の建設ではじまる。

九二式重装甲車

九五式軽戦車　　現在バンコク市内に保存されている（大塚庸生氏撮影）

たんに防禦だけでなく、攻勢をとらねばならぬ国防方針の場合には、自軍の陣地は攻勢発起《はっき》の足場ともならねばならぬし、問題は、正面の敵の堅陣をどうやって突破するかである。

ソ連の国境陣地の中核をなすものは「トーチカ」（特火点）であった。「トーチカ」というのはロシア語で「点」（軍用語では「拠点陣地」）の意味だが、「トーチカ」は、厚さ一メートル

九六式十五糎加農

口　　径　14.91ミリ
弾　　量　50キロ
初　　速　860メートル（秒）
最大射程　26200メートル
放列重量　25トン
三車分解、13トン牽引車にて運搬

九六式十五糎榴弾砲

口　　径　14.91ミリ
弾　　量　31.1キロ
初　　速　540メートル（秒）
最大射程　11900メートル
放列重量　4140キロ
全備重量　4930キロ
5トン牽引車にて牽引

九六式二十四糎榴弾砲

口　　径　24センチ
弾　　量　185キロ
初　　速　530メートル（秒）
最大射程　16000メートル
放列重量　37.56トン
四車分解、13トン牽引車にて運搬

以上の頑強な鉄筋コンクリート製の壁にかこまれた火器陣地である。これを破壊し、火器を撲滅しなければ、この陣地帯を歩兵が前進することはできない。

日露戦争の旅順では、外壕を有する堡塁で日本軍は手を焼いた。外壕をこえてその側防火器を破壊しないかぎり堡塁は陥落しなかった。そして攻撃方法は地中攻撃であった。その後、日本軍はこんな堅固なものにはぶつかっていない。

青島要塞は、砲兵の射撃を主にして突破できた。第一次上海事変でぶつかった支那軍の陣地は、地形の関係もあり、堅固につくられていた陣地であったが、それでも砲兵や戦車、それに爆弾三勇士の使ったような破壊筒などで障害物や側防火器の破壊が可能であった。

しかし、ソ満国境で日本軍が開戦当初にどうしても突破せねばならないソ連軍の陣地は、そんな生やさしいものではなかった。

どうやってトーチカを破壊するか。

東方正面では、特に二十四榴（三〇センチ榴弾砲）以下各種の重砲の使用が予定されていた。昭和九年、富士の裾野でトーチカに対する実射試験が行われた。銃眼付近の直射命中弾はさすが大きな破壊力を示しはするが、これでトーチカが全く使用不能になってしまうものか、これだけで決定的だという答はでてこない。大威力の爆薬をトーチカの壁に付着爆砕するほか、徹底的効果をあげる方法はない、と工兵側は結論した。日露戦争いらい、堅固な敵陣地の施設の破壊は、大きな任務として工兵の肩にかかっていた。苦心の結果創製されたのが九六式装甲作業機である。これは、当時の戦車の車体をそのまま使ったものではない。懸架装置からキャタピラーなど作業に適するようにとくに設計をしたものであり、三菱重工業の製品であった。

九六式装甲作業機

工兵が敵前で行うべき近接戦闘作業を、肉弾作業でなくて機械化作業によるとすると、側防火器や障害物の破壊、火焔放射、壕の掘開、地雷の敷設から排除、撤毒地の消毒から、起重、牽引など、作業は数かぎりなくある。

だが第一は、大装薬によるトーチカの爆破である。厚さ一メートルをこすトーチカの爆砕のために三〇〇キロの特殊高性能爆薬を運搬する。これが第一の仕事である。この爆薬を作業機の正面につるして敵陣の中を驀進してトーチカの壁に膚接するように落とし、離脱とともに点火、作業機が危険区域外に退避後に爆発するようにつくられたのである。

ソ満国境で実用する場面はついに現れなかった。大威力爆薬をかかえて突進する爆弾三勇士的機械であるから、肉弾攻撃の危険を避けるためには、無線誘導による無人作業機まで進歩したことであろう。

装甲作業機は、戦車のための超壕作業、地雷の排除にも使えるような作業具がつけられ、制定後、各種の新型がつくられた。

これは昭和十一年六月二十七日の軍需審議会で可決されたもので、制定当時の諸元の概要はつぎのようである。

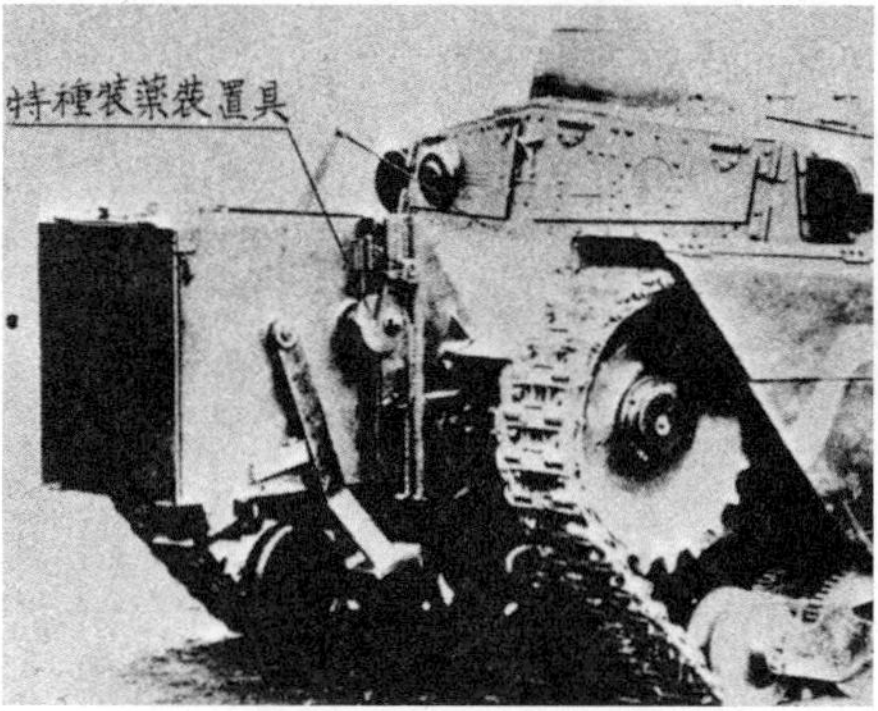

九六式装甲作業機
特殊爆薬を装着したもの

九六式装甲作業機
超壕装置を装備したもの

重量　一〇トン
装甲　一五、一〇、八ミリ
出力　一〇五馬力
速度（毎時）常用二〇、最大二八キロ
運行連続　一〇〇キロ

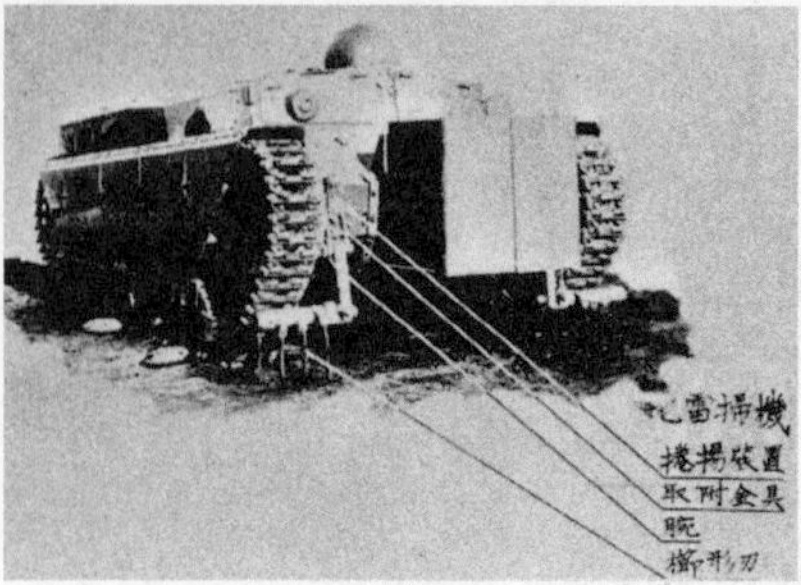

九六式装甲作業機
地雷を排除する設備をしたもの

伐開機

大密林、大湿地の突破

ソ満国境は原始密林である。敵が予想していないところ、敵の苦しいところへ進出しようとすると、密林を突破する手段を持たねばならない。

大木、小木が密生し、自然の倒木がいたるところにある。局部的には湿地もある。どうやって突破するか。北海道の天然密林地帯が格好の実験地である。ここで研究開発された。重い装甲作業車に突角をつけて、左右に木を押し倒しなぎ倒そうという構想の器材が生まれた。「伐開機」という。木をなぎたおし、押したおしただけでは道路にはならない。このあらごなしのあとを直していかねばならない。今日の土木作業からみると何ということはないが、起重機、ウィンチをもちいて伐開後の倒木を左右に排除したり、抜根作業をし、倒木の始末をするなど、発電機による電動鋸などをもった装軌器材が必要である。これが「伐掃車」とよばれた。

実用するとなると伐開機と伐掃車のコンビの作業隊が必要なわけである。

満州では東部も北部も大河が国境をなしているからこの付近は当然、大小の湿地がおおい。松花江が流れこむ満州の東北部など大湿地地帯である。一見、平坦な草地のようなノモンハンのホロンバイル平原でさえ、湿地のために日本軍将兵が泣かされたのである。湿地というやつは、底無し沼のようなものから、数十センチの水深で徒渉できるものまで、各種各様である。いずれにせよ重火器や砲兵部隊の通過となると大ごとである。水陸両用車両ならどうということではないのだが、湿地がいろいろだから難しい。

筆者は見たことはないが、ゴム製の浮くものをキャタピラーにしたものを持った舟で、水中はプロペラで動く「湿地車」というものがつくられたという。湿地車は搭載能力約二トン、一車で二〜四台の湿地橇《そり》が牽引できて、これによって兵員四〜五〇名、野砲二門ほどを運搬できるものであったという。

予想戦場が決まれば、こうした具体的な兵器、器材の開発こそが先決問題である。国境が突破できなければ、作戦計画は初動でつまずく。こうした兵器、器材開発の努力は、たかく評価されるべきである。

さて、陸軍はこうした地道な努力をかさねて兵備の充実をはかっていたのだが、ここで目を大陸にもどしてみよう。

長城を越えてから……

〝本格的〟を目ざして前進をつづけていた陸軍の努力が実を結ぶのを、情勢の変転が待たなかった。いや、実力のないことによる危機感が、よけいに国際情勢の危機をあおる原因を生むことになったというべきであろう。

昭和九年当時の古北口
向かって左、万里長城が境界をなす河北省、右は熱河省

一度、万里の長城をこえてしまった日本の、ひきつづく華北侵略の企図、対支圧伏をねらう行動がそれであった。万里の長城は漢民族にとって、玄関口である。

筆者は昭和九年、母隊の出動で、熱河省の警備に従事し、半年以上を古北口でくらした。前年の昭和八年、第8師団が激戦の末占領した北京北方の要衝である。

駐屯中には何の騒ぎもおこらなかった。停戦協定によって中国軍は、その正面にはいなかったからである。

北京を目前にひかえ、朝夕に万里の長城をみる。長城は写真のように峨々《がが》たる山頂線を走っている。破損は激しいが、とにかくながい中国の歴史の象徴である。

筆者の連隊長は支那に詳しい人で、中将にまでなったが、関東軍の華北進出に反対してついに貶《へん》せられ、その後要路には用いられなかった人であったが、その持論で若い中尉の筆者を大いに啓発してくれた。

当時、関東軍が強力に推進していた華北分治の方針や、満鉄などの華北進出、内蒙古にたいする策動などについて連隊長は心配していた。

万里の長城の外に満州国がつくられたことは、蔣介石側からすると、大きく面子《めんつ》にかんすることではあるが、中国全部からすれば、まあ、足の先を踏まれたようなもので、これから先のやり方によっては既成事実として落ちつかせようもあろう。だが、この上、長城をこえて華北地区に、武力の圧力下に経済的、政治的進出をするとなるとそれは中国の玄関口から入って顔をぶんなぐるようなことになる。収拾する方法がない、と説く。

万里の長城をこの目に見て、本当にそうだろうと思った。

だてや冗談につくった長城ではない。異民族、北狄《ほくてき》にたいして中華の地を守ろうと数千年もの昔から建設し、補修し、固めてきた長城である。遼国も金国も元国も、そして清国も長城をこえて、中華の地に入った。しかしその清朝も漢民族は滅ぼした。この長城をこすものに中国国民がどう反応するか、明らかである、と連隊長は説いた。

筆者は、今日になっても古北口の万里の長城と、連隊長の話を忘れない。

だが、日本は玄関口を押し破った。


背後を固めろ……

理由は簡単であった。目を満州国において前面の極東ソ連領をながめ、背後地の華北、内蒙古を見るのである。容共、抗日の国民政府の統治が華北、内蒙古におよぶのを防ぎ、ここにもう一つの防共、親日満の緩衝地帯をつくらなければ安心ができないというのである。

経済的進出が基盤にあることは、勿論であった。満州国の建国がなって以後、この北支分治の動きは顕著になってきた。

極東ソ連軍にたいして弱みを感ずれば感ずるほど、背後地を固めろ、その資源をねらえ、ということになってきたのが理由であった。

ソ連軍にたいする弱味から生まれたものは、このほかにもあった。それはソ連邦を大きく背後から牽制しようとする日独防共協定（昭和十一年十一月調印）であり、のちに日本の運命に大きく影響した日独伊軍事同盟にまで進展するドイツとの提携の動きであった。

さて、関東軍の北支への異常な関心は、東京からみると一大事であるが、板垣大佐や石原大佐以後の関東軍司令部というものは、満州国をかかえ、参謀本部や陸軍省と張り合える強大な勢力であった。

中央部は、満州を北支とは切りはなし、「関東軍は北をむいておれ」というのだが、陰謀の好きな者もあり、功名心にかられる者もある。事態は〝華北分治〟、極端には〝華北独立〟などという方向にあおられたのが、昭和十年、昭和十一年の状況であった。

当然、排日抗日の気勢はあがり、テロにつながる。これがまた強圧的行動を呼ぶ。

なんとか国民政府との間を調整しようとする動きは、これらの相つぐ事件でぶちこわされていく。

異民族が万里の長城をこえた以上、当然の反応だ、と筆者は、いまでも思っている。

こうした日中間の不穏な形勢の中で昭和十一年の末ころに、二つの事件がおこった。

一つは「綏遠《すいえん》事件」と呼ばれる。

蒙古の徳王がチャハル、綏遠、寧夏三省の蒙古独立政権を目ざし、関東軍の尻押しで、綏遠省の傳作義軍にたいし軍事行動を開始した。だが、その兵力たるや烏合《うごう》の衆《しゅう》の雑軍であった。

この動きにたいして蔣介石は二十数万の中央軍と傍系軍とを北上させて、綏遠軍支援の態勢をとり、自ら洛陽に進出して指揮にあたった。

関東軍の介入にそなえただけでなく、北支の諸将領にたいする示威行為でもあった。

戦況は内蒙古軍に不利で、とくに十一月二十四日には、要衝、百霊廟が奪われこれで完敗してしまった。これが関東軍を撃破した、日本軍恐るるに足らずと、大きく宣伝された。

そして十二月十二日、蔣介石が張学良のために監禁されるという「西安事件」が勃発した。蔣介石は無事に帰ってきたが、このあと蔣介石と周恩来の間で、内戦停止（国民軍の共産党攻撃中止）、抗日政策の採用が決定され、国共合作が成立したのである。

外国との間にもめ事がおこれば、国内の統一はこの刺激で強まる。昭和十一年から十二年にかけて、国民政府の中国統一は、いちじるしく進展をみせた。すなわち、綏遠事件以後、北支軍閥にたいする中央の統制が強化されたのである。

国共合作が進行することによって、国民政府の中国統一はほとんど完成するにいたった。この統一が、抗日民族戦線形成の運動で促進されたことはいうまでもなく、「万里の長城をこえた日本軍の侵略」ほどうってつけの口実はなかった。よろこんだのは、中共とソ連である。

昭和十二年五月、延安での中国共産党全国代表者会議で毛沢東は「幾百万、幾千万大衆を、抗日国民統一戦線にひき入れるために戦え」とよびかけた。

二カ月あと、北京郊外の蘆溝橋で、日支両軍の衝突がおこった。万里の長城をこえたものとの戦さには〝生か死か〟のほかに道はない。歴史の証するように「支那事変」は武力で押してみるほか、策はなかったのである。

二、三カ月で片づく……

昭和十二年七月七日、こうして日支両軍の衝突がおこった。来るものが来てしまった、と一様に感じたらしいが参謀本部と陸軍省内での受けとり方はいろいろであった。

この機会を利用して満州国の緩衝地帯をつくろう、と作戦課長・武藤章大佐と軍事課長・田中新一大佐の同期生コンビがとりあえず三個師団を急派すると合意したのだから、穏やかにすむわけはない。これにたいし、必死になって、事件の拡大を防ごうとしたのが石原作戦部長であった。中央部ももめていた。

関東軍（司令官・植田謙吉大将、参謀長・東條英機中将）は「重大な決意でもって成り行きを見る」と声明を発表するし、朝鮮軍司令官・小機国昭中将は、これをチャンスに「支那経略の雄図を遂行すべし」、すなわち、支那をとってしまえ、と中央部に具申してきた

南京を目指して

中国の山岳地帯で戦う歩兵部隊

という。みな〝タカ派〟である。

軍中央部も政府も、もちろん不拡大方針なのだが、鼻息のあらいのは現地軍だけではない。参謀本部の作戦課長が「千載一遇の好機だから、この際思い切って対支作戦をやった方がよい」とあおっていたのである。

北支那方面では結局、八月三十一日に北支那方面軍、第1軍、第2軍の戦闘序列が令せられ本格的出兵となり、八個師団と支那駐屯混成旅団、臨時航空兵団が出動することになった。方面軍司令官・寺内寿一大将にあたえられた任務の中には「……敵の戦闘意志を挫折せしめ、戦局終結の動機を獲得する目的を以て、速かに中部河北省の敵を撃滅すべし」とあった。二、三カ月もあれば片づく見込みであった。

しかし北方で事がおこれば、火は上海にとぶ。

そして今度は、日本海軍が強腰であった。八月九日、大山勇夫海軍中尉が中国保安隊のため射殺されるという事件がきっかけになったからである。この方面にも上海派遣軍が二個師団基幹の兵力をもって出動することが決定された。軍司令官・松井石根大将の任務は「居留民保護」であった。

南京政府の玄関先に火がついた。八月十五日には日本海軍がいわゆる渡洋爆撃を行って、南京、南昌を爆撃し、のちにはさらに漢口も爆撃した。これで対支全面戦争となった。蔣介石は、上海での戦闘開始を全面戦争のきっかけとみていたといわれている。

九月には結局、上海へ五個師団を送らねばならぬことになった。

ここで石原作戦部長は退陣した。力およばなかったのである。

支那大陸を征く三八式歩兵銃

北支那での日本軍の行動は、迅速であった。八月、チャハル方面にはじまって山西省へ、京漢線方面ではあっという間に河南省の南端まで、津浦線方面では徳県にまで進出してしまった。しかし、ずるずるとひっぱりこまれただけで「敵の戦闘意志の挫折」などには全くつながらない。

上海戦線でも八月以降、激戦がつづいた。上海派遣軍五個師団の正面攻撃では片づかない。参謀本部の予測など全くあたらなかった。ここでまた、増兵となった。第10軍、四個師団の増加派遣となり、合計九個師団となった。北支から一個師団転用されたのでこの方では七個師団となり、上海方面が主力になった。

そして、北の方で戦争意志が挫折できぬなら中支那で、と方針がかえられ十一月の上旬、新たに中支那方面軍司令官となった松井大将の任務は「居留民保護」から、「……敵の戦争意志を挫折せしめ……」とかわった。上海付近の敵を掃滅すれば、これができる、とふんだのである。

三八式歩兵銃は支那大陸を奔流のように進み、あるいは上海のクリーク地帯で苦闘をつづけるのだが、損耗なしにできるわけはない。

九月の末までに、もう次のような損失がでた。

北支方面　戦死二三〇〇名。戦傷六二六二名。合計　八五六二名。

上海方面　戦死二五二八名。戦傷九八〇六名　合計　一万二三三四名。

開戦二カ月で損耗は二万人をこしている。日露戦争いらい、日本陸軍はこんな損耗は経験したことはない。もはや「事変」どころではなかった。

その上、上海戦線では、はやくも九月、野、山砲榴弾の不足に悩んでいた。機関銃弾も手榴弾も不足、小銃弾だけが余っていた。十五榴、十二榴は一日何発と制限されるという有様である。これまた、日露戦争いらいのことであるし、依然として日露戦争型である。

軍事課長・田中新一大佐が「資材整備が、戦闘の特質に即応していなかった……」と手記に書いているのと防衛庁の公刊戦史にあるのだが、軍事課長その人が「対支一撃、速戦即決」をとなえたのだから、従軍将兵としてはたまったものではない。〝実力〟を正当に判断すべきは、一体誰なのか、といわざるを得ない。


「蔣介石を相手とせず」

石原作戦部長の退陣後には事変不拡大などをとなえる人もなく、またもうそんな情勢ではなかった。

「大本営」も設置された。

北支方面では、津浦線方面で黄河を渡って済南を占領（十二月二十六日）し陸上から青島にむかう陸軍部隊に先だって、海軍部隊が海から上陸して青島を占領（昭和十三年一月十九日）してしまった。山西省では十一月九日、省都、太原を占領した。

十二月十四日には王克敏を行政院長とする中華民国臨時政府が北京につくられた。国民政府との和平を交渉するとしても、良い影響をもつわけはない。

勝敗を決する戦場と考えた上海方面では、第10軍が杭州湾方面に上陸（十一月四日）して、上海方面の中国軍の側背を脅威する態勢となり、正面の中国軍は総くずれになった。

そして日本軍は、ただちに南京に進撃した。十二月十三日、中国の首都、南京は陥落した。

これより先、日本政府は和平のため各国の仲介を求めていた。トラウトマン駐支ドイツ大使が仲に入って仲介工作が行われた。うまくいくかに思われたのだが、首都南京陥落で意気の上がった日本政府や国民の欲望は、和平など聞く耳は持たなかった。仲介工作は結局、成功しなかった。

しかも近衛内閣は、昭和十三年一月十六日、「爾後、国民政府を相手とせず」と声明するにいたった。

今日になって考えると、「このあと、どうするつもりだったのか」と誰でも思うだろう。

その不安は当時でもおなじであったが、することなすこと全然見込みのはずれた参謀本部や陸軍省は「長期戦止むなし」とあきらめて、全面的持久戦に方針を変えた。あおられた国民は、戦勝ムードで一ぱいで、きわめて強気である。しかしおごりたかぶっていた軍部は、専門の〝武力戦〟で、見るも無惨に失敗してしまった。

そしてそれが、ただでさえ遅れていた陸軍の〝実力〟の向上に、大きな障害となってしまったのである。

機動力のない陸軍

筆者は昭和十三年、陸軍大学校を卒業した。

支那事変は、すでに一年を経過していた。中支那では、この年五月に中華民国維新政府が行政院長・梁鴻志のもとで南京につくられ、四月には、日本ではいよいよ「国家総動員法」が公布された。事実上の総力戦である。戦局の方は、五月、大包囲撃滅戦だ、と陸軍が大いに意気ごんだ徐州作戦が行われた。

陸軍大学校を卒業したわれわれ同期生の大部分は、戦火の激しい支那戦場や、北にそなえる満州に派遣されたが、わずかの者は内地の学校に命課された。武運拙《つたな》くも筆者は、千葉にある陸軍戦車学校の研究部主事兼教官という任務をうけた。

すでに何度も書いたように、筆者は歩兵科である。戦車兵になろうなどと思ったこともないし、そんな知識は何もない。教官などと名をつけられてもつとまるはずはない。学校の上司も、「まあ、勉強だね」というわけで、学生と一緒に、操縦だ、射撃だ、工術だと、戦車兵のイロハから勉強しはじめた。まことに味気ない日々であったが、やせてもかれても陸軍大学校の卒業生だ。軍の機械化についての理論的勉強には事欠かぬ資料と情報はあり、指導教育してくれる先輩にも不足はない。武運には恵まれなかったが、機械化の研究ができたことは大変な幸せであったと思う。

このころの陸軍の機械化の程度などまるで問題にならない。戦車の常設部隊は、まだ八個連隊にすぎない。戦車は八九式中戦車につづいて、九五式軽戦車が制式とされ、そのあと中戦車に「チハ車」(九七式中戦車)がつくられて、戦車学校でも実験中であったが、その三種類だけである。

陸軍大学校でも「対ソ戦闘第一」と、まず国境陣地突破からの作戦を説かれたのだが、こんな軽装甲、軽武装の中戦車でどうやって堅陣突破をするのであろうか。実際的戦術問題を一つ考えても、もう行きづまる。必勝の原案のつくれようはずはない。

昭和九年いらい、独立混成第1旅団という自動車化旅団があった。支那事変の初期にチャハル省から蒙古の戦場で使われたが、「役に立たぬ」と、筆者が戦車学校に行ったのちに解散させられてしまった。歩兵にもおよばない機動力であり戦力である、というのである。

こういうわけで日本軍には、およそ機械化部隊などと名のつくものは一つもない。ソ連軍はもとよりのこと、新興ドイツ軍の戦力の中核は機甲兵団であるという情報は、いやというほど入ってくる。中央部は一体、何をしてるのであろうか。

軍が機械化されなくては、機動力は発揮できない。包囲殲滅《せんめつ》戦などと景気のよいことが軍中央部から宣伝された徐州会戦も、機動力のない軍で敵を包囲できるはずはない。

大体、殲滅戦などというものは、敵もまた抗戦意識が旺盛で、そして会戦の経過間に戦略態勢を急変させるだけの要素がなくては、実現するものではない。

その要素の自主的なものは敵に優る機動力である。これがなくて、しかも退避をこととする敵軍を包囲殲滅できるわけはない。そんなことは戦車学校の机の上で考えても明らかなことだ。だから、鳴物いりで成功を宣伝してみても、徐州会戦の如きは「徐州、徐州と人馬が進む」と、三八式歩兵銃が進んだだけのことであった。

この年の十月、日本軍は、武漢三鎮攻略に成功した。一部の戦車隊の活躍がニュース映画をかざった。だが、南京陥落にすぐ引きつづいて武漢に殺到したのでもあれば話は別だが、一年も経ってからでは、敵の戦争継続意志にたいする強圧にはならない。歩兵の足に、馬に、そして三八式歩兵銃にたよらねばならぬ陸軍の戦争力、機動能力の弱さからであった。戦域は拡大をつづけて、武漢陥落の直前、南支の広東も占領した。これもまた、三八式歩兵銃の威力であった。しかし、こんな間のびした散発的な圧力では、敵の戦争継続意志に衝撃のあたえられるはずはない。

つまり、日本の陸軍には、いや日本には、この事変を速戦即決でかたづけるだけの〝質的〟実力も、〝量的〟実力もなかったのである。

軍需品生産力

筆者はこれまで、陸軍の編成的な力を、詳しすぎるほどに述べてきた。ここで、軍需品生産面での〝実力〟に触れておかねばならない。

日露戦争で、軍需品生産面の準備が不足で、兵器弾薬の補給で苦労したことは、陸軍の歴史上の重大な事実として詳しく述べた。

それは実に痛切な戦訓であった。軍の戦力の根幹をなすものは、第一線にならべる部隊と同時に、国内の民間の兵器工場にまでつながる兵器生産力であり、補給力であった。日露戦争は、戦場での将兵の血と汗のおかげで大きなぼろはださずに勝ち戦さとなったものの、物量の不足は、当時の戦争指導者層の心胆を寒からしめた教訓であった。

また世界大戦の教訓は、〝総力戦〟としての教訓であった。国家の運命は結局は武力戦の勝敗で決まる。武力戦の勝利のために国の総力をつぎこむ。この組織的転換のためには、国の組織をもかえねばならない。こうしたことを、世界大戦は教えた。

世界大戦後、日本陸軍は総力戦や、そのための施策についてとくに熱心であった。本書ではこれまでふれる機会はなかったが、大戦勃発直後に設置した「臨時軍事調査委員」時代から調査研究をかさねていたのである。しかし、国力がどうみてもまことに貧弱だった。大正四年（つまり世界大戦のおこった翌年であり、朝鮮に二個師団が増設されて、日本陸軍が平時二一個師団に膨張した年である）の十二月、参謀総長・長谷川好道から次の意見書が岡市之助陸軍大臣に送られている。その要旨を引用しよう。

〈製鉄事業促進に関する意見

一、我国の鉄類需要額、及び輸入額。

一〇年後には優に一八〇万トン、一億五〇〇〇万円となるべし。

我国の鉄類の需要額を考察するに、大正二年の鉄類輸入額七〇〇〇万円と、製品として輸入する船舶、兵器、機械類の額六〇〇〇万円の内の原料鋼換算分一五〇〇万円、それに我国生産の製鉄額二〇〇〇万円を合計して一億五〇〇〇万円、約一二〇万トンに達す〉

年次	一ヵ年平均輸入額
日清戦後の明28～明30	一四〇〇万円
日露戦後の明38～明40	四二五〇万円
明44～大2	六四四〇万円

つまり、日本全部の需要は一二〇万トンである。

〈二、我国の鉄類生産額

若松製鉄所は、年産三〇万トン産出の計画の下に目下第二期拡張中にして大正五年完了予定。大正三年度二三万トン。拡張後、三五万トン以上となる予定。

私立の製鉄所は生産力微々。大正三年、僅かに釜石の五・五万トン、輪西の二・五万トンを主とし、年産合計一〇万トンに過ぎず。

以上両者を合すも年産額三三万トンにして、実に需要額の四分の一に過ぎず。

三、製鉄事業促進の要

鉄の大部分を輸入に仰いでは、兵器及び工業の独立が期し得られないことは、今回の欧州戦役の痛切に立証するところなり〉

筆者はこの資料を、日本陸軍の立場を説明する貴重な記録だと思っている。今日、この数字は、現在の日本の、原料はともあれ、製鉄能力を知る読者には奇異とも思われるほど少ない数字であろう。しかし、日本陸軍が、平時兵力の最高を誇ろうとしていた時期の実数なのである。

やがて世界大戦による好景気がきた。製鉄業振興の方策も講じられた。だが前記のような基盤であるから、軍需品の戦時補給を確保する方策は容易なことではない。

ここに「軍需工業動員」というものにたいする陸軍の努力がはじまったのである。そして、これについての政府の機構や努力にもいろいろな変遷があった。

大正十五年には「国家総動員機関の設置」にこぎつけ、昭和二年、資源局の誕生となった。陸軍省に整備局が新設されたのが、大正十五年九月で、陸軍軍需工業動員の部門を担当するとともに、国家総動員業務を推進することになった。だが、すでにみてきたように昭和初期の大きな停滞期があった。

ロンドン軍備条約で日本中が湧いていた昭和五年ころは、昭和四年十月のニューヨーク株式市場の大暴落に端を発した世界恐慌が日本にもおよんで経済恐慌期に入り、国の力が伸張するどころではなかった。

満州事変を迎えて、ようやく軍需生産などに〝活〟が入れられはじめ、それが〝本格的〟兵備充実へ進むにいたって、ようやく国力を計画的に増進していく方針が樹立された。兵備充実の真の裏付けになるべき、「重要産業五年計画要綱」が陸軍省から発表されたのが昭和十二年の五月であって、実行はこれから先であり、満州国成立以後の情勢を基礎としての日満経済力拡充が総合的に計画された。かくして「満州産業開発五カ年計画」が定まり、実施にうつったのは昭和十二年度からであった。

日満両国が、かりに一生懸命になって国力の増進にむかって前進したとしても、そのスタートは昭和十二年であった。これまでは行きあたりばったりの軍需景気であり、設備拡充であったに過ぎない。

国の力としては何の進展もないのに、その昭和十二年には支那事変になってしまったのである。

好んで起こしたことではないとはいえ、全く〝実力〟を顧みない武力戦指導であったわけだ。

〝本格的〟兵備充実をとなえた陸軍はその力の基礎となる重要産業の拡充も軍需品製造能力の向上も、全くできないうちに、戦争に入ってしまったのである。

「一撃即決」と、中国の力を甘く見たのだといえばそれまでだが、当時の軍首脳部、陸軍大臣・杉山元大将以下の人たちは、何とも情けない指導をしてくれたものだ、とこう書いていても恨めしくもなる。

実はこの愚痴は、敗戦三〇年を経た今日になってのものではない。当時からの筆者の実感である。

当時の軍指導層は、満州事変や満州の建設に、直接、間接、片棒をかついだ人たちである。

何のために満州国をつくったのか。

何のために日本改造とさわいだのか。

国力増進をそっちのけにして、軍刀を鳴らしただけではなかったか。

今日の結果論ではない。当時、石原将軍は、五カ年計画を何度かくりかえし、日本、満州を中心としての国力の増進をはかることが先決だとして、事変の拡大に反対していたのである。

〝もし〟参謀本部や陸軍省の指導層が、じっくりと国力の面に目をむけて、我慢をして、日満の産業資源の開発に一五年、二〇年の努力をしたとしたら、笑われるかもしれないが、満州国はハルピン北方の原野に「大慶油田」のような大資源をみつけだせたのではないか、とまで思うのである。

「重要産業五年計画」や「満州産業五カ年計画」などの細部についてここにふれる余裕はないが、防衛庁戦史室編集の『陸軍軍需動員(1)(2)』に詳しい。

当時の日本の力の一例をみると、たとえば鋼塊生産量は、昭和十三年度の生産目標で国内六三〇万トン、満州をふくめ六九二万トン。昭和十六年度で、国内九九五万トン、満州二〇二・七万トン、合計一一九七・七万トンが拡充目標であった。当時ソヴィエト連邦は第二次五カ年計画を遂行中で、その最終年度にあたる昭和十二年度の鋼塊生産量は一七七〇万トンであった。

武器製造能力の拡充がまったくできていないのだから、支那事変勃発となって、それ作れ、と予算をあたえても作れないわけである。昭和十二年九月には、軍需工業動員法が適用され、官有の設備では二四時間操業に入り、民間利用工場の緊急拡充ということになった。それはまるで日露戦争の時のようであった。

それでも中国戦線の部隊への補給にすら充分でなく、上海戦線で弾薬不足という事態になったことは、すでに述べた。

張鼓峯事件（後述）のおこった昭和十三年の当時になっても、火砲一門一年六〇〇〇発（一会戦分二〇〇〇発とみて三会戦分）として在支軍に常続補給するために、平時のストックを加えても、わずかに七・五個師団分しかないという有様であった。

昭和十四年になって、昭和十五年から十七年にわたる軍需整備三カ年計画がたてられ、支那事変の消耗のつづく中で、支那戦線への補給四〇パーセント、軍備充実のため、六〇パーセントとされた。

こうして、対支補給をやりながら、軍備充実にも貯めていけるようになったのは、なんと、昭和十五年度上半期になってからで

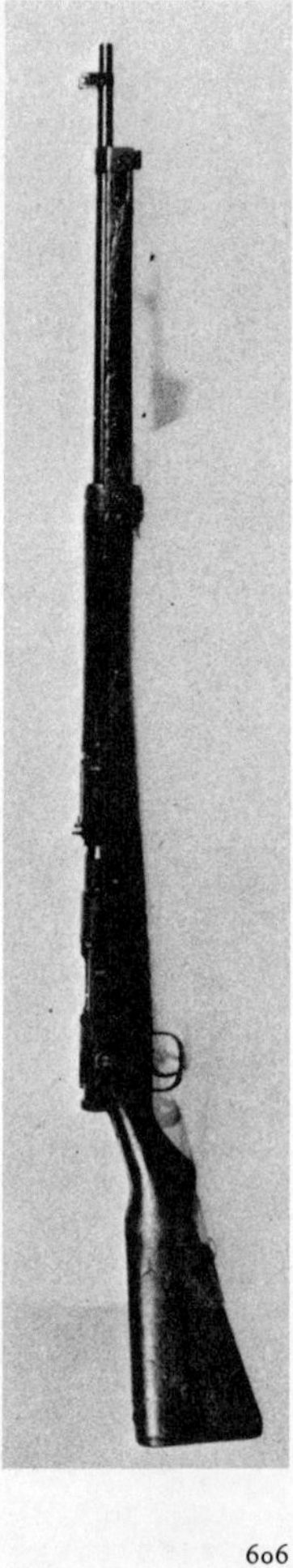

九九式小銃

口　径	7.7ミリ
全　長	1.273メートル
着剣全長	1.656メートル
重　量	4.063キロ
着剣重量	4.573キロ
立脚高	0.318メートル

種類	昭和十五年三月実績	昭和十四年度
三八式歩兵銃	生産中止	
九九式小銃	三万八〇〇〇	五三万
十一年式軽機	一〇〇〇	一一五〇〇
九二式重機	一〇〇〇	一三二〇〇
九二式歩兵砲	二〇	
九四式山砲	二（生産力あるも制限）	
四一式山砲	七	
九六式十五榴	一〇	
四年式十五榴	三	
九六式十五加	二	
八九式十五加	三	
九六式二十四榴	一	
九五式軽戦車	五	
九七式中戦車	〇（月産目標七に対して四月、二）	
四輪自動貨車	八〇〇	
六輪自動貨車	一六〇	

あった。生産設備の拡充が、どうにかこの程度の成果を見せるようになったのである。

話はややとぶが、筆者は、昭和十五年五月、北支那方面軍参謀から転補されて陸軍省軍務局軍事課課員に補せられた。軍事課という名は本書で何度もでてきたが、このころの軍事課は、「国防の大綱に関する事項」という基本的任務と、「陸軍軍備その他陸軍軍政に関する事項」「陸軍建制竝に平時、戦時の編制に関する事項」という編制的任務、「陸軍予算の一般統制に関する事項」という予算にかんする任務、「軍需品行政の基本に関する事項」という兵器資材にかんする任務をもった課であった。

筆者は、この資材班所属であった。新米

の大尉課員に、はじめから政策の大きなことが判るものではなかったが現状だけはのみこめた。当時の軍需生産力、軍需品生産量がまことに貧弱なものであることを知って、まったく驚くほかなかったのである。

筆者が昭和十二年を、陸軍の進路の大きな転機として、今日になってもなお痛恨する愚痴は、この当時からはじまったのである。

筆者が驚いたころの昭和十五年三月の兵器生産実績数字を少々あげておこう。

実にお寒い状況といわざるを得ない。

この前頁の表で読者は気づかれたと思うが、日露戦争以後から日本の歩兵の主兵器の役を演じた三八式歩兵銃は、製造の面では、その三五年の生涯を終わっていた。

三八式歩兵銃のあとつぎ

昭和十三年四月二十一日の陸軍軍需審議会は、陸軍技術本部の兵器研究方針について次のように改める答申をした。

「小銃、近距離戦闘兵器としての性能を向上す。主要諸元左の如し。

口径七・七粍《ミリ》

重量約四キロ（努めて軽量とす）

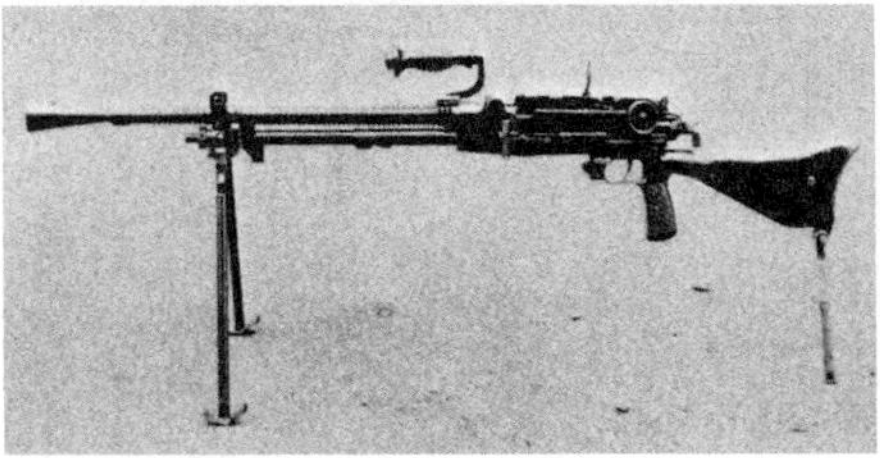

九九式軽機関銃

口　　径　7.7ミリ
全　　長　1.185メートル
　　　　　（消炎器をふくむ）
全備重量　9.9キロ
　　　　　（弾倉をのぞく）
発射速度　550発（毎分）
最大射程　3500メートル
箱型弾倉　30発入、1.38キロ
銃剣装着可能

九九式短小銃

口　　径　7.7ミリ
全　　長　1.133メートル
着剣全長　1.516メートル
重　　量　3.73キロ
着剣重量　4.17キロ
立 脚 高　0.308メートル
銃口の器具は銃擲弾投射器

穴照門とし一〇〇米《メートル》より一五〇〇米の照尺を附す。

摘要。反撞《はんどう》若干の増加は忍ぶものとす。

対空射撃の方途を講ず。

軽機関銃。近距離戦闘兵器としての性能を向上す。

主要諸元左の如し。

口径七・七粍《ミリ》
重量約一一キロ（努めて軽量とす）

穴照門とし、一〇〇米より一五〇〇米の照尺を附す。

保弾鈑、箱弾倉の両様式。

銃身命数は約八千乃至《ないし》一万発を目途とす」

この答申のように昭和十三年六月二十一日に示達された。

これまで六・五ミリであった日本の小銃と軽機関銃が、七・七ミリに増強され、すでに七・七ミリになっていた重機関銃のあとを追うことになった。明治いらいの三八式歩兵銃も、大きくなる息子に代を譲ることになった。

九九式小銃
九九式短小銃
九九式軽機関銃

となって、昭和十五年七月に制式化されるのである。

だが、あとつぎが誕生したからといって、三八式歩兵銃は、引退休息するどころではなかった。

第十五章　第二次世界大戦

『孫子、作戦第二』を引用する。

「第二、作戦。孫子曰《いわ》く、凡《およ》そ兵を用うるの法、馳車《ちしや》千駟《し》（戦車一〇〇〇輛）、革車《かくしや》千乗（輜重車一〇〇〇輛）、帯甲《たいこう》十万（武装兵一〇万）。千里に糧を饋《おく》れば、則ち内外の費《ついえ》、賓《ひん》客《きやく》の用、膠漆《こうしつ》の材（兵器補修の材料）、車甲《しやこう》の奉《ほう》（兵車、甲冑の修繕費）、日に千金を費して、然る後に十万の師挙《あ》がる（一〇万の部隊が作戦できる）」

孫子は作戦を計画するにあたっての第一条件として、戦争資材の準備、補給の見とおしを説く。陸軍中央部要路にあった人びとは、このとき二〇年前の、世界大戦の実績は知っていたはずである。

大戦末期、軽機関銃は、イギリス軍が三万七〇〇〇挺、ドイツ軍が三万五〇〇〇挺、フランス軍が二万四〇〇〇挺をもっており、重機関銃と火砲の数は左記のとおりであった。

これらの銃砲に使った弾薬の莫大なことは、容易に想像できる。

	重機関銃	火砲
ドイツ軍		
大戦初期	二一八四	四七二四
大戦末期	一五七〇〇	一三五〇〇
フランス軍		
大戦初期	一八七二	三三〇〇
大戦末期	一二三〇〇	一一六〇〇

第一次大戦の中期以後に生まれた戦車にしても、イギリス軍は二六〇〇輛、フランス軍は三四〇〇輛を製造している。

これが近代戦の序幕であった。

「その戦を用うるや、勝つこと久しければ、則ち兵を鈍らし、鋭を挫く。城を攻めれば則ち力屈す。久しく師を暴《さら》せば則ち国用足らず」

「それ兵久しくて而も国利あるものは、未だこれ有らざるなり。故に尽《ことごと》く兵を用うるの害を知らざる者は、則ち尽く兵を用うるの利を知る能わざるなり」

日本の戦争指導層は果たして、兵を用うるの害を充分に知っていたであろうか。

〝火遊び〟

ソ連と朝鮮や満州国との国境での紛争は、満州建国いらい何度もおこっていた。国を接する国が、その国境線がはっきりしていない場合に、どちらもが強腰であれば紛争の種となるのは当然である。今日でも、世界のあちこちで聞く問題である。

これまでは何の関心もなかった僻遠の地も、おたがいに国境警備隊を配置させると、国境がどこなのかが問題になるが、おたがいの根拠とする地図や資料がまちまちであるから厄介なことになる。それぞれの主張を強硬におそうとすれば武力衝突となるし、弱腰で引き下がっていると、他の方面でも強腰にでられる。

支那事変で日本が上下をあげて苦慮している最中に、朝鮮の東北端の張鼓峯付近でこの種の紛争がおこった。昭和十三年七月である。ソ連との紛争であるから当然、外交交渉が開始された。

ところがその最中に、稲田正純大佐を課長とする作戦課内に、地形上全面戦争に発展する危険の少ないこの地点で、大本営の統制のもとで限定戦闘をやり、ソ連が日中戦争に介入する意図があるかどうか、あたってみようという〝威力偵察〟論がおこった。

作戦課長がこういうことをいいだしたのでは、とまるはずがない。

使用兵力は一個師団かぎり、戦車も飛行機も使わない。国境線（当然、我方の認めている線）の外側には追撃しない、という枠をはめた戦いとするという。

つまり、三八式歩兵銃で戦わせようという構想であった。

稲田作戦課長の威力偵察案には、参謀総長から多田駿参謀次長、橋本群作戦部長、板垣征四郎陸軍大臣、東條英機次官らの全員が賛成し、〝武力行使〟は〝いけない〟と御裁可にならなかったのは天皇だけであったというのは、驚くべきことである。

この構想は、天皇に叱られてつぶれそうだったのだが、作戦課がこう強気では、簡単にはおさまらない。現地では衝突がつづいて、稲田作戦課長らの望んだように火が燃えだした。そしてこれが、当面の第19師団にとっては、大変な戦闘になってしまった。

ソ連軍は、八月二日から正攻法的に攻撃してきた。飛行機の爆撃、戦車、重砲の支援のもとに歩兵が攻撃してくる。あたり前のことである。歩兵と砲兵だけで専守防禦をせよ、という大本営では、どんな戦いになると考えていたのか、理解に苦しむ。現地軍は、たたかれっぱなしの戦闘にまきこまれた。

六日には、ソ連軍は二個師団でかかってきた。陣地にしがみつく日本軍の損害は日に日に増す。とんでもないことになってしまった。

参謀本部の作戦課が後悔しだしたころ、幸いにも八月十一日、外交交渉がまとまって休戦となった。第19師団は戦力を消耗しつくす寸前であった。

防衛庁戦史室の公刊戦史は「まことに天運であった」と書いているが、こんな戦争をやらせた張本人たちは責められていない。

この張鼓峯の戦闘で、第19師団をはじめ出動部隊は、次の将兵を失った。

戦闘参加人員　　六九一四名
戦死者　　五二六名

戦傷者　九一四名
損害合計　一四四〇名

わずかの期間の戦闘で二二パーセントの損耗である。歩兵第75連隊は五一パーセント、第76連隊は三〇パーセントという損耗であった。

「兵を用うることだけ」を考える参謀本部作戦課の、伝統的な〝一撃思想〟がこんな結果を生んだのである。満州事変や上海事変、そして支那事変と、何度か使われた「一撃を与えて……」という考え方である。

この張鼓峯の戦闘は、これだけの犠牲を払った後、〝天運〟によって日本と日本軍の面《めん》子《つ》を失わないで終わらせることができた。しかし、支那事変遂行中の日本にとって、きわめて危険な〝火遊び〟であったというべきである。

このころ、筆者は陸軍戦車学校にいた。我方では戦車も飛行機も使わぬという日露戦争型の戦闘をやったのだから、戦訓のありようはないが、日露戦争とちがって近代戦でのソ連軍の能力に接した最初の経験であり、ソ連軍の豊富な物的戦力にぶつかった最初の戦いであったのだから、現実の教訓は骨身にしみたはずである。しかし、そんな日本軍に都合の悪い資料などは、実施学校にまでは回ってこなかった。

関東軍にいた戦車連隊長も、ソ連の戦車の情報さえこなかった、と回想している。「敵を知らせず、己《おのれ》を知らせず」である。

日本側は何とか体裁をつくろって停戦にもちこめたが、ソヴィエト側にとっては大勝利であった。

一九三七年からこの年にかけて、スターリンは、有名なトハチェフスキー元帥の陰謀に名をかりた赤軍の大粛清をやっている。このため赤軍はガタガタになった。その士気をたかめるのに絶好の機会であった。実際、この戦闘は勝ったのだから宣伝だけではないが今日でもソ連軍の戦史をかざり、英雄を讃える「ハーサン湖の勝利」であった。

これが、いやというほどたびたびの国境紛争に悩んでいる関東軍のかんにさわらぬわけはない。実力的に弱味を痛感している関東軍ではあるが、満州国への手前からも、絶対弱味をみせるわけにはいかない。

張鼓峯の戦争指導は、大本営も朝鮮軍も弱腰きわまる、こんなことでは自分の方に影響してくる、ときわめて不満であった。

俺たちならば、といきまく関東軍の作戦課も〝一撃思想〟をもっていた。そして、その〝一撃〟の時機が間もなくきた。

ノモンハンとは何処か

昭和十四年五月十一日、満州西北国境のノモンハンで外蒙兵の越境事件が発生した。警備にあたっている満州国軍部隊との間に戦闘がおこったのである。これまでも紛争のあった場所であったが、ちょうどこの時は、国境紛争というものにたいする関東軍の方針がはっきりとかえられた時であった。

関東軍は、張鼓峯事件の処理を「弱腰きわまる」とし、昭和十四年四月、「満ソ国境紛争処理要領」を定め、隷下兵団に作戦命令として下達した。要約すると、こういう内容のものであった。

「方針」は「侵さず、侵されず」、不法行為にたいしては「その野望を初動に於て封殺破《は》摧《さい》す」というもので、すなわち〝初動一撃〟である。

次に具体的なことが示されているがそれは「国境線の明確なる地点」では侵されざるように厳に自戒せよ、彼が越境する場合は充分なる兵力を用いてこれを急襲殲滅せよ、という内容である。至当な指示であろう。

だが、そのあとに、この目的のために「一時的にソ領内に進入することを得」と示してある。

これがすでに問題なのだが、さらに問題なのは、「国境線明確ならざる地域」では、防衛司令官が自主的に国境線と認定し、これを第一線部隊に示してそのよりどころとし、それを関東軍に報告せよ、というのである。

これは、国境線明確でない、つまり外交的に決まっていないところでは「国境線はここだと自分で決める」という任務が第一線部隊にあたえられたということである。

「国境に位置する第一線部隊は……万一紛争を惹起せば任務に基づき、断乎として積極果敢に行動し、その結果派生すべき事態の収拾処理に関しては、上級司令部に信倚し、意を安んじて唯第一線現状に於ける必勝に専念せよ」

という作戦命令であった。

ノモンハンで紛争のおきたとき西北防衛司令官である第23師団長・小松原中将は、この「紛争処理要領」を部下部隊長に徹底させるための会議中であった。当然、処理要領に示されているとおり動かねばならない。

国境は従来からハルハ川の線とされている。我には明確なのである。「充分な兵力をもって急襲撃滅すべき」ことに疑義はない。ハルハ川をこえて外蒙領にはいることも許されている命令である。こうして、国境線はハルハ川の東岸、ノモンハン付近にあるとする外蒙・ソ連軍との間の戦闘がはじまった。

五月十三日、師団長は、越境した外蒙軍の撃破を決心し、東中佐を指揮官として捜索隊（乗馬一個中隊、重装甲車一個中隊）と歩兵約一個大隊の派遣を命じ、これを関東軍司令官に報告した。この紛争の第一電が関東軍司令部に到着したとき「ノモンハンとは何処だ」と、地点の発見に苦労した、という話がある。

そういう場所に火が燃えだしたのだ。

ノモンハンの戦闘は、五月にはじまって、九月までつづいた日ソ戦争である。それは、大体こういう経過をたどった。

五月中旬　第23師団捜索隊出動
五月下旬　歩兵第64連隊出動
六月下旬～七月中旬　第23師団と安岡戦車兵団出動（第二次事件）
七月下旬　砲兵戦主体の総攻撃
七月末以後　第6軍の防衛戦闘
八月下旬　ソ連軍の攻勢
九月　関東軍継戦意図のうちに停戦

ノモンハン事件を研究する資料は、豊富にある。安岡戦車団が参加したので、筆者も『帝国陸軍機甲部隊』に、第二次事件の経緯を詳しく書いた。今ここに再説しないが要するにこのときは、日本の戦車部隊は、ソ連軍の装備の前に敵でない、ということが暴露されただけであった。

第23師団の、日本軍の伝統とする三八式歩兵銃と夜襲とでは、敵の陣地を抜いて国境線であるハルハ川にたっすることは難しい、という結果におわったのである。

こうして関東軍の飛行集団の主力と約一個師団半の兵力をもって、「鶏を割《さ》くに牛刀を用いるんだ」と「一撃のもと」に一蹴する自信満々の攻勢がもろくも頓挫してしまった。甘くみていただけに、不成功となるとさらにエスカレートする。砲兵を増加して、いよいよ歩・砲戦力の統合による正統的戦法によって、力づくでも目的を達成するぞ、ということになった。

七月中旬である。

いよいよ、日本陸軍の実力の見せどころである。

第23師団の実体

すでに連続して二週間以上も、この不毛のノモンハンの広野で戦っていた第23師団というのは、どういう力をもった兵団であったかを見よう。

第23師団の編成は、昭和十三年四月に発令され、七月に編成された、誕生して一年そこそこの兵団で、十三年の末いらいハイラルに駐屯していた。

第23師団は、日本陸軍で最初の三単位師団である。これが独立師団として動く場合は、歩兵兵力が不足する。だから、この戦闘の当初から、第7師団の歩兵第26連隊がつけられて、四単位師団となって戦っている。

それはともかくとして、問題はこの師団の装備である。急速に〝本格的〟兵備充実をはじめた陸軍の実体の見本が、この師団であった。「応急派兵」で急遽出動することになった第23師団の編成は、次のようになっていた。

歩兵三個連隊（歩64、歩71、歩72）

連隊本部（通信班）

歩兵三個大隊

歩兵四個中隊、各中隊三個小隊、小隊は四個分隊（軽機一、擲弾筒、小銃各一）

機関銃一個中隊（九二式七・七ミリ機関銃八）

歩兵砲一個小隊（九二式歩兵砲二）

連隊砲一個中隊（四一式山砲四）

速射砲一個中隊（九四式三七ミリ速射砲四）

捜索隊　一個

二個中隊（乗馬中隊、重装甲車中隊）

野砲兵第13連隊

三個大隊

大隊　三八式野砲二個中隊

三八式一二センチ榴弾砲一個中隊

工兵第23連隊　二個中隊と器材小隊

輜重兵第23連隊　自動車二個中隊
通信隊、衛生隊、野戦病院、病馬廠

歩兵は、当時の標準的な編制であるが、砲兵の火砲はまだ三八式である。この一九〇五年式の火砲がどんな火砲か、読者はすでにみてきた。最大射程でいうならば、三八式野砲は榴弾で八三五〇メートル、三八式十二榴は五六五〇メートルである。

この師団砲兵に安岡戦車団とともに動いていた独立野砲兵第1連隊（機動九〇式野砲二個中隊、八門）の加わったのが、これまでの砲兵力であった。

ここで、関東軍は、砲兵部隊の増加をはかった。その結果集結された砲兵は、次頁の表のとおりである。

関東軍砲兵司令官の内山少将が自ら出馬して組織した砲兵団である。

これに砲兵情報第1連隊、独立気球第3中隊が加わる。

軽、重砲八二門を集結し、確信のある弾薬量を集積し、まず敵の砲兵群に砲兵戦を挑む。これだけの砲兵力を使用すれば、敵砲兵を無力化するのも難事ではない。敵砲兵を撃滅すれば、右岸のソ連軍などはおのずから瓦解する、と砲兵団長以下は自信満々であり、関東軍参謀もこれを疑わなかった。

			計	合計
野砲兵第13連隊	師団砲兵、三個大隊	三八式野砲 三八式十二榴	二四 一二	八二
独立野砲兵第1連隊	関東軍砲兵隊、二個中隊（自動車編制）	九〇式野砲	八	
野戦重砲兵第3旅団（一連隊欠）	増加部隊 旅団司令部と 野戦重砲兵第1連隊 二個大隊、四個中隊（自動車編制）	九六式十五榴	一六	
独立野戦重砲兵第7連隊	増加部隊 二個大隊、四個中隊（自動車編制）	九二式十加	一六	
穆稜重砲兵連隊（一部増加）	穆稜連隊の二個中隊 旅順連隊の一個中隊	八九式十五加	六	

いっぽう苦しい中で、夜襲によって一歩一歩と敵に迫る攻撃をつづけていた歩兵部隊は、前進を抑制して、砲兵戦の成功を待て、ということになった。そこで総攻撃の開始されるまで、防禦の姿勢にあって、敵に叩かれながら、ひたすら砲兵戦の開始を待ったのである。

はじめての対砲兵戦

砲兵の総攻撃は、七月二十三日に開始された。

計画では「攻撃第一日、全砲兵をもって一挙にソ連の砲兵を撲滅し、かつ橋梁（ハルハ川の）を破壊すると共に、その後は主力をもって歩兵の攻撃に協力する」

「ソ連軍砲兵に対する第一次の砲撃時間は二時間と予定する」

すなわち、二時間の砲撃で成果があがるという見こみであった。

午前六時三十分、準備射撃を開始、予定のように対砲兵砲撃が行われ、内山少将は、成果の確実を期するため、さらに一時間延長した。

午前十一時、歩兵は一斉に攻撃前進にうつった。すると、それまで沈黙をまもっていたソ連軍の砲や重火器が一斉に射撃を開始し、その熾烈な火力によってわが歩兵は前進が困難となり、損害続出の始末となってしまった。

砲兵戦準備のために歩兵が攻撃を手控えてから約一週間の間に、ソ連軍がすっかり態勢を強化してしまったことを、この段階になって悟らねばならなかった。

わが攻撃は阻止された。

第二日の二十四日、味方砲兵は主力をもって対砲兵戦を行った。前日同様、これは一時制圧の打撃はあたえたと思われたのだが、第一線歩兵にたいするソ連軍の火力は衰えず、味方砲兵自体も大きな損害をうけた。

九七式中戦車（チハ車）
太平洋戦争のおわるまで日本の主力戦車であった

第三日、彼我の砲戦は朝から開始された。ソ連軍の砲撃は時とともに激しくなる。歩兵はひたすら前進につとめたが、戦線は依然、ハルハ川の三キロか四キロの手前で前進できなくなった。そのうち、関東軍から攻撃中止の命令がきて、総攻撃は期待はずれのまま、中止となった。

この砲兵戦について、防衛庁戦史室の公刊戦史はこう批判している。

〈何よりも大きな理由となっていたのは、当時の陸軍全般にわたる物力に対する誤判であったようである〉

〈世界大戦後、対砲兵戦の理論的な研究は一応は進めてはいたが……多数の実弾をもってする射撃演習などは行われずもとより実戦的体験はなかったのである〉（傍点、筆者）

きびしい批評である。筆者も、この戦史を読むまで、当時の砲兵が「対砲兵戦の実戦的体験がなかった」とは知らなかった。

日本の砲兵に第一次世界大戦後強調されて、砲兵情報班の基礎になった、無試射、無観測射撃のような実戦的経験のないことは筆者も知っている。そんな戦況はおこらなかったからである。だが、上海の戦闘も経験しているはずなのにノモンハンでは関東軍砲兵司令官とか、野戦重砲兵旅団長とか、陸軍砲兵の最高幹部が計画し、戦闘を行ってこのざまであった。

この批評のようならば砲兵の将軍以下は〝畑水練の素人〟だ、ということになる。そんな連中が〝確信〟をもっていたとしても〝成果の予測〟ができるはずはない。「物力に対する誤判」と戦史は書いているが、「物力に対する正当な判断」こそが、軍の進退の基礎なのである。

高級指揮官以下幹部将校にたいする〝落第〟という批評ととるべきであり〝陸軍全部落第〟という烙印を公刊戦史は押しているのである。

「己を知らざる」ことの甚しい例であって、『帝国陸軍機甲部隊』でも述べたことだが、どうも砲兵の場合も、敵のこと、つまり敵砲兵のことをよく知っていなかったのではなかろうか。

なお火砲の射程性能について、この公刊戦史は次頁のような数字をあげている。

当時の日本軍が、これほどの情報をもっていたとは思われないが、敵の優位は明らかであったはずだ。

筆者は、フランスのシュナイダー火砲を真似た九〇式野砲以下、九六式火砲などを優秀火砲と紹介してきた。それからいくらもたたぬうちに、ソ連軍はこうした高性能の火砲をもっていた。

	砲種	最大射程
日	三八式（明治三十八年）七・五糎野砲	八三五〇メートル
日	九〇式（昭和五年）七・五糎野砲	一四〇〇〇メートル
ソ	一九二七年式（昭和二年）七・六糎野砲	九三〇〇メートル
ソ	一九三八年式（昭和十三年）七・六糎山砲	一〇七〇〇メートル
日	三八式（明治三十八年）一二糎榴弾砲	五六五〇メートル
ソ	一九三八年式（昭和十三年）一二・二糎榴弾砲	一一八〇〇メートル
日	九六式（昭和十一年）一五糎榴弾砲	一一九〇〇メートル
ソ	一九三七年式（昭和十二年）一五・二糎榴弾砲	一七〇〇〇メートル
日	九二式（昭和七年）一〇糎加農	一八二〇〇メートル
ソ	一九一〇年式（明治四三年）一〇・七糎加農	一七五〇〇メートル
ソ	一九三一年式（昭和六年）一二・二糎加農	二〇八〇〇メートル
日	八九式（昭和四年）一五糎加農	一八一〇〇メートル
ソ	新制式一五糎加農	三〇〇〇〇メートル
ソ	一九三一年式（昭和六年）二〇・三糎榴弾砲	一八〇〇〇メートル

そしてこれらが地の利を占めた高地におり、こちらは観測も標定も充分にできぬ低地の陣地に在って、空中からの捜索、観測も充分でなかった。どこに勝ち目を見出せたのだろうか。

どうして「歩兵頼むに足らず、砲兵に任せておけ」という「満々たる自信」が持てたのであろうか。

我に実戦的経験がないとしても、支那事変の経験がある。相手は、国内戦以後、張鼓峯をのぞいては、経験皆無のはずなのだ。

ともあれ、みじめな失敗におわってしまった。文字どおり「敵を知らず、己を知らず」であった。

しかし、筆者がノモンハン事件を痛恨するのは、敗戦に終わったからではない。やむにやまれぬ戦さではなかったからである。

前出、公刊戦史はこう書いている。

〈陸軍省では軍事課は、前年の張鼓峯事件の場合にもまして強く反対した。岩畔豪雄軍事課長は「事態が拡大した際、その収拾のための確固たる成算も実力もないのに、大して意味のない紛争に大兵力を投じ、貴重な犠牲を生ぜしめるごとき用兵には同意し難い。ことに今や厖大な軍備拡充を要求している統帥部がこのような無意味な消耗を認めるのは不可解である」として、特に六月二十一日の省部首脳の会同席上強く反対した。しかし結局、板垣陸軍大臣の「一師団ぐらい、いちいちやかましく言わないで現地に任せたらいいではないか」という一言で決まってしまった〉

陸軍の台所をあずかる軍事課長としては当然である。〝大した意味のない紛争〟と判断し、それによる犠牲は〝無意味の消耗〟に過ぎないとした。しかし〝不可解〟といわれても、統帥部は陸軍大臣の同意をえて、この紛争に踏みこんだ。そして、板垣陸軍大臣の言のとおり、「一個師団ぐらい」は殲滅的打撃をうけるという〝無意味の消耗〟をあえてしてしまった。

八月二十日、ノモンハン方面のソ連軍は、突如攻勢に転じてきた。これまでも戦闘はつづいていたのだが、この全面的攻勢の規模は、またも関東軍の判断を大きく上まわり、ソ連軍の歩、戦、砲に加えて空からの協同攻撃をうけては、第23師団はじめ第6軍（八月十二日、統帥発動）の部隊は、惨憺《さんたん》たる敗戦を喫することになってしまった。

ここで関東軍は、なおも攻撃を再興しようとし、大本営とごたごたがあったのだが、ともかく停戦にこぎつけることができた。そして関東軍司令官や参謀本部の責任者の更迭となって幕は閉じられた。

第23師団をはじめ、出動将兵の損害は惨憺たるものであった。

第23師団の出動兵力　一五一四〇名

戦死　四七一四名

戦傷　五三二一名

生死不明、戦病など　一六七〇名

合計　一一九五八名

実に七九パーセントという大損害である。

また全出動兵力五万八九二五名については、損耗一九七六八名で三二・二パーセントとなっている。火砲は八二門の重軽砲のうち六四門が破壊された。これが〃指揮の優越〃を誇る日本陸軍用兵当局者の発生させた犠牲であった。

「彼を知り、己《おのれ》を知れば、百戦して殆《あやう》からず。彼を知らずして己を知れば、一たびは勝ち、一たびは負く。彼を知らず、己を知らざれば、戦う毎《ごと》に必ず敗《やぶ》る」

これも孫子の言である。

期待の航空部隊は……

〝航空優先〟の声はすでに久しく、〝本格的〟軍備充実の先頭をきっていたのは航空部隊であった。

昭和十二年、支那事変が勃発して、陸軍航空部隊も海軍航空部隊とともに花形となった。〝陸の荒鷲〟〝海の荒鷲〟は若人の憧れの的であった。だが地上部隊と同様、二流三流の装備の中国軍との戦いであり、腕のふるいどころもなく、髀肉《ひにく》の嘆《たん》に耐えなかったのであろう。

ところが、太平洋戦争後になって、こういう意見がある。

〈……陸軍部内に於ても支那事変の現実に眩惑せられ、将来戦に於て占むべき航空武力の価値に関し認識を誤りたる者少しとせず。「戦争最後の決は陸上武力に依る」の根本的伝統思想は支那事変の経験により愈々牢固となり、兵備の建設も亦従って「地上絶対、航空優先」の標語を生じ、航空武力の向上拡充を制肘《せいちゅう》する結果となれり。即ち支那事変は航空武力の価値特にその将来性を軽視せしめ、帝国の国防力構成に過誤を犯さしむるの一因をなせり〉

勿論、第二次大戦全部を回顧しての航空サイドからの声である。

筆者は〝地上〟組である。太平洋戦争でニューギニアからフィリピンの戦いを体験し、地上戦の場合の米軍飛行機の威力を思い知らされた。制空権なきところ、地上部隊はいかに無力なものかを骨身にしみるほど体験させられた。

筆者もB29のような戦略爆撃機の威力の前には、空軍万能論をみとめるにやぶさかではない。そしてまた、太平洋戦争中期以後、陸海軍航空部隊が敵船団を撃滅することこそが〝決〟であって、敵の上陸を迎える途端に海空軍から見はなされる地上兵団が、いかに無力であったかは痛感している。彼らは、玉砕という〝決〟を求めるより仕方がなかった。そして、わが航空部隊が、敵船団撃滅という〝決〟に成功したことはないとすれば、空地協力した戦いで勝を求める以外にない。

離島の場合は別として航空戦力を縦深的に運用する余地のあるレイテの戦場ではどうであったか。地上部隊はわが空軍の援助まったくなしに、敵の空陸の戦力の圧力下に苦戦したのである。歩兵銃以外にたのむものはなかった。地上戦力以外に〝決〟を求めうるものはなかった。「戦争最後の決は陸上武力に依る」ことは、アメリカ軍が一番よく知っているだろう。誤った考えでは絶対にない。

このノモンハンでの航空戦力比率とその実体を見ておきたい。

久しく航空優先の途を進んでいた陸軍航空部隊は、ノモンハンでどう戦ったか。三八式歩兵銃にたいして、何をしてくれたか、を見てみよう。

航空撃滅戦

ノモンハン戦で航空部隊としては、来襲する敵機を迎撃するだけではらちがあかない。そこで、戦場背後の敵の基地飛行場を急襲しようとする作戦からスタートをきった。

ソ連との戦争で「開戦劈頭《へきとう》におこるべき航空撃滅戦についての在満第2飛行集団の腕試しをしてみよう」こういう意気ごみである。

当時すでに戦闘飛行隊は国境をこえて来襲するソ連機を迎撃して、文字どおり「寡をもって衆を撃つ」という戦果をあげており、精鋭優秀な軍隊は、量を制圧することができるのだ、と思わせる成績をあげていた。

そしてタムスク、マタット、サンベースの根拠飛行場にたいする爆撃が命ぜられた。しかもこの越境爆撃も、戦場付近だから関東軍かぎりでやれる、と中央部には秘密にして実行された。

九七式重爆一二機、九七式軽爆六機、伊式重爆一二機が、九七式戦闘機七七機の直掩の下に、六月二十七日朝、タムスク飛行場を急襲した。陸軍最初のソ連にたいする航空撃滅戦である。大成功であった。

一五〇機にちかい敵機の破壊と、地上施設などにたいする戦果が報ぜられた。わが方の未帰還機わずかに四機であった。

参謀本部は、これを知って驚き怒った。戦果はさることながら、国境をこえるなど、も

九七式戦闘機　　ノモンハン戦の花形であった

九七式軽爆撃機　　ノモンハン事件当時の第一線機であった

九七式重爆撃機　　陸軍ではじめての近代的中型爆撃機であった

ってのほかである、と以後、越境爆撃を厳禁した。

このあとの航空戦は、もっぱら迎撃戦となる。そこで飛行集団は、一時爆撃隊を原駐地に引き揚げさせた。

そして七月二日、第23師団と安岡戦車兵団とが、ハルハ川右岸、左岸を攻撃する決戦の日がきた。

飛行集団は、爆撃諸隊をハイラル飛行場に集結した。七月三日朝からハルハ川左岸では、第23師団主力がソ連軍機甲部隊の逆襲をうけ、肉薄戦闘が終日つづいた。

天候不良で出撃のおくれた爆撃隊がおっかけて出動し、敵砲兵や機甲車輌部隊を攻撃したが、地上部隊の戦闘のたしになるほどのものでなかったことは、地上部隊の行動が示している。

ことに奇怪千万なのは、地上部隊と航空部隊との協力上もっとも大切なはずの連絡が、まったく不良であった。

地上決戦の重大なこの七月三日、航空部隊と師団司令部との連絡は完全に杜絶していて、連絡のとれたのが七月四日の午後だという。これを配慮すべきは、もちろん関東軍参謀の仕事であるが、彼らは第一線にあって部隊の尻をたたくことに一生懸命になっていた。地上兵団との連絡もきれたままで対地協力をするという航空部隊では、うまくいくわけはない。

タムスク空襲の影響も一週間ほどだけであった。飛行集団の迎撃戦闘は、七月上旬、中旬、下旬とつづいた。苦戦であった。航空部隊の迎撃戦闘は、大きな戦果をあげていたのだが、地上部隊にとって、直接的協力にはならない。地上攻撃や、地上目標の爆撃をしてくれるのでなくては助けにはならないのである。

八月下旬のソ連軍の攻勢の時期となると、もっとみじめだった。縦深戦力のない航空部隊は、もう息がきれていた。それでも敵の飛行場を襲うのに必死の努力をした。ソ連軍の地上襲撃機には「シュトルモビーク」があり、直接、わが地上部隊に銃撃や爆撃を加えてくる。わが飛行隊が地上作戦に協力しようとしても、使えるのはわずかの軽爆隊だけである。戦闘機による対地銃撃などはやらない。これでは、地上部隊は孤立無援のようなものである。

このソ連軍の攻勢がはじまってからわずか一〇日後に、ヨーロッパではヒトラーのドイツ軍がポーランドに侵入した。先頭をきるのは装甲師団であり、これを支援するのは〝飛ぶ砲兵〟「スツーカ」急降下爆撃機であった。

大戦の将来はともかくとして、ドイツの空陸協同の戦力は、ポーランド戦争の決をつけた。支那事変がすでに三年目を迎えているわが陸軍航空では、対地攻撃を主任務とする九九式襲撃機も、まだ部隊には配備されていない。このように、日本の航空部隊の〝攻撃力〟はよわかったのである。

航空部隊側からいえば、戦闘機によって制空権をとらねば、爆撃も攻撃も難しいであろう。しかし、永続的な制空権がとれるなら、ポーランド戦のように、それだけで戦争は勝利である。だが、それは、ソ連軍や米軍にたいしても望めることではない。トムスク爆撃による航空殲滅戦が証明している。制空権は局部的にでも、ある限定された期間でも獲得することをつとめ、その間に〝攻撃力〟の航空部隊が殺到する、というのでなくてはなるまい。

戦闘機隊がどんなに派手な空中戦を演じて敵機撃墜を誇っても、戦術的な攻撃であり戦略的には防禦で、攻撃ではない。〝攻撃力〟は爆撃隊であり、襲撃隊である。防禦だけでは戦争には勝てない。

「戦争最後の決は陸上武力に依る」のが誤りだといっても、航空部隊が、戦略的防禦の側にまわっていたのでは、航空部隊もまた決勝戦力とはいえない。

航空戦力の構成を誤ったのは、航空自身でなかったか。

ノモンハンでの陸軍航空は、まだ〝攻撃力〟は充分でなかった。そして航空部隊の〝攻撃力〟の支援を失った地上部隊の行きついたところは、敗北であった。太平洋戦争となっておなじパターンで、もう一度、そして決定的な敗北がくるのである。

ノモンハン事件の教えたもの

「軍には撃《う》たざる所有り。城には攻めざる所有り。地には争わざる所有り。君命をも受けざる所有り」

孫子「九変第八」の引用である。

「敵軍に撃《う》つべからざるあり。ゆるせども損ずる所なく、之に勝てども利するところなきは撃つを要せざるなり」

ということである。

無意味な紛争である、とした岩畔大佐のいうとおりである。

「抜けども守ること能わず、棄てておくも患とならざるものは攻めざるなり」

砲兵による総攻撃失敗後の日本軍は守ることさえできなかった。

「之を得るも戦に便ならず、之を失うも己に益無きは争うを用いざるなり」

ノモンハンが、まさにこれであった。

関東軍司令官以下は、「君命も受けざる所有り」と頑張り、大本営も、争わざるべきを争い、攻めざるべきを攻め、撃つを要せざるを撃った。

敗戦の結果、関東軍司令官以下首脳部および参謀次長、作戦部長、作戦課長は更迭された。この人たちにとっては、これが免罪符となるのだが、大打撃をうけた第6軍の部隊、とくに六月いらい苦闘をつづけた第23師団の部隊の状況は惨憺《さんたん》たるものであった。

敗戦の責めを負い、あるいは指揮ぶりを詫びて部隊長の自決が相つぐ。彼らには免罪符はなかった。絶望的状態にあっても、玉砕するほか武人の名誉を保つ方法はないのである。軍中央部のこの従軍将兵にたいする態度は、つめたかった。その不甲斐なさを責めるのに急であったかの感がある。

ともあれ、この事件の結末は、陸軍中央部にとって非常な衝撃であった。さっそく、研究委員会を設けて、国軍の戦力、戦備全般にわたる改善の資料を集めることとした。この検討の結果、戦略戦術にかんする総判決には、つぎの意味のことが述べられている。

〈ノモンハン附近の戦闘の実相は、わが軍の必勝の信念および旺盛なる攻撃精神と、ソ連軍の優勢なる飛行機、戦車、砲兵、機械化された各機関、補給の潤沢との白熱的衝突である。国軍伝統の精神威力を発揮せしが、ソ連軍もまた近代火力戦の効果を発揮せり〉

読者は、日露戦争後の日本軍の戦勝の原因の評価を思い出されるであろう。そして、この研究委員会は、明治時代とおなじような姿勢で結論をだそうとした。

〈ノモンハン事件の最大の教訓は、国軍伝統の精神威力をますます拡充するとともに、低水準にあるわが火力戦能力を速かに向上せしむるに在り。

わが火力戦に対する認識は、第一次大戦（この報告のでたのは昭和十五年一月、すでに

八九式十五糎加農　ノモンハン戦の砲兵戦火砲

口　　径　14.91センチ
弾　　量　40.2キロ
初　　速　734.5メートル（秒）
最大射程　18100メートル
放列重量　10422キロ
二車分解、8トン牽引車にて運搬

第二次大戦が始まっていた）の経験なく、不知不識の間にその実行具現をして不透徹に陥らしめたによる〉

「実行具現の不透徹」とは何のことかわからないが、認識不足を責められるとすれば、第一次大戦の時代を経過しておりながら、教育、訓練に足らぬところのあったのは、少将、大佐以上の人たちであろう。研究委員会がどんな報告をしようが、教育関係の官衙、学校からえらんだ委員たちは、第一線で苦労する将兵を叱咤する戦訓を書きならべても、「大本営作戦部がもっと考えろ」という意見は一言もいわないし、またいったとしても、驕りに驕った彼らは聞く耳を持たないのである。

筆者の手許には、この時の「研究・調査報告」の詳しいものがある。しかし、それをこまかく紹介する意欲はおこらない。

何故ならば、これらを書きならべてみても、たんなる研究作文にすぎず、日本の運命をにぎっている参謀本部や陸軍省の上層部にたいしては、日本軍の弱さにかんして、何の反省の材料にもなっていないと思われるからである。

筆者は『帝国陸軍機甲部隊』にも書いたが、当時ノモンハン事件を直接指導した参謀本部作戦課長・稲田正純大佐も、関東軍作戦課長の寺田雅雄大佐も「戦車恃《たの》むに足らず」「少しばかりの戦車などあってもなくてもよい」「戦車など無くても戦える」「敵戦車恐るるに足らず」という手記を、事件直後にのこしている。

つまり、この人たちは、あれほどのソ連軍機械力の威力を目にしても、これを認めようとしなかったのである。

研究委員の作文の如きは、なんの説得力もなかったのであろう。

作戦関係者を納得させたのはソ連軍ではなく、まして研究委員の作文でもなかった。それはヒトラーの電撃戦であり、いわばドイツのグーデリアン将軍だったのである。

しかし、この事件の、「軍備充実計画」にあたえた影響は少ないものではなかった。

陸軍の〝本格的〟軍備充実計画、すなわち、昭和十一年十二月決定の計画は、支那事変の勃発で大打撃をうけて予定どおり進行させることは困難になっていた。そこへこのノモンハン事件である。日本軍の弱さは歴然とした。質的にも量的にも大増強が必要なのは明らかである。

昭和十四年十二月に、従来の「四一個師団、飛行一四二個中隊」を「六五個師団、飛行一六四個中隊」に拡大して、現在の在支兵力八五万を、昭和十五年度と昭和十六年度の前半に五〇万に削減することを前提条件として、大いそぎで昭和十五年度から昭和十七年度との間に整理しようとする計画に改められた。

その飛行中隊増設の計画をみると上の表のようである。

年度／分科	昭・十四	昭・十五	昭・十六	昭・十七
偵察	一八	二〇	二八	三〇
戦闘	二八	三六	四八	五八
軽爆	二六	二八	三五	三六
重爆	二一	二一	三二	三六
遠爆	一	〇	五	八
合計	九四	一〇五	一四八	一六四

（数字は中隊数。年度末累計）

昭和十六年度に急速な増加をはかる案である。戦闘隊と爆撃隊の比率は均衡がとれている。昭和十四年の姿が昭和十八年初めの数に成長すれば、陸軍航空部隊の〃攻撃力〃はノモンハンとはくらべものにならぬほど増大するはずであった。

地上部隊の増強、弾薬の蓄積も昭和十七年末を目標に計画された。

だが、ここで注意すべきは、おくれた陸軍の戦力について、ノモンハン事件の戦訓が少しでも、軍政的処理の上に織りこまれたとしても、それが実現するのは昭和十七年末である、ということである。

そして、在支兵力を削減して消耗を減らすなどという参謀本部との約束が、実行できるはずはない、ということである。

果して実行不能であった。したがって「兵備充実」の方はそれだけおくれる。また計画が改められる。目標年次も昭和十九年となる。

日本陸軍は強くならないのである。それでも、昭和十八年、十九年ころまで何とか我慢をしていたら、すこしは強くなったかも知れない。

ところが、この陸軍を大きくゆさぶるような新事態が勃発してしまった。ドイツの電撃戦であった。

ドイツの電撃戦の衝撃

ノモンハン事件の終末期、日本陸軍の歩兵が三八式歩兵銃をにぎりしめて苦闘していたころ、ドイツ装甲師団は、ポーランドへ怒濤の進撃をはじめていた。そして日本陸軍が、停戦となってほっと一息ついた昭和十四年九月十六日の翌十七日には、待っていましたとばかりにソ連軍がポーランドに侵入した。

ドイツとの反共軍事提携を何とか実現しようと努力していた平沼内閣と陸軍首脳部は、八月二十三日の独ソ不可侵条約の締結に呆然となって退陣する間に、ヒトラーは九月一日、ポーランドにとびこみ、これで第二次大戦となってしまった。だがポーランドは、あっという間に片づいてしまったし、陸軍はノモンハンの後始末や、人事交代、修正軍備充実計画のことなど国内のことに大童であり、不実きわまるヒトラーの株も下がったため、ポーランド戦の意味するものも、その冬のソ連の対フィンランド戦争も、大した関心を呼ばずに、昭和十五年を迎えた。

おたがいに宣戦を布告したドイツとフランス、イギリスはこの時期、ほとんど戦闘をしない。一体なにをしているのか、と世界の人が〝おかしな戦争《ファニー・ウォー》〟とか〝座わり込み戦争《ジッツ・クリーク》〟とかいっているうちに、昭和十五年四月九日、ドイツ軍は俄然、デンマーク、ノルウェーにたいする作戦を開始した。

そして五月十日、いよいよ西方にむかって進撃をはじめた。文字どおり電撃戦で、たちまちフランスを敗ってしまった。オランダの降伏まで五日、ベルギー一八日、軍事大国を誇っていたフランスは、わずか五週間で首都パリを棄て、ヒトラーに屈してしまった。

イギリス軍はヨーロッパ大陸から追いはらわれ、英国は孤立してドイツ軍の英本土上陸に脅える状況となり、オランダ政府はイギリスに亡命という態勢となり、フランスは降伏となって、これら各国の植民地の多いアジアにも大きな影響をおよぼした。

これで、日本の調子が少々おかしくなってきた。地道に日満の国力の充実をはかるチャンスを逸したのが支那事変の勃発で、これは、中国にたいする利欲のためであった。

今度は南方の、英仏蘭がアジアを侵略して築いた植民地地域である。ここに日本の覇権をうちたてるべき天与の好機である。

昭和十五年七月二十二日成立した第二次近衛内閣のもとで、七月二十七日、大本営政府連絡会議は、武力行使をふくめた南進政策などを決定した。「世界情勢の推移に伴う時局処理要綱」という。

ヨーロッパ情勢で日本が揺れはじめたのである。

支那事変のどろ沼にはまりこんでいる時なのに、日本は、政府も軍部も国民も、急に気が大きくなりはじめた。先き行きは明るい、ヒトラーのヨーロッパ制覇に疑いはない、とみたのである。

近衛内閣の陸相に東條英機が登場した。後年、いろいろ批判のある人だが陸相として登場のころ、阿南惟幾陸軍次官の補佐をうけて、軍内部の統制強化と陸軍にたいする天皇の御信任のない現状の是正には、異常な努力をはらった。

軍内の施策として、事務の電撃的処理だとか、兵科撤廃、戦陣訓の発布など、なかなか矢つぎばやの施政ぶりであった。

大東亜戦争への道

昭和十五年五月のドイツの西方攻勢は驚天動地ともいえるものであった。この時から、わずか一年半の後に日本は、中国のほかに英米蘭との戦争に入った。実にめまぐるしい変転を示し、因は果を呼び、それがまた因となる。経過を追って簡単にこれを見よう。

ヒトラーの動きはポーランド戦もそうだったのだが、西方攻勢の結果によって、力ずくで、ヴェルサイユ旧体制を打破しようとする動きとみられた。

東洋においてもかくあるべし、と日本は動いた。

好機を求め武力を用いても南進するという七月二十七日の国策決定がそれであり、九月二十三日の北部仏印にたいする武力進駐は、その実行の第一歩であった。また「日本はドイツ側である」という世界にたいする重大な宣言が、九月二十七日の日独伊三国同盟の調印であった。

近衛首相も政治家たちもこの時期、日本陸海軍は、精強にして、いかなる事態にも応じ得る力をもっていることを、疑わなかったであろう。

日本のこの態度によって、危機の最中にあった英国も、また米国もアジアにたいする警戒をつよめた。このため日本の蘭印にたいする経済進出の外交交渉も進展しない。ところが昭和十五年秋になっても、ヒトラーの英本土上陸作戦は実施されなかった。日本の〝好機南進〟も、英帝国崩壊のきっかけがないので腰くだけになる。

いっぽう英米は、欧州戦局が小康をえたのと、対日包囲態勢が整備されたので、包囲制圧する態勢をかためて、当時「ＡＢＣＤ包囲陣」と呼ばれた態勢で日本を経済的、軍事的に封じこみはじめた。

この昭和十五年の末、ヒトラーは作戦準備を命じ対ソ一戦の決意を固めていたのだが、日本はこれを全く知らず、十六年春には英本土上陸作戦が行われるだろう、と期待をよせたり、日ソ中立条約（昭和十六年四月）を結んだりしていた。

日本の動きは、ドイツ次第であった。ドイツにならう国内新体制論議などにぎやかなものであったが、陸軍はドイツの電撃作戦部隊の成果をみならって航空部隊の強化につとめ、機甲関係にも力を入れはじめた。

支那事変の重圧のつづいていたことはともあれ、昭和十九年を目途とした新しい計画の陸軍の戦力増強に専念できた時期であった。

山下奉文中将を団長とする航空・機甲の視察団がドイツ、イタリアに派遣されたのも昭和十五年の末であった。

このころ軍事課資材班にあった筆者には、国軍の物的戦力強化以外の仕事はなかった。ドイツの電撃戦の成果を見せつけられては、もう「戦車などなくてもよい」などという意見は、けしとんでいた。騎兵もようやく〝鞍〟を〝運転席〟にかえて車載騎兵―機械化部隊にむかって変身することになり、機甲兵が生まれ機甲本部が作られたのは、昭和十六年四月であった。

陸軍が、〝本格的兵備〟を呼号していらい、じっくり腰をおちつけて戦力強化につとめることのできたのは、この一年間だけであったといえよう。

ところが昭和十六年の春となると、またもヨーロッパから〝ドイツの嵐〟が吹いてきた。アフリカ戦線でロンメルがスエズ運河を目ざして急進しだした。四月、突如、バルカン作戦がはじまり、枢軸側の勝利は連日新聞をかざり、英軍の窮状を伝える。日本の〝他力本願の虫〟がまたさわぎはじめてきた。

そこへ、まさに衝撃的なニュースがとびこんできた。

昭和十六年六月二十二日、ドイツ軍のソヴィエト侵入である。その初動はきわめて電撃的であった。日に日に戦線はソ領内ふかくうつる。陸軍省も騒然となる。

たちまち参謀本部は、わきかえった。

「ヒトラーの電撃戦の前にソ連の崩壊まちがいなし」「天与の好機、極東ソ連領に軍を進め、北方のガンを除け」と大変なことになってきた。

当時の陸軍省の公式な態度は、即時の武力使用には反対であった。軍事課はその性格上、当然、反対である。筆者など若い者にも意見のいえる問題であった。

「柿をとりたいのはやまやまだが、渋柿をとることはない。熟柿になるまで待ったらよかろう。まして日本軍の戦力は……」という考え方であった。

「ソ連の崩壊まちがいなし」という作戦屋の判断が第一、信用ならない。彼らの判断は従来、あまりあたったことはない。

筆者の同期生で参謀本部のロシア課の課員がいた。彼は、ヒトラーのソ連侵入の直後から「ヒトラー誤てり」とさけんで、その所信を説いてまわっていた。

彼の判断は正しかった。

日本は、七月二日の御前会議で「南方進出の度を進め、情勢の推移に応じ北方問題を解決す」という〝国策要綱〟を決めた。北方は「ソ連が崩れそうになったら北にとびこむ」というふくみである。

またも〝力〟の使用が、いかにもかるがるしく決められた感がある。

〝熟柿〟になったら攻めこむというのだから、その準備はしなければならない。五〇万という兵力が満州に送りこまれ、関東軍は戦争準備の態勢にうつった。秘匿のために「関東軍特別演習」略して「関特演」と呼ばれたものがこれである。

この国策の遂行には、英米側との衝突が心配される。それにたいする姿勢は「対米英戦を辞せず」というものである。意気ごみだけだったと思うが、北にたいしても〝対ソ戦〟を辞さないという姿勢であった。

この間、継続していた日米交渉は「中国より撤兵、枢軸側より脱退」を主張する米国と、「独伊との提携を強めつつ、米国との戦争回避、支那事変を日本に有利に解決」をねらう日本側とでは、妥結の可能性はうすかった。

この〝南北併進〟の国策によって、日本軍は南部仏印に進駐した。それと同時に米英蘭の反撃がきた。対日資産の凍結、全面的輸出禁止である。これ以後、米英は対日戦争を辞せない、という態度に硬化した。

もう妥協の道はなかった。日本は蹶然《けつぜん》起《た》って対日包囲陣を突破する以外ない状況においこまれた。

北方、ソ連軍に向かってつめかけた軍隊は、ドイツ軍の攻撃停滞で、ついに〝北進〟のチャンスを見出すことができなかった。

かくして、日本陸軍は一八〇度方向を転換して〝南進〟した。

わずか半年のうちに、なんという変転のはげしさであったろう。何度も名前をかえた計画による、昭和十九年を目標とする戦力の充実など、一片の紙きれになってしまった。

昭和十六年十二月八日、宣戦の大詔は下り、真珠湾奇襲成功を伝える軍艦マーチのメロディとともに大東亜戦争は開始された。

そしてちょうどこのとき、ヒトラーの進攻軍は、厳寒のモスクワ前面でソ連軍の反撃をうけて後退を開始していたのであった。

孫子は、その「始計第一」にいう。

「之を経《はか》るに五事を以てし、之を校《はか》るに七計を以てして、其情《じょう》を索《もと》む」

あらゆる要素をよく検討し、彼我の優劣を比較し、その真実の状態を探り索《もと》めよ、というのである。

戦争をするか……

当時の〝五事七計〟と近代戦の〝五事七計〟は、その内容は勿論、ちがう。だが戦争をするか、しないかの決心にあたって「其情を索む」べきことはかわりない。判断を誤ってはどうにもならぬことは、孫子を引用するまでもなく支那事変がこれを示している。

戦いは、もとより自由意思をもつ両者の決闘だから、単なる数字的計算だけでなく、やり方でもかわる。

孫子は「兵は詭道《きどう》なり」といい、一定不変の常の形無し、として、戦争計画や戦略の一三項目を例示して必勝の途を求むべきことを説いている。

こうして彼は、結論する。

「それ未《いま》だ戦わずして廟算《びょうさん》して勝つ者は、算《さん》を得ること多きなり。未だ戦わずして廟算して勝たざるものは、算を得ること少きなり。算多くして勝ち、算少きは勝たず。然るを況《いわん》や、算なきに於ておや。吾、これを以て、之を観《み》れば、勝負見《あら》わる」

廟算とは、国家指導部で彼我の優劣点を考えることである。

算多し、とは優れる点多しということである。孫子は五事七計を周到に判断すれば、戦争の勝敗は戦わずして判定しうる、というのである。

日本は果して「廟算して勝つ者」であったか、「廟算して勝たざる者」であったか。

日本は国の存亡をかけるこうした時期を三度、経験した。

日清戦争がその第一であった。「廟算、算多し」という結論はでなかったが、それでも、直隷平野に決戦を求めて、一路、北京を攻め、ここに城下の誓いを強要するだけの成算を陸海軍はもつことができた。

日露戦争がその次であった。臥薪嘗胆一〇年の準備期間をもったが、武力戦には負けない、という目算がたっただけで、それとて長期戦となっては勝算はなかった。だが、日本は孤立してはいなかった。英米というシンパがいた。政戦両略の指導よろしきをうれば、そして、武力戦に勝ちさえすれば、兵を退《ひ》く潮時をにぎれる見とおしはないではなかった。

そして、そのいずれもが〝廟算〟のとおりになったこと、歩兵銃をもった将兵は、武力戦に負けなかったことを本書は述べてきた。

今度が三度目であり、さらに重大な決心であった。

英米支蘭から経済断交という最後通牒をつきつけられるという事態となって日本は、九月六日、御前会議において「帝国国策遂行要領」で「対米（英蘭）戦争を辞せざる決意」のもとにおおむね十月下旬を目途とし戦争準備をととのえるとともに、外交交渉によって帝国の要求（最小限の）貫徹に努める、という国策を決定した。

和戦の決定に期限がつけられた。このまま過ぎたのでは、身動きのできないじり貧におちいる、という窮迫した状況下での決定であった。

孫子のいうように「勝負見《あら》わる」、算少なければやめる、などという事態ではなかった。こうした事態になった原因など、当時の指導層の人びとにも悔むところは多かっただろうが、時の歯車はもとにはもどらない。

近衛首相が内閣を投げだして東條内閣となり、天皇の御意思を体して、これまでの国策を白紙にもどし、再検討することになったのである。

すでに戦争準備に大きく動きだしている陸海軍部隊をかかえて、開戦するならばはやく決めなくては、とする陸海軍統帥部と、陸軍大臣を兼ねる東條首相の政府との間の〝廟算〟論議はつづいた。

たとえば、十一月一日の政府・統帥部連絡会議をみよう。

議論の中心は勿論、戦争の見とおしである。統帥部は〝じり貧〟をおそれる立場から開戦の機は今だ、という。

賀屋興宣大蔵大臣が質問した。

「南方作戦開始の機はわが手にあるとして、決戦の機は依然、米国の掌中にある……南方の戦略要点がわが有に帰したとして、二年後、米国がわれに決戦を挑む時機にいたれば、われは軍需その他の点において幾多の国難を生じ、確算なしと見られるが如何」

今度の戦争の主役は、勿論、海軍である。この会議は「海軍に鉄の配当量をふやせ」からはじまって、増加配当を決定している。大蔵大臣の質問に、永野軍令部総長は、こう答えた。

「軍令部としては、元来、日米戦争を極力避くべきものとして、昨年の三国同盟締結の際の御前会議でも……日米戦争を避けるよう施策すべきを述べた。その後の政府の施策で今日の……のっぴきならぬものとなり、今や軍令部は、日米戦争やむなし、と覚悟した……戦争は十中八、九、長期戦となる。その場合、戦争第一年および第二年は長期戦態勢の基礎を確立し、この間は勝算がある。第三年以降は……予断を許さない」

第三年以後に確信はないが、のっぴきならぬ今の事態となってしまっては戦う以外に道はない、というのである。

このあとの外交交渉の経緯や、国内での論議検討にふれる要はあるまい。これは要するに、孫子のいう〝廟算〟論議ではない。戦争を行うとして、どうするか、という検討であった。

今日、「吾を以て之を観れば、勝負あらわる」という人は多いであろう。筆者は、因果の理、ここにいたってしまったあの時点では、のっぴきならなかったものと考えている。

七年戦争

筆者は昭和十六年の春から軍事課での職務が「資材班」から「予算班」にかわった。班長と筆者だけという小世帯で「陸軍予算の一般統制に関する事項」というのが任務であった。そのころはすでに〝金〟はあっても〝物〟がなくては、という時期に入っていたがけっこう忙しい職であった。

七月、対北方戦備が開始されて「関特演」となった。それまで三〇万の兵力の関東軍に五〇万が増加された。関東軍は当然、全力をあげて、戦争準備をはじめた。冬にそなえて、大量の炭焼きからはじまっている。軍需資材の買い入れなど厖大なものであった。

戦争になるのか、ならないのか。これはまったくヒトラーとスターリンの決めることで、こちらの思うようにはならない。そのうち、真夏になってくる。どうも北にとびこむような情勢にならない。ドイツ軍がもたついていたからである。筆者もふくめて当路の者は、気が気でない。満州につめかけた兵の宿舎がないからである。満州の冬ははやい。露営ですごせる地方ではないのだ。

九二式十糎加農

ノモンハン事件の砲兵戦に使用された野戦重砲

口　　径　10.5センチ
弾　　量　15.76キロ
初　　速　765メートル（秒）
最大射程　18200メートル
放列重量　3780キロ
5トン牽引車にて運搬
（写真は砲尾を掘りさげて大射角をかけたもの）

参謀本部も、八月になって「北はやめた」と決心した。そうなるとなったで多くの問題があったが、陸軍省にとっては関東軍の使った金の始末が大問題であった。筆者は、軍事課長・真田穣一郎大佐のお伴をして関東軍へ行った。帰ってきて、東條陸軍大臣に大目玉をくった。「そんなに金を使わして、何をしていたんだ」という。

経常費以外に一七億円という金がいることになったのだから、大臣もびっくりしたにちがいない。

そうこうしているうちに大東亜戦争に突入した。

開戦が十二月八日であることは勿論、筆者も知っていた。だが、この朝の開戦のニュースは聞かなかった。遅刻して三宅坂の陸軍省に出勤する。軍事課では大火鉢のまわりに課員たちが集ってガヤガヤやっている。先輩の一人におそるおそる「どうですか」と聞いた。「何だ貴様、おそいじゃないか。海軍がパールハーバーを潜水艦で囲んで、空から飛行機でジャンジャンやっているんだ!」と上機嫌である。席について、考えてみると、どうも腑におちない。マニラにしてはおかしい。またおそるおそる先輩のところに行って聞いた。「パールハーバーって一体どこですか」「何だ貴様知らんのか。ハワイだよ、ハワイの真珠湾!」

筆者などの知っていた戦争計画は大体こんな程度だった。この先輩にしたところで、前から知っていたはずはない。

勝利の報は相ついで入った。初期の戦闘に負けるとは思っていなかったが予想以上の戦果であった。英国の大戦艦が航空攻撃でたちまち轟沈などの知らせも入るが、海軍航空は大したものだ、という賛辞の中に消える。

このとき筆者は、むずかしいのはこの〝七年戦争〟の今後であるぞ、と考えていた。

〝七年戦争〟というのは、一七五六年から七年間の、プロシアのフリードリヒ大王の苦闘の戦争である。首都ベルリンをとられ、敗戦に自殺まで考えた大王が、ともかく頑張っているうちに国際情勢がかわって、天運によって名誉ある結末をつけることができたという戦争である。

はじまった以上、日本も何とかこうした結末までには持っていかなくてはならない。はなはだ自主性がないが、もともと決勝の決め手を持たないのだから仕方がない。

当時の筆者のメモがのこっている。こんな記事がある。

〈十二月二十六日。於陸軍省。現在までにおける武力戦は一〇〇％以上に成功の状況を呈しあり……この武力戦の赫々たる成果に、いささか眩惑の感ある国民に、冷汗と、緊《きん》褌《こん》の必要を示すものは、明年の議会に於ける予算なるべし……〉

予算班らしいことが書いてあるが、さあ大変だぞ、と痛感していたのだと思う。

〝七年戦争〟になぞらえた日米戦争の「夢物語」なども書いてある。今日、恥かしくて人に見せられるものではないが、その中で、ドイツは負けないことが、一要件となっている。ドイツが負けたのでは〝七年戦争〟も駄目になる。海軍の米英艦隊との大海戦の予想が何度か、書いてあるが、その様相は見とおせていない。第一次大戦のジュトランド海戦程度のものが頭にあったのだろう。航空母艦しか戦場に現れない海戦など想像できなかったことは明らかである。いずれにせよ日本海軍が負けないことが絶対の要件である。

〈戦争第二年（昭和十七年）。春以後、米国アリューシャン方面より攻撃し来り、日本軍該方面に進駐す。日本さかんに爆撃される〉

〈戦争第三年。昭和十七年中に米国の駆足《かけあし》軍備成り、本年後半期に米国は南方進攻路経由、対日攻勢を企図す（主として空軍による）〉

右も筆者のメモにある予想である。

筆者は南方快調の進撃のニュースを聞きながら、十二月末から一月にかけて、満州北支への三週間の旅にでた。

南方に「予算班」の関心事はない。北である。「関特演」で戦力は増強しているが、そのあとがまだ問題がおおい。この旅行の途次の一月三日、朝鮮の京城の宿で書いたのがこの「夢物語」である。

今にして思うと、米軍反攻開始の予想が一年くるっているし、その反撃開始のときの戦場の様相がまったく想定されていない。これが深く省察されていたとしたら、筆者らにも、この時期から軍政的にやらねばならぬことはあったはずだ。

正直なところ、陸軍大学校から戦車学校、北支那方面軍参謀から陸軍省にと移る間、太平洋の島嶼地帯での陸軍の攻防戦など一度も考えたことはなかった。機甲戦力を考え、空陸の作戦しか想定したことはなかった。

これは筆者だけではなかったと思う。

参謀本部が第一段の攻勢終末期の様相をどう考えていたか。これを当時の参謀本部作戦課長の服部卓四郎大佐が戦後に書いた『大東亜戦争全史』に見てみよう。

南方進攻作戦の第一段階にせよ、その後にせよ、日本軍の作戦目的は〝負けない態勢〟をつくることにあった。

〝長期不敗〟という言葉がつかわれている。

第一段作戦にめどのついた昭和十七年三月十三日、首相と陸海統帥部長は今後の戦争指導方針について上奏している。

〈英を屈伏し、米の戦意を喪失せしむるため、引続き既得の戦果を拡充して、長期不敗の政戦態勢を整えつつ、機をみて積極的の方策を講ず〉

積極的方策とは、たとえばインド、オーストラリアなどを攻略するが如きである、と説明している。

これらの方策の決定のための陸海軍の会議では「この際手をゆるめたら駄目だ、敵の反攻拠点を覆滅し、敵の海上兵力を撃滅する」という海軍の強い主張がある。海軍としてはそうであろう。だが〝長期不敗の政戦態勢〟とは一体どんなものなのか。〝政〟はともかく〝戦略態勢〟とは、となると何の説明もない。

「第一段作戦の成功を見るまでは、守勢的戦略態勢を採るほかないと思っていたのだが、今や攻勢的戦略態勢に転じうる機運となったと大本営陸海軍部は判断するにいたった」とあるのだが、その守勢的戦略態勢が何を考えていたのかも、明らかに記されてはいない。「長期不敗の国防圏域は日本を中核に満州、中国の大陸要域、南方の資源地域、および太平洋の戦略要域を包括する地域」だという。それに異論はないが、肝心の太平洋方面とはどこか不明瞭な表現である。

戦争の終結を外交上どう求めるかが政略の最高目標だが、これは別としても直接、戦略の責に任ずべき陸海軍統帥部は、武力戦の限界がどの線であるかについて、慎重な判断と的確な見とおしを持たねばならぬのだが、これについて誰も自信のないままに、この大戦争に突入してしまっているのである。

服部氏の筆は〝回想〟となってこう述べている。

〈海洋正面……ジャワ、スマトラ、カロリン諸島、マーシャル諸島、ウェーク島を経て千島列島にいたる要線に整備される航空および艦隊基地の活用により……戦略的持久方略が成立するものと考えられた。この海洋正面の作戦は、もとより海軍の主宰すべき作戦と考えられていた。海洋は海軍、大陸は陸軍という思想である……。

海軍は当然、太平洋正面における米軍の反攻を予期した。問題はその反攻様相に関する判断であった。……日本陸軍はもとより海軍も米軍が大規模ないわゆる水陸両用作戦により、飛石的に航空基地を奪取し、逐次に制空制海権を拡大する方式をもって歩を進めてくるとは的確に判断していなかった……〉

米軍反攻の様相にかんし、陸海軍統帥部の協同統一した検討が行われたことを知らない。陸軍は、第一段作戦がおわると重点を満州にうつして引き揚げてしまった。陸軍の兵力で太平洋正面の陸上戦備を強化する必要など予想していなかったのである。したがって海軍は、米軍の海兵師団と戦うべき陸戦隊の準備はしていたのであろうが、陸軍では、そのための海洋作戦兵団の準備にも、装備にも、目は向けられなかった。

筆者が満州にでかけたころ、着手していたとしても早過ぎることではなかったのだが、太平洋戦域で苦闘した将兵には、まことに申しわけないことであった。

歴史を変えた戦闘

日本陸海軍が、反攻の基地となるオーストラリアをアメリカから遮断するために、フィジー、サモアへ進攻しようと計画しているころ、米軍はガダルカナルの作戦を準備中であった。

シンガポールが日本軍の手におちてわずか四日後の二月十八日(アメリカ時間)、はやくも米海軍は反攻開始をいいだしていた。

四月十八日、米軍の爆撃機が突如、東京を襲った。日本本土、初空襲である。

これが元来、戦略要点を攻略しなくては長期不敗の態勢にならぬ、という海軍にとって、本土防衛の責任感とともに、ミッドウェイ島攻略作戦を強行させる原因になった。

敵の準備している根拠地に挑戦し、海軍の主力で敵の艦隊を撃滅し、陸戦隊だけでミッドウェイを攻略しようといきりたったのである。

この作戦に陸軍部隊が加えられた。北海道の第7師団の歩兵第28連隊から一木大佐の指揮する歩兵一個大隊、砲兵一個中隊、工兵一個中隊である。ミッドウェイ島を占領するというのである。

ミッドウェイ海戦は史家によって〝歴史を変えた戦い〟にあげられている。アレキサンダー大王の〝アルベラの戦い〟(紀元前三三一年)や、ちかくはトラファルガーのネルソンの海戦(一八〇五年)にたとえられる。

連合艦隊は山本司令長官が将旗を「大和」に掲げて直卒する戦艦七隻、機動部隊は南雲中将の「赤城」(旗艦)「加賀」「飛龍」「蒼龍」。攻略部隊は近藤中将の戦艦二隻、重巡八隻ほか。一木支隊の三〇〇〇名と特別陸戦隊二八〇〇名をのせた輸送船一二隻。連合艦隊主力の出動であった。

六月五日のこの海戦を書く要はあるまい。

あっという間の終幕であった。日本海軍は精鋭空母四隻を失い、敵の「ヨークタウン」を沈めただけであった。惨敗である。

大本営海軍部は六月十日、「航空母艦一隻喪失、同一隻大破」と発表したが、連合艦隊の中核の航空母艦部隊は「翔鶴」「瑞鶴」など大型空母四隻をのこすだけになり、その百戦錬磨の母艦機搭乗員の大半が失われてしまった。まことに歴史をかえた海戦であった。

「一年間は随分と暴れてみせる」と豪語していた連合艦隊は、固い陸上基地に自ら頭をぶつけて、その戦力を失ってしまった。フィジー、サモアへの進攻作戦どころではない。一木支隊もグァム島に引き揚げた。

この敗戦の真相は、陸軍では大本営陸軍部の首脳と作戦関係者だけが知らされていた。筆者が知ったのもかなりあとになってからであった。国民は勿論、知らない。勝ち戦の連続だと思わされていた。

関東軍

開戦後、わずか半年たらずで〝歴史を変える戦い〟がおころうとは知る由もなく、またおこったあとも知らされないままに、陸軍は、南方第一段作戦終了とともに、宿願の対北方戦備に着手した。

北にそなえて二つの方面軍司令部が設けられた。山下奉文、阿南惟幾の両将軍が方面軍司令官となって北をにらむことになった。

日本陸軍に、はじめて戦車師団が三個つくられた。昭和十七年七月、第1、第2が満州で編成された。この二個師団で第1機甲軍をなす。戦車第3師団は昭和十七年十二月に中国戦線につくられた。〝南進〟の目的をたっした昭和十七年春以後には、北方の〝熟柿〟

を待つ態勢こそが陸軍の主任務となった。そして夏になって、ドイツ軍は一九四二年夏季攻勢を開始し、その前進ぶりは前年に劣らず目ざましいものであった。いつ極東ソ連軍が〝熟柿〟になるかもしれない、と思われるようになった。

しかしそれは、はかない夢であった。太平洋戦線の戦況が急を告げるにしたがって、関東軍は、精強な部隊の補充源となった。

航空部隊から地上部隊にいたるまでどんどんと引き抜かれ、太平洋戦線に急派された。阿南将軍は昭和十八年十一月には、南方、濠北方面に出陣する。山下将軍も昭和十九年十月にはフィリピンに転補された。

機甲軍は昭和十八年秋に解散され、戦車第2師団は昭和十九年にフィリピンに、戦車第1師団は昭和二十年、本土決戦にそなえて内地に転用された。

昭和十七年末には、最強の戦力となっていた関東軍は、十八年のなかば以後、見る影もないほどに弱体化し、昭和十九年九月、すなわち、東に向かってフィリピンの決戦を準備しているころ大本営は、とうとう関東軍に「持久作戦」を命じた。

これによって関東軍のとった方策は「国境地帯では地形と施設を利用して敵の前進を撃破するにつとめ、爾後、満鮮の広さと地形とを利用して持久を策し、やむを得ないようになっても南満北鮮にわたる山地帯を堅固に確保してあくまで抗戦する」というものであった。

そして、奉天東方の通化を中心とする地区にたてこもる複郭陣地を準備するというのである。

この時期となっては、また関東軍の持っている兵力では、効果ある作戦を計画することも指導することも、おそらくは誰がやってもできなかったと思われる。だが、前線持久といい、複郭ということは、開戦とともに軍隊が国内にむかって後退することを意味していた。

非戦闘員を事前に後退させることなど不可能であった。ソ連軍侵入とともに軍隊が、高等司令部が、先頭をきって後退する事態になってしまった。今日でもなお、「関東軍の非情、わが家も体験」（朝日新聞、昭和四十九年八月二十一日版）と題して、「関東軍首脳部はすでに逃亡してもぬけの殻となった新京」についた避難民の惨状を述べ「百数十万の婦女子を見殺しにした関東軍」を非難する声は絶えないのである。当時の軍人としては、謝罪する言葉もない。

支那派遣軍

大東亜戦争開始で、中国側の戦意のたかまったことは当然であった。そして、これまでも中国側の戦意をくじくことのできなかった支那派遣軍の任務は、いよいよ困難をきわめた。

南方第一段作戦の進捗目ざましいころ、大本営では、重慶に進攻する作戦も考えられ、実施時期を昭和十八年春と予定して準備すべきことが九月、支那派遣軍に命令された。しかしそれはこのあとの太平洋方面の戦況から、実施するにはいたらなかった。それよりも戦争開始後の派遣軍の作戦は、米軍の動きと関連してはじまった。

昭和十七年四月十八日、米軍機は東京を襲って中国に飛び去った。この太平洋方面の航空母艦から発進、日本を爆撃して大陸に着陸するという敵の奇策は、中支方面に敵の航空基地が存在するかぎり何回もくりかえされる可能性がある。大本営は支那派遣軍にたいして敵飛行場を覆滅する作戦を命じた。十七年五月から八月下旬にかけて行われた「浙贛《せっかん》作戦」である。

太平洋方面の戦況が急迫するにともなって、派遣軍が東正面への増援兵力の補給源となったことは関東軍と同様であったが、そのほかに強化された在支米航空部隊にたいする問題があった。

とくに昭和十八年の秋以後は、B29が中国戦線から日本本土を襲う危険も目に見えてきた。その根拠地となるべき桂林、柳州などをわが手に入れて本土防衛に協力せねばならない。こうした目的で実施されたのが、昭和十九年四月の「京漢作戦」にはじまって「湘桂作戦」につづき、十二月にわたって実施された大作戦である。

北は黄河から南、仏印国境および広東にいたる、敵軍のいる地域だけで二五〇〇キロという、驚くべき穿貫《せんかん》作戦であった。

この作戦は昭和十九年六月、B29が日本本土爆撃を開始するにおよんで、成都付近の基地にたいする航空攻撃をともなって実施する一方で、フィリピン方面の戦況から南支方面への兵力集結のための「粤漢《えつかん》打通作戦」(二十年一月)にもつながった。

昭和二十年に入っては、中南支の海岸や上海付近にいたるまで、敵の上陸にそなえて準備せねばならず、また、やせほそる関東軍への増援も準備した。

筆者は終戦の時には、第13軍参謀に転補されて上海にいた。八月六日(広島が原子爆弾の攻撃を受けた日)、上海に着任して三日目の八日の夜半、ソ連軍が満州に侵入した。かねての計画で上海からも二個師団が鉄道輸送で満州へむかった。

支那派遣軍に属する部隊のなかでは師団と呼ばれていても、占領地確保の任務の師団などは治安警備に向いた編制とされていた。しかし情勢の変化にしたがって、これらの師団も進攻作戦に加わり、よく活動した。その一例を示しておこう。

第62師団。昭和十八年五月に編成され、山西省の警備にあたった、いわゆる治安師団である。歩兵二個旅団(各、独立歩兵四個大隊)と工兵隊、通信隊、輜重隊などを持つ。治安任務であるから砲兵隊はない。歩兵大隊は歩兵五個中隊、機関銃一個中隊、歩兵砲一隊であった。〝三八式歩兵銃師団〟といってよいであろう。この師団が、昭和十九年四月からの京漢作戦に従軍してよく戦った。

この第62師団は沖縄本島の戦いで散った。あの、日本軍最後の決戦場で散った師団の一つは、実にこの〝三八式歩兵銃師団〟だったのである。京漢作戦を終えて警備作戦にうつると同時に転用が命じられた。

この治安師団の将兵が、あの沖縄の土になろうとは、誰も予期しなかったことであろう。中国戦線に在った師団は、人員一万四二二六名、馬二三〇〇頭、自動車一三四輌の編制であり、京漢作戦のとき歩兵大隊は一四三四名、馬二二七頭という編制で、三八式歩兵銃にしてもたくさん持っていた。

それが沖縄に送られたときの歩兵大隊は、八六五名、馬八頭とされていた。師団合計八三一五名、馬一二〇頭、自動車五二輌という小さな師団であった。防禦戦闘ではあるが、馬の使える戦場ではない。歩兵大隊は、機関銃にせよ歩兵砲にせよ、すべて人力で動かすほかない。しかもその人数

九九式八糎高射砲

口　　径	8.8センチ
弾　　量	9キロ
初　　速	800メートル（秒）
最大射高	10000メートル
放列重量	6500キロ
固定砲架	

も充分ではない。師団に砲兵隊はなかったが、軍には各種の砲兵部隊があったし、歩兵大隊にも人員も増加されたろうし、軽機、重機、擲弾筒などが多数増加されたし、速射砲も配当されたから、沖縄での戦いは決して三八式歩兵銃での戦いではない。しかし、この治安師団にあの沖縄の戦いを担任してもらわねばならなかったことが、筆者には何となく象徴的で寂しく思われるのである。

ともあれ、百万の大兵を擁する支那派遣軍は、祖国の危急を案じながら、これを助ける途なきや、と苦闘をつづけつつ終戦を迎えたのである。

第十六章　戦力なき戦い

昭和十七年八月七日、米軍は、ガダルカナルと、その対岸ツラギに上陸を開始した。当時、陸軍部隊はこの南東太平洋戦域の東部ニューギニア方面の作戦を開始していた。大本営は、かねてからポート・モレスビーを占領する企図をもっていたがミッドウェイの敗戦で計画がくるったので陸路、東部ニューギニアの背陵山脈、標高二〇〇〇メートルをこえ、五〇キロ以上の幅をもつオーエンスタンレーの嶮をこえて、これを占領させる計画をたてていた。

これより先、ニューカレドニア、フィジー、サモアおよびポート・モレスビーを占領する任務の第17軍（五月十八日発令）が編成されていた。兵力は歩兵三個大隊を基幹とする支隊が三個であった。これでこの任務が達成できる、と考えていたのである。

だが東京で考えても、ポート・モレスビー攻略作戦は容易な業《わざ》ではない。当時、参謀本部の作戦課の作戦班長であった辻政信中佐は、作戦指導のため南東方面に派遣された。七月下旬であった。

この陸軍史に登場人物の数は多く、主要な地位の人物は入れかわり立ちかわりであるが、重要な時期になると奇妙におなじ人間が登場する。

当時の作戦課長の服部卓四郎大佐とこの辻政信中佐は、ノモンハン事件当時の関東軍作戦参謀であった。作戦部長は田中新一少将、軍務局長は武藤章少将、ともに支那事変開始当時の陸軍省、参謀本部の主任者である。

辻大本営参謀は、このときの戦線行を著書『ガダルカナル』に書いている。昭和三十一年になって出版された本だから、回想と実情とがまざりあって、資料としては怪しい点があるが、この中で同氏は、当時のこの方面の状況をこう書いている。

〈……七月二十三日正午ころ、トラック島に着水した。不思議なことは、この重要な海軍の前進根拠地に、直接敵の攻撃を防ぐべき防禦設備がないことである。おそらくはこの島で近接戦闘をやるなどとは、海軍首脳部は夢にも考えていなかったのであろう〉

〈ラバウルを海軍が前進根拠地としたのに、その前哨的陣地のガダルカナルが、当時の海軍戦闘機の最大航続距離の頂点に在ったことは、陸軍の常識として判断し難いことであった……〉

ラバウルが前哨基地ならこの見方もあたっているが、海軍にはそんな気はない。次の地点への飛躍のための中継基地なのだから、不思議ではない。

ニューギニア戦線のブナの敵情偵察に行って、駆逐艦上で負傷をして東京に帰った辻中佐は、「ポート・モレスビー作戦は、海軍の航空兵力を三倍四倍に増加しないかぎり、延期すること」「全般的に今後の戦略を改めて検討すべきであり、早急に、占領諸島の要塞化を図るべきである」と、参謀総長はじめ上司に報告した。

強気一点ばりの田中作戦部長は「辻の奴も頭をやられて弱気になった」といったという。頭の回転のはやい辻中佐らしく、「先入観念を是正することはこんなにも難しいものである」と書いている。辻中佐はこのあと入院したが、病床でガダルカナル上陸を聞いたという。

このときの辻中佐の南洋諸島防衛についての意見は、時機として決して早すぎはしなかったのだが、防勢拠点を作ることを考えるようになったのは、このあと一年もたってからであった。

陸路、ポート・モレスビーにむかう作戦を準備中の八月七日に米軍がガ島に上陸したのだが、前出、服部氏の『全史』は、こう書いている。

〈…不思議なことながら、大本営陸軍部は、敵が上陸するまで、海軍がガダルカナルに飛行場を建設し、また一部兵力をこの方面に派遣していたことについて、海軍側より何

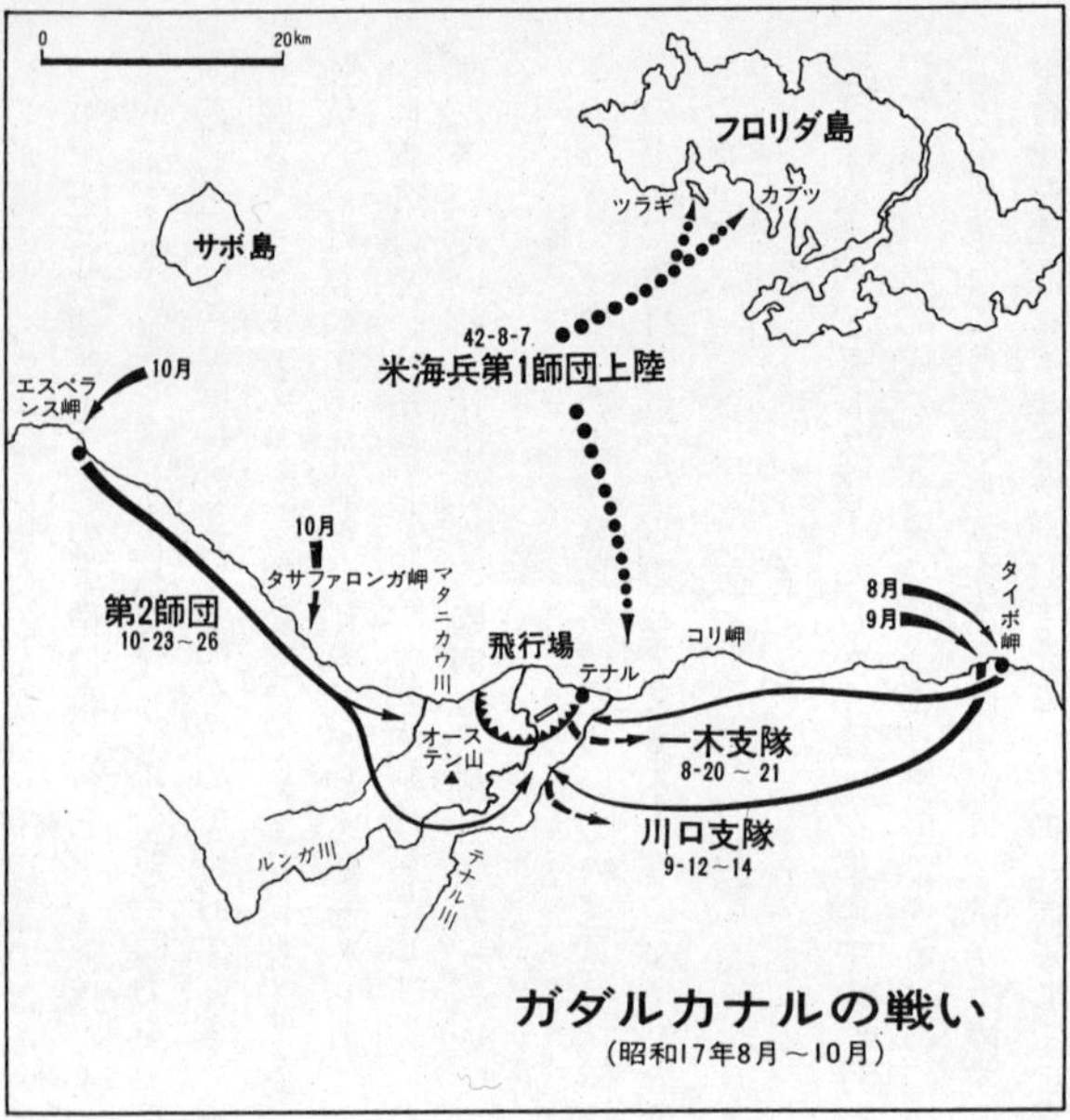
0
20km
フロリダ島
ツラギ
カブツ
サボ島
42-8-7
米海兵第1師団上陸
10月
エスペランス岬
10月
タサファロンガ岬
マタニカウ川
第2師団
10-23～26
飛行場
テナル
コリ岬
8月
9月
タイボ岬
オーステン山
一木支隊
8-20～21
川口支隊
9-12～14
ルンガ川
テナル川
ガダルカナルの戦い
(昭和17年8月～10月)

等の通報を受けず、従って全く知らなかった〉

〈ガダルカナルに対する米軍の上陸は、大本営にとって全く寝耳に水であった。ことに陸軍部のおおくの者は、ガダルカナルの位置すらその脳裏になかった……〉

陸海軍作戦の協同といっても、こんな程度であった。

ともかく、思わぬところで火が燃え上がった。場所もさることながら、時期が大本営の予想より一年もはやかった。昭和十八年の中期以降と判断していたらしい。筆者の「夢物語」と大差はない。

事情はともあれ、事態がこうなったら陸軍部隊をこの方面に増援させねばならぬ。まず、すぐ使える一木支隊が送りこまれた。

これ以後の太平洋戦争の経験を、時を追ってたどることは、本書のよくするところでないので、大勢を追いながら筆を進めることにしたい。

終末は〝玉砕〟と〝一億特攻〟に行きつく戦争なのだが、陸軍部隊の米軍との最初の本格的な戦闘は、何とも不本意であり、残念な結果におわった。

ガ島の三八式歩兵銃

一木支隊は、ミッドウェイ島を占領し、確保する任務で派遣された部隊である。一木大佐がミッドウェイ作戦で考えていた戦闘法は「白兵威力による夜襲で、飛行場占領までは銃剣突撃により、占領後初めて発砲を許す」というものであったという。

グァムに引き揚げていた一木支隊は、ガダルカナル奪回に向かうことになった。

八月七日、敵の上陸開始の第一報はすでに輸送船三、四〇隻と報じていた。事実、米軍第1海兵師団主力は、七日に上陸を完了している。それ以後、連日、軍需資材を揚陸していた。

一木支隊先遣隊がトラックを駆逐艦六隻で出航したのが十五日、タイボ岬に上陸したのが十八日夜、米軍上陸後すでに一〇日を経ていた。送りこまれた兵力は、連隊長以下九一六名、各一〇〇名の歩兵四個中隊、機関銃中隊（八挺）、大隊砲小隊（歩兵砲二門）、工兵中隊であった。敵が水陸両用戦車をもっていることは知っていたが、上陸用舟艇がないから速射砲（対戦車砲）中隊はつれて行けなかった。

支隊長は海軍との協定にあたって「上陸後、態勢をととのえ、上陸第二夜、銃剣突撃をもって一挙に飛行場に突入占領する」と、自信のほどを語っているし、「大本営陸軍部も、その戦法と一木支隊長の練達した指揮能力に望みをかけていた」と、公刊戦史にある。

この支隊は、二十日夜からガダルカナル飛行場東側のテナル河畔で米軍に攻撃を加えたが、成功せず、翌二十一日には、かえって米軍の反撃にあい、戦車六輛を加えた攻撃に敵すべくもなく、戦死七七七名という潰滅的打撃をうけ、連隊長は軍旗を奉焼して自決した。

この三八式歩兵銃をもってする戦闘で、陸軍の対米戦闘の緒戦がはじまったといえる。海軍部隊が建設中に敵に奪われた飛行場は、二十日にはもう敵が使いはじめた。この飛行場の争奪が、これからあとの戦いの焦点になるのである。

強気の大本営

大本営は強気であった。敵の戦力を過小評価し、一木支隊の銃剣に期待をかけていたし、目をヨーロッパに転ずるとドイツ軍が優勢で前途洋々と思われたからである。

北アフリカ戦線でロンメル将軍は六月、要衝トブルクを陥《おとしい》れ、敗走する英第8軍を追って東進し、七月にはアレキサンドリアの西一〇〇キロに進撃していた。英軍の窮境にあることは明らかである。一方、主戦場の独ソ戦線では、ドイツ軍は今や破竹の勢いで、コーカサスとスターリングラード方面、ボルガ河にむかって急進をつづけており、その行手を遮ぎるものはないと思われた。

昭和十七年七月七日、永野軍令部総長は「独伊の北阿作戦は……間もなく東地中海に於ける英海軍の根拠地、アレキサンドリアを攻略しうる情勢となっております……」と上奏している。独ソ戦線については、十一月七日になってからでも、大本営陸海軍部の情勢判断の中にこういうくだりがある。

〈独軍は今後引続きコーカサス作戦を続行すべく、明年更に対ソ攻勢を企図するの已《や》む

を得ざるに至らん……〉

十一月になると、ドイツ軍の攻勢は停頓を示していたので、こういう判断となったのであろう。しかし、この直後十一月十九日、スターリングラードのソ連軍の反撃にはじまって、この方面のドイツ軍戦線が崩壊することは、知る由もなかったのである。

一木支隊の失敗のあとに、川口支隊が急派された。川口清健少将の指揮する歩兵第124連隊（一個大隊欠）であった。この連隊は編制上は、四個中隊と機関銃一個中隊（四挺）、大隊砲小隊からなる三個大隊と連隊砲中隊のほか、連隊直轄の速射砲中隊や、機関銃中隊をもった部隊であったが、このときは駆逐艦による緊急輸送だから、重い兵器はもっていけなかった。上陸の安全を期して、一個連隊のうち三分の一は発動艇による機動で、五日間もかかる増援方法をとった。つまり、この荒海を小艇により夜間航行し、昼間は敵機を避けてかくれているという機動であった。すでに敵の飛行機が優勢で、日本陸軍が何度か経験し、一度も失敗をしたことのない輸送船による輸送ができなかったのである。

川口支隊長の指揮する一個大隊基幹の部隊は駆逐艦で八月三十一日夜、無事ガ島に上陸した。敵の上陸から、すでに三週間以上を経過していた。

九月一日の夜から七日にかけて、延べ五〇隻の駆逐艦で陸軍部隊約五四〇〇名、海軍陸戦隊二〇〇名が送りこまれた。

敵の艦船を攻撃することを任務とし猛訓練をかさねてきたわが駆逐艦が、高速輸送船として使われたのである。一隻の駆逐艦に積めるのは、人員一五〇名、軍需品約一〇〇トンである。山砲程度の軽い火器しか積めないし、発動艇を積むこともできない。上陸点についても、発動艇や艀《はしけ》がなければ重火器などは揚陸できない。だから駆逐艦輸送ということは、三八式歩兵銃主体の人員輸送を意味する。

機雷敷設艦までも使ったこの緊急輸送で送りこまれた主要兵器は、高射砲二門、野砲四門、連隊砲（山砲）六門、速射砲一四門。糧秣はガ島にある人員の約二週間分ほどにすぎなかった。砲兵、戦車、大量の弾薬、糧秣の輸送は輸送船でなければ不可能なのである。

九月五日ころの第17軍と連合艦隊の敵情判断は、つぎのようなものであった。ガ島とツラギの敵兵は約二万、戦闘員は七、八〇〇〇、ガ島には、そのうち五〇〇〇、戦車二、三〇輌、一五センチ級の砲数門とみていた。

川口支隊は、この優勢な敵にたいして攻撃をかけた。第17軍の「第一次総攻撃」とよばれる。

攻撃方策は、敵飛行場を南から夜襲すべく、三日間をかけて南のジャングルを迂回機動し、攻撃準備位置について態勢をととのえたのち、全軍をあげて夜襲をかけ、朝までに飛行場を奪取しようというのであった。

ジャングル内の機動は、困難をきわめ、部隊の連絡はきれた。このため各大隊各個の戦いとなり、攻撃準備位置について以後、一日、攻撃を延期せねばならぬという事態になった。この間に支隊の上陸点付近には敵の挺進部隊の上陸反撃をうけ、支隊は腹背に敵をうけることになった。

川口支隊の攻撃は、一部の夜襲部隊は成功したが、夜明けからの敵の地上反撃と砲爆撃は猛烈をきわめ、三八式歩兵銃だけでは何ともならぬ事態となった。損害続出し、部隊の掌握さえ困難となり、将兵一五〇〇の屍を飛行場に残して、ついに支隊長は後退を決心した。後方にも敵が上陸したのでそちらへは退れない。ふたたびジャングルの中を難行して西に後退した。完全な失敗であった。

前出の『ガダルカナル』で、辻政信氏はこう書いている。

〈……冷静に考えれば、「ガ」島作戦は、一木支隊の失敗をもって切り上げるべきであった。しかしそれは下司の後知恵である。競い立った者の血を流した心理を抑えることは、並大抵のことで出来るものではない。負けてはならぬと焦れば焦る程、大負けするのが敗戦の実相であり、その心理は博奕《ばくち》と同じであろう〉

これは戦後の回想で、いわば結果論である。作戦指導にあたった当事者がその作戦の失敗を、ギャンブル心理にたとえて云々するのはおかしい。あのノモンハン戦の指導も、ギャンブルであったのか。

正にガダルカナルは、そして東ニューギニアのブナ戦線も、孫子のいう「軍には撃たざる所あり……地には争わざるところあり」ではなかったか。

また、孫子はいう。

「将に五危《き》あり。必死は殺すべきなり。必生は虜《とりこ》にすべきなり。忿速《ふんそく》なるは侮《あなど》るべきなり。廉潔《れんけつ》なるは辱《はずか》しむべきなり。民を愛するは煩《わずら》わすべきなり。凡そこの五つの者は将の過《あやまち》なり。兵を用いるの災《わざわ》いなり」

将に五危がある。死物狂いになる将軍は、必ず殺される。死を恐れ生に執着する将軍は虜にされる。怒りやすい将軍は必ず敵にしてやられる。侮辱されて、その術中に陥るからである。馬鹿正直で一本調子の将軍も必ず敵にしてやられる。自己の廉潔を傷つけまいとして無理な戦いをするからである。民を過度に愛する将軍は敵に謀られる。自己の愛するところを衝かれたら、じっとしていられないで奔走し、戦機の大局を忘れるからである。

要するに、戦略は冷静に判断し、一方に偏してはならぬ、と将の五危《き》として戒めたのである。

「これ等の将を用うる時は必ず敗戦の災いあり」とも「将材は古今、これを難しとす、其性、一偏に失するのみ」とも註されている。

はたして大本営は、辻氏のいう〝潮時〟を失した。川口支隊の失敗につづいて、第2師団をつぎこんだ。連合艦隊の総力を挙げての掩護の下に、十月一日から十月十六日にわたって強行された輸送であったが、揚陸できたのは弾薬は計画の一〇～二〇パーセント、糧秣は半分に過ぎなかった。上陸したのは軍司令官以下九〇〇〇名、火砲は軽重合計約八〇門であった。戦車がはじめて使用され、独立戦車第一中隊が上陸した。しかし、この戦力では、敵の陣地を力攻するには力不足である。結局、採用された方策は、川口支隊の第一次総攻撃とまったく同様で、山側からのジャングル内を迂回機動しての夜襲案であった。方角が逆なだけである。

これが十月二十二日夜、突入となった「第二回総攻撃」であったが、前回とおなじような失敗におわった。三八式歩兵銃では、この戦争は勝てないのだ。

第2師団は日本陸軍最古の師団で、日清戦争は第2軍に属して威海衛をおとし、日露戦争では第1軍に属して戦史にのこる「弓張嶺の夜襲」など武勲赫々の部隊で、満州事変はこの師団だけでやりとげた感がある。太平洋戦争では、ジャワ作戦の主役であった。

辻氏はこう評する。

〈大本営が、この師団をガ島に使ったことは大きな黒星であった。しかし当時、素早く抜き得るものはこれ以外になかった〉

〈……弱いオランダ兵を鎧袖一触した（ジャワ作戦）後に、ぜいたくな別荘に、あり余る自動車とガソリンで一里の道も行軍しない半年がつづいた。しかも内地に帰還復員の内命を受けて、将も兵も、故郷への土産物を漁っていた時、全く予期しない戦局の変動で九十度進路を変更し、東に向かって運ばれた。ラバウル周辺に集結したのは九月二十日頃であった〉

〈早速その部隊を一巡した……上も下も一向に元気がない……要求するものは家屋であり、ご馳走である。兵隊に至るまで金側《がわ》の、おそらくメッキであろうが、腕時計をもっている。将校の軍用行李に至っては部隊の弾薬箱の数倍である。一人で三、四個の大きな行李を携行し、それには故郷への土産がぎっしりつまっている。これではとても実戦の、激戦の役に立ちそうもない……〉

〈第2師団の攻撃がこのような悲劇に終わった大きな原因は……師団が永い間実戦の経験がなく、ジャワ作戦も、オランダの植民地軍隊に対し鎧袖一触の戦闘で終わり、それからの半年をぜいたくな別荘生活をし、夜襲の訓練はほとんど一回もやっておらぬことである〉

昭和三十一年になって、衆議院議員・辻政信氏はこう回想する。これが参謀本部作戦課作戦班長であった人の回想なのである。つぎつぎと使った部隊がそれほどの劣等部隊なら、なぜこれを対米戦争の緒戦に使ったのか。なぜはやくから精鋭な決勝戦略予備兵団を東正面に準備しなかったのか。

日清戦争は川上操六将軍、対清戦争緒戦の方略に心魂をかたむけ、成歓、牙山の大勝で幕をあけ、平壌の奇勝となった。日露戦争は、児玉源太郎将軍以下参謀本部の作戦指導よろしきをえて、精鋭第1軍鴨緑江の大勝ではじまった。

大東亜戦争当初の南方作戦は、第2師団のジャワ作戦を酷評するのなら、ほかも結局は植民地軍隊にたいする戦闘ではなかったか。アメリカ軍と四つに取り組むべき陸軍緒戦の方策の誤りについて、大本営以外に、誰に罪あり、というのであろうか。

対米戦争、陸軍の緒戦を、なぜ一木支隊の無暴な三八式歩兵銃の突撃ではじめねばならなかったのか。グァム島に待機させてあった一木支隊は、かりに優勢な海軍の掩護下にミッドウェイに上陸できたとして、反撃をうけた場合、果してこれを確保しうる戦力なのか。いわんや、これを敵制空権下のガダルカナルに送って、米軍海兵師団を力攻、撃退できる兵力装備なのか。

これで大丈夫と思ったのは、大本営だけではなかったか。川口支隊にしても、戦場に着いたとき戦力は、一木支隊より多かったのは小銃の数だけではなかったか。

第2師団の場合、辻氏の記述のとおりであったろう。大本営は、部隊を南から引き揚げる方針であった。参謀本部が内地帰還直前の第2師団将兵の心情を知らぬわけはない。「取り敢えず使用することのできるこの師団で、結構、間に合う」と考え、「故郷への土産にのみ気を使っていた矢先」の部隊を「思いがけない激戦場に、なんらの準備もなく覚悟もなしに投入された」ということにしたのは、誰なのか。

ガ島への戦力集結にしても、師団長以下に責められるべき点は何もない。到着した戦力が少ないために、迂回夜襲より途なし、という戦策は、軍司令官も大本営参謀も認めた事でなかったか。

そして、第2師団主力といっても三八式歩兵銃だけの大群がジャングルの中を迂回難行すること丸九日間、疲労困憊の末、敵飛行場地帯の外縁にも突入できなかった、いわゆる「第二次総攻撃」を、自ら現地で指導したのは参謀本部作戦課作戦班長ではなかったか。その当人が、第2師団というのはだらしない師団で、信頼したのが誤りであった、と揚言する。

こうこきおろされては、英霊がガダルカナルで今も泣いているであろう。ノモンハンと同じように……。

帝国陸軍は、このあと三年を経ずして、その歴史を閉じる。筆者は、この日米陸上部隊の緒戦は、こうした意味で日本陸軍の歴史の大きな汚点であったと思っている。

意外な戦いの様相

陸軍の誰一人として予想していなかったような様相で、日米の決戦がはじめられた。

海軍がせっかく作りあげたガ島飛行場は、いまや完全に敵空軍の前進基地に逆用されている。このガ島にむかって海軍の航空部隊がラバウルから飛びたつ。ガ島まで一〇〇〇キロもある。敵は増援も補給も、南方七〇〇キロのエスプリット基地からするので、はるかにらくである。質の精鋭を誇った海軍航空部隊も、この悪条件下の消耗では、急速に戦力がおとろえるのは避けられないことである。

この名も知らなかった孤島に、一たび陸軍部隊を注ぎこんだとなると、これが決戦場となった。日本海軍としては後には引けないし、また当然、出撃してくる米国海軍を叩くべき好機でもある。再三にわたる海戦、夜襲、なぐり込みも行われた。空母部隊も勿論、出撃する。「翔鶴」と「瑞鶴」の二空母を基幹とした機動艦隊が八月二十三日午後、敵機動艦隊の主力を捕捉し空母「エンタープライズ」を大破させた第二次ソロモン海戦がその例であった。日本海軍が多年考えてきた米国艦隊の戦力の漸減作戦は、ガ島という大きなおいもりを足につけた戦闘の連続という形で現れてしまった。

陸軍にとっても、まったく予想しなかった戦いである。わかり切ったことだが、戦列部隊から後方輜重までまとまって動けてこそ、連隊であり、旅団であり、師団である。路の悪いことや補給の困難など、困苦欠乏はこれまでさんざん体験しているし、覚悟の前ではある。だが、孤島に上陸したとなると、まったく足以外に、兵の肩以外にたのむもののない戦闘である。糧食、弾薬の補給は海軍しだいである。海軍が運んでくれなければ何ともならぬ作戦であった。師団といい連隊といっても、小舟一隻もっているわけではない。陸軍の船舶部隊か、海軍のお世話にならねばならないのである。

こうして、陸軍部隊は生まれて七〇年の歴史のなかで、かつて経験したことのない様相の戦場で戦わねばならぬことになった。

ガ島方面だけではなかった。東部ニューギニアでスタンレー山系をこえようと前進していた南海支隊の正面でも同様であった。敵の反撃で戦場はうつり、ブナがこの方面の争奪点となった。群島地帯ではない大陸である。だが、ジャングルの大陸は、部隊にとっては、一地点、一地点が船なしには動けない、孤島のようなものであった。ここでも軍隊の苦難の様相にかわりはなかった。

日本をはるかはなれた南海の涯《はて》で、日米四つに組んだ決戦となったのである。

敵の戦力についての判断は勿論だが、味方の「戦場における戦力」についても判断をかえねばならぬ時期になってきた。

だが、第2師団の失敗をみても大本営と日本海軍はひかなかった。

第2師団が第二次総攻撃をする時、これに策応して行動を開始していた連合艦隊は、十月二十六日、敵の空母群を発見した。戦闘は敵の先制攻撃で開始されて、空母「瑞鳳」は損害をうけたが、わが攻撃によって撃沈空母三、戦艦一、を報じた。発見した敵空母全部の撃沈であり、悲報相つぐ中で大本営を狂喜させた。

「南太平洋海戦と呼称す」と、軍艦マーチで景気よく戦果が発表された。国民は、さすが日本海軍だ、と歓呼した（実際には空母撃沈一、損傷一）。

この「南太平洋海戦」の捷報に「大本営陸軍部は戦局の転換は『今一押し』の努力をもって達成できるとの感を深くした」と、服部卓四郎氏は『太平洋戦争全史』に書いている。作戦課長自身の回想だから事実であろう。当面の敵空母全部撃沈したとあっては当然である。

ともかく「今一押し」とガ島には、第38師団が送りこまれた。十一月の月暗期を利用して、第38師団の主力を輸送船一一隻をもって強行輸送する作戦が実施された。連合艦隊は勿論、集中可能の全力を挙げてこの輸送を支援した。第2師団の輸送の時と同様に、戦艦の艦砲射撃をもってガ島飛行場を制圧、火の海とすることも命令された。

十一月十二日夜、戦艦「比叡」と「霧島」は前回同様、飛行場砲撃の目的で突進した。夜戦は日本海軍のお家芸である。ところが闇の中から命中弾を浴びせかけられた。損傷で動けなくなった「比叡」は翌日、空襲でとどめをさされた。十四日の夜、「霧島」も敵の砲撃で沈んだ。世界に誇るわが海軍伝統の夜戦も、レーダー射撃の前には、もろくも兜をぬがざるを得なかったのである。

これらの諸海戦を一括して「第三次ソロモン海戦」と呼ぶ。

我方、戦艦二、重巡一、駆逐艦三を失ったが、敵にあたえた損害は撃沈、巡洋艦八、駆逐艦四〜五、撃破戦艦二、巡洋艦三、駆逐艦三〜四という発表であった。

これまた過大な戦果の判定だが、こんな大きな犠牲にかかわらず、第38師団の輸送船一二隻は、二回の大空襲で八隻は途中で沈み、四隻だけがかろうじて上陸地点の沖にたっしたが、これも天明とともに敵の爆撃をうけ、兵員約二〇〇〇、弾薬糧秣の少量を揚陸し得ただけであった。

消耗戦に引きずり込まれる

こんな消耗戦をつづけていては、次から次と輸送船を失って国の機能が麻痺してしまう。船舶の数と運用は、国の生産力に直結しているのである。大本営は作戦のために、もっと商船、貨物船を徴用しろ、という。それでは軍需生産も船舶の増産も駄目になる、と政府がいう。南方をおさえて油の入手の見込みはたったのだが、海軍が油槽船を手ばなさないのでは運ぶ方策はない。しかし、それどころではない、と海軍側は頑張る。これが、日本の対米戦争における台所の状態であった。

十一月から十二月にかけて、作戦と国力造成とのかね合いの、統帥部、政府間の論争がつづいた。どうにも、息の切れたことを認めざるを得ない状況である。十二月七日、田中新一作戦部長の更迭となって、はじめて方策の転換が表面に出てくる。

前線では、大本営はすでに第8方面軍と第18軍を設け、ソロモン方面の第17軍、ニューギニアの第18軍と形を整えた。これまでに南東戦線に現れている第2、第38師団のほかに、第6師団が第17軍に、第18軍には第20、第41、第51師団が加えられ、六個師団がこの方面に作戦することになった。さらに、これまで海軍航空部隊だけが担当していた南東戦線に、はじめて陸軍航空部隊が参加した。

いうまでもないが、陸軍航空部隊は本来、大陸作戦にそなえて建設されたものである。飛行機の行動半径も、航法の装備も、装備する爆弾も、指揮官以下の訓練も、要するに航空部隊全般の組織が、海洋作戦には大した能力を持たぬままに開戦となったのである。幸いに植民地航空部隊が相手であったから、第一段作戦には、破綻を見せなかった。

第一段作戦終了期となっても、陸軍航空部隊はビルマ正面をかかえていたので、地上部隊のような復員帰還どころではなかったが、総体として目がソ満国境の空にもどされたことは否定できない。

米軍の反攻開始期となっても、南東方面は海軍の担任であり、また、陸軍機はすぐにはこの海洋作戦に使える状況ではなかった。空母機動部隊の作戦や、長距離攻撃をやる海軍機とは飛行機のつくり方から違っている。戦場へ飛行機をもって行く諸設備づくりからはじめなくては動けないのである。

まず、陸軍航空部隊が南西戦域の海軍航空の担任地域を交替して、海軍航空部隊を南東

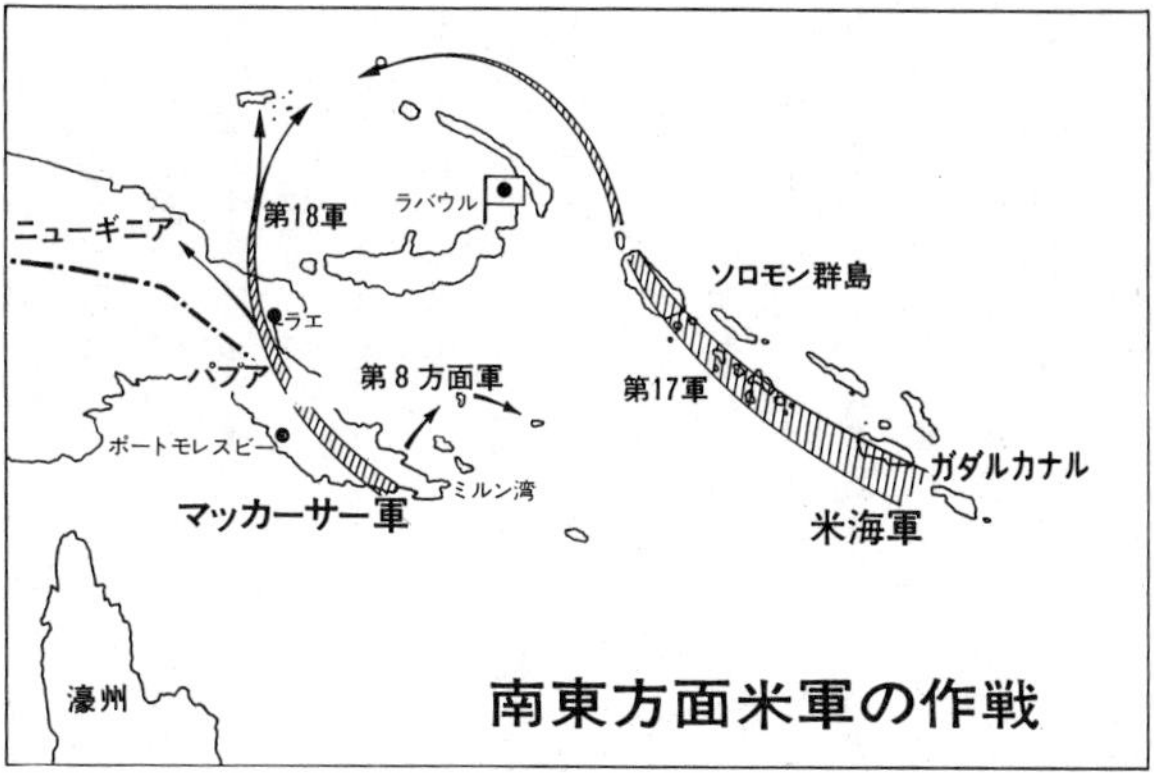

戦域に集中させることから陸海航空の協力がはじまった。そして広くなった陸軍担任戦域のために、満州から飛行団転用をはじめた。

間もなく、東部ニューギニア正面を担任するため、第６飛行師団が新設された。昭和十七年十一月末のことである。これで陸軍が、いよいよ本腰をあげて、南東方面の作戦を担当することになったのである。

だが、ガダルカナル方面の状況も、東部ニューギニア方面の戦況も悪化の一途をたどっていた。ガ島には戦力を失った一万余の軍隊がのこっている。これらの将兵の餓死を救う補給が大問題であった。

十一月の下旬になって、潜水艦による輸送がはじめられた。潜水艦は、対米戦争の必勝兵器であったはずだが、ついにこれも補給輸送につかわれることになってしまった。〝潜り輸送〟

と呼ばれた。駆逐艦などで食糧をつめたドラム缶を、海岸ちかくに投入する策もとった。これを陸側でひろいあつめるのである。潜水艦、駆逐艦に損害のでぬはずはないが、前線の将兵を餓死させぬためには、やむをえない方策であった。また、発動艇による輸送でガ島にたいする補給を確保するため、小型舟艇の連綴《れんてつ》基地も設けられた。

しかし、こんな戦いをながく続けられるわけはない。何の戦力にもならぬガ島所在部隊が、日本軍自身にたいする吸血ポンプになっているのである。

八月の末、第17軍司令部でガ島を捨てたら、という一部の意見がでた事がある。辻政信氏のいうとおり一木支隊攻撃の失敗後である。だが、ギャンブルに負けてさらにはりこむ心理からなのか、誰も言いだす者はなかった。十二月に入って第8方面軍も当面の海軍部隊も、ガ島奪回作戦について何度も検討をかさねたが、所望の軍隊、軍需品をガ島に送りこめる成算が立たなかった。

大本営は、ついにガ島をあきらめた。十二月も末になっていた。

「今や大本営はガ島奪回の殆んど不可能なることを知った。而して、この至難事を敢て強行し、更に失敗した場合の結果が如何に重大なるかに想到した」と服部氏はその『全史』に書いている。「今や」は「今にして」と言いたいし、「大本営は」とは「作戦課は」と書き直したい。このころ、軍事課にあった筆者らが、続々と沈む船のことや、船舶の減耗が物資動員計画や軍需動員におよぼす影響で身も細る思いであったことを、今に忘れることができないからである。

昭和十八年一月末から二月にかけてガ島にあった部隊をブーゲンヴィル島に撤収した。総人員は陸軍九八〇〇名、海軍八三〇名であったという。送りこまれた数からすると、半数にも足りない。あとはガ島の土となったのである。大本営はこれを「転進」であり「後退展開」である、と発表した。遭遇戦で、一部の先遣部隊の戦闘中に、後方の主力の展開や戦闘準備を完了し、〝さあ来い〟と前にある部隊を後退させる戦法をいう。果して、後方で〝さあ来い〟の態勢を整えたか。ガ島でとった日本軍の戦法を「逐次戦闘加入の遭遇戦」という。優勢な敵とたいする場合、つねに所望に満たない兵力の使用となって、兵家の最も戒めるところである。統帥の妙に戦捷の要を力説する日本陸軍は、何故、ゴマカシの発表でない後退展開の戦法が、とれなかったのであろうか。

四年にわたる大東亜戦争を記述する本章で、ガダルカナルの戦闘に多くのページを費してきた。この戦闘が「大東亜戦争」の勝敗を決した、と見るからである。

ガ島数万の犠牲は、申し訳ないが、この戦闘によって派生した他の犠牲にくらべると、ものの数ではない。この作戦の不手際で失った海軍の戦力と、船舶の喪失による国力造成の停頓が致命的であり、このあと三年の戦争は、完全に受身になり、ついに土俵を割るまでの経過にすぎないからである。

B17〝空の要塞〟

この海洋作戦で、日本軍を手こずらせ大いに悩ませた敵の兵器があった。〝空の要塞〟とよばれたB17である。米軍が大戦開始時にもっていた、ただ一種の重爆撃機である。

米軍はこの海洋島嶼地帯の作戦で、まず躍進基地となったニューヘブリデス島のエスプリッツサントの飛行場群から、ガダルカナルを戦闘機の制空権内にとらえて上陸作戦をやった。ガ島の飛行場が使用可能になると、ただちに戦闘機が進出し、戦闘機の行動圏を北にひろげた。この敵制空圏内での戦闘が、日本軍の反撃活動であった。

日本軍の増援や、後方での活躍を封ずるのが爆撃隊の任務であり、日本艦隊出動となれば、空母部隊も出動する。

この後方遮断、哨戒にあたるのがB17であった。ラバウルからの船団、あるいは艦隊が動くと、かならずB17が昼夜となく触接する。日本軍の動きは手にとるようである。そして船の防禦力がよわいとみれば、勿論、攻撃をかけてくる。鷹にねらわれた小兎のようなもので、一たまりもない。重装甲、重武装の足のながい四発機には、軽武装、軽装甲のわが戦闘機は、すっかり手をやいた。

そして米軍は広域の哨戒、戦爆連合の攻撃、戦場にある飛行場を中心とする戦闘機の活

日本軍をなやました米陸軍の重爆撃機ボーイングB17「空の要塞」

米陸軍の重爆コンソリデーテッドB24「リヴェレーター」

躍、これらの力でえた制空権を利して基地飛行場を前進させる。これによって、さらにこれら三つの力が日本軍を次第に圧迫するようになる。これが米軍攻勢第一段階期の水陸両用作戦《アンフィビアス》の戦法であった。

ガ島を中心に激戦を展開した時期、日本海軍の艦隊と航空部隊とでは、この三つの力を制しきれなかったのである。

第二段階以後となると、P38のような長距離戦闘機と四発のB24によって、戦爆連合攻撃圏がずっと拡張されることになる。

発動艇

イギリスのチャーチルは、一九四〇年の「大英戦闘《バトル・オブ・ブリテン》」でドイツの大空襲を撃破した後に、「国が一つの兵器に、これほどもお蔭を蒙ったことがほかにあろうか」といって「スピットファイア」戦闘機を挙げている。ソ連軍にとってT34戦車が、これにあたるであろう。

日本陸軍にとっては、国は救えなかったが、最も〝お蔭を蒙った〟のは戦闘機でも戦車でもなく、船舶工兵のあやつる発動艇がこれにあたると思う。船舶工兵と発動艇がなかったならば、太平洋正面の日本陸軍は生きることさえできなかったであろう。

日清、日露戦争いらい、日本の戦争は外征であり、その第一段はかならず上陸作戦であった。しかし、沿岸防禦は微弱なものであったから、沖仲仕を乗船地で集め、団平船などを輸送船に積んで、上陸点でこれらをおろして、手こぎで上陸する程度で事たりた。海が荒れれば上陸を延ばす。悠長なものである。

飛行機や潜水艦が活躍する時代となっては、こんな方法で戦えるはずはない。敵前上陸となれば、なおさらである。そこで大正末期、能率的な上陸用舟艇も考案され、これをあつかう専門の工兵(丁)中隊がつくられることになった。器材は改良されて踏波性もある発動艇となった。上海事変、支那事変で何度も行われた上陸作戦や内河遡航作戦、太平洋戦争のマレー作戦をはじめ戦いは、つねにこの上陸用舟艇と船舶工兵の活躍ではじまった。

このころは、戦況が快調の進撃であったから、敵前上陸の先陣を切る部隊であり、舟艇機動作戦の花形でもあった。それが今、ソロモン諸島戦域とニューギニアで戦う日本陸軍の唯一の足となり、命の綱となった。

川口支隊がニューギニアにかけつける時、歩兵第124連隊の約一〇〇〇名の部隊は、敵の制空権下を五〇〇キロにちかい荒海の舟艇機動でガ島に急行した。大発動艇二八隻、小発動艇三一隻、船舶工兵必死の活動であったが、損害もおおかった。

ともあれ、この時期には、これなくしては陸軍部隊はまったく動けなくなっていた。海軍の高速艦艇による輸送を当時〝鼠《ねずみ》輸送〟と呼んだ。これにたいして発動艇による輸送は〝蟻《あり》輸送〟と呼ばれた。たとえ蟻ほどの動きにもせよ、これがなくては第一線が戦うどころか飢えてしまうのである。兵器、糧食などの軍需品輸送、傷病者の後送など、すべてこれに頼らねばならなかった。

敵の制空権下、昼間の航行などは思いもよらない。昼はかくれ、夜だけ動くのである。この夜間の航行も、敵の哨戒機はレーダーで舟艇を捕捉しては爆撃し、照明弾を投下しては銃撃を加えた。

そしてさらに強敵がいた。敵の魚雷艇である。時速三、四〇キロという高速で、しかも発射速度の大きい速射砲をそなえている。これにつかまれば航行速度六、七キロの発動艇は、ひとたまりもなかった。こちらもまた、船首に歩兵砲、山砲を搭載して、敵に体当たりをかける以外に戦う方法はなかった。まことに海の特攻隊である。

こうした戦いは、このあとフィリピンの戦闘まで、間断なくつづいたのである。

船舶部隊の輸送状況がこの有様ではこれにたよっている地上部隊の事情は〝惨〟の一語につきる。

戦術単位部隊も戦略単位兵団も、これらの戦闘にふさわしい編成も装備もなしに、この苛酷な戦場に送りこまれたのであった。

大小発動艇の諸元を、左表に示す。

昭和十八年二月上旬、約一万名の陸海軍将兵のガ島からブーゲンヴィル島への撤退はお

	長さ（メートル）	幅（メートル）	速度（キロ）	自重（トン）	航続時間	搭載能力（それぞれ）
大発動艇	14.8	3.3	満載 14 空 16	9.5	9.5	武装兵 80名 馬 10頭 軍需品 11トン 野砲砲車 3輛 自動車 1輛 12トン級戦車 1輛
小発動艇	10.7	2.4	満載 15 空 18	3.7	10	武装兵 30名 軍需品 3トン

・発動艇に機関銃、歩兵砲、速射砲を積む場合は、兵員数を減らす。
・連絡用の高速艇や舟艇誘導用の発動艇、海岸制圧戦闘用の装甲艇などもあった。

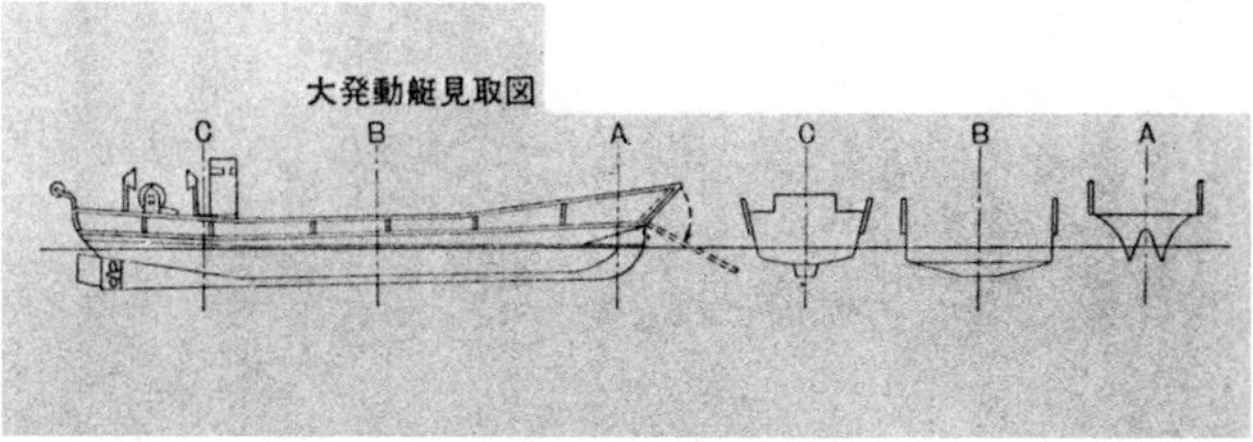

なかった。

わったが、戦闘の焦点が北にうつっただけで、米軍の攻撃の手は、ゆるまなかった。真の意味の後退展開をしたわけではないから、敵の戦爆制空地域推進の戦法を妨げる手だてはなかった。

母艦航空兵力の主力を注ぎこんで、一時的にでも制空権をとって、その掩護下に輸送を強行し防備強化の足がかりにしようと、山本司令長官みずからトラック島の基地からラバウルに進出し、航空作戦を指揮したのが昭和十八年四月、予期以上の成果をあげたものの、山本長官戦死という思わぬ結末をみたのもこの時であった。

日本海軍の対米作戦の根拠地帯はカロリン諸島で、トラック島はその中心であった。激戦のつづくソロモン諸島方面は、その玄関口である。この地域が敵の戦闘機、爆撃機の根拠地となってしまっては、カロリン諸島が危い。だから連合艦隊が必死になって、この地域の作戦に努力したのである。敵艦隊の戦力漸減をはかれるのは、わが陸上基地航空部隊をも使えるこの地帯しかなかった。

だが、カロリン諸島の玄関は東にもあった。ギルバート諸島やマーシャル諸島は、基地防衛のための第一線であり、ともに、米国艦隊の漸減をはかるという日本海軍の対米基本戦法のための要域である。これらの島々は艦隊の進攻、邀撃《ようげき》作戦のため航空哨戒網を構成するために重要であった。そして大した防備なしでも確保できると考えられていたが、ガ島いらいの戦闘の結果からみると、強力な陸上防備兵力も必要であり、航空部隊を移動集中できるような基地の建設も不可欠となった。

こうした島々をつらねた基地群を足場に、航空、海上の両兵力を集中して有利な艦隊決戦を行うほか道なし、となったのが昭和十八年の春であった。

これから海軍は勿論、陸軍部隊の、ギルバート諸島、南鳥島、ウェーク島など、太平洋の島々の防備強化のための大展開が開始されたのであった。

戦闘機を……

昭和十七年夏いらい、南東方面で、連続不断の激戦のつづくころ、日本陸軍はおなじような激戦をビルマ戦線で戦っていた。

太平洋戦線が結局、日本敗戦のきめ手となったため、ビルマ戦線での陸軍部隊の善戦力闘は、インパール作戦のほかは伝えられることが少ないが、陸軍が日清、日露戦争いらいの伝統を発揮して戦ったのは、むしろこの戦線であったといえよう。

この正面の英・インド軍、米航空部隊による反攻は昭和十七年十一月、ビルマ西方の一角、アラカン山系のかなたのアキャブ地方を根拠として開始された。この戦場での第55師団（長、花谷正中将）のみごとな反撃にはじまる、敗戦にいたるまでの在ビルマ各兵団の戦闘ぶりは、まことに立派であった。

一式戦闘機「隼」

　戦争末期、北境、雲南方面からの総反撃をひきうけた松山祐三中将の指揮する第56師団の内線作戦、インパール作戦では陸軍未曽有の不祥事はあったとはいえ、その末期の師団長が田中信男中将にかわって以後の第33師団、第31師団歩兵団長・宮崎繁三郎少将の指揮する部隊のごとく、満州事変いらいの筋金《すじがね》の入った武将の指揮する兵団の強さは、無敵陸軍の名を飾ったものと思う。ミートキーナや拉孟、騰越を守って散った守備部隊の戦闘は、いずれも文字どおり壮烈鬼神を泣かしめるものがある。太平洋戦線の孤島に玉砕した将士とともに、長く陸軍史に語りつぐべきものであろう。

　これらの兵団将兵の戦ったビルマ戦線は、優勢な敵空軍の制空権下にあり地形の嶮峻、大河の錯綜する密林地帯であること、ニューギニア方面とかわりはない。そして航空部隊の苦闘もまた、おなじであった。

　制空権を争う航空部隊にとって、戦闘機がなくては、爆撃機も威力を発揮できない。戦闘機に重荷がかかれば、その損耗も大きい。「隼」戦闘隊長とうたわれた加藤建夫少将の

	昭和17年		昭和18年		昭和19年		昭和20年	
	新設	累計	新設	復帰	新設復帰	累計	新設復帰	累計
戦闘機中隊	6	61	28	89	69	158	+9 −24	143
軽爆(襲撃)中隊	4	37	3	40	+2 −21	21	−6	15
重爆中隊		32	3	35	6	41	−8	33

(註) マイナスの復帰とは戦力の損耗による解散をいうが、軽爆(襲撃)には戦闘隊に改変されたものをふくんでいる。

第64戦隊はわずか二〇機そこそこの戦力で敵機二五〇機を撃墜したと敵に恐れられたが部隊長も開戦後半年、五月二十二日にはビルマの空に散っている。

昭和十八年に入って南方軍の寺内総司令官から、東條陸軍大臣に具申があった。「重爆撃機部隊を戦闘隊に改編せられたい」というのである。航空軍参謀長が命をうけて上京して具申したとき、筆者も軍事課課員として列席して聞いた記憶がある。

重爆撃機といっても米軍の中型爆撃機なみで、敵戦闘機の攻撃によわく、昼間攻撃の実施は難しい。少数機で夜間攻撃をするのだが、それとて、敵に夜間戦闘機が出現すると、夜間攻撃も困難となった。敵の制空権下に苦悩する航空部隊としては、戦闘機がなくてはどうにもならないのである。全般的に受身にたっていた戦勢上、やむを得ないことであったろう。

この意見具申もさることながら、日本陸軍にはノモンハンいらい、戦闘機こそ空軍の主兵とする思想があり、このため日本航空部隊はこの時期から戦闘機隊主体に大きくかたむいた。その上、日本の航空工業そのものが、大型機の大量生産にふさわしい力をもっていなかった。何千機、何万機と生産目標はあげられていくが、作られたのは小型機、戦闘機であった。

戦闘機隊は戦術的には攻撃部隊であるが、戦略的には防禦部隊である。航空部隊の攻撃戦力は爆撃機である。これに相応する比率の戦闘機がなくては爆撃機の働けないことは明らかではあるが、さりとて、戦闘機が主力となってしまっては、攻撃力のない航空部隊となってしまう。

果して昭和十九年十月、レイテ会戦となって、航空部隊をもって敵の艦船を沈める以外に防戦の方法がないという事態になった時には、陸軍航空部隊は、攻撃力を失っていた。そして、ついに戦闘機が爆弾をかかえて突入する悲壮な戦闘においこまれたのである。

航空全軍をあげて特攻となって攻撃力を喪失してゆく経過は、前頁の表がこれを明示している。この時期になると、わが航空部隊は地上部隊にとって、間接的な支援戦力であったことに疑いはないが、直接的支援にはまったくならない方向に進んでいった。戦略的防衛戦力となった航空部隊に、決勝戦力たることは望むべくもなかったのである。

不沈航空母艦

ソロモン諸島沿いとニューギニア沿いの二戦線で、文字どおりの血闘が一日の休みなくつづいて、昭和十八年の夏となった。ここで日本陸海軍の努力に息のきれる兆しがみえてきた。ガ島反攻開始いらい、ちょうど一年であった。

戦力に勝る敵と四つに組んだ消耗戦にひきずり込まれていたのでは、やがて力つきて土俵を割ることは、目に見えていた。

何とか敵から間合いをとって、時間の余裕をえて、この間に後方要域をかため、航空兵力を中核とする陸海戦力を、できるだけ充実して米英軍の反攻に対応するほかない、という方向に日本の戦争指導の方策をかえざるを得なくなってきた。

これが昭和十八年九月三十日の御前会議で、新方針として確定された。

「中、南部太平洋に於ては南東方面現占領要域に於て、来攻する敵を撃破しつつ極力持久を策し、この間速かにバンダ海方面よりカロリン諸島に亘り、防備を完成し且反撃戦力を整備し、以て来攻する敵に対し徹底的に攻撃を加え、勉めて事前にその反撃企図を破摧す」とある。

北は連合艦隊の根拠地帯であるカロリン諸島から南西に西部ニューギニア、バンダ海（現在のインドネシア方面の総称）にわたる線を当時「絶対国防圏」とよんで、これに飛行場群をつくり、防備をかため、反撃戦力を準備してここを足場に、来攻する敵を邀撃《ようげき》しようとする方策であった。

これで南東方面戦域の第8方面軍の部隊は、「持久正面」とされて置き去りにされるこ

試製四式四十糎噴進砲、榴弾（ロケット弾）
弾　　量　507.6キロ
最大速度　220メートル(秒)
最大射程　3700メートル
砲重量　200キロ

とになった。

　こうした戦策の大転換は、単に太平洋戦域での苦戦の結果だけからではなかった。

　すでにこの大戦の主戦場たるヨーロッパで、戦勢は大転換を示していた。独ソ戦線では昭和十八年七月、ドイツ軍のクルスク会戦の失敗後、ソ連軍は大反攻にうつっている。もうドイツ軍がソ連軍に立ち向かえるとは思われない。また連合軍は、九月にはイタリア本土に上陸、イタリアは無条件降伏して戦争から脱落した。

　日本としては太平洋戦線で〝一匹狼〟として頑張りとおすほかに道はない、という情勢が目に見えてきたからである。

　敵から〝間合い〟をとりたい、といっても、それは日本軍の希望だけである。ともかく、後方要域をかためることを急がねばならない。容易なことではないが、うまくゆけば、望みのないわけでもない。

南東正面では、海軍航空部隊が陸上基地によって敵艦隊に攻撃をかける場合、大いに威力を発揮しているからである。山本長官戦死前の四月、長官みずから指揮した航空戦「い号作戦」では敵艦隊にたいして大きな戦果をあげている。

また、「絶対国防圏」方策にうつって以後も、これを実証する戦闘がおこっている。

昭和十八年十一月一日、米軍はソロモン諸島中部のブーゲンヴィル島に上陸してきた。日本の空母搭載機部隊はこのときラバウルに進出していた。この一七〇機の増加をえて、海軍航空部隊は全機数七七〇機、実働約三七〇機という有力なものになった。十一月一日、ただちに上陸点の敵艦隊に殺到した。上陸にたいする反撃としては、これまでにない迅速、有力な初動であった。

攻撃は一日、五日、八日と六次にわたり十七日まで続行された。「ブーゲンヴィル島沖航空戦」と呼ばれる。総合戦果は撃沈、戦艦四、航空母艦五、巡洋艦一〇、駆逐艦九、撃破、戦艦二、航空母艦三、巡洋艦五、駆逐艦一と報ぜられた。すばらしい大勝利である。

陸上基地飛行場に足場を占めた航空部隊の威力の実証であった。〝不沈航空母艦〟である。敵機動部隊を邀撃して、決して恐れるところはない。この不沈空母の建設、すなわち飛行場群の建設こそ、絶対国防圏の戦策の中心をなすべきものだ、と筆者も思った。

筆者はこのころ、昭和十八年の秋の新方策にもとづき、満州から西部ニューギニア方面に転用された第2方面軍司令部（司令官、阿南惟幾大将）の参謀として南方に転出を命じられ、三年半にわたる陸軍省勤務と別れることになっていた。第2方面軍の任務は、西部ニューギニアからバンダ海方面の絶対国防圏を担任することであった。そのおりから、この航空反撃の成功は、まことにたのもしいニュースであった。

だが、この当時は知らなかったことが二つあった。一つは、あとになって判ったことだが、この戦さのとき敵の上陸開始の報にトラックから南航し五日早朝、ラバウル港に入泊した第2艦隊が敵機約二〇〇の攻撃をうけて、被害艦八隻を生じて、即日、ラバウルを引き揚げてしまったことである。もう水上艦艇は、爆撃圏下では戦力としては考えられないことを示していた。連合艦隊は、もはや空母部隊と基地航空部隊にしか頼れぬことになってしまったのである。

もう一つは、戦後になるまで知らなかったことであるが、大勝利とうたわれた「ブーゲンヴィル島沖航空戦」の戦果は、米軍側の公式記録によると輸送駆逐艦一隻沈没の損害だけであったということである。

戦果誤判の例はこれまでもあった。また、このあともしばしば起こるのであるが、連合艦隊の側でも疑わしいと思ったにちがいない。それが、なぜ軍艦マーチ入りで発表されたのであろうか。こうも誤った敵情判断や戦力判断を基礎とした絶対国防圏の戦策など、はじめからなりたたぬ。紙上の計画にしかすぎなかったというべきである。

絶対国防圏の戦略

昭和十八年九月の、いわゆる「絶対国防圏」の設定とその戦略については服部卓四郎著の『大東亜戦争全史』にくわしく、かつ大きくとり上げられている。

新戦略方針の決定の御前会議で、永野軍令部総長は「既得の戦果を基礎とし、遅くも昭和十九年中期までに所要の戦略態勢を強化致しまする……ために先ず所要の地に更に兵力資材を急送して我反撃態勢強化の緊急措置を講じまするると共に、速かに決勝戦力、とくに航空戦力を増強いたしまするることが是非必要……陸海軍渾然一体となって戦力の集中発揮を行いまするに於ては敵の攻撃意図を挫折して戦局を有利に進展せしめ、以て主導的に対米英戦を遂行し得るものと信ずる次第……」と発言しているし、実際に、昭和十八年秋以後、陸軍部隊の、太平洋から南方要域にわたる全面的展開が開始される一方、国内では、飛行機と船の増産のため、あらゆる資源の活用、企業整備さては徴兵適齢の一年切り下げから学生の徴集延期の廃止まで、文字どおりすべての戦争資源の総動員にうつったのであった。

だが、どうもこの攻勢防禦的な新戦略方針は、陸軍的な考え方で、日本海軍としては釈然としないものがあったらしい。海軍は、あくまで南東方面を主作戦戦場として決戦を連続する以外に道はない、という考えであったようだ、と前出『全史』にある。

筆者もこのころ、日本海軍はトラック基地を確保活用しているここの態勢だけが、対米海軍作戦で採りうる方策だ、と考えていたものと思う。

昭和十八年の末までに連合艦隊は、南東戦域の連続的な決戦で、精も根も使い果してしまったように思われる。精鋭を誇った航空機搭乗員の大部分を失ってしまっている。航空母艦もそうだ。戦艦、巡洋艦の水上艦艇は、もはや敵の爆撃機の行動圏内では動けなくなっている。とっておきの潜水艦や駆逐艦も、補給任務にまで酷使されて損害と疲労を増していた。

対米戦争開始までの日本海軍の貯金は、もうからっぽ同然になっていたのが事実ではなかろうか。

この段階になって、はじめて「陸海軍渾然一体となって……」と作文はできても、昭和十九年に入ってからの戦勢の動きから考えてみると、結局、その作戦根拠地域すら失ってしまう海軍は、ほとんど独力での一カ年余の対米決戦にまず潰え、おくればせに太平洋戦域に送りこまれた陸軍部隊は、なかば遭遇戦的な防禦をしただけでつぎつぎと散り、米国陸海軍の進行計画のどの一つもくるわせることができなかった。

マッカーサーがフィリピン攻撃を日本軍くみしやすし、と予定よりも時期を繰り上げてきたほどの強圧の前に、ずるずると土俵を割ってしまうことになる戦いであった、といわざるを得ないのである。

要するに、この戦争の勝敗は、昭和十八年秋ごろまでのソロモン諸島の戦いで決まった。奇しくもヨーロッパ戦場でのやまも、このころの独ソ戦場の「クルスク会戦」後、ドイツ軍が敗退をはじめた時であった。それ以後、東西の両戦域で二年ちかくつづいた戦争は、日独両国が、土俵を割るまでの経過にしか過ぎなかった、と筆者は思う。

国の全力を傾けてさえ、「廟算あり」とはいいがたいこの大戦争を〝渾然一体〟であるべき陸海軍が別々にぶち当たったような結果におわったことは、死児の齢《よわい》をかぞえる愚ではあるが、明治の末いらいたびたび改訂された「国防方針」も「用兵綱領」も、陸海軍対立抗争の上に書き上げられた一片の作文であったことに因を発するのではあるまいか。

陸海軍それぞれに「作戦計画」はあったであろうが、日本に真の戦争指導の基本となる「用兵計画」のなかったことが、従軍将兵のみならず、全国民苦難の根源であったというべきであろう。

絶対国防圏くずれる

つぎの敵の攻撃はカロリン基地群の表玄関にくわえられた。ギルバート諸島の要点、マキン島、タラワ島であった。十一月二十一日に米軍上陸、戦闘数日にして守備隊は玉砕した。

こうなっては、ソロモン諸島やニューギニアどころのさわぎではない。連合艦隊としては、大変なことになった。大いそぎで、マーシャル諸島やカロリン諸島の防備をかためなくてはならない。だが、こうした応急の処置を講ずる時間の余裕を、米軍はあたえなかった。

二カ月の間にギルバート諸島の基地に準備をととのえた米陸上航空部隊との協同の下に、米機動艦隊が突如、クェゼリン、ルオット、ウォッジェの海軍航空基地を襲った。わが航空部隊はまったく不意をつかれて、あっという間に壊滅した。昭和十九年二月一日にはクェゼリン、ルオットも敵手に落ちた。

こうして開戦前から「日本海軍の海上決戦は、敵がマーシャルにかかってきた時である」として研究準備されていた要地が、ほとんど瞬間的に崩れてしまったのである。

おどろくべき敵機動部隊の猛威は、息もつかせずトラックに加えられた。日本海軍、くみしやすし、とみた米国海軍としては当然であろう。

日本海軍は、紙の上では多数の敵空母を沈めてきた。しかし実際は、米海軍はマーシャル、カロリン攻勢のときには、ミッチャー提督の快速機動部隊四群、正規空母六、軽空母六が暴れまわっていたのである。

彼らは、〝日本のパールハーバー〟とよんでいたトラック基地を襲った。二月十七日早朝であった。すでに主力艦隊はトラックを去っていたが、艦砲射撃まで受けるという惨憺たる状況で被害甚大であった。連合艦隊司令長官もパラオにうつった。

こうして日本は、対米作戦のための艦隊根拠地を失ってしまった。絶対国防圏という紙の上の要線も、そのもっとも重要な地域から崩れてしまった。戦勢の大転換であった。米軍の空母部隊は、すでに継続的に陸上基地にたいして戦いを挑みうるだけの力をそなえてきていた。陸上航空基地こそ不沈の母艦群である、という日本陸海軍の希望は、はやくも空しいものになりかけてきたのである。

ニューギニア方面でも、トラック空襲から一〇日後、米軍はラバウルの西方のアドミラルティ諸島に上陸してきた。これまで〝蛙《かわず》とび〟といわれてきた跳躍距離とは段ちがいであった。こうして、昭和十九年春以後は中部太平洋方面でも、ニューギニア方面でも、このように俄然モメンタムをましてきた米軍との戦い、そして敢然と陸上基地に戦いを挑む米空母機動部隊群と、これをなんとか陸上航空基地群の活用によって食いとめようとした戦い、これが昭和十九年の太平洋戦線の死闘であった。陸軍の部隊は、南の辺境ニューギニアや南海の孤島にすてさられるか、あるいは玉砕するしか途はなかった。

米軍の、中部太平洋とニューギニア沿いの二正面の進撃は、まことに息もつかせぬ速さであった。昭和十九年の戦闘を日を追って見ると、次のようである。

二・二三　米機動部隊、マリアナ空襲
三・三一　同　パラオ、ヤップ空襲
四・二二　米軍、中部ニューギニアのホーランディア、アイタペ付近に上陸
五・一七　米軍、西部ニューギニアのワクデ、サルミに上陸
五・二七　つづいてビアク上陸
六・一一　米機動部隊、マリアナ空襲
六・一五　米軍、サイパン島に上陸（七月七日、守備部隊玉砕）
六・一五　あ号作戦（日米母艦部隊の大海戦、日本艦隊、空母三隻を失って敗る）
六・一六　B29、北九州を空襲
七・　八　B29、北九州を空襲
七・二一　米軍、グァム島に上陸（八月十一日、守備部隊玉砕）
七・二三　米軍、テニアン島に上陸（八月三日、守備部隊玉砕）
七・二九　B29、満州を空襲
七・三〇　米軍、西部ニューギニア、サンサポールに上陸

ニューギニア正面は、筆者らの第2方面軍の担任区域である。苦しい戦さの連続であった。

またB29の北九州空襲は、中国戦線から行われた。その後、マリアナ諸島が占領され、ここからの本土空襲は、十一月二十四日、東京初空襲をもって開始されるのである。

八・三一　米機動部隊台湾空襲
九・一五　米軍、パラオ（ペリリュー）、濠北モロタイ島上陸
九・二一　米機動部隊マニラを空襲
一〇・一〇　米機動部隊、沖縄を空襲
一〇・一二　米機動部隊、台湾を空襲（台湾沖航空戦）

十五糎高射砲

口　径	14.91センチ
弾　量	50キロ
初　速	930メートル（秒）
最大射高	20000メートル
放列重量	50トン

この砲には制式年次がない。完成と同時にB29との戦闘に使用された。昭和20年5月、東京に二門配置され威力を発揮した

いよいよ米軍は、フィリピンに迫ってきた。日本陸海軍が「捷号作戦」と名づけて準備していた戦場であり、この戦争の〝天王山〟であった。筆者らの第2方面軍は、まったく遊兵になってしまった。ただ比島部隊の健闘を祈るだけであった。

特攻

昭和十九年十月二十日、マッカーサーの部隊はレイテに上陸を開始した。サイパン島やグァムなど太平洋孤島の戦闘とちがって、レイテこそ日本陸軍らしい戦いのできるところであった。

日本は軍部も政府もレイテをこの戦争の〝天王山〟と呼んだ。七月のサイパン失陥いらい大あわてではあったが戦備の造成に努力をかたむけた戦域であり、作戦飛行場群に不足する場所ではない。離島の戦いとはちがって、航空戦力の集中使用のできるところである。

フィリピンの戦いの初動は、敵機動艦隊の周辺地域飛行場制圧作戦ではじまった。米軍のいつものパターンである。これが十月十日の沖縄はじめ、南西諸島、十二日、十三日の台湾空襲とつづいた。十四日には中国戦線からB29が台湾を襲った。これにたいして連合艦隊は十二日いらい、敵の機動部隊を求めて連続攻撃を加えた。いわばホーム・グラウンドでの航空決戦である。敵の機動部隊は、十五日にはマニラを襲った。陸海軍攻撃部隊は、これを迎撃して戦果をあげるし、敵機動部隊にも反撃をかけた。十五日にいたるまでの戦闘で、敵の機動部隊にあたえた損害は驚くべきものであった。

筆者はこの時、セレベス島のメナドにいた。九月十五日に敵が上陸したモロタイ島（十月三日には敵はこの飛行場の使用を開始していた）に、なんとか攻撃部隊を送りこまなければならぬ立場になって苦慮している時であった。そのさなかに勝利の報である。狂喜の思いで聞いた。

「我部隊は……敵機動部隊を猛攻し、その過半の兵力を壊滅して潰走せしめたり。

撃沈。空母一一、戦艦二……

撃破。空母八、戦艦二……」

この戦闘を「台湾沖航空戦」と称し、「我方の未帰還機三一二機」という発表であった。味方の損害も莫大なものだが、よくぞこんな戦果をあげてくれた、とよろこんだものである。ところが当時、知る由もなかったが、戦後の調査では実際の米艦隊の損害は、巡洋艦二隻大破、空母にはまったく損害なし、というのである。わが戦力を消耗しただけであった。

ともあれ、大勝利のムードの中でこれに航空戦力を使い果した海軍航空部隊の前に、ほとんど無傷の空母艦隊の支援をうけて、レイテ島の上陸が開始されたのであった。

陸軍航空部隊（第4航空軍）は動きだしたが、反撃初動は、迅速機敏とはいかず、「当時は点滴《あまだれ》的攻撃と称されて決定的効果を収め得なかった」と、このときの参謀本部作戦課長・服部卓四郎大佐が書いている。

さらに具合の悪かったのは、レイテを守る第16師団であった。敵の艦砲射撃は十八日からはじまり、一部が十九日に上陸、主力は二十日に上陸した。レイテ湾内には戦艦八～一〇、空母八が認められたという。これらの艦砲射撃がいかにものすごいものであるか戦場にいなかった者には想像はつくまい。

師団の戦闘指導は初動から混乱した。タクロバンの飛行場はたちまち敵手に落ち、主飛行場群のあるブラウエンも間もなくとられてしまった。敵がレイテに上陸させた兵力は四個師団であった。一個師団で守りきれるはずもないが、飛行場をとられてしまっては、戦いはガダルカナルとおなじパターンとなる。十一月に入ったころには、タクロバン、ブラウエンは戦場制空、爆撃飛行部隊の基地となった。これに加えてモロタイ、パラオ、マリアナは基地航空部隊の拠点であり、空母艦隊が機動兵力であり、上陸してきた陸軍部隊は、装甲に身をかためた上陸作戦歴戦の部隊であった。

こうした敵に対したのが「レイテ決戦」である。

フィリピンが敵手におちた場合、居場所もなくなる連合艦隊の水上艦隊のなぐり込みは壮烈ではあったが、戦局にはなんの影響もあたえなかった。自決的最期を飾っただけである。

筆者は、レイテに戦う第35軍参謀に転補されて十一月十六日、レイテ島の土をふんだ。戦闘開始後、約一カ月を経た戦場である。なんの役にもたたなかった増加参謀で、レイテのジャングルを歩きまわっていただけであり、頭に負傷した傷痕が、いまも残る思い出の種だけなのだが、彼我の装備の差は身にしみた。「捷一号」の決戦予備といわれて増援された第1師団の装備に、この時期になって国軍唯一の機動予備師団の装備がこれしかできなかったのか、と陸軍省につとめた身として地上兵団の装備のおくれをなんともできなかった誤りを、まことに申し訳なくも思い、因果のわが身に報われたことを痛感した。

レイテの戦いも、例によって三八式歩兵銃の戦いであった。補給に頼りうるのは発動艇だけであったことは、ソロモンの戦いと同様であった。

そして、このフィリピンの戦いは、海軍航空部隊をさきがけとする陸海軍航空部隊の「特攻」の誕生となった。戦法として論ずべきものではない。「台湾沖航空戦」で力を使い果し、戦闘機しかなくなった海軍航空部隊の切羽《せっぱ》つまった戦法であり、元来、「攻撃力」の少ない陸軍航空部隊としても、まったく絶体絶命の状況でとられた策であった。

レイテをでてパゴロトの陸軍航空基地に行った筆者は、多数残っていた特攻兵というか、特攻隊要員として基地に待機していた若い人たちに会った。筆者とて士気のあがっていたわけはないが、彼らのしょんぼりしていた姿は今でも忘れない。無理もない。一たびは死を決して特攻兵たることを志願したのであったろうが、戦局がこうなってしまっては、全く心のよりどころがなくなったのであろう。

「参謀どの、戦争はどうなるんですか」と聞かれて、筆者は答える言葉を知らなかった。幸か、不幸かこの人たちは、もう飛行機がなくなっていたので特攻で死ぬことはなかったが、やがてここは米軍の上陸を受けたので、おおくの若者が散華したであろう。こんな若い人たちの肉弾攻撃に一軍の勝敗をかける戦さなど考えたこともないわれわれではあったが、思えば、まことに申し訳けないことであった。

かくして〝天王山〟の戦いにも、勝てなかった。

唯一の神機

昭和二十年四月一日、沖縄の戦闘ははじまった。一軍、二個師団半をならべての戦闘である。これまでの孤島の戦闘とはちがう。台湾から、九州から、航空基地に不足はない。もし、日本軍が一度でも、敵の進攻を挫折させることができるとしたら、沖縄の戦いだけであったろう。

筆者は、先年、米国バランタイン社の大戦シリーズの『沖縄』(サンケイ新聞社出版局刊)を翻訳したとき、返還前の沖縄を訪れて、戦闘の跡もたどってみた。

最後の決戦場となりうるかとも思われた沖縄の戦いも、統帥の面で、不手際とはいわぬが、不運なスタートを切ったのであった。それは、三個師団以上で防禦を準備していた第32軍から、大本営が第9師団をフィリピン戦線の関係から抽出し、あとに補充される予定であった第84師団を、本土決戦のために送らなかったことにはじまる。

沖縄本島中部に営々としてつくりあげた飛行場を守り切るだけの兵力が、なくなったのである。

第32軍は、この飛行場地帯をすて、中部以南を堅固にかためる策をとった。この決心のころから、現地軍と大本営の間がしっくりいかなかったらしい。中央部や上級司令部である台湾の第10方面軍、あるいは陸海軍航空部隊から飛行場地区の防備強化が強調されたのだが、結局、第32軍の処置にかわりはなかった。第32軍の力では、島の中部の飛行場群と、伊江島とを持ちきれるはずはなかったのである。

どちらをとられても、ガダルカナルのようになるのは目に見えているが、どうしようもない。営々としてつくりあげた不沈空母の飛行場群が、今となっては最大の悩みの種であった。

筆者らが第2方面軍にいた時もそうであった。地上部隊自らが戦わねばならぬ段階となると、それまで苦労してつくった飛行場は大きな足枷《あしかせ》となり、飛行部隊も艦船も、その戦場にはいてくれないのである。

沖縄でも、三月十日には伊江島飛行場を自らの手で破壊することを命じている。北、中飛行場破壊は三月三十日から行われた。

天運に見放されたというべきか、一月の大本営の第84師団派遣中止の決定は、まことに不運な結果を招いてしまったのである。

四月一日に上陸を開始して、一挙に既設の飛行場地域を手に入れた米軍はただちに戦闘機を送りこみ、これでガダルカナルとおなじような態勢になった。ちがうのは米軍側が、守る日本軍を攻撃することであり、ジャングルの中の夜襲などではなく、正々堂々の歩・戦・砲・飛、それに艦砲射撃も加わった攻撃であった点である。まだ違うことがあった。この上陸作戦は、米軍地上部隊の航空直接支援は航空母艦部隊しかなかったことである。B24がフィリピンなどから飛んではいても、これは直接支援にはならない。米軍空母部隊は沖縄からはなれることはできないはずであった。

筆者はこのとき、流れ流れて仏印のサイゴンにいた。B29は飛んでくるし、南方圏の中心ではあるがビルマ方面の戦況から、もはや戦場であった。第2方面軍時代の不甲斐なさを嘆じ、レイテ戦の不首尾を痛恨しながら、日本本土に迫る危険を案じている日々であった。敵が沖縄に上陸した時、「しめた」と思った。これほどの時間をかけて準備したところに敵の上陸したのは、玉砕はしたがあの硫黄島(昭和二十年二〜三月)につづいて、沖縄だけである。守備兵力も硫黄島とは段ちがいだ。よくぞ、ここに上陸してくれたと思った。

だが、戦線がすぐ南にうつって、既設飛行場地域が敵手におちたことを知った時に「これはいかん」と思った。どうしてこんなことになったのか。それでも、このころ海岸直接防禦ができないのは当然だから、後退配備にしても、この地帯を制することのできる何かの手がうたれているか、と思ってもみた。しかし、そうではなかった。

筆者の手もとに一通の手紙がのこっている。軍事課で同僚として仕事をした南清志中佐（陸士第四十三期生）からのものである。

沖縄の戦いは本島上陸が四月一日。六月二十三日、牛島軍司令官、長参謀長の切腹をもって終わりをつげた。この手紙は五月二十日付のものである。五月二十三日には義烈空挺隊の飛行場なぐり込みも行われるという時期であった。左に引用する。

〈沖縄の戦局推移……私は次のように思う。結局、勝てません。奪取されます。敢てその時期は予言しませんが、長いことではありますまい。……確かに大東亜戦争唯一の神機でした。しかし勝つためにはその努力が、至誠が足らなかったのです。本年春、第九師団を台湾に転進させた後埋めをやらなかったことが一大過失であり、また中央の熱意、努力の足らざりしを裏書きしておるのです。過早に北、中飛行場を奪取され、その活動を許したことがいけない。ために特攻が特攻にならぬのです。直掩（直接護衛する戦闘機）はとどかず、特攻（機）は喰われる率が大です。現地軍の涙ぐましい奮闘は、筆舌につくし得ぬものがありますが、守るに足らず、攻むるに足らずです。もともと第九師団（あるいはその交替）の居ることを前提として作った陣地を一兵団減らして守るのですから、破綻《はたん》の第一歩はここですよ。

私は寝ても醒《さ》めても考える。もしあれに予定通りの一個師団が追加されていて、敵に飛行場の奪取を許さず、ために敵の機動部隊は協力のためにいやでも応でもはりつけられる。それを特攻が叩く、制空権をとる。艦船をつぶす。ついで輸送船に及ぶ様相を。

沖縄の喪失は朝鮮海峡に致命的ですよ。だから、我々「物」（物資動員担当の意）の面から考えるとあの喪失は、「資材班」の不要を意味するので、爾後は国力も何もありませんよ……あれに真の決戦を求むべきでありました……〉

沖縄の戦いは、こういう戦いであった。

若い殉国の戦士、白鉢巻の特攻隊の将兵が、爆薬をかかえて敵艦めがけて体当たりをする姿に、筆者は四〇年の昔、屯田兵の老兵が白襷に身も心も引きしめて、旅順の堅塁に肉弾突撃していった、あの日露戦争をしみじみとおもう。これが日本陸軍の〝始めと終わり〟であった。その四〇年間の陸軍は、一体、なんであったろうか。何をしたのであったろうか。

南中佐の手紙のように、沖縄の喪失は朝鮮海峡に致命的であり、こうなると国力も何もないと同然である。

いかに日本陸海軍が本土決戦を呼号しようとも、一億玉砕以外の道はなかったはずである。

陸軍が多年にわたって築きあげた朝鮮海峡要塞系も、この時期には、大陸からの交通維持になんの掩護にもならなかった。日本の大陸発展の歴史とともに増強された諸要塞は、満州事変後には潜水艦にたいする防禦に重点がうつされていた。大陸との交通だけは、絶対に掩護できるものでなければならない。だが「要塞老い易し」である。

前出、吉原中将の『日本陸軍工兵史』を借りる。大正十五年から昭和十六年まで約一六年間を築城業務に、しかも大部分を朝鮮海峡の要塞建設に従事したという今井陸軍少将の手記である。

〈終戦時には南鮮船舶隊長として、もっぱら朝鮮海峡での大陸から内地への緊急輸送作戦に従っていた。そこで船団掩護のため、鎮海湾の海軍や最寄りの飛行隊に協力を求めると共に、かねてから今日あるを予期して建設した朝鮮海峡系諸要塞の庇護を大いに期待したのであったが、折から敵の空海からする猛攻の前に、それ等の協力部隊はまったく手も足も出なくなって、船舶の損害は日に日に増すばかり。ついに内地大陸間の連絡は、船長以下全船員の特攻精神による単独海峡突破航行によるほか致し方ない状態となってしまった……一衣帯水の対馬の山々がすぐ眼前に見えながら、この海峡がこの時ほど遠く感ぜられたことはかつてなかった。

かくして誠に皮肉にも自分自らが半生の間手塩にかけてきたこれらの諸要塞が、すべて、戦列から離れて戦局の圏外に悄然としている姿を眼のあたりに見ながら、終戦を迎えてしまった……〉

戦列から離れて、戦局の圏外に悄然としていたのは、要塞だけではなかった。支那大陸に南方に、そして太平洋正面全域に散在しとりのこされて、祖国の危急に参じえなかった数百万の将兵が、戦局の圏外に悄然として、祖国の空を思い、哭《な》いていたのであった。

昭和二十年八月十五日、日本は敗れた。日本陸軍は武器を捨てた。これとともに七五年の帝国陸軍の歴史を閉じたのである。

「孫子曰く、兵は国の大事にして、死生の地、存亡の道なり。察せざる可《べ》からざるなり」

終戦時の陸軍

昭和二十年八月九日、ソ連軍が満州、朝鮮、樺太、千島に侵入してきた時の、この方面の兵力は次のようであった。（服部氏『全史』による）

満州（関東軍）

方面軍司令部	二個
軍司令部	五個
師団	二一個
混成旅団	八個
戦車旅団	一個
北部朝鮮	
軍司令部	一個
師団	二個
混成旅団	一個
南樺太	
師団	一個
千島	
師団	二個
混成旅団	一個

陸軍全軍についてみると、右の数字をふくめて次のようである。玉砕部隊をふくむ。

総軍司令部　五個
方面軍司令部　一七個
軍司令部　四四個
一般師団　一六三個
戦車師団　四個
高射砲師団　四個
混成旅団、歩兵団　一一三個
戦車旅団　八個
騎兵旅団　一個
航空総軍司令部　一個
航空軍司令部　五個
飛行師団　九個
戦闘飛行集団　二個
航空師団　三個、

特科の独立部隊も大きく膨張していた。

前出『砲兵沿革史』や『日本陸軍工兵史』は、それぞれ砲、工兵関係部隊として次の数をあげている。

砲兵、砲兵団司令部	一六個
師団砲兵部隊	一六二個
（野砲、山砲、迫撃砲、噴進砲）	
戦車師団砲兵隊	四個
混成旅団砲兵隊	九六個
戦車旅団、騎兵旅団砲兵隊	二個
独立野、山砲連隊	二〇個
独立野、山砲大隊	二四個
野戦重砲兵連隊	三一個
独立野戦重砲兵大隊	一二個
臼砲連隊	一個
独立臼砲大隊	一五個
迫撃砲、噴進砲大隊	四三個
高射砲師団司令部	四個
高射砲隊司令部	九個

高射砲連隊　三六個
高射砲大隊　八〇個

一般砲兵の部隊数は、開戦当初で日露戦争の約四倍、敗戦時には一七倍強であったという。

野戦工兵部隊は、師団、旅団の工兵部隊のほか、左の部隊があった。

独立工兵連隊　二六個
独立工兵大隊　七三個
船舶工兵連隊　二五個
工兵隊司令部　一二個
鉄道隊司令部、鉄道監部　一三個
鉄道連隊　二〇個
独立鉄道大隊（各種）　二七個
通信隊司令部、本部　一四個
電信連隊、船舶通信連隊　五五個
各種通信大、中、小隊　二三一個

兵站その他の諸勤務部隊をかぞえれば、無数というべきであろう。

昭和九年当時の戦時戦力についてはすでに述べた。戦時兵力六五個師団の目標をたてたのが、昭和十四年の末である。昭和十九年末になって完成する予定であった。大東亜戦争下、国の総力をあげての拡張ではあったが、航空、船舶の優先の旗印でのもとで、この大膨張は、所詮、戦力なき軍隊の急造であった。

終戦時、海外にあった陸軍兵力を前出『全史』は、ソ連軍と戦った正面をのぞいて次の数字をあげている。

ソロモン諸島 ビスマルク諸島）	六万九八六〇名
東部ニューギニア	一万二一〇〇名
西部ニューギニア 濠北）	八万七七〇〇名
中部太平洋 パラオ、小笠原）	六万三六四〇名
フィリピン	九万七三〇〇名
南西諸島 台湾）	一六万八九六二名
中国	一〇四万九七〇〇名
朝鮮	二九万〇〇〇〇名
その他の南方地域	五〇万四二二一名

総計　　　　二三四万三四八三名

また陸軍の損耗は、死亡、行方不明、不具廃疾などを合計して、一五二万四七二一名と書かれている。

主なる参考文献

★防衛庁戦史室保管資料　陸軍省密大日記——明治38年より昭和17年まで
陸軍省満密大日記——明治37年より明治40年まで　陸軍省軍事機密大日記——大正14年より昭和9年まで　陸軍省大日記甲五類——大正元年より昭和15年まで
ノモンハン戦訓研究に関する各種資料
ドイツ派遣山下軍事視察団の報告資料
山崎正男少将手記「兵器技術の進歩を中心とした編制推移の概要」昭35
★防衛庁戦史室編纂戦史叢書　大本営陸軍部(1)(2)　軍需動員(1)(2)　関東軍(1)
海軍軍戦備(1)　南太平洋陸軍作戦(1)　豪北方面陸軍作戦
沖縄方面陸軍作戦　沖縄方面海軍作戦ほか
★欧洲戦争叢書　大局ヨリ見タル世界戦史——1914年より1918年、大9
世界大戦ノ戦術的観察(1)〜(5)——大9
★一般通史　陸軍省沿革史（山縣有朋）明38　大東亜戦争全史（服部卓四郎）昭28
陸軍五十年史（桑木崇明）昭18　近代日本軍事史概説（小山弘健）昭19
日本軍事発達史（伊豆公夫・松下芳男）昭13　米国海軍戦史（モリソン）1960
★陸軍史　砲兵沿革史1〜6（同史刊行会）昭39　日本陸軍工兵史（吉原矩）昭33
陸軍大学校（上法快男）昭48　軍閥興亡史（伊藤正徳）昭32
★技術、兵器関係書　近代軍事技術史（小山弘健）昭16　日本軍事技術史（林克也）昭32　兵器沿革図説（有坂鉊蔵）大5　日本武器概説（末永雅雄）昭8
陸戦兵器の全貌（菅晴次）昭32　日本航空50年史（野沢正）昭35
日本の戦車（竹内昭、原乙未生、榮森伝治）昭36
財団法人偕行社保管の旧陸軍の兵器取扱法など各種
★その他　軍旗之詳説（山口道正）大5　軍旗物語（松美佐雄）明44
屯田兵（田中公平）昭18　ひらけゆく大地（北海道庁総務部）昭40
帝国陸軍（陸軍省歩兵課）大2　改正歩兵操典研究——明43
シベリヤ秘史（山内封介）大12　日本軍の暗黒面（原田政右衛門）大3
薩の海軍・長の陸軍（鵜崎熊吉）明45　陸軍の五大閥（鵜崎熊吉）大4
陸軍棚ざらい（たて生）大10　日本軍隊史（田中惣五郎）昭29
肉弾（桜井忠温）　銃后（桜井忠温）——戦争文学全集、昭4
歩兵第25連隊史——昭11　日本陸軍史研究——メッケル少佐（宿利重一）昭19
軍国太平記（高宮太平）昭26　軍政改革論（松下芳男）昭3
陸海軍騒動史（松下芳男）昭38　三代反戦運動史（松下芳男）昭35
太平洋戦争への道（朝日新聞社）昭38
日本の歴史（讀売新聞社）昭35
そのほか旧軍の典範令など各種

あとがき

本書は『帝国陸軍機甲部隊』の姉妹篇である。前著は、数おおくの精鋭な将兵を持ちながら、これという発展も業績も示し得なかったわが機甲部隊の悲運を悼《いた》んで、その因《よ》ってきたるところを明らかにする念願で書いたものだが、本書も、奉公の一念に三八式歩兵銃に身を托した無数の将兵の苦闘を偲《しの》びながら、これに報い得なかった陸軍の不甲斐なさの因果を明らかにしようとしたものである。

日本陸軍の生涯は、約七五年をかぞえる。近代、これほどながい不敗の歴史を誇った軍は少ない。ソ連軍は一九一八年以来であり、ドイツ軍はヴェルサイユ条約後の〝十万軍隊〟から敗戦まで二七年である。

ながい伝統を誇る組織体ほど、適時に改新をはかって時運の進展にあわせねばならないのだが、残念ながら日本陸軍は、この点で大きな誤りを犯した。

日本陸軍には軍建設にかんする理論や、現実的足場に確乎としたものが無かったことが痛感される。陸軍に「統帥綱領」という最高の典令がある。軍縮ムードの最中《さなか》の昭和三年、時の参謀総長・鈴木荘六の名で出され、「軍事機密」とされた本である。第一次大戦の経験をふまえて、大兵団統帥の準拠として書かれたものだが「……輓近《ばんきん》の物質的進歩著大なるものあるが故に、みだりにその威力を軽視すべからずといえども、勝敗の主因は依然、精神的要素に存し……帝国軍は寡少の兵数、不足の資材をもって、各般の要求を充足せざるべからざる場合少なからず……」という立場にたっている。これでは物的戦力の建設、増強の理念にはならない。

防衛庁戦史室の公刊戦史も「……わが国独特の精神要素を鼓吹《こすい》したもの……直接大戦の洗礼を受けなかったために具体性が足りなかったうらみがあった」と評している。

このころ、師団以下の指揮運用の準拠として「戦闘綱要」が発布された。第一次大戦の戦訓から、東亜の大陸では機動、包囲殲滅というような戦略戦術指導が高唱されたものの、軍隊の実情を考えては、夜間攻撃とか、払暁・薄暮攻撃とかいう敵の火力を避けて歩兵銃にものをいわせようという戦法を推奨するほかなく、諸兵の戦力を統合して四つに組んだ戦闘で敵を撃破するのに充分な装備は、軍隊にはあたえられなかった。

後年、この「戦闘綱要」は「作戦要務令」と姿を新たにしたが、やはり包囲殲滅を高唱していた。機動装備が敵に優ってこそ殲滅戦は可能である。しかるに依然、その機動力の造成はなおざりにされていた。

さらに、突破力の問題がある。当時、最大の問題であったソ満国境のソ連軍の縦深防禦陣地を、何をもって、どんな戦法で突破するのか、という現実的兵備や戦法の基盤の上にたったものとはいいかねる。実際、そのころの日本軍の機甲戦力と砲兵戦力の実情を考え合せるとすぐわかる。

日本陸軍は「国力が弱いのだから、装備で贅沢《ぜいたく》はいえないのだ」という軍隊であった。歩兵銃の訓練も実弾による教育は、きわめて限られていた。話にきく米軍の教育ぶりとは大違いであった。砲兵も同様だったことは「ノモンハン」のところで書いた。貧乏な軍だからである。自動小銃のような弾丸の使い方は、ついぞ日本陸軍には生まれなかった。「この大戦争が、かりに宿命的であったとしても、従軍将兵にもっとましなものが持たされていたら」とは、レイテ敗戦の戦場をうろついていた時の筆者の所懐だが、この小史を綴ってみて、さらに深まる実感である。

この大戦前の列強の兵備建設を考えてみよう。一つはドイツ軍の装甲軍、一つはソヴィエトの大衆軍である。いずれも、近代的兵器の可能性を正確にみとめ、その建設、運用に戦略戦術的理論の裏づけがあり、軍需生産的基盤をもったものである。これはどちらも、ながい年月をかけて営営と築きあげたものではない。そんなテンポでは日進月歩の軍事の進運にはついていけない。巨大な生産力を基盤にあっという間につくりあげたものである。

ドイツは、ヒトラーが政権をとった一九三三年に開始して、再軍備宣言をした一九三五年にはもう装甲三個師団、三八年には装甲五個師団、軽師団四個をもつというはやさであった。そしてこれらを使用する理念に、電撃戦理論があった。

このドイツの動きを見て、ソヴィエトは一九三五年から機械化軍備の大拡張を行った。その根底には縦深戦略理論がある。生産基盤は国の工業化とともに拡大され、その装甲兵備だけをみても、狙撃（歩兵）師団の戦車大隊のほか、師団に直接協同する戦車旅団、軍や方面軍直属の直協戦車旅団、決勝兵団としての機械化軍団、戦車軍団、機械化された騎兵軍団、後になっては決勝軍としての戦車軍まで生まれている。この三本立、四本立の装甲戦力は、縦深戦略の骨幹たるにふさわしいものであった。一九三七年からの赤軍の大粛清後に、この理論が動揺して軍建設の方針が変転したためにタイミングがくずれ、一九四一年、ヒトラー軍の攻撃をうけたときには、万をかぞえる戦車は旧式化して頼れるのはわずかのT34とKV戦車だけとなり、その機甲戦力は崩壊してしまった。まことに〝軍備老いやすし〟である。

ドイツ装甲軍の、突破分断、各個撃破のいわゆる〝電撃戦理論〟も、西ヨーロッパの限定された地域では偉功を奏したが、ロシア戦場のひろさの中では息《いき》がきれた。その誇る戦車もこの戦場にむいているとはいえなかった。やはりこの国土には、それにふさわしい戦略理論と、それに適した兵備が必要であったのだ。

第一次大戦で数百万軍隊の攻防を経験ずみのソヴィエトがつくりあげた厖大《ぼうだい》な大衆軍を機械化装備したその理論と、国土の広さに適した戦車群がこれである。ドイツ装甲軍のように果敢に突進するものではないが、ロード・ローラーのようなソ連軍の総合戦力は、ドイツの電撃戦兵備にうちかった。まことに驚くべき〝ねばり腰〟戦略といえる。

戦争は、はじまってみるとかならず、大なり小なり戦前の予想とはちがった様相を呈する。戦争をしながら、こうした誤算に対応して新しい戦法を創始し、新兵器を準備する対応力をもつかどうかが戦捷の鍵《かぎ》であり、これこそが〝力〟である。この力をもたぬ兵備とは、どんなものか。本書でそれを描いたつもりである。

この〝力〟を示す二例をあげよう。米軍のB29戦略爆撃機隊の建設と、おなじ米軍の水陸両用（アンフィビアス）作戦の理論とその実施部隊建設である。ともに第二次大戦勃発以後の所産であった。

一九四〇年の春、試作にとりかかったばかりのB29は、一九四二年二月、一六〇〇機の生産を決定、はやくも二年後の一九四四年四月に作戦集団はインドの基地にむかい、中国戦線の飛行場から六月十六日に七五機が九州を襲っている。サイパン付近を占領後、一〇〇機の集団の東京初空襲は十一月二十四日であった。本格的建設決定から、わずか二年半である。

一九四二年八月、米海兵師団がガダルカナルに上陸してきた。上陸装備には水陸両用戦車以外、格別のものはなかった。それからわずか二年八カ月後、沖縄に上陸した米軍の装備はどうであったか。艦隊、航空部隊の兵備は勿論だが、上陸用舟艇、上陸部隊の装備はまったく、いたれりつくせりであった。彼らの水陸両用作戦の方策は「完成していた」と米軍が豪語するにふさわしいものであった。

浅学後進の筆者の綴ったこの書は、まったく諸資料と先人の研究、著作に負うものである。引用させていただいた書の著者に感謝するとともに、御協力を賜った防衛庁戦史室、財団法人偕行社、陸上自衛隊武器学校に厚くお礼を申し上げる。

昭和四十九年十二月

加登川幸太郎

イギリスの戦史家バジル・リデル・ハート卿は、「平和を欲するならば、戦争を理解せよ！」という言葉を遺しています。これは不易の真理と思います。

われわれは、この観点から、戦争にかんする本を企画し、刊行して行こうと思っています。

戦史刊行会同人　碇　義朗／宇都宮　直賢／大野景範／岡　芳輝／加登川幸太郎／須藤　朔／野田　宏一郎／芳地昌三／本郷　健／山本親雄／渡部辰雄／(五十音順)

文庫版解説　兵たちへの鎮魂の賦

一ノ瀬俊也

本書の著者・加登川幸太郎は一九〇九（明治四二）年、北海道に生まれた。旭川中学を経て一九三〇（昭和五）年に陸軍士官学校を卒業（四二期）、三八年には陸軍大学校を卒業している。戦車学校教官、北支那方面軍参謀を経て、一九四〇年六月軍務局課員（軍事課資材班）、四一年八月同予算班、四三年一月予算班長となった。同年一〇月に第二方面軍（西部ニューギニア）参謀へと転じ、四四年一一月には第三五軍参謀としてフィリピン・レイテ島に渡った。同島で負傷しつつもかろうじて生還し、四六年七月に復員している。最終階級は中佐。陸軍のエリートとして戦争指導の中枢と最激戦地の両方を経験した希有な軍歴の持ち主といえる。戦後はGHQ歴史課勤務を経て、五二年から六七年まで日本テレビに勤務し編成局長を務めた（『日本陸海軍総合事典［第二版］』）。本書以外の著書に『帝国陸軍機甲部隊』、『中国と日本陸軍』上下（一九七八年）、『陸軍の反省』上下（一九九六年）などがあり、多数の軍事・戦史に関する訳書ものこしている。

著者たち士官学校四二期生は、大正期の軍縮のあおりで卒業者数二一八名ともっとも数が少なかったが、満州事変では小隊長級、日中戦争では中隊長級として最前線で酷使された。著者が「満州事変以後となっては、陸軍の歴史は筆者の歴史ともいえる」と書いているように、この本は明治に生まれ昭和の大戦を経験した一日本人が遺した自分史でもある。

著者が陸軍の歴史について「反省」的な視点を持ったのは、士官学校に入ったのが本流とされる幼年学校経由ではなく一般の中学校、それも大正期の自由な空気を吸ってからであったことと関係があるかもしれない。著者自身、本書の構想を引き継いだという『陸軍の反省』下で幼年学校出身者を「自負心の化身」と呼び、その独善的な思考法に対する違和感をつづっている。

*

一九七五年に刊行された本書は「日本陸軍の七十五年」という副題が示すとおり、日本陸軍の通史である。上は陸海軍の戦略とその統一性の欠如、下は兵士たちが用いた兵器の欠陥までが、事実や数字を列挙しながらバランスよく描かれている。それゆえ今日でも古びていない。

著者は、日露戦争の終わった明治三八年に仮採用、翌年に制定され、太平洋戦争まで用いられた小銃・三八式歩兵銃を日本陸軍史の象徴と位置づける。それは、陸軍が装備の更新をろくに行えないまま、この古い銃をもって太平洋戦争に突入したからであった。著者にとっての三八式は、装備の更新を怠り精神力にひたすら依拠した陸軍の思考法を体現するものだった。本書の問題意識は〝なぜそうなったのか〟の一点にあるといってよい。

著者は日露戦争までの日本陸軍の歴史を栄光に満ちたものととらえているが、後年の日本陸軍の宿痾とされる精神力や白兵突撃の重視は、砲兵の不振という日露戦争の直接の結果であった。一九一四（大正三）年に第一次大戦が勃発し、英仏軍と独軍は当初白兵突撃を敢行したが、いずれも機関銃によってなぎ倒された。戦いは塹壕を掘ってにらみ合う長期戦へと移行し、この膠着状態を打開するため両軍は激しい砲撃を繰り返し、塹壕突破のための戦車や迫撃砲（砲弾を大きな弧を描いて打ち出すため、塹壕内の敵を上から直撃できる）などの兵器も投入した。航空機の用法も当初の偵察から都市爆撃にまで拡大した。

こうして陸戦は火力・機械力主体の戦闘へと移行したのだが、国力に劣る日本陸軍はこの流れについていくことができなかった。宇垣一成《うがきかずしげ》陸相の主導した軍縮（宇垣軍縮）で陸軍兵力を四個師団分削減し、浮いた予算を軍備の近代化に投じるなどの策がとられたが、著者はこの軍縮が第一次大戦の結果重視されたはずの砲兵まで他兵科と一律に削減していたことに注目している。陸軍の官僚主義的な思考法はすでに骨がらみとなっていたのだ。

＊

本書における昭和陸軍史は、国力を無視した作戦優先思想の跋扈、その結果としての日中戦争の泥沼化、無謀な対米英戦争への突入、無惨な敗戦という負の歴史として描かれる。本書の端々に、著者の実体験が織り込まれていることがその記述に説得力を与えている。たとえば一九三八（昭和一三）年に陸軍大学校を卒業した著者は陸軍戦車学校の研究部主事兼教官として戦車の研究にあたったが、軽装甲・軽武装の中戦車ではソ連の国境陣地突破は不可能で、作戦側の求める「必勝の原案のつくれようはずはない」のであった。

昭和陸軍はこの不都合な現実を糊塗するため、精神力の偉大さを強調せざるを得なかった。一九三八年に制定された作戦要務令の「訓練精到にして必勝の信念堅く軍紀至厳にして攻撃精神充溢せる軍隊は能く物質的威力を凌駕して戦捷を完うし得るものとす」という一文は、陸軍の苦しい内情を浮き彫りにしている。満州事変後に軍事費が増え、陸軍は兵器の刷新に取り組んだが、真っ先に取り組んだのは軽機関銃でも小銃でもなく、「将校が指揮に用いる」軍刀であった。著者はこれを「何とも象徴的なことに思われる」という。軍刀は三八式の先端部に装着する銃剣と同様、陸軍の攻撃精神重視の「象徴」であった。

日本軍は歩兵の精神力に依拠した白兵突撃を歩兵戦術の根幹に位置づけたまま、中国との長い戦争に突入した。第一次大戦の教訓に沿って歩兵分隊に軽機関銃が配備されたが、一九二二（大正一一）年採用の十一年式軽機関銃は故障が多かった。一九三〇年に歩兵少尉に任官した著者が部隊で接した同銃を「筆者に国軍兵器への不信感をいだかせた第一号であった」と評しているのは興味深い。十一年式の後継軽機関銃が生まれたのは実に一四年後のことであった（九六式軽機関銃、皇紀二五九六年＝一九三六年採用）。

日本陸軍の装備でも、十分な火砲や戦車を持たない中国軍相手の戦闘では勝てたが、戦争に勝つことはできなかった。機動力がないので包囲殲滅に失敗し、中国側の抗戦意志を決定的に打ち砕くことができなかったからだ。逆に日本軍にとって一九三九年に発生したソ連軍・モンゴル軍との国境紛争・ノモンハン事件は衝撃となった。大草原の戦闘で数の少ない日本軍戦車隊は全滅を避けるため早々に戦場を離脱、残った歩兵部隊はソ連軍の猛烈な砲撃と戦車の突進により大損害を蒙った。

冷戦の終結後、ソ連軍は日本軍より大きな損害を蒙っていたといわれるようになったが、当の日本陸軍は敗北をきわめて深刻に受け止め、戦闘拡大の主役となった関東軍司令部を総入れ替えするとともに、地上装備の改善を模索した。とはいえ何らかの具体策がとられるでもなく、翌々年にはさらに戦線を拡大して太平洋戦争に突入するのである。

著者が陸軍の作戦立案者たちに深刻な不信感を抱いたのは、陸軍省予算班員として経験した、一九四一年夏の対ソ作戦準備（関東軍特種演習）においてである。『陸軍の反省』上にそのことが詳しく書かれていて、関東軍の作戦参謀たちはこの壮大な作戦準備にあたり二一億円という巨費を要求したという。著者たちはそれを一七億円まで値切ったが結局演習は中止、「軍備充実で血道を上げて〔い〕る折からの全くの無駄金」となった。しかし参謀たちは誰にも叱られることなく、後始末を著者たちに押しつけた彼らの頭の中には作戦だけがあり、その裏付けとなるはずの予算や国力については何もなかったのだ。

＊

一九三八（昭和一三）年、陸軍は三八式の後継小銃の開発に取り組んだ。口径を三八式の六・五ミリから七・七ミリに拡大して弾丸の威力や射程を向上させた九九式小銃である。しかし、太平洋戦争で交戦した米軍の装備が半自動式、すなわち引き金を引くだけで連射できるM1小銃だったのに対し、九九式は三八式と同様、五発の弾を込め一発撃つたびに槓桿《こうかん》と呼ばれるレバーを操作して薬莢を排出、次弾を装填する操作が必要なボルトアクション式のままだった。日本でも半自動小銃の試作は行われていたが、実用化されることはなかった。その理由は、本書の言葉を引用すれば、「自動小銃のような弾丸の使い方は、ついぞ日本陸軍には生まれなかった」からである。大量の銃弾を撃ちまくる米軍の戦法は「貧乏」で機械力、輸送力に劣る日本陸軍には不可能だった。

著者は「「この大戦争が、かりに宿命的であったとしても、従軍将兵にもっとましなものが持たされていたら」とは、レイテ島敗戦の戦場をうろついていた時の筆者の所懐」と本書あとがきに書いている。「もっとましな」武器が何かは書かれてないが、ジャングル内の近接戦闘に適した機関短銃（小銃より銃身が短いため取り回しがよく、引き金を引けば銃弾を自動で発射可能）や、向かってくる米軍戦車の装甲を正面から打ち抜ける対戦車砲、バズーカなどの兵器を指すのだろう。どれも当時の日本軍には少ないか、皆無だった兵器である。日本軍の戦車は米軍の戦車に砲の威力でも装甲の厚さでも劣っていたため、偽装して待ち伏せ、比較的装甲の薄い側面を近距離から撃つという刺し違え戦法をとっていた。歩兵も敵戦車を待ち伏せ、至近距離から爆雷を投げつける戦い方をしていた。要するに装備の遅れは小銃に限ったことではなく、歩兵や砲兵の兵器全般がそうであった。三八式は、その全体的かつ絶望的な遅れの象徴である。

＊

もっとも、三八式に代表される地上部隊の装備が不振だったのは、日中・太平洋戦争期の陸軍が航空戦備の重点化を進めていたからでもある。

著者は『陸軍の反省』上に、陸軍省軍務局軍事課勤務時に読んだ「国防の台所観」なる文書を要約のうえ引用している。一九四〇年、同課資材班員の中原茂敏少佐が省部の要路に国力の現状を説明するため作ったものである。その「主要軍需産業能力の現状と将来の大要」についての記述中、航空機は「陸海合計製造能力（七千機）は各国のものと比べても、他の兵器ほど劣ってはいない」とされ、昭和一二年度の飛行機生産数を八〇〇機、一三年度一七〇〇機、一四年度二八〇〇機、一五年度三五〇〇機の見込みであったとする。

航空機だけは急ピッチで拡大されていたのである。

『陸軍の反省』上は、陸軍がガダルカナル島撤退後の一九四三（昭和一八）年五月には海上輸送路と制空権維持のため「航空、海運、防空以外の兵器資材の生産縮減に追い込まれ」たこと、そのさい「航空兵器と海運資材の整備は、規定計画を確保する」が鉄をはじめとする「物資の供給源は専ら地上兵器関係において負担するもの」とされたことにもふれている。縮減の順位は戦車、地上弾薬、次は航空爆弾、自動車であった。航空爆弾の削減は、被弾に弱い爆撃機を減らして敵爆撃機邀撃用の戦闘機に注力したためである。

著者は本書で「制空権なきところ、地上部隊はいかに無力なものか」と述べているが、それは当時の陸軍としての考え方でもあった。陸軍は制空権確保のため航空を重視する戦備隊形を構築していて、地上兵器の生産抑制はその結果であった。

前記の地上装備の削減も、本書が「太平洋戦争中期以後、陸海軍航空部隊が敵船団を撃滅することこそが〝決〟であ」ったと述べているように、敵の上陸軍を洋上でまとめて撃沈するのを最上策と判断した結果であった。陸軍の選択はその限りで合理的なのである。

しかし、著者がニューギニアやレイテで経験した地上戦では、歩兵が苦労して飛行場を作っても、いざ米軍が上陸してきたときには味方の飛行機は壊滅していて飛行場は奪われ、そこから飛び立った米軍機の猛爆撃により「玉砕という〝決〟」をかえって早める、の繰り返しだった。それにもかかわらず大本営は航空中心の作戦に固執し、沖縄戦では現地を守備する第三二軍に飛行場奪回を要求して作戦を混乱させるという不手際を演じた。第三二軍の高級参謀・八原博通《やはらひろみち》は中央のこのようなやり方を「過去の航空優先の亡霊に捉われた戦略思想であり、空軍的海軍的発想に基づく地上戦闘の現実を無視した誤れる戦術思想」と厳しく批判している（八原『沖縄決戦』）。

こうしてみると、少なくとも太平洋戦争中期以降の日本陸軍の顔となったのは飛行機ともいえる。だが日本陸軍にも一定の合理性はあった、白兵突撃や精神論だけではなかったといったところで、重量約三・七キロの三八式や弾薬、食糧などの重い荷物を担いで長距離を行軍し、飢えや病で死んでいった兵たちに何の慰めとなるだろう。日本陸軍地上部隊の将兵は、上層部の立てた理想は高いが実行の伴わない作戦構想の犠牲者であった。著者はそんな歩兵の視点に立って、死んだ兵たちへの鎮魂の賦をつづったのである。

＊

戦後の著者の活動で注目されるのは、南京事件史への取り組みである。旧陸軍将校の親睦団体である偕行社《かいこうしゃ》は一九八四年四月から翌年二月にかけ、会誌『偕行』誌上で連載企画「証言による『南京戦史』」を掲載したが、元将兵からは当初の予想に反して捕虜殺害などの不法行為に関する証言が寄せられた。執筆責任者の著者はそれを受け「旧日本軍の縁につながる者として、中国人民に深く詫びるしかない」と述べた（同誌八五年三月号）。これは元陸軍将校として勇気のいることであった。偕行社には「中国国民に詫びるとは何事か」といった会員からの抗議が多数寄せられ（同社発行『南京戦史』増補改訂版、一九九三年）、著者がそれを予見できなかったはずはないからだ。

著者は戦後五〇年を過ぎた一九九七（平成九）年二月一二日に没する。もと陸上自衛隊幹部学校戦史教官の前原透は追悼文のなかで、著者には一連の著述のあとで「一つの見識と意地が生まれ、特に昭和陸軍の参謀本部の作戦指導、統帥、そこでの作戦屋閥というべき人達の仕事ぶりに厳しい批判的見解を展開されるようにな」ったと述べている。その見解とは「今次大戦は、類例のない餓死の戦争だった。陛下の赤子数十万を餓死させたものだ。飯も食えない戦場で決戦を求めるような作戦、太平洋戦場の島々のあちこちに陸軍の兵隊をばらまくような作戦指導を何故したのか」、「敵を知らず、我をも知らなかった「統帥部」。陸軍を嘆き、自分たちの悪口は自分達《ママ》で公表すべきだ」というものだった（『陸戦研究』五二六、一九九七年七月）。

明治人・加登川の「反省」は、中国に対するものも含めて旧陸軍の名誉回復や天皇への責任観念と不可分であり、敗戦責任の所在をごく少数の「作戦屋」にのみ限定していた。しかし「自分たちの悪口は自分達で公表すべきだ」という言葉は、今日の歴史問題に対するわれわれの態度にもそのまま当てはまる。

（いちのせ・としや　日本近現代史）

本書は、一九七五年一月、白金書房より刊行された。

ちくま学芸文庫

三八式歩兵銃《さんぱちしきほへいじゅう》　日本陸軍《にほんりくぐん》の七十五年《ななじゅうごねん》

二〇二一年三月十日　第一刷発行

著　者　加登川幸太郎（かとがわ・こうたろう）

発行者　喜入冬子

発行所　株式会社　筑摩書房

東京都台東区蔵前二—五—三　〒一一一—八七五五

電話番号　〇三—五六八七—二六〇一（代表）

装幀者　安野光雅

印刷所　株式会社精興社

製本所　加藤製本株式会社

ISBN978-4-480-51039-6 C0131